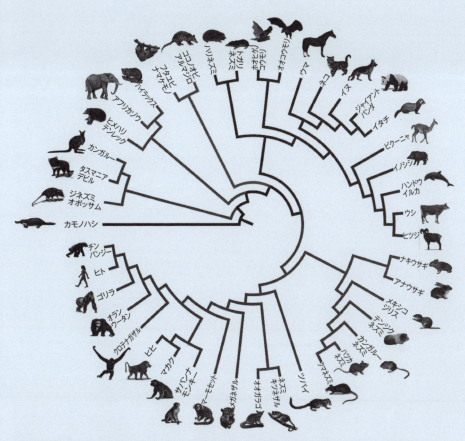

哺乳類の遺伝子間距離にもとづいて描かれた円環状の系統樹（OrthoMam, 2015）
動物名は属名の標準和名で表示してある。

本書に複数の間違いがございました。
謹んでお詫び申し上げます。
該当箇所と訂正内容は筆者のブログ記事(下記 QR コード)をご覧下さい。

関西学院大学研究叢書第218編

動物心理学
―― 心の射影と発見 ――

中島定彦 著

昭和堂

はじめに

荘子与恵子遊於濠梁之上。
　荘子曰「儵魚出遊従容、是魚楽也。」
　恵子曰「子非魚、安知魚之楽。」
　荘子曰「子非我、安知我不知魚之楽。」
　恵子曰「我非子、固不知子矣。子固非魚也。子之不知魚之楽全矣。」
　荘子曰「請循其本。子曰女安知魚楽云者、既已知吾知之而問我。
　　我知之濠上也。」

　中国の古典『荘子』の「秋水篇」に次のような話が記されている。
　ある日、荘周（荘子，BC369頃–BC286頃）は友人の恵施（恵子）と川のほとりを散歩していた。川に架かる橋の上で荘周が「魚が水面で、のびのび泳いでいる。楽しそうだね」と語りかけると、恵施が「お前は魚じゃないのに、なぜ魚の気持ちがわかるのか」とからかった。荘周はそれに答えて「君は僕じゃないのに、どうして僕が魚の気持ちを理解できないとわかるんだい？」。
　すると恵施は「俺はお前じゃない。だから、俺にはお前の気持ちがわからない。お前は魚じゃない。だから、お前には魚の気持ちがわからない。どうだ、完璧な論理だろう」と得意げに説明した。それに対して荘周は「ちょっと待ってくれ。僕の気持ちがわからないなら、どうして『なぜ魚の気持ちがわかるのか』なんていったんだ」と言い返した。
　この話はノーベル賞受賞者である湯川秀樹博士（物理学者，1907-1981）の「知魚楽」と題する随筆にも取り上げられており、国語の教科書でその随筆（あるいは原典の『荘子』）を読んだ人も多いことだろう。八木（1975）によれば、1926〜1952年にフランス、ドイツ、イギリスでそれぞれ異なる著者によって上梓された動物心理学教科書にもこの話が取り上げられているという。「動物の心を探る」という行為の哲学的意味を考えるための素材としてふさわしいからであろう。

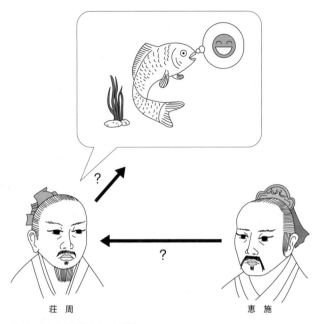

「知魚楽」における心の理解
矢印は相手の心を読む（探る）推論作用を示す。魚の気持ちを荘周が理解しているかどうかを、恵施が把握しようとしている状況である。荘周と恵施は他者の心の了解可能性を論じているが、他者がヒト以外の場合は擬人化の問題についても配慮すべきである。

　ここで荘周と恵施のやり取りを図示してみよう。図中の矢印は、心を読む（探る）という推論作用を示している。恵施の論は「俺はお前の心を正しく推論できないし、お前も魚の心を正しく推論できない」というものであるから、恵施から荘周への矢印も、荘周から魚への矢印も×である。いっぽう「君は僕の心を正しく推論したつもりだったから、僕をからかった」というのが荘周の論で、だとすると「君が僕の心を理解したように、僕が魚の心を理解できてもいいじゃないか」ということになる。つまり、図の恵施から荘周への矢印が〇なのだから、荘周から魚への矢印も〇だということである。
　動物心理学は動物の心を明らかにしようとする学問であるから、われわれは動物の心を理解できるという前提に立っている。そしてその前提は、われわれ人間は人間自身の心を理解できるという考えに依拠している。つまり、

荘周の論と同じである。しかし、人間が他者の心を理解できるのと同様に動物の心も理解できるのだろうか？　人間は他者の心すら理解できないというのは恵施の論である。これは言い過ぎだろう。しかし、人間が他者の心を理解できる割合が仮に60％であったとして、魚の心も同じく60％理解できるのだろうか？　おそらくそうではないだろう。他者の心の理解度は人間どうしでも異なる。親友間では心通わせることができても、見ず知らずの他人の気持ちを読み取るのは難しい。知らない言語を話す異邦人であればなおさらである。一般に、動物の心を理解するのは、他の人間の心を理解するよりも容易ではないだろう。もちろん、飼っている犬の気持ちよりも配偶者（夫・妻）の気持ちのほうがわからない、と嘆く愛犬家も少なくないだろうが。

　現代心理学は科学的方法で人間の心を理解しようとしてきた。しかし、まだ多くの謎が残されている。動物の心に挑む動物心理学の前にも未踏の地が大きく広がっているが、すでに明らかとなった事実も多い。本書は動物の心を探る冒険旅行の記録であり、さらなる旅のガイドブックでもある。

目　次

はじめに　i

第 *1* 章　動物と進化 　001
1. 生物の分類 　002
　　（1）人為分類と自然分類　002
　　（2）自然分類の単位と階級　002
　　（3）動物界　003
2. 動物の進化史 　005
　　（1）先カンブリア時代から中生代まで　005
　　（2）新生代　007
3. 進化とは 　011
　　（1）環境への適応　012
　　（2）進化の過程　015
　コラム　植物心理学１　017
　コラム　植物心理学２　018
　コラム　生息地と動物の身体差異　019
　コラム　性選択（性淘汰）の理論　020
　参考図書　022

第 *2* 章　動物心理学の歴史と方法 　023
1. 動物心理学の研究史 　024
　　（1）アリストテレス　024
　　（2）進化論　025
　　（3）比較心理学と動物の知能　026
　　（4）機械論（反射と向性）　031

      (5) 行動主義 *033*
      (6) 類人猿研究 *036*
      (7) 動物生理心理学と行動後成学 *038*
      (8) 動物行動学 *039*
      (9) 動物学習における生物的制約 *041*
      (10) 動物心理学における認知革命 *042*
  2. 現在の動物心理学界 —————————————————*045*
  3. 動物心理学の研究方法 ———————————————*046*
    コラム　動物心理学と比較心理学 *048*
    コラム　賢馬ハンス（クレバー・ハンス）*050*
    コラム　スナークはブージャムか？ *052*
    コラム　日本における動物心理学の始まり *054*
  参考図書 *056*

第3章　感覚と知覚 ——————————————————————*057*
  1. 感覚・知覚とは ——————————————————*058*
  2. 環世界 ————————————————————————*059*
  3. 感覚・知覚研究の方法 ———————————————*061*
      (1) 解剖学的・生理学的研究法 *061*
      (2) 行動的研究法 *062*
  4. 視覚 ————————————————————————*064*
      (1) 光受容器の進化と構造 *064*
      (2) 空間分解能 *068*
      (3) 時間分解能 *074*
      (4) 色覚 *076*
      (5) 視野 *079*
      (6) 形態視 *082*
      (7) 視覚的探索 *085*
  5. 聴覚 ————————————————————————*087*
      (1) 音受容器の進化と構造 *087*
      (2) 可聴域と聴覚閾 *090*

　　　　（3）音源定位 *093*
　6. **化学感覚** ─────────────────── *094*
　　　　（1）化学受容器の進化と構造 *094*
　　　　（2）嗅覚感度 *097*
　　　　（3）味覚感度 *100*
　　　　（4）フェロモン感覚 *103*
　7. **体性感覚** ─────────────────── *106*
　　　　（1）体性感覚受容器の進化と構造 *106*
　　　　（2）特殊な触覚能力 *108*
　　　　（3）痛覚 *110*
　コラム　錯視研究 *112*
　コラム　奥行知覚と立体視 *114*
　コラム　イルカの反響定位 *115*
　コラム　コウモリの反響定位 *116*
　参考図書 *117*

第4章　本能 ─────────────────── *119*

　1. **本能概念の変遷** ─────────────── *120*
　　　　（1）本能論とその否定 *120*
　　　　（2）動物行動学による本能論の復活 *121*
　2. **動機づけ** ─────────────────── *124*
　3. **情動** ───────────────────── *126*
　4. **本能的行動** ───────────────── *127*
　　　　（1）摂食行動 *127*
　　　　（2）性行動 *129*
　　　　（3）定位行動と帰巣行動 *132*
　　　　（4）渡り行動 *134*
　　　　（5）回遊行動 *136*
　5. **睡眠と生物リズム** ─────────────── *138*
　　　　（1）睡眠 *138*
　　　　（2）レム睡眠 *139*

　　　　　(3) 擬死　*141*
　　　　　(4) 生物リズム　*142*
　　　　　　　(a) 潮汐リズム
　　　　　　　(b) 日周リズム
　　　　　　　(c) 年周リズム
　　コラム　走性　*148*
　　コラム　好奇心と遊び　*150*
　　コラム　推測航法による帰巣　*152*
　　参考図書　*154*

第5章　学習 ──────────── *155*

1. 学習の基本的しくみ ──────── *156*
　　　(1) 馴化　*156*
　　　(2) 古典的条件づけ　*160*
　　　(3) オペラント条件づけ　*162*

2. 般化と弁別 ──────────── *165*
　　　(1) 般化　*165*
　　　(2) 弁別学習　*166*
　　　(3) 条件性弁別学習　*168*

3. 時間学習 ───────────── *169*

4. 空間学習 ───────────── *171*

5. 学習の種間比較 ─────────── *174*
　　　(1) 学習と脳神経系　*174*
　　　(2) 学習能力の種差　*176*
　　　　　(a) 学習セット
　　　　　(b) 確率学習
　　　　　(c) 報酬対比効果
　　　(3) 学習に一般原理を求めるべきか　*186*

　　コラム　無関係性の学習と無力感の学習　*187*
　　コラム　隠蔽・阻止と過剰予期効果　*188*
　　コラム　強化スケジュール　*190*
　　コラム　選択における対応法則　*192*

コラム　カンブリア紀の脳　*194*
参考図書　*195*

第6章　記憶 — *197*

1. 短期記憶の行動的研究方法 — *198*
（1）生得的行動と短期馴化　*198*
（2）痕跡条件づけ　*199*
（3）遅延強化手続き　*200*
（4）遅延反応課題　*201*
（5）遅延見本合わせ　*201*
（6）遅延継時見本合わせ　*203*
（7）放射状迷路　*204*

2. 短期記憶の諸相 — *204*
（1）忘却　*204*
（2）系列記憶　*206*
（3）作業記憶　*207*
（4）記憶表象　*208*
（5）指示忘却　*211*
（6）メタ記憶　*212*

3. 長期記憶 — *214*
（1）生得的行動と長期馴化　*214*
（2）条件づけ　*215*
（3）刺激弁別学習　*217*
（4）系列学習　*218*
（5）陳述記憶　*219*

コラム　感覚記憶における容量制限　*223*
コラム　混同エラーから短期記憶表象を探る　*224*
コラム　回想的方略から展望的方略への切り替え　*225*
コラム　チンパンジーの数列と場所の記憶　*226*
参考図書　*227*

第7章　コミュニケーションと「ことば」 229

1. コミュニケーション 230
(1) 視覚的コミュニケーション　231
(2) 聴覚的コミュニケーション　235
(3) 嗅覚的コミュニケーション　236

2. 動物の「ことば」 238
(1) ミツバチの尻振りダンス　238
(2) 鳥の歌（さえずり）　240
(3) 動物によるヒト音声の識別　242
(4) 類人猿の言語訓練1（音声から手話へ）　244
(5) 類人猿の言語訓練2（彩片語と鍵盤語）　246
(6) オウムの言語訓練　250
(7) イルカとアシカの身振り言語理解　251

3. ヒトの言語と動物の「ことば」 251

コラム　犬語翻訳機　253
コラム　ハトの会話実験　254
コラム　目は口ほどにものをいう　256
参考図書　257

第8章　思考 259

1. 脳の大きさと知能 260

2. 問題解決 263
(1) 迂回問題　263
(2) 紐引き問題　266
(3) 箱とバナナ問題　266
(4) 道具の使用と製作　267

3. 概念と推論 272
(1) カテゴリ概念　272
(2) 物理的関係概念　275
　(a) 同異概念
　(b) 卓越した同異概念

           (c) 移調
        (3) 機能的関係概念 *282*
           (a) 刺激等価性
           (b) 推移的推論
        (4) 数概念 *288*
           (a) ケーラーの実験
           (b) 4つの数的能力
           (c) 計数
           (d) 計算
     コラム　動物の知能に関する素朴心理学　*296*
     コラム　条件づけと因果推論　*297*
     コラム　カラスと水差　*298*
     コラム　多様性の検出　*300*
     参考図書　*301*

第9章　自己と社会───*303*
1. 自己意識───*304*
     (1) 鏡像自己認知　*304*
     (2) 自己の身体認識　*307*
2. 社会集団───*308*
     (1) 群れ　*308*
     (2) 個体分布　*310*
     (3) なわばりと行動圏　*311*
     (4) 順位制　*311*
3. 他者とのかかわり───*312*
     (1) 共生　*312*
     (2) 協力　*313*
     (3) 不公平忌避　*314*
     (4) 向社会行動　*315*
     (5) 利他行動　*316*
4. 他者の影響───*318*
     (1) 模倣　*318*
     (2) 行動の伝播　*320*

        (3) 無意識的物真似と相互同期 *321*
        (4) 社会緩衝作用 *322*
   5. 他者の心の理解 ———————————————————— *323*
        (1) 欺き *323*
        (2) 他者の知識や意図の理解 *324*
        (3) 他者の感情の理解 *326*
   コラム　包括適応度 *330*
   コラム　指さしテスト *331*
   コラム　捕らわれた仲間を救出するアリ *332*
   参考図書 *333*

第10章　発達と個体差 ———————————————————— *335*
   1. 動物の寿命と性成熟 ———————————————— *336*
   2. 幼生と成体 ———————————————————— *340*
   3. 縦断的研究と横断的研究 ———————————— *343*
   4. 行動の諸側面における発達 ———————————— *343*
        (1) 運動能力の発達 *343*
        (2) 学習能力の発達 *345*
        (3) 認知能力の発達 *345*
        (4) 社会性の発達 *347*
   5. 初期学習 ———————————————————————— *349*
   6. 養育行動 ———————————————————————— *350*
   7. 個体差 ———————————————————————————— *353*
        (1) 個体差とパーソナリティ *353*
        (2) パーソナリティ構造 *354*
        (3) 行動シンドローム *356*
        (4) 個体差と遺伝 *357*
   コラム　ヘッケルの法則 *358*
   コラム　行動の遺伝研究 *360*
   参考図書 *362*

第11章　人間と動物の関係 — 363

1. 家畜化 — 364
　　（1）イヌとネコ　365
　　（2）ウマとウシ　366
　　（3）ヒツジ・ヤギ・ブタ　367
　　（4）家禽　367
　　（5）マウスとラット　369

2. 人間と動物の絆 — 370
　　（1）動物介在介入　371
　　（2）動物福祉　373

3. 動物園と水族館 — 374
　　（1）動物園　375
　　（2）水族館　377

4. 動物実験の倫理 — 378

コラム　動物訓練　380
参考図書　381

　　ゲラーマン系列とフェローズ配列　383
　　引用文献　384
　　事項索引　465
　　人名索引　476
　　おわりに　479

第1章 ❖ 動物と進化

動物心理学について考える前に、そもそも動物とはどういう存在で、どのような過程を経て現在に至ったのかについて、基礎知識を持っておく必要がある。本章では、動物の分類と進化史について解説する。

1．生物の分類
（1）人為分類と自然分類

細胞を持ち、生殖により自己増殖するものを生物（有機体 organism）という。生物は栄養やエネルギーの代謝を行い、遺伝子を子孫に伝える。現在、地球上には数百万種の生物が生息すると推定されており（Mora et al., 2011）、これまでに約200万種が確認されている。生物を分類する際、形状や生態など単純でわかりやすい少数の特徴によって便宜的に行うことを**人為分類** artificial classification という。植物の場合、草（草本植物）と木（木本植物）とか、多年草と1年草とかの分類がこれに当たり、動物であれば大型動物と小型動物とか、肉食動物と草食動物とか、昼行性動物と夜行性動物といった分類などである。人為分類は実用的に便利であり、動物心理学の研究もしばしばこうした分類にもとづいて行われる。例えば、「昼行性動物は視覚優位、夜行性動物は聴覚優位である場合が多い」といった言説などである。

これに対して、生物の複数の特徴を全体的にとらえて分類しようとするものを**自然分類** natural classification という。例えば、クジラは魚と同じ水生動物であるが、魚類ではなく哺乳類として分類される。水にすむという単純な特徴によるのでなく、胎生で乳で子を育てる点や、心臓の構造が二心房二心室である点、赤血球が無核である点など、複数の特徴が哺乳類の多くと共通するためである（これに対して、魚類は卵生で、一心房一心室、赤血球は有核である）。自然分類は、生物の進化的な道筋（系統）にそった類縁的分類である**系統分類** phylogenetic classification に一致することが期待されている。

（2）自然分類の単位と階級

分類の基本的単位は**種** species であり、近縁種をまとめたものを**属** genus

という。生物の学名 scientific name はラテン語の属名と種小名を組み合わせた二名法 binomial nomenclature である。例えば、トラは *Panthera tigris* でヒョウ属のトラという種であることを示す。なお、属名・種小名ともイタリック（斜体字）で、属名のみ語頭が大文字である。学名に対応する日本語（この例では、トラ）を標準和名という。なお、本書では、紙幅の都合上、動物名は原則として標準和名のみで記す。

　属をまとめたものが科 family である。さらに、上位の階級として順に、目 order、綱 class、門 phylum (division)、界 kingdom がある。暗記するときは、上から下に、「界門綱目科属種（かいもんこうもくかぞくしゅ）」と呪文のように何度も唱えるとよい。これらの階級にさらに中間的なものを必要とするときは、上(super)、亜(sub)、下(infra)のような接頭辞をつける。例えば、トラは「動物界—左右相称動物亜界—後口動物下界—脊索動物上門—脊椎動物門—哺乳綱—北楔歯亜綱—真獣下綱—食肉目—ネコ亜目—ネコ科—ヒョウ属—トラ」であり、ベンガルトラ（*Panthera tigris tigris*）、シベリアトラ（*Panthera tigris altaica*）などの亜種を含む。なお、「〜類」という接尾語は分類の特定階級に限らず用いられる。例えば、「哺乳類」は「哺乳綱」を意味するが、「人類」は「ヒト属」を指す。

（3）動物界

　生物をどのように大きく分類するかは長く議論されてきた（表1-1）。「分類学の父」と呼ばれるリンネ（Carl von Linné, 1707-1778）は、運動するかどうかによって、植物界と動物界に二分した。これを二界説 two-kingdom theory という。しかし、葉緑体を持つが活発な運動をするミドリムシのように、植物と動物の共通の特徴を持つ生物が存在することなどから、ヘッケル（Ernst Haeckel, 1834-1919）はそれらを原生生物界として加えた三界説を提唱した。その後、原生生物界から原核生物（染色体が核膜に覆われていない生物）の細菌類や藍藻を独立させたコープランド（H. F. Copeland, 1902-1968）の四界説を経て、ホイタッカー（R. H. Whittaker, 1920-1980）による五界説 five-kingdom theory が定着した。五界説ではキノコやカビなどを原生生物界から独立させ

表1-1　生物の分類学説の変遷

リンネの 二界説	ヘッケルの 三界説	コープランドの 四界説	ホイタッカーの 五界説	ウーズの 3ドメイン説	
—	原生生物界	モネラ界	モネラ界	真正細菌	
				古細菌	
		原生生物界	原生生物界	真核生物	原生生物界
植物界	植物界	植物界	菌界		菌界
			植物界		植物界
動物界	動物界	動物界	動物界		動物界

て、それらを菌界としている。近年では、分子生物学の発展により、界の上にドメインdomainという階級を設けて、真正細菌ドメイン、古細菌ドメイン、真核生物ドメインとする考え（Woese et al., 1990）が系統分類学では主流になっている。

　いずれの説においても動物界については大きな変更はない。動物とは、（1）真核生物（細胞の中に細胞核を有する生物）のうち、（2）複数の細胞から構成された多細胞生物で、（3）生涯の少なくとも一時期において自発的・独立的な運動性を持つ生物である。また、動物は生物であるから、生命を有し、代謝し（栄養を取り入れて老廃物を排出し）、成長し、自己保存能力（修復能力）を持ち、増殖（繁殖）する。なお、いうまでもなくヒトも動物の一種であるが、ヒトとそれ以外の動物を並列・対比させて述べたり（例えば「ヒトと動物の感覚を比較する」というとき）、ヒト以外の動物を意味することが自明である場合（「動物には言語がない」というとき）には、「動物」という言葉をヒト以外の動物（英語ではnonhuman animalsあるいはnonhumansという）の意味で用いる。

　本書の見返しに動物分類表を付してある。動物心理学では脊椎動物を対象とすることが多いが、これまでに報告された1,374,526種の動物のうち、脊椎動物は約5％の69,276種（哺乳類5,677種、鳥類11,122種、爬虫類10,711種、両生類7,866種、魚類33,900種）に過ぎない（IUCN, 2018）。また、脊椎動物は34〜38門（門の数は研究者によって異なる）ある動物門の1つに過ぎない。な

お、脊椎動物は門ではなく亜門とすることもあるが、ここでは国立天文台編『理科年表2019』や佐藤ら（Satoh et al., 2014）にしたがった。

2．動物の進化史

現在、地球上に生息している動物は進化の産物である。動物の進化の歴史は本書見返しに図示してある。本節では重要な事項について簡単に記しておく。なお、地質年代の境界年は研究者によって多少のずれがある。本書では国際地質科学連合の国際年代層序表2018年版によった。

（1）先カンブリア時代から中生代まで

生命の誕生は今から約40億年前と推定されている。その痕跡は38億年前の地層に確認できるが、生物化石として明白なのは約35億年前の嫌気性細菌（海洋中で有機物を発酵分解して栄養とする細菌）と思われる原核生物のものである。真核生物は約20億年前、動物を含む多細胞生物は約10億年前に出現したと考えられている。これらは地質年代でいえば先カンブリア時代に当たる。先カンブリア時代末のエディアカラ紀（6億3500万〜5億4100万年前）には、扁平な楕円形のディッキンソニア Dickinsonia など、軟組織だけからなる生物群が繁栄した。

古生代カンブリア紀（5億4100万〜4億8540万年前）に入ると、それまで数十種しかなかった生物が突如として約1万種に増加し、現存するすべての動物門がそろう。これを**カンブリア爆発** Cambrian explosion という。動物の中には硬い殻や歯・触手・爪などを持つものが現れる。古生代の示準化石（地質年代推定の指針となる化石）として有名な**三葉虫** trilobite のような節足動物や、大型捕食動物の**アノマロカリス** Anomalocaris（体長数十 cm、最大個体は2 mと推定されている）などが海洋に生息した（図1-1）。なお、カンブリア紀には脊索動物（原索動物と脊椎動物の総称）の**ピカイア** Pikaia や**ミロクンミンギア** Myllokunmingia が出現している。ミロクンミンギアの化石には、ひれや軟骨頭部を有していた痕跡があるため「最古の魚類」と呼ばれることもある。

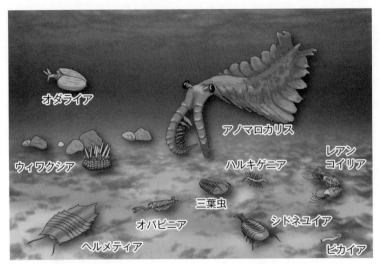

図1-1　カンブリア爆発により多様化した約5億年前の動物たち
三葉虫の化石には咬傷が確認されるものがまれに見つかる。傷は右側に多い（およそ右側7割で左側3割）ことから、捕食者が右側から襲う傾向があったか、右の捕食肢が長く力強かったか、あるいは三葉虫が右旋回して逃避する傾向があったと考えられている（Babcock, 1993）。よく「行動は化石に残らない」といわれるが、このように化石から行動を推測できることもある。足跡や這った跡の化石からは移動行動を推察することができる。

　カンブリア紀に続くオルドビス紀（4億8540万～4億4380万年前）には、明確なひれやあごを持つ原始的魚類が誕生した。高い遊泳能力を持つサメのような軟骨魚類、現生の多くの魚が属する硬骨魚類も出現し、シルル紀（4億4380万～4億1920万年前）やデボン紀（4億1920万～3億5890万年前）には魚類が繁栄した。

　シルル紀には節足動物が陸上でも活躍し始め、昆虫類、クモ類、ムカデ類などが誕生した。またデボン紀には硬骨魚も陸上に進出して両生類となり、続く石炭紀（3億5890万～2億9890万年前）に、爬虫類と単弓類（哺乳類の祖先）が誕生した。

　ペルム紀（2億9890万～2億5190万年前）を経て、中生代に入ると三畳紀（2億5190万～2億130万年前）に爬虫類は多様化して最初の恐竜が生まれ、単弓類は原始的な哺乳類（哺乳形類）に進化した。ジュラ紀（2億130万～1億4500万年前）になると恐竜が繁栄し、羽毛を持つ恐竜種が鳥類に進化した。

真の哺乳類は哺乳形類から誕生した。白亜紀（1億4500万～6600万年前）の末に恐竜が絶滅し、新生代（6600万年前～現代）に入ると「哺乳類の時代」が訪れる。上述のように哺乳類は中生代三畳紀には出現していたが、新生代になって繁栄したのは、捕食する恐竜がいなくなったことに加えて、気候変動の激しい環境下に適応可能な特徴（体毛で体を覆い、胎生と哺乳によって子孫を残す）を備えていたことが大きい。

（2）新生代

　霊長類（サル目）の出現は新生代に入ってすぐである。昆虫を食べていた食虫目のなかから森林へ進出したものが霊長類となった。樹上生活への適応として、（1）**拇指対向性** opposite thumbs（前肢の親指を他の指と向かい合わせにでき、木の枝などをつかむことが容易になった）、（2）**腕歩行** brachiation（肩関節の可動範囲が広く、枝から枝へ渡り動くことが容易になった）、（3）**両眼視** stereoscopic vision（前に向かってついた両眼により立体視可能な視野範囲が広がり、対象との遠近感が増した）があげられる。また、大脳の発達により情報処理能力や個体間のコミュニケーション能力が向上した。ヒトは霊長類の一種として進化した（図1-2）。

　現代社会においてヒトと最も触れ合う機会の多い動物はイヌやとネコであろう。ともに食肉目の動物で、現代のイタチに似た姿をしたミアキス Miacis から約5000万年前に、その祖先種が分岐したと考えられている（種としてのイヌとネコについては第11章参照）。図1-3にネコ科動物の進化を示す。なお、こうした生物種の進化の過程全体を**系統発生** phylogeny といい、種間の関係は樹状で示されるので、**系統樹** phylogenetic three と称される。系統樹はかつて、原生生物を最下位にヒトを最上位に置いた**自然の階梯** Scala naturae にそった形で表現されることが多かった（図1-4）が、現代では図1-2や図1-3のように描かれることが一般的で、放射状あるいは円環状に描くことも多くなってきた（→本書見返し）。

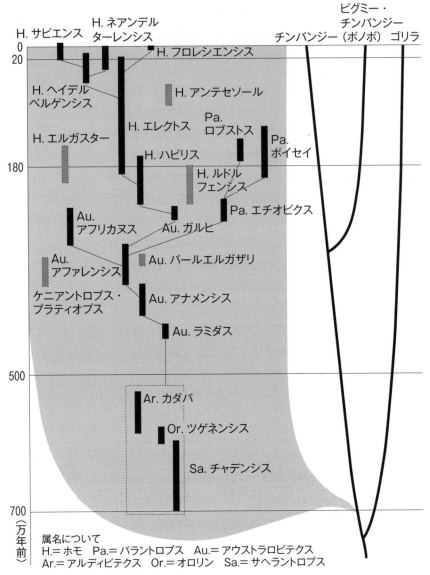

図1-2 ヒトの進化系統樹 三井（2005）

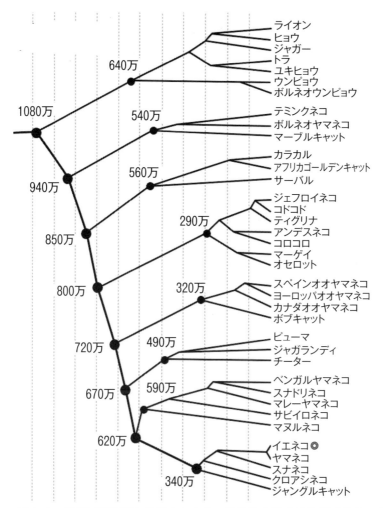

図1-3 遺伝子間距離から推定したネコ科動物の進化系統樹 O'Brien & Johnson (2007)
遺伝子の塩基配列の進化速度が一定だと仮定すると、現生動物のさまざまな種の遺伝子の違いから各種が分岐した時期を推定できる。

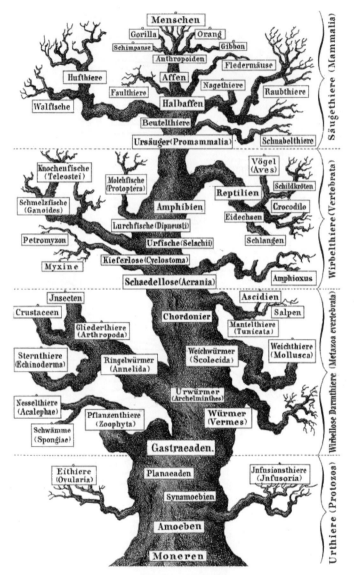

図1-4 ヒトを最上位に置いた系統樹 Haeckel (1874)
下から順に原生生物、脊椎動物以外の後生動物（海綿動物、節足動物など）、脊椎動物（哺乳類以外の脊椎動物）、哺乳類の順に並び、最上位にヒト（Menschen）が置かれている。図中の言語はドイツ語とラテン語である。

3．進化とは

ここで、進化について重要な概念を確認しておこう。**進化** evolution とは生物の形質が世代を経て変化することをいう。今日では、進化をもたらす基盤は遺伝子であることが明らかとなっているため、遺伝子の世代的変化を進化と定義するのが一般的である。生物の**表現型** phenotype は**遺伝子型** genotype の影響を受ける。したがって、遺伝子の世代的変化は動物の形質的変化の原因となる。

動物心理学では「心」を動物の質あるいは機能の1つと考えて、「心の進化」を問うことがある。また、例えば生殖に関わる形質には生殖器の形状や機能だけでなく生殖行動も含まれるように、「行動」は進化する形質の一種であるから、心理学を「心の科学」ではなく「行動の科学」として捉える立場であっても、進化について考えることは肝要である。なお、動物心理学の関連領域である**進化心理学** evolutionary psychology では、ヒトの心を進化の産物として理解しようとしている。

トピック

進化心理学

進化心理学は、ヒトの心は進化によって生じた情報処理システムであると考え、ヒトのさまざまな行動や心理を、採餌・配偶などに関する行動生態学（→ p.40）や進化生物学の知見にのっとって理解しようとする学問である。米国の心理学者**コスミデス**（L. Cosmides, 1957–）が夫で人類学者の**トゥービー**（J. Tooby, 1952–）らとともに1990年代初めに創始した。進化心理学では、ヒトの心を農耕牧畜開始以前の自然に対する適応の産物であると考える。性選択や利他的行動などの社会的行動（→第9章）に関する進化生物学の理論に重きをおく。また哲学者**フォーダー**（J. A. Fodor、1935–）にならって、心は認識や推論などを司るいくつかの機能モジュール module から構成されていると仮定している。

(1) 環境への適応

 生物の形質には個体間で**変異** variation が見られる。環境に適した形質は、そうでない形質よりも生存に有利であるから、次の世代を多く残すことになる。これを**自然選択**（自然淘汰）natural selection といい、自然選択を生じさせる環境の力を**選択圧**（淘汰圧）selective pressure という。自然選択が進化をもたらすためには、そうした生存に有利な形質が**遺伝** heredity によって子孫に伝えられる必要がある。

 地球上の環境は多様であるから、生物は生息する環境に応じて多様に進化する（**適応放散** adaptive radiation、図1-5）。適応放散には一定の規則があり

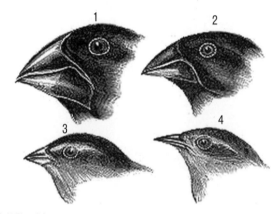

図1-5 適応放散の例
ガラパゴス諸島のフィンチはくちばしの形状が異なる（Darwin, 1845）。これは食性によって生じた適応放散である（Grant, 1991）。1：オオガラパゴスフィンチ（主食は大きく硬い種子）、2：ガラパゴスフィンチ（主食は小さく柔らかい種子）、3：コダーウィンフィンチ（主食は種子と昆虫）、4：ムシクイフィンチ（主食は昆虫）

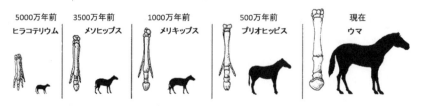

図1-6 ウマの進化
身体の大型化と中指の巨大化が見られる。中指以外は退化している。

(→ p.19)、環境に応じて器官が複雑化・大型化することも多いが（図1-6）、ヘビの足のように不要な器官は単純化・縮小化し、消失するケースもある（**退化** degeneration）。なお、退化は進化の1つの様態であって進化の逆ではない。形質変化の方向が一定である場合を**定向進化** orthogenesis というが、進化は必ずしも一定方向への変化に留まらない。クジラのように陸上から再び海に戻った動物もいる。

　生物が環境に適応した進化を遂げると、関係する生物もそれに応じて**共進化** coevolution する。これは定向進化の原因の1つであるが、生殖行動にお

トピック

赤の女王仮説

　共進化は、甘い蜜を与えてくれるアブラムシを天敵から守り世話するアリのように両種が互いに利益を得る**相利共生** mutualism の場合だけでなく、ある種が多種を一方的に搾取する**片利共生** commensalism の場合や、捕食関係にある場合にも生じる。例えば、捕食者が強い歯を持てば、非捕食者はより硬い装甲をまとう軍拡競争が始まる。軍拡競争に勝つためには常に進化し続けることが必要となる。

　ルイス・キャロルの『鏡の国のアリス』では赤の女王が「ここでは同じ場所に留まるためには、走り続けねばならぬ」という。共進化の軍拡競争はまさにこの言葉通りであって、環境にひとたび適応した種といえども安泰ではなく、対抗種（捕食者にとっての被捕食者、被捕食者にとっての捕食者）の存在によって、等しく絶滅の危機にさらされることになる。これが米国の進化生物学者ヴァン＝ヴェーレン（L.M. Van Valen, 1935-2010）の唱えた**赤の女王仮説** Red Queen hypothesis である。

　軍拡競争と同じ状況は、寄生者（寄生虫やウィルスなど）と宿主との間にも生じる。世代交代の速い寄生者による侵略（身体の不調、病気）を防ぐため、宿主は寄生者が安易に体内に適応できないよう進化する必要がある。進化速度を上げる有効な手段は同種他個体との遺伝子交換、すなわち有性生殖である。有性生殖は無性生殖よりもリスクが大きい（他個体と出会わなければ子孫を残せない）。それにもかかわらず、多くの動物が有性生殖であるのは赤の女王仮説によって説明できる。

図1-7　平行進化とすみわけ（生息地分割）　木村しゅうじ原画
出典：『見つめる生物ファーブル Eye』（東京法令出版．2005）

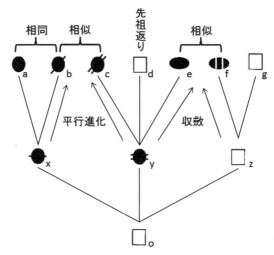

図1-8　分岐の模式図。Papini（2002）を改変
　動物種aとbは共通祖先xと似た形質を有する相同関係にあるが、eはfと似ていても、異なる祖先yとzから収斂進化によって相似関係になったに過ぎない。また、bとcは似ているが、異なる祖先xとyから平行進化した相似関係である。平行進化と収斂進化は祖先種が互いに似ているかどうかで区別するが、祖先種の形質を確定することは難しいため、実際には平行進化と収斂進化はしばしば同じ意味で用いられる。なお、dのように祖先oの形質に戻ることを**先祖返り** reversion という。

ける異性間あるいは同性間の相互作用、すなわち**性選択**（性淘汰）sexual selection も定向進化をもたらしやすい。クジャクの雄が大きく鮮やかな飾り羽を持つようになったのがその例である（→ p.20）。

生物は生息条件（場所や時間帯、餌の種類など）が大きく重ならないように適応する。図1-7はそうした**生態的地位** ecological niche（ニッチ）の分割、つまり**すみわけ** segregation を生息場所に関して示した例である。なお、この図には、同じような場所には姿形のよく似た種が生息していることも表されている。種間で形質が似ている場合には、共通の祖先を持つ**相同** homology 関係であるか、表面上類似しているが祖先は共通でない**相似** analogy 関係であるかを吟味する必要がある。トンボの羽とチョウの羽は相同であるが、それらと鳥の羽とは相似である。なお、形質の異なる祖先種を持つ子孫が相似的形質を示すようになるのは、類似した生態的地位という原因（成因）のためであろうから、相似を**成因的相同** homoplasy ということがある。相似は**収斂進化** convergent evolution や**平行進化** parallel evolution によって生じる（図1-8）。

（2）進化の過程

進化は形質の変異を前提とするが、自然に生じる単純変動である自然変異だけでなく、遺伝子構成の大変化による形質変異（**突然変異** mutation）も進化に大きく貢献する。前述のように、繁殖の有利・不利が生物の形質によって異なる場合には適者生存による自然選択が働くが、繁殖成功には偶然要因（運）も作用する。遺伝子頻度の変化（**遺伝的浮動** genetic drift）はその1つである。例えば、ある遺伝子を持っている個体が集団内で多数を占めると、少数派の遺伝子は環境適応力に優れていても次世代に受け継がれにくくなる。自然災害や病気などで生物集団の個体数が激減したときにこうした事例が生じやすい。なお、このように、個体数の急激な減少によって多様性が減少することを**びん首効果** bottle-neck effect という。これは、細い首を持つびんから品物を複数取り出した場合、それらの多様性はびん内部の品物の多様性よりも低くなる（標本抽出に偏りが生じる）という特徴からつけられたものである。

また、陸生動物の個体群が海で隔てられるなど、**地理的隔離** geographical isolation によって自然交配できなくなると、同種であっても群間の分化が進む。さらに、生殖行動や生殖器の違いなどが群間で大きくなると（**生殖的隔離** reproductive isolation）、人為的交配すらできなくなり、別種となる。なお、例えばライオンとトラや、ロバとウマのように種間で雑種を作ることが可能な場合もあるが、種間雑種には生殖能力がない。

　種内にとどまる遺伝的変化を**小進化** microevolution、新たな種あるいはそれ以上の階級の誕生を**大進化** macroevolution というが、進化の相対的な大きさを指す際にも「小進化」「大進化」という用語が使われることもある。大進化は小進化の積み重ねからなる。系統的進化全体の流れも累積的である。伝統的な進化論では、進化速度はゆっくりでほぼ均一であるとする（**系統漸進説** phyletic gradualism）。これに対し、急激に進化する期間とあまり進化しない停滞期間からなるとするのが**断続平衡説** punctated equilibrium である。古生物学者グールド（S. J. Gould, 1941-2002）は断続平衡説を支持する例としてカンブリア爆発をあげたが、近年の研究でその主張には疑問が投げかけられている。カンブリア紀に先立つ時代にも着実に進化が進んでおり、カンブリア紀には装甲が加わったため化石に残りやすくなっただけだというのが系統漸進説の立場からの反論である。また、動物種の系統発生における中間段階の化石がしばしば見つからないという事実は断続平衡説に適うが、そもそも生物すべてが化石となるわけではないし、そうしたミッシングリンクはいずれ発見されるかもしれない。実際に、カンブリア紀にのみ見られ、完全に滅亡したとされたアノマロカリスなど多くの奇妙な動物（カンブリアン・モンスター）の子孫が、その後の地層から見つかり始めている。

コラム 植物心理学 1

　動物にも「心」があるなら、植物にも「心」はあるのだろうか？　サボテンに電極をつけ音楽を聞かせると電位変化が見られる。このことから「サボテンには心がある」といった話が疑似科学本でしばしば紹介されている。刺激（音楽も空気振動刺激である）を与えればサボテン以外の植物でも活動電位に変化が見られるのであって（櫛橋, 1995）、音楽にリラックスしたり歓喜しているわけではない。人間に危害を加えられそうになったり、他の生き物（ホウネンエビモドキ）が近くで釜ゆでにされると、植物（サトイモ科の観葉植物の葉）は危機を感じて電位変化を示すという報告（Backster, 1968）が超心理学の研究誌に掲載されたことがある。これは超常現象マニアの間で「バクスター効果」と呼ばれているが、他の研究者による再現ができないことや条件統制が不十分であった点などが指摘され（Horowitz et al., 1975; Kmetz, 1977）、科学的に否定されている（Carroll, 2003）。しかし、この騒動をきっかけに植物の「感覚・知覚」についての科学的研究は進んだ（Mescher & De Moraes, 2015）。なお、外界の刺激に対して何らかの反応をするだけで「感覚・知覚」と呼べるかどうかは語義の問題である（→ p.60）。

　植物の中には刺激に反応して葉や花を動かすものがあり、ダーウィン（→ p.25）も数種の植物について研究している（Simons, 1992）。例えば、チューリップの花弁は朝に開き、夕刻に閉じる。これは花弁の内外で成長に適した温度が異なるためであり、内側の細胞は17～25℃のときに伸長し、外側の細胞は8～15℃のときに伸長する。このため、夜間など寒いときには花は閉じているが、太陽が出て温かくなると花が開く。チューリップの花の開閉のしくみは、熱膨張率が異なる2枚の金属板を貼り合わせたバイメタル構造と似たものである。小さな子どもが「チューリップが庭で、花を大きく開いている。楽しそうだね」というのは微笑ましいが、大人が同じことをいえば「あなたはチューリップじゃないのに、なぜチューリップの気持ちがわかるのか」と問いただされるかもしれない。

コラム 植物心理学 2

　マメ植物を好むナミハダニによって加害されたリママメは、ナミハダニの天敵であるチリカブリダニを誘引する揮発性物質を放出するが、隣接する他のリママメもそれを感知して自らも同じ誘引物質を放出するようになる（高林，1995a）。隣のマメの危機を察知して、自らもボディーガード（チリカブリダニ）に事前防衛してもらおうとするかのようである。植物はまた、他の植物に阻害的または促進的に作用する化学物質を放出する。これを**他感作用**（アレロパシー allelopathy）という。例えば、ユーカリの木はテルペンという他感物質を放出することで、根元に雑草が生えないようにしている（藤井，1995）。これらの事実を植物どうしのコミュニケーションと呼ぶことがある（高林，1995b）。こうした現象と本書第7章で扱う動物のコミュニケーションとの違いはどこにあるだろう。

　植物が学習するかどうかについても研究されてきた。例えば、オジギソウの葉は触れると閉じるが、接触を繰り返すとあまり閉じなくなる（Amador-Vargas et al., 2014; Gagliano et al., 2014）。これは馴化という学習（→ p.156）に似ている。また、部屋を明るくしてから（あるいは暗くしてから）オジギソウに触るという操作を繰り返すと、部屋の明るさが変わるだけで葉を閉じるようになる（Armus, 1970）。これも古典的条件づけという学習（→ p.160）に似ているが、適切な統制条件を欠くため古典的条件づけかどうか疑問視されている（Applewhite, 1975）。植物で古典的条件づけを実証するためには、疑似条件づけ（→ p.161）の可能性を排する必要があるが（Abramson & Chicas-Mosier, 2016）、エンドウマメで古典的条件づけに成功したという最近の報告（Gagliano et al., 2016）でも、そうした適切な統制条件が用いられていない。

コラム 生息地と動物の身体差異

　動物の体は生息地に応じて適応進化したものだが、恒温動物（哺乳類と鳥類）における近縁種（あるいは個体群）間の差異については次のような一般的な性質も見られる。まず、寒冷地に生息するもののほうが体格が大きい。これを報告者の名を取って**ベルクマンの法則** Bergmann's rule という。例えば、熱帯にすむマレーグマは体長1〜1.5mで体重25〜65kgだが、温帯にすむツキノワグマは体長1.2〜1.8mで体重50〜120kg、温帯から寒帯にすむヒグマは体長2.5〜3mで体重250〜500kg、ホッキョクグマは体長2〜2.5mで体重400〜600kgである（すべて成体雄の値）。また、同じヒグマでも北海道にいるエゾヒグマよりもカナダ北極圏を生息地とするコディアックヒグマのほうが体格が大きい。こうした法則が成り立つのは、大型動物のほうが体温維持に有利なためだと考えられている。カエル、ヘビ、トカゲ、昆虫などの変温動物では逆に、温暖な地域の種や個体群のほうが大きいという逆ベルクマンの法則が当てはまる。また、寒冷地では体からの突出部（顔の耳や口吻、首、四肢、尾など）が短くなるという**アレンの法則** Allen's rule があり、これも体温維持に有利であることによる。

　グロージャーの法則 Gloger's rule は、高緯度地域にすむ個体群ほど体色が薄くなるというもので、高緯度地域では紫外線からの肌の防護が求められず、逆に多くの紫外線を吸収してビタミンDの体内生成を促進する必要があることによって説明可能である。

　小さな島では大型動物では矮小化し、小型動物では巨大化するというのが**フォスターの法則** Foster's rule である。島環境では餌資源は少ないが、天敵も競合他種も少ない。このため、多くの餌を必要とする大型動物にとっては小さな個体の方が生存に有利であるのに対し、小型動物では戦いに有利な大きな個体の方が繁殖力が高くなる（Foster, 1964）。なお、進化の速度も島環境のほうが速いことがわかっている（Millien, 2011）。

コラム 性選択（性淘汰）の理論

　クジャクのように生殖器官以外においても雌雄間で形質の相違が見られることを**性的二型** sexual dimorphism という。性選択は自然選択の一種と見ることもできるが、雌雄の社会関係に由来する点や、雌雄に異なった選択圧がかかる点など、通常の自然選択とは異なる点もある。よい配偶相手と出会った個体はより多くの子孫を残すことができる。多くの精子を生産・放出できる雄に比べて雌の卵子は極めて少数であり、雌には妊娠・出産の負担もある。このため雄の雌選択に比べ雌の雄選択はより深刻であるので、多くの種では選択の主導権が雌にある（逆に、雄が多くの雌から配偶相手を選ぶタマシギでは、雌が美しく、産卵後は雄が子育てをする）。もし雌が雄のある形質（例えば美しい羽）を好み配偶して子孫を残せば、その子孫は親からの遺伝により、雄であればその形質を持ち、雌であればその形質への嗜好を持ちやすくなる。その形質を持った雄とその形質を好む雌が増えると、より顕著な形質が好まれるようになる。**フィッシャー**（R. A. Fisher, 1890-1962）は、ひとたび開始されると暴走して進み続けるこうした共進化プロセスによって性的二型が進化したと考えた（**ランナウェイ説** runaway theory）。なお、このプロセスは、その形質が生存に不利になりすぎたところで、止まるとされている。

　クジャクの雄の羽のような目立つ特徴は捕食者に襲われる危険が大きい。そうしたリスクがありながらも美しい羽をした雄は、そのハンディキャップを補って余りあるもの（例えば、動作の機敏さや強靭な体）を持っているといえる。雌はそうした雄を選ぶとも考えられる。これを**ザハヴィ**（A. Zahavi, 1928-）の**ハンディキャップ説** handicap theory という。

　以上見てきた性選択は、一方の性（多くの場合は雌）がもう一方の性（多くは雄）を選ぶという異性間選択の例であるが、性選択には同種（多くの場合は雄）の間で異性（多くは雌）をめぐって争う同性内選択もある。雌をめぐって雄どうしで戦う動物の例はカブトムシやカンガルーなど数多いが、こうした同性間選択は交尾後も続く。これを**精子競争** sperm competition

という。例えば、複数の雄と交尾した雌の体内では、各雄の精子が卵子への受精をめぐって争う。単に卵子への到達速度を競うだけでなく、動物種によっては同じ個体から放たれた精子の間では一緒に泳ぐことで「協力」し、他の個体の精子を殺す物質を出すという報告もある。ラットやマウス、カやギフチョウなどでは、交尾後の雄が体液で**交尾栓**（**交尾プラグ** mating plug）を作って雌の交尾器をふさぎ、雌が他の雄に交尾されないようにする。扁形動物（プラナリアやヒルなど）・昆虫類・爬虫類・鳥類では、雄の精子は雌の体内の**受精嚢** seminal receptacle に蓄えられるが、トンボやカミキリの雄は雌の受精嚢から他の雄の精子を掻き出して交尾する。こうした行動も広義の精子競争である。なお、受精嚢を持つ動物では、雌が受精・産卵の時期を決める。アリやミツバチのような社会性昆虫では、（受精卵）と雄（無受精卵）を産み分ける。

図1-9　雌に求愛する雄のクジャク
https://pixabay.com/photos/turkey-royal-birds-beautiful-115601/

参考図書

○佐々治寛之『動物分類学入門』東京大学出版会（UP バイオロジー） 1989
○藤田敏彦『動物の系統分類と進化』裳華房 2010
○猪貴義『生物進化の謎を解く』アドスリー 2004
○池谷迪之・北里洋『地球生物学―地球と生命の進化』東京大学出版会 2004
○岩見哲夫『古代生物図鑑』KK ベストセラーズ（ベスト新書）2016
○ジンマー＆エムレン『カラー図解 進化の教科書』講談社ブルーバックス 2016
○長谷川政美『系統樹をさかのぼって見えてくる進化の歴史』ベレ出版 2014
○ロソス『生命の歴史は繰り返すのか―進化の偶然と必然のナゾに実験で挑む』
　　化学同人 2019
○グールド『ワンダフル・ライフ―バージェス頁岩と生物進化の物語』
　　ハヤカワ文庫 2000
○モリス『カンブリア紀の怪物たち』講談社現代新書 1997
○ファインバーグ＆マラット『意識の進化的起源―カンブリア爆発で心は生まれた』
　　勁草書房 2017
○遠藤秀紀『哺乳類の進化』東京大学出版会 2002
○三井誠『人類進化の700万年―書き換えられる「ヒトの起源」』講談社現代新書 2005
○河合信和『ヒトの進化700万年史』ちくま新書 2010
○長谷川眞理子『進化とはなんだろうか？』岩波ジュニア新書 1999
○長谷川眞理子『クジャクの雄はなぜ美しい？（増補改訂版）』紀伊国屋書店 2005
○長谷川眞理子ほか『行動・生態の進化』岩波書店 2006
○宮竹貴久『恋するオスが進化する』メディアファクトリー新書 2011
○ザハヴィ＆ザハヴィ『生物進化とハンディキャップ原理―性選択と利他行動の謎を解く』
　　白揚社 2001
○犬塚則久『「退化」の進化学―ヒトに残る退化の足跡』講談社ブルーバックス 2006
○エムレン『動物たちの武器―戦いは進化する』エクスナレッジ 2015
○サイモンズ『動く植物』八坂書房 1996
○チャモヴィッツ『植物はそこまで知っている―感覚に満ちた世界に生きる植物たち』
　　河出書房新社 2013
○マンクーゾ＆ヴィオラ『植物は〈知性〉をもっている―20の感覚で思考する生命システム』NHK 出版 2015

第2章 ❖ 動物心理学の歴史と方法

ヒト以外の動物を対象とした心理学の一部門を**動物心理学**（英語：animal psychology、独語：Tierpsychologie、仏語：psycholgie des animaux）という。今日の動物心理学は、さまざまな学問を背景として成立し、その発展過程においても他領域から多くの影響を受けてきた。本章ではまず、動物心理学の歴史を概観し、重要な研究者とその業績について紹介する。その後、動物心理学の標準的な研究方法について述べる。

1．動物心理学の研究史

動物心理学の研究は、さまざまな思想（動物観・科学観）を持った学者たちによって進められてきた。本節ではそうした思想と主要な学者を概ね時系列にそって紹介するが、思想ごとのまとまりとして取り扱うため、時間の重なりや逆転が生じている。この点に留意して読んでほしい。

（1）アリストテレス

動物の心に関する学問は、古代ギリシャの哲学者**アリストテレス**（Aristotle, Aristotélēs, B.C.384−BC322）にさかのぼる。アリストテレスは、生物はすべて「心（魂）」を持ち、心なき無生物とは区別されると『**魂について**』で論じている。

アリストテレス

さらに、植物の心は栄養摂取・成長・繁殖能力であり、動物の心はそれらに加えて感覚と運動の能力であるとした。これに推論の能力（理性）が加わったものが人間の心であるという。アリストテレスはまた、『**動物誌**』において「馴致性と野生、柔和と激情、勇敢と臆病、恐怖と大胆、強直と卑劣、知的理解能力を思わせる諸性質」が多くの動物に認められると述べ、さまざまな動物の食性や生殖、習性、知能などについて日常観察をもとに論じている。例えば、ゾウはおとなしく訓練し

やすい最も賢い動物だと述べられている。

（２）進化論

今日の動物心理学の直接的源流は**進化論** evolution theory に求めるべきであろう。動物の種が進化するという考えの原型は古代ギリシャにあったともされるが、明確な形で生物学に導入されたのは18世紀末から19世紀の初めであり、そのうちの一人は、後述のダーウィン（チャールズ・ダーウィン）の祖父エラズマス・ダーウィン（E. Darwin, 1731-1802）であった。また、フランスの博物学者ラマルク（J-B. Lamarck, 1744-1829）は、1809年に出版した『動物哲学』において、経験によって獲得された形質が遺伝することで動物は進化すると主張した。例えば、キリンは高い枝についた葉を食べようとして、常に首を伸ばしていたため次第に首が長くなったとする。この形質が子孫に遺伝するというのである。役に立つ器官は増長し、そうでない器官は衰微するという考えを**用不用説** use-and-disuse theory といい、そのようにして獲得した形質が遺伝するという思想を**ラマルク主義** Lamarckism という。現代の生物学では獲得形質は一部の例外を除き遺伝しないと考えられている。

青年期に英国海軍の測量船ビーグル号で世界を旅した博物学者**ダーウィン**（C. R. Darwin, 1809-1882）はその後も動植物などの研究を続け、1858年に自然選択（→ p.12）による種の進化という概念を学会発表する。なお、英国の若き博物学者**ウォレス**（A. R. Wallace, 1823-1913）も独立して同じ結論に至っていたため、学会で両論文が併読された（ダーウィンは息子の死、ウォレスはインドネシア探検中で学会参加しなかったため、論文は代読された）。ダーウィンは彼の理論を翌1859年に『種の起源』として出版する。

英国の哲学者**スペンサー**（H. Spencer, 1820-1903）は『心理学原論』（1855年）において心の進化を論じていたが、『種の起源』を読ん

ダーウィン

でダーウィンの自然選択説が人間社会にも当てはまることに気づき、『生物学原理』（1864年）で**適者生存** survival for the fittest という言葉を用いた。これは後に、優勝劣敗・弱者切り捨ての**社会ダーウィニズム** social Darwinism 思想として広まり、巨大国が植民地支配を正当化する根拠とされた。また、ダーウィンの従弟である**ゴルトン**（F. Galton, 1822-1911）は『人間の知的能力とその発達』（1883年）において人種改良により優秀な人間を増やす**優性学** eugenics を唱えた。これもナチスドイツの人種政策に用いられた。これらは進化論の負の側面といえよう。

ところで、ダーウィンは自然選択のしくみに加え、獲得形質の遺伝の関与も認めている。彼の時代には遺伝のしくみが未解明であったので、獲得形質が身体内の自己増殖性粒子によって遺伝すると考えたのである。しかし、その後、オーストリアの植物学者**メンデル**（G. J. Mendel, 1822-1884）によって1865年に遺伝のしくみが発表された。しかし、生物の表出された形質（表現型）は個体が持つ遺伝子構成（遺伝子型）にもとづくというメンデルの法則が生物学者の間で広まったのは、同じ法則を3名の研究者がそれぞれ独立に再発見し1900年に報告して以降である。DNAが遺伝子であることが判明し、米国の**ワトソン**（J. D. Watson, 1928-）と英国の**クリック**（F. H. C. Crick, 1916-2004）がDNAの**二重らせん構造** double helix structure を発表したのは半世紀以上経過した1953年のことである。

（3）比較心理学と動物の知能

ダーウィンは『種の起源』で、ヒトおよびその心理的能力も進化の産物であることを示唆していたが、1871年にはこの点を強調した『人間の進化と性淘汰』を著した。さらに1872年には『人と動物の表情について』を出版し、ヒトとイヌ・ネコ・チンパンジーなどの顔や身体の表情を比較記述し、共通性を指摘した。

英国の生物学者**スポルディング**（D. A. Spalding, 1841-1877）が、ヒヨコなど幼鳥を用いた視聴覚機能の生得性に関する実験的観察記録を発表したのも1872年である。彼はその翌1873年に、より詳細な論文を発表し、その中で後に

刻印づけと呼ばれるようになる現象（→ p.349）にも触れている。

ヒトも動物の一種であるとの進化論的認識は、動物は理性すなわち**推論能力** reasoning power を欠くとしたアリストテレス以来の動物観の見直しにもつながった。世界で初めて心理学実験室を設置したことにより「科学的心理学の父」と称されるドイツのヴント（W. Wundt, 1832-1920）は1863〜1864年に『人間と動物の心についての講義』を出版している。また、ダーウィンの友人であった**ロマーニズ**（ロマネス、G. J. Romanes, 1844-1894）は進化的視点で動物心理学を研究すべきだと1876年の論文「動物の意識」で説き、1878年に著した論文「動物の知能」ではそうした研究を**比較心理学** comparative psychology と呼んでいる（→ p.48）。ロマーニズは原生生物から類人猿に至るまでさまざまな動物の観察記録や逸話を収集して、1882年に同題の『動物の知能』として書籍出版した。同書においてロマーニ

ロマーニズ

モーガン

ズは原生動物やヒトデ・ミミズ・ヒルの知的能力については懐疑的態度を示しながらも、アリやハチなど昆虫類には一定の推論能力を認め、鳥類や哺乳類には高い推論能力があると論じている。ロマーニズは続けて心的機能の進化を明確に論じた著作『動物の心の進化』を1884年に上梓した。図2-1はその口絵として描かれた系統樹である。

ロマーニズの両著作に影響された英国の心理学者**モーガン**（C. L. Morgan, 1852-1936）は『動物の生活と知能』（1890）を出版した。モーガンは動物心理学研究の先駆者としてロマーニズに敬意を示しつつも、彼の逸話解釈が過度に擬人化されていることを懸念していた（ただし、動物行動を人間になぞら

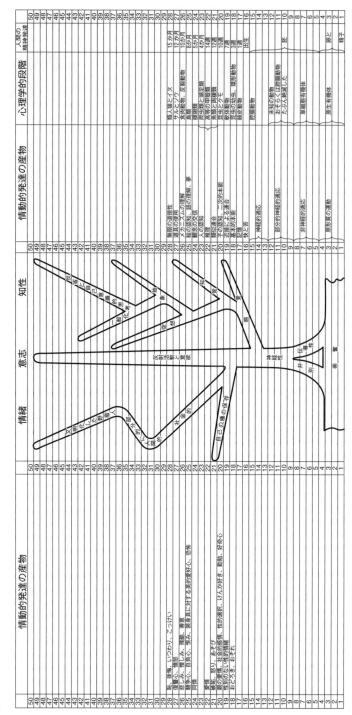

図2-1 ロマーニズ (Romanes, 1884) による心の進化系統樹
和訳は Boakes (1984) の訳書による。

えて解釈すること自体は否定していない)。1894年に上梓した『比較心理学入門』で、モーガンのロマーニズ批判はさらに顕著なものとなった。同書における「心理学的尺度において低次の能力によるものとして解釈できる場合は、高次の心的能力が作用したものとして解釈してはならない」との言葉は、後に**モーガンの公準** Morgan's canon として知られるようになった。

ソーンダイク

当時「知能」という言葉は、推論のような抽象的思考能力のみならず、経験によって生じる行動変化、すなわち現代心理学でいう「学習」の能力を含むものとして捉えられていた。したがって、動物の知能は推論能力の反映であるのか、それとも単純な試行錯誤によるのかが問題となった。ロマーニズは前者の立場をとりがちであり、モーガンは後者の立場を好んだ。モーガンは、自分の飼い犬が門の掛け金を外す行動を試行錯誤で学習したようすを『比較心理学入門』に記している。これは単なる逸話記録ではなく、統制した状況下での観察記録であるが、環境をさらに人為的に管理した実験的観察によってこの問題に取り組んだのは、**ソーンダイク**（E.L.Thorndike, 1874-1949）である。

ソーンダイクは「米国心理学の父」であるジェームズ（W. James, 1842-1910）の指導下にハーバード大学大学院で学び、ジェームズ家の地下室で動物を飼育実験していたが、奨学金を得てコロンビア大学大学院に移り、次のような実験を行った。まず、空腹のネコを**問題箱** puzzle box と呼ばれる装置（図 2-2）に閉じ込めて脱出までの所要時間を測定した。装置内のひもやペダルなどを操作すれば、装置の扉が開き、脱出して餌の小魚を食べることができるしかけである。ひとたび脱出できれば、問題解決方法は明らかであるから、2度目以降は直ちに脱出できるはずである。それが推論能力の存在を示す証拠となる。しかし、ソーンダイクのネコはそうした理性のひらめきを見せることはなく、脱出時間の短縮は概ね徐々に進行した（図 2-3）。これ

図2-2　ソーンダイクが用いたさまざまな問題箱のうちの1つ Imada & Imada（1983）

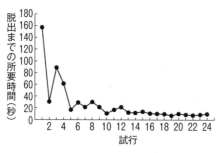

図2-3　問題箱に閉じ込められたネコの実験結果の一部 Thorndike（1898）から作図

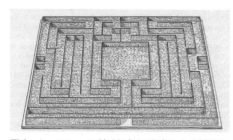

図2-4　スモールが1901年に発表した実験で用いた迷路 Munn（1950）

イギリスのハンプトン・コート宮殿にある迷路園を参考にラット用に作成したので、ハンプトンコート迷路と呼ばれる。中央下端が出発点で中央の広場の目標点には餌が置いてある。

はイヌやヒヨコを対象にした場合も同じであった。

ソーンダイクはこれらの成果を博士論文「動物の知能―動物における連合過程の実験的研究―」（1898）にまとめた。ソーンダイクの結論には多くの批判がよせられた。例えば英国の**ホブハウス**（L. T. Hobhouse, 1864-1929）は、ネコやイヌだけでなくアカゲザル、チンパンジー、カワウソやゾウまでも対象として類似の実験を行い、学習は単なる試行錯誤ではなく対象の関係性に関する知覚が重要であることなどを『心の進化』（1901）にまとめている（これは後述のゲシュタルト心理学に近いものである）。こうした批判はあったものの、ソーンダイクはオマキザルの問題解決も試行錯誤的であることを示す実験などを先の博士論文に加えて、1911年に『動物の知能―実験的諸研究―』を出版した。そこには、満足（快）を伴う反応は状況との結合が強まり、不満足（不快）を伴う反応は状況との結合が弱まるという**効果の法則** law of effect が記さ

れている。

　モーガンの著作やソーンダイクの実験に影響を受けた米国の若い心理学者らは動物学習の実験的研究を開始した。**スモール**（W. S. Small, 1870-1943）はラットの学習に関する博士論文を 2 部に分けて、1900年と1901年に心理学誌で発表した。これは心理学でネズミが用いられた最初の実験研究であり、1901年の論文では迷路を実験装置として使用している（図 2 - 4 ）。**ワトソン**（J. B. Watson, 1878-1958）もラットを使った問題箱や迷路での学習実験とその神経学的メカニズムを博士論文にまとめ『動物の教育』として1903年に上梓した。

ワトソン

（4）機械論（反射と向性）

　17世紀フランスの哲学者**デカルト**（R. Descartes, 1596-1650）は、1637年に出版した『方法序説』で、動物は言語や理性を欠くため、心を持たないと論じている。デカルトは、ヒトについても身体は動物と同じ自動機械であり、心とは独立に働くと考えた（**心身二元論** mind-body dualism）。そうした自動機械のしくみは**反射** reflex であり、刺激を感覚器官が感知すると体内の糸によって脳の奥にある**松果体** pineal body に伝わり、そこから**動物精気** animal spirits が管を通って運動器官に達して反応が生じるとした。いっぽう、同じフランスの哲学者**ラ・メトリ**（J. de la Mettrie, 1709-1751）は、『人間機械論』（1747）を著し、言語と理性は動物にも獲得可能であると唱え、人間との間に境界線を引かず、人間も自動機械に過ぎないと主張した。実際に動物が言語や理性を持つかどうかについては、本書第 7 章と第 8 章で取り上げるが、動物は刺激に対して反応する自

デカルト

パヴロフ

動機械であるとした点では、この二人の思想は同じである。その後、18世紀末にはイタリアの**ガルバーニ**（L.Galvani, 1737-1798）が電気刺激によってカエルの筋肉運動が引き起こされることを発見し、19世紀半ばにはドイツの**ヘルムホルツ**（H. L. F. von Helmholtz, 1821-1894）がカエルの神経伝導速度を測定するなど、反射の生理的しくみが徐々に明らかにされた。

消化腺の研究をしていたロシアの生理学者**パヴロフ**（I. P .Pavlov, 1849-1936）は、神経の中枢すなわち脳の働きを明らかにしようとしたが、当時はまだ神経の構造が学者の間でも詳しく知られていなかった。そこでパヴロフはイヌの反射行動から脳の働きを探ることにした。空腹のイヌに餌を与えて生じる唾液分泌反射は、餌と対呈示されたメトロノーム音に対しても生じるようになる。パヴロフはこの現象を心すなわち脳の作用であると考え、そのような学習現象を**条件反射** conditioned reflex と名づけた（図2-5）。

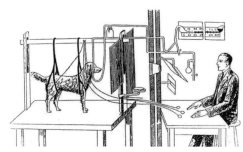

図2-5　パヴロフが条件反射実験に用いた装置の1つ Pavlov（1928）

メトロノーム音に限らず、ベルやブザーなどの聴覚刺激、ライトや静止画などの視覚刺激、皮膚振動による触覚刺激などと、餌との対呈示が行われた。唾液量は管を通して実験者の側の部屋の壁に取りつけた圧力計の液体移動で読み取った。

これに先立つこと約200年前、英国の哲学者ロック（J. Locke, 1632-1704）は、『人間知性論（第4版）』（1700）で、心は経験によって形作られるとし、その基礎を**観念** idea 間の連合においた。観念とは、出来事によって心のうちに表象されるイメージである。ロックに始まる英国経験論哲学は心を連合という概念で説明しよ

うとしたので**連合主義** associationism と呼ばれるが、パヴロフの発見した条件反射は、そうした連合主義に科学的基礎を与えることとなった。

パヴロフは1903年に国際生理学会で「動物の実験心理学と精神病理学」という招待講演を行い、翌1904年のノーベル生理学・医学賞の記念講演においては、授賞対象となった消化腺の働きの研究そのものよりも、条件反射の研究紹介に講演時間の多くをあてた。なお、神経細胞がシナプス間隙によって非連続的に接続していることを明らかにしたスペインの神経解剖学者**カハール**（S. R. Cajal, 1852-1934）が同賞を受賞したのは、その2年後のことである。

パヴロフは主として唾液腺などの分泌反射を用いて条件反射研究を行ったが、同じロシアの**ベヒテレフ**（V. M. Bekhterev, 1857-1927）は、電気刺激に対する防御的運動反射を用いた。パヴロフもベヒテレフも条件反射は脳内における機械的な連合形成であって、「魂」や「意志」という言葉はもちろんのこと、ソーンダイクらが用いた「知能」という言葉すら不要であるとした。

反射とならんで単純な行動とされているものに、刺激に対する全身移動反応である**向性** tropism（→ p.149）がある。ドイツでハエの幼虫（ウジムシ）・ゴキブリ・イモムシの光や重力に対する向性を研究していた**ロエブ**（J. Loeb, 1859-1924）はアメリカに渡り、クラゲやヒトデなどの海生無脊椎動物の向性と発生に関する研究を行った。いっぽう、向性のような単純に思える行動でも反応は複雑であるとして、ロエブに反対したのが米国生まれの**ジェニングズ**（H. S. Jennings, 1868-1947）である。彼は、ゾウリムシでも空腹状態とそうでないときとでは行動が異なることから、原生生物でさえ能動的に活動しているのであって、刺激を待って活動を開始しているわけではないと指摘し、行動の理解には動物が現在おかれた状況を考慮すべきであると論じた。

（5）行動主義

前述のように、ラットを用いた学習実験から心理学研究を開始したワトソンは、心理学を意識の科学とする当時の考えに同意できなかった。被験者が自らの意識状態を報告する内観法は、科学的データとしては不十分極まりない。そう感じた彼は、1913年に心理学を「行動の予測と制御」のための実験

科学だとする**行動主義** behaviorism を提唱した。ワトソンによれば、行動主義は「動物の反応の統一的枠組を得ることに力を注ぎ、人間と獣の間には境界線がないと見なす（Watson, 1913, p. 158）」ものでもある。

ワトソンは翌1914年に『行動―比較心理学入門―』を著した。これは動物の本能・習慣形成（学習）・感覚について解説した教科書である。なお、これに先立つ1908年には米国の女性心理学者ウオッシュバーン（M. F. Washburn, 1871-1939）によって『動物の心』が出版されている。この本は比較心理学を学ぶ北米の大学生の教科書としてに長年にわたって読まれたが、伝統的な意識主義心理学の立場でさまざまな動物の感覚について紹介したもので、行動主義の視点で著されたワトソンの教科書とは対照的である。

1915年に米国心理学会の会長となったワトソンは就任記念講演で、心理学は条件反射の方法論を採用して、刺激に対する反応の習慣形成を研究すべきだと主張した。特に、ベヒテレフの運動条件反射の技法が有効であると述べられている。講演内容は翌年に論文発表されており、そこにはヒト・イヌ・フクロウの実験装置が掲載されている（Watson, 1916）。ワトソンは女性スキャンダルで学界を去ったものの、彼の提唱した行動主義は北米の心理学界で大いに繁栄した。ワトソンは動物の行動を微視的かつ機械的に捉えて心理学を生理学に還元しようとしたが、その後の心理学者は行動を巨視的かつ力動的なものと考え、より大きな水準で理論構築しようとした。より洗練された科学哲学と方法論にもとづいて、体系的な理論構成を目指したこれら新世代の心理学者の思想を**新行動主義** neo-behaviorism という。

新行動主義者は普遍的な行動法則を求めた。条件反射・問題箱学習・迷路学習はすべて、所定の手続き条件下で形成され喚起される反応の学習であるから、**条件づけ** conditioning と総称されるようになった。条件づけによる習慣形成、すなわち学習は

ウォッシュバーン

トールマン　　　　　　　ハル

どの動物種にも当てはまる法則であると考えられたため、入手しやすく飼育も容易で安価な動物としてラットでの学習実験が増えていった。例えば、**トールマン**（E. C. Tolman, 1886-1959）は、ラットの迷路学習をもとに『動物と人間における目的的行動』（1932）を出版し、動物は「手段と目的」の関係を学習すると主張した（→ p.265）。トールマンの論争相手であったのが、『行動の原理』（1943）や『行動の体系』（1952）などを著した**ハル**（C. L. Hull, 1884-1952）で、ラットの迷路学習などを中心に公準と呼ばれる行動と学習の機械論的法則を数学的に表した。

　ロエブの孫弟子としてラットの本能行動の研究から始めた**スキナー**（B. F. Skinner, 1904-1990）は、学習実験に転向すると、条件づけにはパヴロフの唾液条件反射に代表されるS型とソーンダイクの効果の法則に代表されるR型の2つのタイプがあることに気づいた。また、行動を、刺激により誘発される**レスポンデント** respondent 行動と、動物が自発的に行う**オペラント** operant 行動の2種類に分けた。スキナーはこれらの成果を『有機体の行動』（1938）にまとめて出版した。S型条件づけはレスポンデント行動に、R型条件づけはオペラント行動に関わることから、後には**レスポンデント条件づけ** respondent conditioning、**オペラント条件づけ** operant conditioning と呼ばれるようになるが（→ p.162）、オペラント条件づけの要性を認識したスキナーは動物がいつでも自由に反応して餌を得ることができる装置（**スキナー箱**

図2-6 スキナー箱で餌粒を与えてラットのレバー押し反応を強化するスキナー

こうした装置をスキナーらはオペラント箱 operant chamber と呼んだが、ハル派の研究者によってつけられた「スキナー箱」という呼び名で普及した。

Skinner box）を用いて、ラット（のちハト）のオペラント条件づけ研究に専心するようになる（図2-6）。なお、スキナー派の心理学者による、ヒトを含めた動物の行動の基礎研究を、**実験的行動分析学** experimental analysis of behavior というが、これは環境との関数関係（機能的関係）として実験的に行動を分析するという意味である。

こうした新行動主義者の弟子やそれに賛同する者たちによって、北米の動物心理学研究の多くはラットを用いた学習実験となっていった（→ p.52）。

（6）類人猿研究

ゲシュタルト心理学 Gestalt psychology は「心」を要素の集合ではなく、全体的形態（ゲシュタルト Gestalt）として捉える心理学であり、ドイツで発展した。ゲシュタルト心理学の創始者の一人である**ケーラー**（W. Köhler, 1887-1967）は第1次世界大戦中、アフリカ北西の沖合に浮かぶテネリフェ島にある類人猿研究所でチンパンジーに各種の問題解決テストを行って、チンパンジーは試行錯誤ではなく、状況全体を見通す洞察によって学習すると結論した（→ p.264）。その成果は『類人猿の知恵試験』（1917）として発表されている。

アメリカで類人猿の心理研究を始めたのは、ワトソンの友人であった**ヤーキズ**（R. M. Yerkes, 1876-1956）である。ヤーキズは無脊椎動物から哺乳類までさまざまな動物の行動研究を推進した。なお、「課題成績は覚醒水準（動機づけ）によって異なり、最適覚醒水準は課題が困難であるほど低い」という**ヤーキズ＝ダッドソンの法則** Yerkes-Dodson's law は、彼が弟子とともに行ったマウスの実験（Yerkes & Dodson, 1908）から導き出されたものである。

ケーラー　　　　　　　　ヤーキズ

　この研究では、明暗弁別学習における誤反応への電撃の強度が動機づけの強さとして操作されている。

　ヤーキズは動物行動に関する北米初の専門誌として『動物行動雑誌 Journal of Animal Behavior』を1911年に創刊している（Burkhardt, 1987）。同誌は1921年に『心理生物学誌 Psychobiology』と合併して『比較心理学雑誌 Journal of Comparative Psychology』となり、さらに1947年に『比較・生理心理学雑誌 Journal of Comparative and Physiological Psychology』に改称後、1983年からは神経生理系部門を『行動神経科学 Behavioral Neuroscience』として分離して再び元の『比較心理学雑誌』に戻っているが、この間、動物心理学・比較心理学において最も権威のある学術誌の１つであり続けている。

　ヤーキズはケーラーとほぼ同時期、彼の研究を知らずに類似の研究をマカクザル（アカゲザルとカニクイザル）に加えて、類人猿のオランウータンも対象にして行っている（Yerkes, 1916b）。さらに、同年に『サイエンス Science』誌上で類人猿研究を行うための霊長類研究所の設立を広く呼びかけているが（Yerkes, 1916a）、それは1930年にはイエール大学霊長類研究所としてフロリダ州オレンジパークで結実することになる。1941年にヤーキズが定年を迎えるとヤーキズ霊長類研究所と名を変え、彼の死後、彼の名を冠した霊長類研究所はイエール大学からエモリー大学に移管され、その後1965年にエモリー

大学の本拠地ジョージア州アトランタに移転した。以後、世界の霊長類研究の中心地の1つとなっている。

(7) 動物生理心理学と行動後成学

ヤーキズの死後、霊長類研究所の所長となったのは**ラシュレー**（K. S. Lashley, 1890-1958）であったが、彼はジェニングスとワトソンの弟子で、学習の神経生理学的メカニズムをラットの弁別学習や迷路学習で明らかにしようとした。霊長類研究所に赴任する前はシカゴ大学やハーバード大学で教鞭をとり、**ヘッブ**（D. O. Hebb, 1904-1985）、**スペリー**（R. W. Sperry, 1913-1994）、**プリブラム**（K. H. Pribram, 1919-2015）ら、神経生理学の分野に大きな貢献をする学者を育てたことでも知られる。

ラシュレーの弟子の一人に**シュネイラ**（T. C. Schneirla, 1902-1968）がいる。彼はミシガン大学でアリの学習研究で博士号を取得後、ラットの推論研究で博士号を得た先輩の**マイアー**（N. R. Maier, 1900-1977）の後を追って、ラシュレーのもとで博士研究員となった。ニューヨーク大学を経て、米国自然史博物館に勤務し、グンタイアリの研究などを行った。シュネイラは動物行動学（次節）が用いる本能という概念に批判的で、遺伝と環境の相互作用による発達と学習という立場をとった（Schneirla, 1966）。彼の思想は**行動後成学** behavioral epigenetics と呼ばれ、ジュズカケバトの生殖行動と社会行動の研究で有名な弟子の**レーマン**（D. S. Lehrman, 1919-1972）や、新生児ラットの嗅覚研究などで成果を上げた孫弟子の**トバック**（E. Tobach, 1921-2015）に

ラシュレー

シュネイラ

引き継がれた。

(8) 動物行動学

北米ではラットや霊長類の習得的行動を心理学者が実験室内で研究することが主流であったが、欧州では昆虫や鳥類の生得的行動を動物学者が野外で観察することが多かった。米国の研究者の主たる関心は経験による行動の変容にあり、その一般原理の解明が大きな目標とされていた。いっぽう、欧州の研究者は進化や発達に興味があり、行動は遺伝的に規定されているため固定的であるから、種間の多様性にも重きが置かれた。

こうした欧州の動物行動研究を**エソロジー** ethology といい、「**動物行動学**」「行動生物学」「比較行動学」となどと訳される（本書では「動物行動学」とする）。

動物行動学は『昆虫記』（1891-1909）で有名な**ファーブル**（J. H. C. Fabre, 1823-1915）などの博物学者にさかのぼる歴史を持つが、その学問的地位が確立したのは1973年に動物行動学を代表する3名にノーベル生理学・医学賞が与えられてからである。そのうちの一人、オーストリア生まれの**ローレンツ**（K. Lorenz, 1903-1989）は、師の**ハインロート**（O. Heinroth, 1871-1945）が再発見した刻印づけの現象を引き続き研究して、臨界期の存在などを明らかに

ローレンツ

フォン＝フリッシュ

した。また、『ソロモンの指輪』(1949) や『人イヌにあう』(1950)、『攻撃―悪の自然誌―』(1963) などの著作で動物行動学の知見を一般大衆に広めた功績は大きい。

ローレンツとともにノーベル賞を共同受賞したオーストリアの**フォン゠フリッシュ**(K.von Frisch, 1886-1882) は、昆虫や魚類の感覚と行動について多くの研究業績を残した。最も有名なものはミツバチが仲間に花蜜のありかを伝える尻振りダンスの研究であり (→ p.238)、『ミツバチの生活から』(1927)、『ミツバチの不思議』(1950) などの著書によってその研究は大衆にも知られるようになった。

ローレンツの友人でノーベル賞の共同受賞者であるオランダの**ティンバーゲン**(N.Tinbergen, 1907-1988) は、『本能の研究』(1951) を著し、本能的行動を引き起こす生得的解発機構について、イトヨの求愛行動や縄張り防衛行動などを例に解説した (→ p.121)。同書中でティンバーゲンは、動物行動を理解するためには、その行動が、(1) どのようなメカニズムによって喚起されるか、(2) どのように発達するのか、(3) どのような進化によって生じたのか、(4) どのような機能（意味）を持っているのか、の4つの視点が必要であると論じた。これは「ティンバーゲンの4つの問い（なぜ） Tinbergen's four questions (whys)」と呼ばれている。(1) と (2) は行動がどのように生じるか（**至近要因** ultimate factors）であり、(3) と (4) は行動の理由（**究極要因** proximate factors）である。例えば、求愛行動は、(1) 発情期にホルモン分泌がなされるため、(2) 成体になったため、(3) それを行った個体が配偶相手を得たため、(4) 遺伝子を次世代に伝えるため、といった説明ができる。1980年代以降の動物行動学は、至近要因を扱う**神経行動学** neuroethology と究極要因を扱う**行動生態学** behavioral ecology に分かれて研究されるようになった。なお、

ティンバーゲン

社会生物学 sociobiology は行動生態学とほぼ同義で、他個体との関係を強調しているためにそう呼ばれる（→ p.330）。

（9）動物学習における生物的制約

生得的行動を重視する動物行動学の視点は、北米の動物学習研究にも大きな影響を与えた。スキナーの弟子であった**ブレランド夫妻**（K. Breland, 1915-1965, M. Breland, 1920-2001）は1943年に動物行動興業社（Animal Behavior Enterprises）を設立して動物芸を披露するビジネスを始め、サーカスや映画、動物園での動物訓練にも協力していた（Bihm et al., 2010; Breland & Breland, 1951; Drumm, 2009）。しかし、訓練した行動がその動物の生得的行動に近づいていき、芸として成立しなくなってしまうこと（**本能的逸脱** instinctive drift）をしばしば経験した。彼らはこうした事例を1961年に論文「有機体の誤行動」で発表した。同じ年、**フォーク**（J. L. Falk, 1927-2009）はスキナー箱でラットのレバー押し行動を訓練していた際、餌の与えられる頻度が低いとラットが多量の水を飲むようになると報告した。こうした直接、訓練されていないが頻出する行動を**スケジュール誘導性行動** schedule-induced behavior とか**付随行動** adjunctive behavior というが、条件づけの理論では説明困難である。

ガルシア（J. Garcia, 1917-2012）は、不快処置前に与えられた味覚溶液をラットが忌避するようになるという**味覚嫌悪学習** taste aversion learning を研究していたが、味覚から不快処置まで1時間以上あってもこの学習は成立する（それまでの学習理論ではこのような長遅延では学習は生じないとされていた）との報告論文と、忌避対象となる刺激の種類と不快処置の種類の組み合わせによって学習のしやすさが異なる（後に**選択的連合** selective association と呼ばれるようになる現象）ことを発見した論文を、いずれも1966年に上梓している。

ガルシア

ボウルズ (R. C. Bolles, 1928-1994) は1970年に、ラットの逃避・回避学習の容易さは**種に特有な防衛反応** species-specific defense reaction に合致しているかどうかに依存するという論文を発表し、同年、**セリグマン** (M. E. P. Seligman, 1941-) は行動主義者らが主導してきた学習法則の普遍性に疑問を提出した。さらに2年後には、このテーマに関心を持つ学者らの論文集『学習の生物的境界』(1972) を編纂出版した。またこの年、ティンバーゲンの弟子の動物行動学者**ハインド** (R. Hinde, 1923-) は、北米を含む各国から合計37名の動物行動学者や実験心理学者をイギリスのケンブリッジ大学に招いて会議を開催し、その成果が翌1973年に論文集『学習の制約』として出版された。こうした運動によって、「動物の学習は生物的制約の中で生じるもので、学習の一般法則には限界がある」との考えが、行動主義の立場に立つ動物学習心理学者の間にも浸透していった。

(10) 動物心理学における認知革命

ラシュレーの指導下に博士号を取得した**グリフィン** (D. R. Griffin, 1915-2003) は行動主義者として、意識を排した研究姿勢をとっていた。しかし、コウモリの反響定位 (→ p.116) の研究を行っているときに、動物はイメージなどの「**心的体験** mental experience」を持つという確信を抱き、『動物の意識の探究 (邦訳：動物に心があるか)』(1976) を著した。彼は、動物行動学は動物の行動だけでなく、意識についても研究対象とすべきだと主張し、新しい科学として**認知動物行動学** cognitive ethology を提唱した (Griffin, 1978)。動物行動学者の中には彼の思想に賛同するものも少なくなかったが、心理学者の多くはグリフィンの思想に批判的であった (例えば、Humprey, 1977)。その理由の1つに彼が「心的体験」「意識」「思考」といった言葉をはっきりした定義もなく使用したことがあげられよう。また、統制された実験室研究よりも野外での自然観察を証拠とし、その解釈が主観的で擬人的だとの批判も少なくなかった。

しかし、実験室で動物の行動を研究していた心理学者の間でも、動物の認知的活動への関心は1970年代初めには高まっていた。ヒトを対象とした実験

心理学では1960年代に、行動そのものよりも認知過程が研究テーマとして再び前面に現れるようになり（心の復権）、そうした心理学は**認知心理学** cognitive psychology と呼ばれるようになっていたが（Neisser, 1967）、初期の認知心理学では、記憶研究が盛んであった。記憶は目に見えない認知過程であるが、統制された研究室内で実験的に調べやすかったからである。

こうした動きが動物実験心理学の分野にも及んだ。その嚆矢は、スキナーの孫弟子である**ホーニック**（W. K. Honig, 1932-2001）がカナダのダルハウジー大学で1969年に開催した動物の記憶に関するシンポジウムであろう。これは、2年後に『動物の記憶』(1971) として出版された。1974年には米国のオーガスタナ大学で、スキナーの孫弟子である**メディン**（D. L. Medin, 1944-）らによって動物の記憶に関するシンポジウムが開催され、これも2年後に『動物の記憶過程』(1976) として出版されている。

なお、ホーニックはその後、『動物行動における認知過程』(Hulse et al., 1978) の編集にも関わっている。この本は記憶だけでなく、選択的注意や時間知覚、場所学習、そして条件づけについても認知的視点から行った実験研究を収録したものである。スキナー派の動物心理学教育を受けた**ワッサーマン**（E. A. Wasserman, 1946-）はこの本を「比較心理学の再来」であるとし、収録されている諸研究を**認知動物心理学** cognitive animal psychology と総称している（Wasserman, 1981）。

こうして、それまで行動主義の立場で動物の学習実験を行っていた研究者の間で認知研究が急速に広がった。1982年に米国で開催された会議の成果は

グリフィン

ワッサーマン

2年後の1984年に50名の著者が執筆した34章からなる分厚い専門書『動物認知』として上梓された。編集は、当時新進気鋭の動物心理学者であった**ロイトブラット**（H. L. Roitblat, 1952-）が、言語学者**ビーバー**（T. G. Bever, 1939-）やスキナーの直弟子である**テラス**（H. S. Terrace, 1936-）とともにあたった。英国の**ピアース**（J. M. Pearce, 1947-）の『動物認知入門』（1987）（邦題『動物の認知学習心理学』）、フランスの**ヴォークレール**（J. Vauclair, 1947-）の『動物認知（1996）（邦題『動物のこころを探る』）、カナダの**ロバーツ**（W. A. Roberts, 1948-）の『動物認知の原理』（1998）などの教科書も出版され、1998年には専門学術誌『動物認知 Animal Cognition』が発刊された。

動物の認知研究は**比較認知科学** comparative cognition とも呼ばれる。その課題は、動物認知の性質と限界の究明、さまざまな動物種の認知過程の比較、の２つである（Rilling & Neiworth, 1986）。2006年にはワッサーマンと**ゼントール**（T. R. Zentall, 1940-）が編集した大部の専門書『比較認知』が米国で出版された。その中で、彼らはまず比較心理学を、ヒトと動物の行動の類似性と相違性を研究する学問として定義し、その下位分野として、認知過程を研究する比較認知科学を位置づけている。また、主観的解釈を行う認知動物行動学とは異なるものだと強調している（Wasserman & Zentall, 2006）。また、比較認知科学はダーウィン（→ p.25）に始まる知性の進化研究の流れにある（Wasserman, 1993）。特に日本では、この点を強調して、比較認知科学を「心の進化をさぐる学問」と称することが多い（例えば、藤田, 1998）。日本では、**渡辺茂**（1948-）や**松沢哲郎**（1950-）らによって、比較認知科学の研究推進と一般への知識普及がはかられている。

比較認知科学の大波は、動物における社会的知性の研究（→ p.323）の発展も促した。チンパンジーなどの大型類人猿で社会的知性の研究方法が確立すると、その技が他の動物種にも適用され始めた。こうした流れによって、

ゼントール

それまであまり研究対象とされていなかったイヌ、特に家庭犬についても社会的知性を中心に実験的研究が盛んになった（中島, 2007）。

比較認知科学のこうした発展の一方で、残念な事件も起きた。ハインドの孫弟子**ハウザー**（M. D. Hauser, 1959-）は、アカゲザルやワタボウシタマリンなどに高度な認知能力があることを示す論文を数多く発表し、『野生の心』(2000)を上梓した、比較認知科学のスター的な学者であったが、データ捏造などの研究不正が2010年に発覚し、翌年ハーバード大学の教授職を辞した。

2．現在の動物心理学界

米国心理学会に部会制度が発足した1944年、第6部会として「生理心理学および比較心理学」が誕生した（部会名は1990年に「行動神経科学および比較心理学」に変更された）。

これは米国における動物心理学分野の国内学会である。米国心理学会ではこのほかに第3部会（実験心理学）や第25部会（行動分析学）に動物心理学者が多く所属している。

欧州で動物心理学研究が最も盛んなのはドイツである。ドイツ動物心理学会 Deutsche Gesellschaft für Tierpsychologie は1936年に設立され、翌1937年に機関誌『動物心理学報 Zeitschrift für Tierpsychologie』が創刊された。創刊号にハインロート、ローレンツ、フォン＝フリッシュらの論文が掲載されている。同学会は軍用犬研究などでナチス政権に協力し、ローレンツもヒットラー支持者でナチスによる動物愛護運動と人種差別運動に関わったとされる(Sax, 2000)。第2次世界大戦後も『動物心理学報』は継続出版されたが、1986年に英文誌『動物行動学 Ethology』に誌名変更した。

わが国では1933年発足の日本動物心理学会（→ p.55）が動物心理学の主たる研究発表・情報交流の場となっているほか、わが国の動物行動学の草分けである**日高敏隆**（1930-2009）を中心として1982年に組織された日本動物行動学会にも動物心理学者が参加している。また、日本霊長類学会（1985年発足）、応用動物行動学会（2002年発足：2019年4月から「動物の行動と管理学会」に名称変更）などの学術集会でも動物心理学に関連する発表がある。

動物心理学者の国際組織としては、米国自然史博物館の研究員であったトバック（→ p.38）らが1980年に提唱し、1983年に正式発足した国際比較心理学会 International Society for Comparative Psychology があって、隔年で大会が開催されている。また、機関誌『国際比較心理学雑誌 *International Journal of Comparative Psychology*』が1987年から刊行されている（Innis, 2000）。比較認知研究に関しては1999年にワッサーマンらによって比較認知学会 Comparative Cognition Society が組織され、毎年3月に米国フロリダで学術集会（International Conference on Comparative Cognition, CO3）が開催されている。

3．動物心理学の研究方法

　動物心理学の主たる研究方法は行動の科学的観察である。行動観察には、研究対象となる個体や集団を自然（あるいは日常）の環境下でそのまま研究する**自然観察** natural observation、いくつかの条件を人為的に統制した状況で行う**統制観察** controlled observation、研究者が対象に積極的に関わり相互作用しながら行う**参加観察（参与観察）** participant observation がある。例えば、野生ニホンザルの行動を研究する場合、ニホンザルに気づかれないようにまったく自然な状況下で観察することもあれば、一か所に餌をまとめて置いてその餌場にやってきたニホンザルを観察することもある。また、研究者自らニホンザルに接触して、その反応を観察することもあり得る。なお、野生での動物観察では、1匹の個体を長時間にわたって追跡しながら記録する**個体追跡法** single-individual trailing method が用いられることがある。近年、動物の体に小型のカメラや、加速度計などのセンサ、各種の記録機器（データロガー）を装着して、動物行動を解明しようとする**バイオロギング** bio-logging が注目されており、長距離を移動する動物や、研究者が容易に近づけない環境（上空や水中など）での行動が明らかにされつつある（高橋・依田，2010; 依田，2018）。

　科学的な観察は対象とする行動をあらかじめ決めて行うのが一般的だが、日常生活でも動物の興味深い行動を目撃することがある。そうした**逸話的記録** anecdotal record は、科学的観察においても予想外の行動が生じた場合には重要なデータとなり、新しい発見にもつながる。しかし、逸話的記録には、

見間違いや記憶の歪み、主観的解釈などが混入しやすい。また、特殊例として扱うべきか一般化可能かについて慎重な検討が必要である。

観察における条件統制をさらに進め、研究対象ではない要因（**剰余変数** extraneous variables）の影響がない条件下で、行動に影響すると考えられる要因（**独立変数** independent variable）のみ操作し、その効果（**従属変数** dependent variable）を測定することを**実験的観察** experimental observation というが、心理学では通常これを単に「実験」と呼ぶ。例えば、余計な音のない部屋で周波数1000Hz音を50dBの大きさで流し（独立変数）、イヌがその音に反応するかどうか（従属変数）を確認すれば、イヌがこの音を聞き取れるか確認できる。なお、独立変数と従属変数の間に**仲介変数**（媒介変数 intervening variable）を仮定することがあり、「**心** mind」はその１つである。

実験は行う場所によって**野外実験** field experiment と**研究室実験** laboratory experiment に分けられる。研究室実験では、独立変数を確実に操作し、剰余変数の影響を最小限にできるが、人為的・人工的状況での観察となるため、動物の自然な行動から乖離してしまう可能性がある。例えば、スキナー箱内でハトの行動を調べるだけでは、ハトの行動をすべて理解したことにはならないし、誤った理解に陥るかもしれない。

研究対象となる行動には生得的なものだけでなく、経験によって形成された（学習された）ものも含まれる。例えば、多くの動物の道具使用行動は生得的な物体操作行動が試行錯誤によって洗練されたものである。また、行動そのものではなく、行動を生む能力や行動の背後にある心理状態を研究対象とすることがある。動物の知覚・学習・記憶・認知能力の研究や、社会行動を引き起こす情動状態や意図など、いわゆる「気持ち」の研究である。上述の用語でいえば、独立変数（外的環境）と従属変数（行動）の関係から媒介変数（心）を探ることがこれに当たる。

動物心理学では、行動観察だけでなく、感覚器や効果器（筋肉や腺の活動など）の形態的・解剖的観察、中枢神経系や内分泌（ホルモン）系の活動測定などの手法が用いられる場合もある。こうした研究を行うには、解剖学・神経科学・生理学などの知識が必要となる。

コラム 動物心理学と比較心理学

　比較心理学とは、ヒトを含むさまざまな動物種の行動を研究し、種間比較を通して、心理現象の共通性と多様性を明らかにする学問である。動物心理学とほぼ同義であり、欧州や日本では動物心理学、英語圏では比較心理学と呼ぶことが多い。

　「動物心理学」という言葉の起源は定かではない。アリストテレスの『動物誌』には「動物心理学」という見出しを持つ版があるが、これは後世の人がつけたもので、アリストテレスの時代には「心理学」という言葉がまだない。「心理学」（英語：psychology, ドイツ語・フランス語：psychologie）という言葉は、ギリシア語で「魂」を意味する ψύχω（psúkhō）と「〜の研究」を意味する -λογία（-logia）の合成語であるラテン語 psychologia に由来し、このラテン語は16世紀の文献が初出であるという（今田，1962; Krstic, 1964）。ちなみに「心理学」という日本語は西周が mental philosophy（心的哲学）の訳語として1875年に考案したものが、1887年頃から psychology の訳語として当てられるようになったものである（太田，1997）。心理学という言葉の誕生からほどなくして「動物心理学」という言葉も生まれたと思われる。

　いっぽう「比較心理学」という言葉はフランスの神経科学者フルーラン（P. Flourens, 1794-1867）が1864年に出版した『比較心理学 Psychologie Comparée』が初出とされている（Greenberg, 2012; Jaynes, 1969）。フルーランは麻酔の専門家で実験脳科学の創設者であったが、フランス科学界の重鎮である比較解剖学者キュビエ（G. Cuvier, 1769-1832）の右腕であった。キュビエとその弟子たちは進化による種の変化を否定し、「ノアの方舟」のような地球環境の大異変のたびに前時代の動物種が死滅し、生き残った一部の動物種が繁栄するようになったという考えを唱えた（天変地異説 catastrophism）。このため、フルーランは単に神経学の立場からヒトの心理学と動物心理学を融合したものとして「比較心理学」という言葉を案出した。そこに進化史の再構成や系統比較といった進化論的な視点はない。「比較心理学」の案出は「比較解剖学」や「比較生理学」に倣ったものではあ

るが、それらの学問も当時は必ずしも進化論を背景としてはいなかった。
「比較心理学」という言葉は当時の学者たちにとって魅力的であったようで、1877〜1878年にはフランス、イタリア、アメリカで「比較心理学」を書名にした本が少なくとも5冊出版されており、それらの中には進化的視点から書かれたものもある（Jaynes, 1969）。ロマーニズ以降は「比較」という言葉に「進化」が含意されることが多くなった。

前述のように動物心理学と比較心理学はほぼ同義であるが、この2つの言葉を混同すべきでないとする学者もいる。例えば、ヤーキズは、動物心理学は研究対象に関する命名であり、その中にヒト心理学、サル心理学、イヌ心理学など各動物種の心理学が包摂されるとする（Yerkes, 1913）。いっぽう、比較心理学は研究の方法論として「比較」を用いる学問を示すもので、動物種間だけでなく人種間の比較なども含まれる。黒田（1936）は、動物心理学と比較心理学は実質的に区分されえないとしつつも、「比較心理学」という言葉はヒトの心理理解のための動物研究という実用主義的な色彩があるとしてこれを退け、動物心理の研究はそれ自体に価値があるとして、出版した本のタイトルを『動物心理学』としている。本書もその精神を継承して書名を『比較心理学』ではなく『動物心理学』とした。

フルーラン

キュビエ

コラム 賢馬ハンス（クレバー・ハンス）

20世紀初頭のベルリンに計算ができる馬が現れ、ドイツ国内はもとより米国でもニューヨークタイムズ紙に取り上げられるなど、世界的な話題となった。その名を**ハンス** Hans といい、学校教師であった**フォン＝オステン**（W. von Osten, 1838-1909）が教育訓練した馬であった（図2-7）。ハンスは前足で地面を叩いて、0から100までの数を数え、加減乗除の四則演算も披露した。例えば、「3＋4」という問題なら、7回地面を叩いて答えるのである。分数を小数に（または小数を分数に）変換し、ドイツ語を読み、文字盤を使って単語を綴る。1年分のカレンダーの曜日を記憶し、協和音と不協和音を区別し、時計の針を読み、硬貨の種類を正しく答え、ヒトの顔も憶えられる。フォン＝オステンが意図的にトリックをしているようすはない。動物の専門家ということで急遽かき集められた動物学者、サーカス団団長、探検家などからなる調査委員会が詳しく調べたが、なぜハンスがそれほどまでの高い能力を示すか謎であった。

この謎は、調査委員会の一員であったゲシュタルト心理学者シュトゥンプ（C. Stumpf, 1848-1936）の弟子プフングスト（O. Pfungst, 1874-1933）によって解かれることになる。ハンスはフォン＝オステンを含む周囲の誰もが正しい答えを知らないときには、正答できなかったのである。ハンスの「能

図2-7　賢馬ハンスとフォン＝オステン氏 Fernald（1984）
馬の前にある板が文字盤である。例えば、地面を5回叩いてから3回叩けば、5行目の3列目のマス目にある文字を答えたことになる。

力」は答えを知っている人々が無意識に行う微細な動き（頭を数ミリ動かす）を読み取って成し遂げられていたことをプフングストは実証し、報告書にまとめている（Pfungst, 1907）。数ミリの微細な動きを読み取る動体視力と、それに適切に反応して周囲の称賛を得ることを憶えた学習能力は感嘆すべきだが、世界を仰天させるほどのものでもない。つまり、計算能力より「心理学的尺度において低次の能力」である。

　ハンス以降も計算のできるウマやイヌがときおり世間をにぎわしたが（大槻, 1914a, 1914b）、科学的検証に耐えたものはない。なお、この事件をきっかけとして、動物の知的行動を研究する学者はこうした非意図的な手がかりを排除することが求められるようになった。周囲の人間による非意図的な手がかりに動物が反応した結果、知的行動であるかのように見えてしまうことを**クレバー・ハンス効果** Clever Hans effect という。優れた成績がこの効果によるものでないことを確認するには、当該の動物以外は問題（与える刺激など）を知らない条件下でテストする必要がある（これを**ブラインドテスト** blind test という）。

　研究者の存在や意図が観察結果に影響を及ぼすことを**観察者効果** observer effect（実験の場合は**実験者効果** experimenter effect）といい、クレバー・ハンス効果はその一種である。それ以外の観察者効果で、動物心理学に深く関わるものとしては、実験者が賢いラットだと思っていると、賢くないラットだと思っていた場合よりも、ラットの学習実験の成績が良かったという報告（Rosenthal & Fode, 1963; Rosenthal & Lawson, 1964）がある。実験者とラットの間だけでなく、教師と生徒の間でもこれと同じことが生じるという。こうした現象を**観察者期待効果** observer-expectancy effect（**実験者期待効果** experimenter-expectancy effect）、あるいは報告者の名から**ローゼンタール効果** Rosenthal effect とか、ギリシャ神話のピグマリオンの物語（思い込みによって彫像が人間に変るという話）になぞらえて**ピグマリオン効果** Pygmalion effect という。

コラム　スナークはブージャムか？

　ラシュレーの弟子で動物の生殖行動におよぼす内分泌（ホルモン）の作用研究で知られる**ビーチ**（F. A. Beach, 1911-1988）は、北米の比較心理学（動物心理学）分野の旗艦誌に1911年から1948年までに掲載された論文を調べ、この間、論文数が倍増したにもかかわらず、研究対象とする種数が大きく減少したと指摘した（Beach, 1950）。論文の約6割が実験用ラットを用いたものになってしまっていること、条件づけに代表される学習研究が掲載論文の過半数を占めるようになったことにビーチは強い懸念を示した（図2-8）。

図2-8　ラットの学習研究への過度の集中を戒める戯画 Beach（1950）
『ハーメルンの笛吹き男』の伝説をもじったもの。

　ビーチは比較心理学者を、英国の作家ルイス・キャロルのナンセンス長編詩『スナーク狩り』（Carroll, 1876）に登場する探索隊になぞらえている。探索隊は謎の生物「スナーク」が生息するという島に渡る。スナークにはさまざまな種類がいるが、最も危険な「ブージャム」だけは避けなければならない。それを見たものはたちどころに消え失せてしまうからである。ビーチは、「動物行動」というスナークを探す比較心理学者が見つけたものは「ラット」というブージャムだったのではないかと、比較心理学者たちに警告した。

　ビーチが指摘した傾向は1970年代初めまで続いたが（渡辺ら, 1974）、その後、行動主義の衰退に伴い、徐々に状況が変化した。現在の比較心理学はラットの学習研究に特化しているわけではない。現在、比較心理学の旗艦誌はアメリカ心理学会発行の『比較心理学雑誌（*Journal of Comparative*

Psychology）』であるが、同誌に2017年度に掲載された37篇の実験論文のうちラットを用いたものは3篇に過ぎず、そのうち学習をテーマとしたものは1篇である。ヒト・マーモセット・イヌ・ナマケグマ・スカンク・カンガルー・アシカ・イルカ・オウム・シジュウカラ・ヒキガエル・アリといった多様な動物が扱われており、複数種を比較した研究論文も近年増えている。ラットの学習研究が少なくなった原因の1つは、アメリカ心理学会から動物の学習研究を専門に扱う『実験心理学雑誌：動物学習認知領域 Journal of Experimental Psychology: Animal Learning and Cognition）』が別に発行されているためであるが、同誌でもラットを用いた研究は約半数（2017年度は27篇の実験論文のうち13篇）にとどまっており、ハト・ヒト・アカゲザルなどの研究も多い。ラットの学習研究イコール比較心理学という時代ではなくなった。

　日本は先進国で唯一、ヒト以外の霊長類が野山に生息する国である。ニホンザルの存在は、わが国の人々にサルへの関心を古くから抱かせてきたが、**今西錦司**（1902-1992）の指導下で**伊谷純一郎**（1926-2001）が1950年に大分県高崎山で野生ニホンザルの調査を開始し、翌1951年には京都大学に霊長類研究グループが発足した。その後、ニホンザルの野生での行動研究以外にも研究の幅を広げ、1967年に霊長類研究所に発展した。同研究所は、霊長類に関する総合的研究を行う目的で、学外の研究者も交えた共同利用研究所として国際的に知られている。大阪大学でも**尼野利武**（1904-1980）らが箕面のサル研究を開始し、1957年に岡山県勝浦町に研究を開始して以降、長く続く霊長類研究の伝統がある（南，1975）。いっぽう、慶應義塾大学では**小川隆**（1915-1997）の指導下に1950年代前半にハトの視覚と学習の研究が開始されている。こうした事情を反映して、日本動物心理学会における1990年から2007年までの大会発表件数を見ると、齧歯類（ネズミ）が約半数を占めるものの、霊長類と鳥類がそれぞれ約2割となっている（後藤・牛谷，2008; 川合，2000）。

コラム 日本における動物心理学の始まり

「天下の生物、有情非情ともにみな一種よりして散じて万種となるべし。人身のごときもその初めはただ禽獣胎中より展転変化して生じ来るものなるべし。」江戸後期に鎌田柳泓（1754-1821）は『心学奥の桟』（1822）でそう記している。これがイギリスの進化思想の影響を受けたものかどうかは議論のあるところだが、古くからヒトと動物の連続性を認めていた日本では、進化論的な考えを受け入れやすかったことは確かであり、明治に入り西洋の諸学問が大量輸入されると、動物心理学研究も盛んになった（高砂, 2010, 2013）。

明治期後半にはモーガンの『比較心理学入門』（1894）が『モルガン氏比較心理学序論』（1900）、ヴントの『人間と動物の心についての講義』の第2版（1894）が『人類及動物心理学講義』（1902）として翻訳（英語版から重訳）された。また、日本人による著書として中島泰蔵（1866-1919）の『個性心理及比較心理』（1915）が著されている。しかし、これらの訳書の翻訳者も中島も自らが動物心理学の研究をしたわけではない。

日本で最初の比較心理学者は増田惟茂（1883-1933）である。3種の小鳥（スズメ・ノジコ・アカマシコ）を対象に問題箱での試行錯誤学習実験を行った卒業論文で、1908～1909年にわたって『哲学研究』誌に「意志作用の比較心理学的研究」として掲載されている。その後、増田は罰手続きを用いた魚類の弁別学習実験を1915年に『心理研究』誌に連載発表した。また、アメリカのホームズの『動物の知能の進化』（1911）を『動物心理学（智能の進化）』として1914年に翻訳出版している。

明治・大正期にはアメリカの著名研究室に留学して動物心理学の研究を行った者もいた。ロエブのもとで海生動物の向性や走性の研究を行った神田左京（1874-1939）、ヤーキズのもとで近交系と非近交系のラットを用いて気質の違いに関する研究を行った移川子之蔵（1884-1947）、ソーンダイクに提出した空腹に関する博士論文の一部としてラットを用いた研究を行った高良とみ（1896-1993）である。なお、高良は同じソーンダイクの

黒田亮

もとで疲労研究で博士号（Ph.D.）を取得した**原口鶴子**(1886-1915)に次ぐ、日本人女性心理学者として2人目の博士号取得者である。しかし、動物心理学分野で最も活躍した日本人留学生は**吉岡源之亮**（筆名 Joseph G. Yoshioka, 1893-没年不詳）であろう（生年を1889年とする説もある）。彼はトールマンのもとでラットの迷路学習実験、ラシュレーのもとでラットの選択行動実験、ヤーキズのもとでチンパンジー新生児の発達研究に従事した。国内では**黒田亮**（1890-1947）が新潟高等学校（旧制高等学校、現在の新潟大学）で1920年代に爬虫類・両生類・魚類の聴覚に関する実験的研究を行っている。彼は1926年に京城帝国大学（現在のソウル大学）に赴任するとカニクイザルの数の弁別や音源定位の実験を始め、1936年には『動物心理学』を著した。

　1933年には日本動物心理学会が発足した（当時の名称は「動物心理学会」で、「日本」が冠せられたのは1958年）。現在まで続く全国的組織としては日本心理学会（1927年発足）、応用心理学会（1931年発足）に続く国内3番目の心理学会であるが、事務局は東京帝国大学理学部動物学教室におかれ、初代会長は同教室教授で日本動物学会会長でもあった**谷津直秀**（1877-1847）であった。翌1934年には機関誌『動物心理』（その後『動物心理学年報』を経て1990年より『動物心理学研究』に改称）が発刊された。第2次大戦中に同大学心理学教室の**八木冕**（1915-1988）が事務局を担い、ヤマガラ（山雀）を用いた一連の視覚弁別実験で1930年代に成果を上げた**高木貞二**（1893-1975）が戦後第3代会長になって、正式に心理学教室に事務局がおかれて以降は、心理学者の活動が多くなった。

参考図書

○アリストテレス『心とは何か』講談社学術文庫　1999
○アリストテレース『動物誌〈上〉〈下〉』岩波文庫　1998、1999
○ボークス『動物心理学史―ダーウィンから行動主義まで』誠信書房　1990
○ステフォフ『ダーウィン―世界を揺るがした進化の革命』大月書店　2007
○トーデス『パヴロフ―脳と行動を解き明かす鍵』大月書店　2008
○パピーニ『パピーニの比較心理学―行動の発達と進化』北大路書房　2005
○浅見千鶴子・岡野恒也『比較心理学』ブレーン出版　1980
○ヘイズ『比較心理学』ブレーン出版　2000
○プフングスト『ウマはなぜ「計算」できたのか―「りこうなハンス効果」の発見』現代人文社　2007
○ハインド『エソロジー―動物行動学の本質と関連領域』紀伊國屋書店　1989
○長谷川真理子『生き物をめぐる４つの「なぜ」』集英社新書　2002
○カートライト『進化心理学入門』新曜社　2005
○長谷川寿一・長谷川真理子『進化と人間行動』東京大学出版会　2000
○グリフィン『動物に心があるか―心的体験の進化的連続性』岩波書店　1979
○グリフィン『動物は何を考えているか』どうぶつ社　1989
○グリフィン『動物の心』青土社　1995
○ピアース『動物の認知学習心理学』北大路書房　1990
○ヴォークレール『動物のこころを探る―かれらはどのように〈考える〉か』新曜社　1999
○渡辺茂『認知の起源をさぐる』岩波科学ライブラリー　1995
○藤田和生『比較認知科学への招待―こころの進化学』ナカニシヤ出版　1998
○藤田和生（編）『比較認知科学』NHK出版（放送大学教育振興会）　2017
○藤田和生『動物たちのゆたかな心』京都大学学術出版会　2007
○川合伸幸『心の輪郭―比較認知科学から見た知性の進化』北大路書房　2006
○渡辺茂（編）『心の比較認知科学』ミネルヴァ書房　2000
○藤田和生（編）『動物たちは何を考えている？―動物心理学の挑戦』技術評論社　2015
○ドーキンス『動物行動の観察入門―計画から解析まで』白揚社　2015
○井上英治ほか『野生動物の行動観察法―実践 日本の哺乳類学』東京大学出版会　2013
○日本バイオロギング研究会（編）『バイオロギング―最新科学で解明する動物生態学』京都通信社　2009
○日本バイオロギング研究会（編）『バイオロギング〈２〉―動物たちの知られざる世界を探る』京都通信社　2016

第3章 ❖ 感覚と知覚

動物は天敵を察知して逃げ隠れし、縄張りを侵すライバル個体を発見して追い払い、餌を探し出して食べ、異性を見つけて交尾し、自分の身体内部の異常を検知して適切な行動をとる。これらの成否はすべて感覚・知覚能力に依存している。また、他個体とのコミュニケーション（第7章）のためにも感覚・知覚能力が必要となる。本章では、動物の感覚・知覚研究について紹介する。

1. 感覚・知覚とは

アリストテレスによれば、動物は動く生き物であると同時に感じる生き物であり（→ p.24）、感じるとは影響を受けることだという。一般に心理学では、刺激に対して**受容器** receptor が興奮し、神経を介して中枢にいたり意識化されたものを**感覚** sensation と呼び、それに刺激の質など複雑な情報が加味されたものや複数の感覚が統合されたものを**知覚** perception という。さらに、経験や知識の影響、あるいは感情の付与があるものが**認知** cognition と呼ばれる。具体的には、リンゴを見て「赤い」とか「丸い」という意識が感覚で、赤さの程度や表面の凹凸の具合を含めた総合的な対象判断が知覚、「うまそうな紅玉だ」となると認知である。

ヒト以外の動物の場合、言語あるいはそれに類するものを持たないため、刺激を意識したかどうか確認が難しい。そもそも動物に「意識」の存在を認めるかどうかも議論のあるところである（Feinberg & Mallatt, 2016）。また、クラゲなどの腔腸動物には中枢神経系（集中神経系）がなく、海綿動物は神経系そのものを持たない（→ p.175）。したがって、上述の「神経を介して中枢にいたり」という記述をそのまま動物に当てはめられない。このため、単に「刺激に対する反応」として感覚や知覚を定義するしかない。なお、「刺激を与えて反応があれば、感覚・知覚したものと見なす」のように、手続きとその結果によって概念を規定することを**操作的定義** operational definition という。

しかし、知覚を刺激反応性として定義すると、植物にも知覚を認めざるを得なくなってしまう（→ p.17）。哲学者デネット（D. C. Dennett, 1942-）は、知覚には単なる刺激―反応関係以上のものが含まれるとし、それを「未確定要

素x」と呼んだが、それが何であるかは明示困難だとしている（Dennett, 1996）。

2．環世界

ドイツの生物学者ユクスキュル（J. J. von Uexküll, 1864-1944）は、動物は物理的な環境ではなく、主観的な環世界Umweltの住人であると説いた。例えば、ハエは眼の解像度が低い（図3-1）ため、飛び行く先にクモの巣があっても眼で認識できない。ハエの環世界ではクモの巣は視覚的に存在しないのである。また、カタツムリの目の前に棒を突き出すとそれに登ろうとするが、1秒に3回以下の頻度で前後につき動かすと登ろうとはしない。しかし、1秒に4回以上になるとまた登ろうとする。カタツムリの環世界では高速で動く物体は止まって見えているのである（ヒトの場合も1秒に60～50回以上の超高速であれば静止して見える）。なお、ユクスキュルのいう環世界は単なる知覚世界ではなく、知覚世界と作用世界の統一体である。例えば、空腹のヤドカリは出会ったイソギンチャクを食べるが、満腹であれば自分の入っている殻にイソギンチャクを植えつける。イソギンチャクという同じ知覚イメージでも前者の場合は餌であり、後者の場合はイカやタコなどの捕食者から身を守ってくれる鎧（よろい）として認識されている。つまり作用イメージとして異なっており、空腹のヤドカリと満腹のヤドカリは異なる環世界にいる。動物の感覚や知覚はわれわれ自身のそれと同じ

図3-1　ヒトの見た風景（上図）とハエの見た風景（下図）　Uexküll & Kriszat (1934)

第3章❖感覚と知覚　059

ではない。動物の感覚・知覚について理解しようとするとき、環世界という概念は重要である。

われわれヒトの感覚にはそれぞれ適した物理的刺激（**適刺激** adequate stimulus）と専用の受容器（**感覚器** sensory organ）がある。ヒトは、光（電磁波の一種）を眼で、音（空気や水の振動）を耳で、水溶性化学物質を口中（特に舌）で、空気中の揮発性化学物質を鼻腔で、機械的圧力を皮膚で、筋・腱・関節などの緊張変化を各部位で、重力加速度を内耳の三半規管で、内臓諸器官の状態変化を各内臓器官で検出する。ドイツの生理学者ミューラー（J. P. Müller, 1801-1858）は、感覚神経はそれぞれ固有の性質（特殊エネルギー）を持つとした（**特殊神経エネルギー説** doctrine of specific energies of nerves）。今日では「神経エネルギー」のような言葉は用いないが、感覚は刺激の物理的性質の直接的反映ではなく、刺激が感覚神経を興奮させた結果として感覚が生じるという本旨は妥当である。したがって、適刺激が存在しなくても、何らかの理由で当該の感覚神経が興奮すれば、感覚が生じることになる（実際には音がしていないのに耳鳴りがするのはその一例である）。

しかし、ヒトの感覚・知覚に関するこうした知見を動物にそのまま当てはめて、その**感覚の質**（クオリア qualia）を把握するのは、ときに困難である。例えば、全身で光を感じる動物種にとっての光は眼による感覚ではないため、われわれヒトにとっての視覚よりも、夏の日差しを浴びた肌の感覚（触覚）に近いものであるかもしれない。

なお、感覚様相別に感覚器があるといっても、動物は感覚をモザイク状に組み合わせた知覚世界に住んでいるわけではなく、多様な感覚を統合して世界を把握している。例えば、われわれがホットコーヒーを飲むときは、苦味やかすかな酸味とともに香りを楽しむ。立ちのぼる芳香がなければおいしく味わえない。さめたコーヒーもおいしくない。歩き回りながら飲むよりも、ソファにゆったり座って飲んだ方が美味である。ホットコーヒーの味わいは味覚だけでなく、嗅覚・温感覚・身体感覚などが総合されたものである。動物の知覚世界も感覚の統合体、つまり**ゲシュタルト** Gestalt である。

また、多くの動物行動は時間的にも複数の感覚様相に頼って行われている。

ユクスキュルがあげたダニの例を紹介しよう。森の中の枝葉に住むダニは獲物（ヒトなどの哺乳類）が通りかかると、落下して生き血を吸う。このとき、獲物を待ち伏せる場所はダニの皮膚全体にある光受容器の感覚によって決定する。そして、近づく哺乳類の皮膚腺から出る酪酸の匂いを手がかりに落下すると、温度感覚によって温かい哺乳類の体であることを確かめ、触覚によって体毛の少ない箇所を探し、皮膚に頭部突起を差し込むのである。

3．感覚・知覚研究の方法

　川村（2010）は赤色の水槽で飼育したマダイの稚魚は他の色の水槽で育てた稚魚より成長が速く、ストレス指標である血中コルチゾール量が多くなったと報告し、マダイに色覚があると論じている。これは感覚・知覚の研究方法といってよいだろうか？　われわれの肌は多量の紫外線を長く浴びると日焼けし、皮膚がんの原因にもなるが、だからといってヒトは皮膚で紫外線を感知するとはいわない。また、ヒトが感知できない低濃度の化学物質であっても長時間曝露によっては神経に作用し、健康に害をもたらす（シックハウス症状など）。これらは刺激の「効果」ではあるが、刺激に対する「反応」と呼べるだろうか？　「反応」と呼ぶにしても、そうした「長期的反応」ではなく、刺激を与えて間もなく生じる「短期的反応」をもって感覚・知覚とすべきではないだろうか。

　前述のように、動物の場合は刺激を意識した（気づいた）かどうか確認することが難しい。そこで、感覚器や感覚神経の構造や機能、あるいは実際の行動によって、感覚・知覚を研究することになる。

（1）解剖学的・生理学的研究法

　感覚器や感覚神経の数や構造、あるいはその活動を解剖学や電気生理学などの手法を用いて調べることで、感覚の存在やその鋭さ（感度）を確認できる。例えば、網膜の視細胞の数が多ければ精確な視覚が期待でき、その密度などから理論上の視力を計算することも可能である。また、異なる光の波長を吸収する光受容蛋白質が視細胞にあれば、色覚の存在を示唆しているし、音刺

激に応じて脳の聴覚野の神経活動が大きくなれば、音が聞こえたことを意味する。そのほか、各感覚器および感覚神経の構造と機能に応じた方法がある。

　感覚の初期過程を明らかにする際には受容器や感覚神経を動物から取り出して調べる**生体外検査** in vitro test もできるが、より処理の進んだ感覚や知覚となると摘出処置をしない**生体内検査** in vivo test が必須になる。図3-2の実線は聴覚の生体内検査の一例で、1頭のハナゴンドウ（マイルカ科の中型鯨類）に水中でさまざまな周波数の音を聞かせたときに、どの程度の強さ（音圧）で脳波に変化（聴覚誘発電位）が見られるかを図示している。最も弱い音でも反応しているのは約90kHz（1秒間に9万回の振動）の音であるから、この個体はこの高さの音に最も感度が良いといえる。

（2）行動的研究法

　刺激に対する定位・驚愕反射や、刺激への接近（選好・攻撃）、刺激からの逃避など、刺激に関して生得的な行動が観察できれば、その動物は当該の刺激を感知しているといえる。また、刺激が存在するときにある反応（例えば、レバー押し反応）をすれば餌をもらえるが、存在しないときは餌をもらえない（あるいは、別の反応をすれば餌がもらえる）という刺激弁別訓練（→ p.166）の結果、反応頻度が刺激の有無によって異なるようになれば、動物はその刺激を感知しているといえる。これは継時弁別と呼ばれる課題であるが、この他にも同時弁別課題（複数の刺激を比較選択する）や、条件性弁別課題（刺激の組み合わせが正反応の手がかりとなる）などの訓練方法がある（→ p.168）。図3-2の点線はハナゴンドウの聴力を継時弁別課題を用いて調べた結果を示している。

　このように、刺激と行動の関係から感覚・知覚を体系的に細かく調べることを**動物精神物理学** animal psychophysics という。これは、ヒトの精神物理学（心理物理学）の方法論を条件づけ技術と融合させて成立したもので、**ブラウ**（D. S. Blough, 1929-）によるハトの視覚の暗順応曲線の研究（Blough, 1959）を端緒として、さまざまな手法が開発されている（実森, 1978; Stebbins, 1970）。

刺激に対する反応が生得的であれ学習訓練の結果であれ、注意すべきなのは、呈示した刺激のどのような性質がその反応を引き起こしたかである。例えば、ある動物が赤紙と緑紙に対して異なった反応をしたからといって、色覚があるとは限らない。明るさが異なっているかもしれないし、色紙の赤インクと緑イ

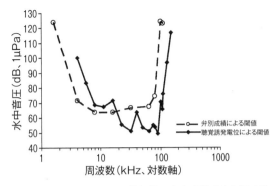

図3-2 ハナゴンドウ幼若個体の水中聴覚感度を示す聴力図　Nachtigall et al (2005)
実線は聴覚誘発電位を測定した1個体の閾値、点線は継時弁別課題を訓練した別の1個体の閾値。両曲線はよく似ているが、点線のほうが感度の高い周波数帯が広い。この違いが検査方法の差によるのか、個体差（点線の個体の方が年長）や検査環境の差（実線は静かなプール、点線は海で測定）によるのかは不明である。

ンクは異なった臭いを発しているかもしれないからである。動物がそうした性質・特徴に反応した可能性を否定せねばならない。例えば、ミツバチの色覚を調べるため、フォン＝フリッシュ（→ p.40）は明るさの異なる15枚の無彩色（灰色）の紙片と1枚の有彩色の紙片を4行×4列に並べ、各紙片の上に透明のシャーレを置いた（von Frisch, 1927）。無彩色の紙片上のシャーレには無臭の水、有彩色の紙片上のシャーレに無臭の砂糖水を入れておくと、ミツバチは繰り返し有彩色の紙片を訪れた。16枚の紙片全体にガラス板をかぶせてからシャーレを置いても結果は同じであった。明るさが手掛かりになっているとすれば、有彩色の紙片だけでなく、無彩色の紙片のうちどれかにも飛来したはずである。このことから、明るさを手がかりにしていたのではないといえる。また、ガラスで覆って紙片からの臭いを排除しても有彩色を識別したことから、色知覚の存在が証明された。

さて、解剖学的・生理学的研究法によって得られた感度は構造・生理機能面からの理論値（かくあるべき値）であるが、行動的研究法で得られた感度は実際に動物がその値の刺激を手がかりとして適応的に反応していることを

第3章❖感覚と知覚　063

意味している。ただし、訓練やテストの方法によっては、実力を十分に発揮できていない可能性もある。つまり、いずれの方法によって得られた感度も推定値であるので、それを絶対的なものだと鵜呑みにしてはいけない。この点に注意しながら、感覚様相（モダリティ）ごとに感覚器のしくみと性能を見ていこう。

4．視覚
（1）光受容器の進化と構造

　視覚 vision（visual sense）の適刺激は電磁波の一種である光である。パーカー（Parker, 2003）によれば、全動物種のうち95％以上の動物種に視覚があるという。光を感知するしくみは動物だけでなく、細菌や原生生物、植物にも認められる。例えばミドリムシなどの原生生物は鞭毛の付け根に感光部を持つ。体表全体で光を感知する生物もいる。視覚に特化した感覚器官（視覚器）のうち最も原始的なものはミミズなどに見られる**散在性視覚器**で、視細胞が体表面に散らばって存在する。視細胞がより凝集したものが**眼点** pigment spot で、クラゲなどに見られる。散在性視覚器や眼点の多くは外界の明暗情報しか得られないが、ホタテガイ（図3-3）の眼点にはレンズや鏡面体が備わっていて、形を捉えることが可能である。視細胞が集まって陥没したものが**杯状眼**（はいじょうがん）cup eye であり、凹型構造（おうがた）のため光の入射角から光源の方向を感知できる。カサガイの眼はこれである。杯状眼の入り口が狭くすぼまり小さな穴だけが残ったものが**窩状眼**（かじょうがん）pinhole eye で、ピンホールカメラの原理で焦点に像を結ぶ。アワビやオウムガイの眼がこれである。よりはっきりした投影像は穴の部分にレンズを置いて光を屈折させた**レンズ眼（水晶体眼）** lens eye によって可能となる。このとき穴の部分は瞳孔と呼ばれる。無脊椎動物では、最も精緻なレンズ眼はイカやタコのものである。

　無脊椎動物のうち節足動物では頭部左右に**複眼** compound eye を持つ種が多い。複眼は棒状のユニット（**個眼** ommatidium）の高密度集合体で、複眼1つあたりの個眼の数は約20個（ワラジムシ）〜2万数千個（トンボ）である。複眼の個眼が1画素に対応し、脳で統一されて1つの風景として知覚される。

図3-3 ホタテガイと同じイタヤガイ科の貝で
あるマゼランツキヒの眼点
黒い点の1つ1つが眼であり、全体で100個余りある。
https://upload.wikimedia.org/wikipedia/commons/0/0a/
Placopecten_magellanicus.jpg

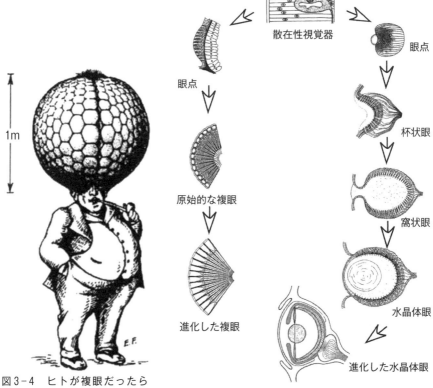

図3-4 ヒトが複眼だったら
Kirschfeld（1976）

図3-5 無脊椎動物の眼の進化　岩堀（2011）

第3章❖感覚と知覚　065

複眼の解像度はレンズ眼に比べて悪く、ヒトの視力を複眼で得ようとすれば直径1メートルの大目玉の怪物になる（図3-4）。しかし、後述のように、複眼は対象の素早い動きを検知する能力に優れており、半球状のため広い視野が得られる。図3-5に無脊椎動物の単眼と複眼の進化を示す。なお、地球上で初めて完全な複眼を有した動物は初期の三葉虫だと考えられている。餌を見つけて捕食するのに複眼は大いに役立った。捕食される側の動物はより早く動き、装甲や棘(とげ)を持つなどの進化を遂げる。三葉虫自身も共食いや、眼を持ち始めたより強大な捕食者から身を守る硬い外骨格（殻(から)）を持つようになる。動物が眼を持つようになって生じた複雑な捕食者―被捕食者関係が、カンブリア爆発（→ p.5）の原因である（光刺激を受容する眼の誕生がカンブリア爆発のスイッチとなった）との学説もあり、これを**光スイッチ説** light switch theory という（Parker, 2003）。

ハチ・ハエ・セミ・トンボ・バッタなどは左右の複眼のほか額に偏光（光の振動の偏り）を感じる**単眼** ocellus を3つ持ち、太陽との位置関係を把握している。なお、偏光は複眼でも感知しており、空がすべて厚い雲に覆われていない限り、太陽の位置を偏光から把握できる。節足動物のうちクモやサソリ、ダニなどは複眼が退化して単眼となっており、その数はクモで0～8個（図3-6）、サソリで0～10個、ダニで0～4個である。節足動物では頭胸部以外にも光受容器を持つものも少なくない。例えば、蟻川（1998, 2001, 2004, 2009）によれば、アゲハチョウは尾の先に4つの光受容器を持ち、雄は交尾器の結合、雌は産卵管の突出しを確認するために用いているという（光受容

図3-6　8つの眼を持つアダンソンハエトリ（雌）　©Pixabay

多くのクモは6つ（3対）か8つ（4対）の眼を持つが、その配置は種によってさまざまである。ハエトリグモ科では横一列で広い視野を持ち、大きな中央の1対は両眼視野を確保して奥行知覚を可能にしている。左右とも奥から2番目の眼は極小である。

器が相手の陰になって光量が少なくなれば、尾端が正しい位置にあることを意味する）。

　脊椎動物は、ヌタウナギやホライモリなどのように眼を退化させた種を除き、ほぼすべての種が眼を頭部に持つ。脊椎動物の両眼もレンズ眼であるが、その起源は無脊椎動物のそれとは異なる。脊椎動物の祖先は水底にあって、上からの光を背に広く分布する散在性視覚器で捉えていた。背中の表皮が硬化して神経板となった際、視覚器の細胞もそこに取り込まれ、神経板が神経溝、そして神経管と進化し、最後に脳や脊髄を持つ中枢神経系が形成された

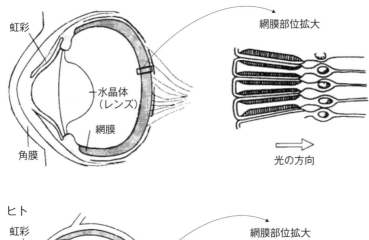

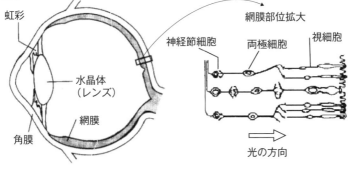

図3-7　無脊椎動物（イカ）と脊椎動物（ヒト）の眼球
異なる祖先からきわめて類似した眼球構造に収斂した相似の例である。ただし、脊椎動物では反転眼になっている（無脊椎動物でもホタテガイやプラナリアなどは例外的に反転眼である）。

ときに、脳に残存した視細胞が体表と接するところに生まれたのが哺乳類の眼である。なお、脊髄の視細胞は退化したが、脊椎動物に近い頭索動物のナメクジウオでは散在性視覚器が脊髄全体の中に確認される。脊椎動物の両眼は、脳に残った視細胞のうち左右に伸びた神経のふくらみから発生したもので**外側眼** lateral eye という。表皮に接した部分から神経が反り返るように広がって網膜が形成されたので、視細胞は奥側に向いた形になっている（図3-7）。このため、外側眼には眼底に視神経の束の出口があって、そこは視細胞がない**盲点** blind spot となっている。

　キンメダイやハダカイワシなどの深海性の魚類、フクロウなどの夜行性鳥類、哺乳類ではイヌやネコなどの食肉類、ツパイやメガネザルなど原猿類、ウマやウシなどの有蹄類、クジラやイルカなどの鯨類には、網膜の裏側に**タペタム（輝板）** tapetum という反射板があって、網膜を通過した光を反射して網膜の視細胞に再び当てることで、薄暗い環境でも物体を視認できる。暗闇で動物の眼が光るのは、輝板で反射した光が瞳からもれ出たものである。昼行性の鳥類やブタ、リス、原猿以外の霊長類の多く（ヒトを含む）などはタペタムを持たないため、そのように眼が光ることはない。

　脊椎動物は両眼以外にも第3の眼がある。脳から上に伸びた神経のふくらみ2つのうち1つは脳の深部に移動して松果体となり、体内時計（→ p.142）などの機能を果たす内分泌器官となった。もう1つのふくらみは哺乳類では退化したが、それ以外の脊椎動物では頭頂部近くにとどまって明暗を感知できる光受容器となっている。特に、トカゲ類ではレンズも備わって像を結ぶため**頭頂眼** parietal eye と呼ばれる。

（2）空間分解能

　物体を視覚的に識別する能力を**視力**（視精度）visual acuity という。物体が止まっているか動いているかによって、**静止視力** static visual acuity と**動体視力** dynamic visual acuity に分類できるが、普通に視力という場合は前者を意味し、どれほど小さい対象を識別できるかという**空間分解能** spatial resolution のことである。日本では静止視力は、考案者の名を取って**ランドルト環**

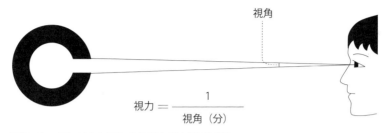

図3-8 ランドルト環による視力測定鵜の原理
視角1分は1度の60分の1である。

Landolt ring とよばれるC型の図を用いて測定され、視角（分単位）の逆数として1.2とか0.8のような**小数視力** decimal visual acuity の形式で表される（図3-8）。例えば、5mの距離から1.5mmの切れ目の幅を識別できれば視力1.0となる。英米ではアルファベットが並んだ**スネレン視標** Snellen chart

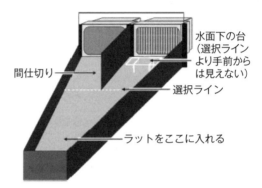

図3-9 水迷路での同時弁別課題によるラットの縞視力測定装置 Jeffrey et al. (2011)
左右の画面のどちらが縦縞であるかは試行ごとに異なる。正しく縦縞画面を選べば浅瀬で休息できるが、灰色画面を選ぶと泳ぎ続けなければならない。

を用い、20フィートの測定距離でサイズ20の文字が読めれば20/20のように**分数視力** fractional visual acuity で表すが、分数を小数にすればランドルト環での値に相当する（20/20なら1.0、20/40なら0.5）。なお、20フィートは約6mに相当するので、メートル法を採用している国では6mの視距離で測定し、6/6のように表す。

　動物を対象に視力測定を行う場合は、白黒の縦縞と横縞を識別できるか（あるいは縞と一様の灰色を区別できるか）を、馴化や弁別学習（→ p.166）によって調べることが多い（図3-9）。これを**縞視力** grating acuity という。縞視力は視角1度あたりの黒縞の本数（cycles per degree, cpd）で示されるが、弁別で

表3-1　解剖学的方法で推定した魚類の視力と視軸方向　川村（2010）を改変

動物名	視力	視軸方向	備考	動物名	視力	視軸方向	備考
淡水魚				**沿岸魚**			
ニジマス	0.07	—	行動データ	クロホシイシモチ	0.06	前下	
ブルーギル	0.09	前方やや下	行動データは0.07	ギンイソイワシ	0.08	前	
グッピー	0.11	—	行動データ	イシビラメ	0.09	—	行動データ
オオクチバス	0.17	前		ヒイラギ	0.09	前下	
キンギョ	0.23	—	行動データ	ブリ	0.11	前	
深海性魚				シマイサキ	0.11	前	
アオメエソ	0.06	上		マアジ	0.12	前下	
テンジクダイ	0.07	前下		スズキ	0.12	前	
ニギス	0.11	上		メジナ	0.13	前下	
ソコマトウダイ	0.15	上		クロメジナ	0.13	前下	
大型表層魚				イシダイ	0.14	前	
クロマグロ	0.28	前方やや上		チダイ	0.15	前下	
メカジキ	0.31	前方やや上		ホウボウ	0.15	前	
シロカジキ	0.37	前方やや上		カサゴ	0.15	前	
マカジキ	0.38	前方やや上		マダイ	0.16	前下	
カツオ	0.43	前方やや上	行動データは0.18	ヘダイ	0.16	前下	
メバチ	0.44	前方やや上		キュウセン	0.16	前下・側方	
クロカジキ	0.44	前方やや上		センウマズラハギ	0.16	前	
タイセイヨウクロマグロ	0.45	前方やや上		ホウセキハタ	0.16	前	
キハダ	0.49	前方やや上	行動データは0.27	マサバ	0.17	前上	
ビンナガ	0.49	前方やや上		ゴマサバ	0.19	前上	
バショウカジキ	0.53	前方やや上		ユメカサゴ	0.19	前	
フウライカジキ	0.56	前方やや上		マハタ	0.24	前	

行動研究データはStrod et al.（2004）の表に示された値

きた縞の幅を視角に換算する（cpd 値を 2 倍して60で割る）とランドルト環で測定した値と比較できる。また、解剖学的・生理学的方法によって解像度を求めることでも、視力を推定可能である。例えば、表3－1は視細胞の密度とレンズの焦点距離から推定したさまざまな魚の視力である。大型表層魚は総じて視力が良くおよそ0.3以上であるのに対し、沿岸魚や深海性魚、淡水魚では約0.1〜0.2である。なお、同表には**視軸** visual axis（レンズ中央と中心窩を結ぶ線）の方向、つまり最も対象を細かく見ることのできる方向も示されている。

表3－2に魚類以外の動物の推定視力をあげた。これまでに論文などで報告された動物種の多くをまとめてある。推定方法は統一されていないため数値は目安である。総じて捕食動物は被捕食動物より視力が良い。特に、上空から獲物を狙う猛禽類の視力は特に卓越しており、ハヤブサ科のアメリカチョウゲンボウは5.0を超える。草食のキリンの視力も比較的良く、高い頭から遠くの肉食獣をはっきり捉えることができる。また、霊長類のうち昼行性の種も良い視力を持っている。なお、同種の動物でも個体差があるだけでなく、品種などによる違いもある（図3-10）。また、視力は周囲の明るさなどによっても変化する。例えば、明るいところではヒトはコウモリよりも視力が良いが、暗いところではコウモリのほうが視力が良い（Geva-Sagiv et al., 2015）。

アルビノ系	野生および非アルビノ系	FN系	ヒト
視力0.02	視力0.03	視力0.05	視力1.0

図3-10　ラットが壁掛け時計を見たときの視覚イメージ　Prusky & Douglas（2005）
ウィスター系やSD系などのアルビノ系統よりも野生のドブネズミやLE系（ズキンネズミ）など非アルビノ系統のほうが視力は良い。FN系（Fisher-Norway系）はFisher344系とBrown-Norway系の交雑種で、ラットの諸系統の中ではおそらく最も視力が良い。

表3-2　さまざまな動物の視力

動物種（和名）	視力
扁形動物	
プラナリア	0.000
甲殻類	
ヒオドシエビ	0.001
軟体動物	
オウムガイ	0.001
イタヤガイ	0.005
タコ	0.766
コウイカ	0.890
昆虫類	
ヨーロッパクギヌキハサミムシ	0.001
チャイロコメノゴミムシダマシ	0.001
キイロショウジョウバエ	0.002
サバクアリ	0.002
スジコナマダラメイガ	0.003
ナナホシテントウ	0.003
イエバエ	0.003
アメンボ	0.004
ベルシカラーボタル	0.005
オオモンシロチョウ	0.005
キバハリアリ	0.005
アルバニアハンミョウ	0.006
アミメカゲロウ	0.006
クロバエ	0.008
フトハナバチ	0.008
キオビクロスズメバチ	0.008
トノサマバッタ	0.009
キアゲハ	0.009
ミツバチ	0.010
コフキオオメトンボ	0.013
オオカマキリ	0.014
ホソモモブトハナアブ	0.014
タイリクアカネ	0.021
アメリカギンヤンマ	0.035
ハエトリグモ	0.056

動物種（和名）	視力
両生類・爬虫類	
ヒョウガエル	0.093
ファイアサラマンダー	0.167
アマリカミズヘビ	0.168
アカウミガメ	0.187
鳥類	
コキンメフクロウ	0.200
ヨーロッパウズラ	0.233
アメリカワシミミズク	0.250
メンフクロウ	0.267
ハシブトガラス	0.280
ヒヨコ（ニワトリ）	0.287
ウズラ	0.303
オオジュリン	0.313
キアオジ	0.353
アトリ	0.366
カワウ	0.370
モリフクロウ	0.427
ヨーロッパコマドリ	0.429
アメリカコガラ	0.452
ウソ	0.538
ウタツグミ	0.559
ハト	0.600
アオカケス	0.633
ダチョウ	0.645
インドクジャク	0.687
クロウタドリ	0.752
ズアオアトリ	0.758
ヒバリ	0.769
ノハラツグミ	0.855
ヒジリショウビン	0.867
カケス	1.000
ミヤマガラス	1.000
カササギ	1.110
ニシコクマルガラス	1.110
ワライカワセミ	1.367
チャイロハヤブサ	2.564
ヘビワシ	4.000

動物種（和名）	視力
オナガイヌワシ	4.762
アメリカチョウゲンボウ	5.333
哺乳類	
単孔目	
ハリモグラ	0.056
有袋上目	
フクロミツスイ	0.021
ミナミオポッサム	0.042
コアラ	0.080
キタオポッサム	0.083
ダマヤブワラビー	0.090
ヒメフクロネコ	0.093
クアッカワラビー	0.133
タスマニアデビル	0.158
フクロギツネ	0.160
フクロアリクイ	0.173
クロカンガルー	0.374
長鼻目	
アフリカゾウ	0.439
有毛目	
フタユビナマケモノ	0.051
鯨目	
アマゾンカワイルカ	0.025
シロイルカ	0.083
イシイルカ	0.086
ネズミイルカ	0.087
オキゴンドウ	0.107
バンドウイルカ	0.110
マイルカ	0.127
カマイルカ	0.164
シャチ	0.182
偶蹄目	
ヒツジ	0.187
ヤギ	0.281
ブタ	0.331
フタコブラクダ	0.333
ウシ	0.344
ヒトコブラクダ	0.347
ダマジカ	0.616

動物種（和名）	視力
キリン	0.849
奇蹄目	
クロサイ	0.200
ウマ	0.777
食肉目	
コツメカワウソ	0.067
イイズナ（コエゾイタチ）	0.073
フェレット	0.119
ゼニガタアザラシ	0.120
セイウチ	0.127
ラッコ	0.140
トド	0.154
キタオットセイ	0.201
カリフォルニアアシカ	0.208
ミーアキャット	0.210
ヨーロッパオオヤマネコ	0.267
ブチハイエナ	0.280
ネコ	0.295
イヌ	0.387
タイリクオオカミ	0.486
チーター	0.767
翼手目	
ホオヒゲコウモリ	0.003
ジャマイカフルーツコウモリ	0.006
オオヘラコウモリ	0.006
ルーキクガシラコウモリ	0.013
オオクビコウモリ	0.017
グールドミミナガコウモリ	0.020
ナミチスイコウモリ	0.021
セバタンビヘラコウモリ	0.031
ウサギコウモリ	0.033
トガリツームコウモリ	0.043
アラコウモリ	0.050
インドオオコウモリ	0.057
オーストラリアオオアラコウモリ	0.063
マダガスカルルーセットオオコウモリ	0.100
オーストラリアオオコウモリ	0.133
ハイイロアメリカフルーツコウモリ	0.147
ハイガシラオオコウモリ	0.183

動物種(和名)	視力	動物種(和名)	視力
齧歯目		**霊長目**	
キイロモグラレミング	0.013	フトオコビトキツネザル	0.095
ハダカデバネズミ	0.015	ハイイロショウネズミキツネザル	0.140
ゴールデンハムスター	0.017	オオガラゴ	0.160
マウス(ハツカネズミ)	0.017	クロキツネザル	0.171
シカシロアシマウス	0.019	ショウガラゴ	0.223
ノルウェーレミング	0.028	ワオキツネザル	0.223
キタモグラレミング	0.030	アザールヨザル	0.277
ラット(ドブネズミ)	0.053	フィリピンメガネザル	0.296
スナネズミ	0.060	ヨザル	0.333
パカ	0.093	ブラックタマリン	0.829
トウブハイイロリス	0.130	コモンマーモセット	1.000
トウブキツネリス	0.130	リスザル	1.350
カリフォルニアジリス	0.133	カニクイザル	1.533
カピバラ	0.193	ブタオザル	1.533
ウサギアグーチ	0.207	アカゲザル	1.787
ウサギ目		フサオマキザル	1.825
アナウサギ	0.100	ミドリザル	1.841
登木目		クロホエザル	1.987
キタツパイ	0.080	ヒト	2.133
コモンツパイ	0.157	チンパンジー	2.143

Land (1981, 1997)、Odom et al. (1983)、村山(1996)、Strod et al. (2004)、Harmening et al. (2009)、Veilleux & Kirk (2014) がまとめた縞視力の数値から小数視力を計算した。ただし、以下の動物についてはカッコ内の文献によった。ヒョウガエル(Aho, 1997)、ファイアサラマンダー(Himstedt, 1967)、アメリカミズヘビ(Baker et al., 2007)、アカウミガメ(Bartol et al., 2002)、コウイカ(Watanuki et al., 2000)。文献間で同じ種のデータが重複する場合には最も高い値を採用した。なお、表中の視力のほとんどは少数個体(1個体の場合もある)から求められたものであるので、おおよその値として理解してほしい。視力の弱い動物もいるので表中の数値は小数点以下3桁で統一してあるが、視力の良い動物にとっては細かい値の違いは意味がない。なお、プラナリアが表中で「0.000」となっているのは、Land (1981) の表から計算した値が「0.00024」だからである。

(3) 時間分解能

　動いている物体の視覚的識別力、すなわち動体視力には静止視力に加えて、どれほど素早い動きを検出できるかという**時間分解能** temporal resolution が関与する。電球を1秒間に数十回の頻度で点滅すると、連続して光っているように見える。このときの点滅頻度を**臨界融合頻度** critical fusion frequency (CFF) といい、Hz(ヘルツ、1秒当たりの回数)で示したCFFを時間分解能

の指標とするのが一般的である。CFFには個体差があり、電球の明るさや疲労度によっても異なるが、ヒトで約20〜60Hzである。脊椎動物のいくつかの種についてCFFの値を表3-3に示す。多くの個眼からなる複眼を持つ昆虫は対象の素早い動きを検知可能であり、これが高いCFFにも反映されている。例えば、ミツバチやトンボは300〜400Hz（Autrum, 1958）、イエバエも200Hz以上（Ruck, 1961）のCFFを示す。表3-3にあるようにこれらの昆虫の空間分解能はヒトの100分の1程度であるが、時間分解能ではヒトに勝る。飛ぶ昆虫を捕まえるのが難しいのは、彼らが敏捷であることに加えて、ヒト

表3-3 さまざまな動物の眼の時間分解能（CFF）

動物種	CFF	動物種	CFF
ヨーロッパウナギ	1 L	ムカシトカゲ	45.6 L
トッケイヤモリ	2 L	テンジクネズミ	50 L
ニワトリ	8 H	ネコ	55 L
ハト	10 H	ヒト	60 H
オサガメ	15 H	アメリカアカリス	60 H
ハナグロザメ	18 L	キンギョ	67.2 H
ニジマス	27 L	アノールトカゲ	70 H
アカシュモクザメ	27.3 L	コミミズク	70 H
タイガーサラマンダー	30 L	セキセイインコ	74.7 H
メガネカスベ（ガンギエイ目）	30 L	イヌ	80 H
タテゴトアザラシ	32.7 L	グリーンイグアナ	80 H
ニシレモンザメ	37 L	キハダ	80 H
メダカ	37.2 L	コモンツパイ	90 H
ラット	39 L	アカゲザル	95 H
アカウミガメ	40 H	ホシムクドリ	100 H
アオウミガメ	40 H	キマツシマリス	100 H
アメリカワシミミズク	45 L	キンイロジリス	120 H

多くの論文の報告データをHearly et al. (2013) が総括した表をもとに作表しなおした。
網膜電位の測定値から推定した値と弁別訓練成績から推定した値が混在している。
点滅光の輝度は動物種に適したものにしてある（夜行性動物は暗め、など）が、一般に低輝度のほうがCFFが低くなるので注意が必要である。L = 低輝度、H = 高輝度

の動きを素早く察知しているからである。

(4) 色覚

 ヒトはおよそ380〜750 nm（ナノメートル）の波長の電磁波を光として感じるが（図3-11）、それはこの波長の電磁波（可視光線）に反応する視物質を持つ視細胞が網膜にあるからである。網膜周縁部には498 nm の光を最も鋭敏に検知する**桿体細胞** rod cell があって、明暗の感覚をわれわれに与える。最も視細胞が密集する**中心窩** fovea とその周辺には420 nm、534 nm、564 nm のいずれかの光を最も検知する視物質を持つ**錐体細胞** cone cell（赤錐体、緑錐体、青錐体）があって、明暗感覚のほかに興奮レベルの相対比によって、色という質感（クオリア）を生む。これが**色覚** color vision である。

 無脊椎動物の多くは異なる波長に敏感な視物質がないため全色盲であるが、節足動物、とりわけ昆虫の中には複数の波長に反応する視細胞を持つものがいる。光の波長に対する相対的な感度を分光感度という。ゴキブリ・エビ・ザリガニは2種類、ミツバチ・ハエ・スズメガは3種類、アキアカネ（赤とんぼ）やモンシロチョウは5種類、ナミアゲハは6種類（広帯域に感度を有する1種類を含む）、シャコにいたっては十数種類の異なる分光感度を持つ視細胞が確認されている（蟻川, 1998, 2001, 2004; 鈴木, 1995）。しかし、ヒトは3種類の錐体だけでも多くの色を感じており、色受容器の種類が多いからといって必ずしもきらびやかな世界がクオリアとして感じられるわけではない

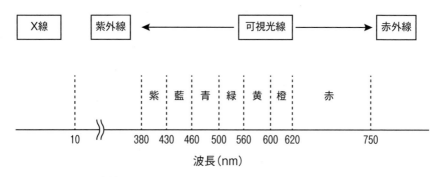

図3-11 ヒトの可視範囲

だろう。また、ヒトも桿体細胞を含めれば4種類の異なる分光感度を持つ視細胞があるが、色感覚をもたらしているのはそのうちの3つである。ナミアゲハも6種類の視細胞のうち色感覚に関与しているのは4つだけ（4色型色覚）であることが、波長弁別の行動実験で明らかにされている（蟻川, 2009）。

　脊椎動物については、魚類・両生類・爬虫類・鳥類は3色型であるとされていた（上野・林部, 1994; 鈴木, 1995）。近年、紫（410〜420 nm）、青（440〜450 nm）、緑（470〜510 nm）、赤（520〜570 nm）付近で最も感度が良い視細胞からなる4色型であることがわかった（蟻川, 2004; 七田, 2001）。おそらく恐竜もそうであったろう（Goldsmith, 2006）。多くの哺乳類はこのうち青と緑の視細胞を退化させた2色型で、赤色と緑色の識別が困難である。これは原始哺乳類が恐竜を恐れて夜行性となったためだと考えられている。哺乳類のうち霊長類には3色型も見られる（類人猿とヒトは3色型）が、これは赤視細胞が赤錐体と緑錐体に分化し、紫視細胞が青錐体になったものである。これにより、赤く色づいた果実の識別が容易になり（Osorio & Vorobyev, 1996）、他個体の「顔色」を読み取ることも容易になった（Changizi et al., 2006; Hiramatshu et al., 2017）。

　かつてラットには色覚がないとされていたが（Watson & Watson, 1913）、その後の諸研究によって、ラットやマウスでも紫外線に反応する錐体と、510〜540 nm の波長に最もよく反応する錐体の2種類があることがわかってきた（Jacobs et al., 2001）。表3-4に哺乳類の色覚をまとめておく。なお、魚類でもハダカイワシなどの深海魚の網膜には錐体がなく、サメには1種類の錐体しかないため、これらの種は色盲である（川村, 2011）。

　動物の知覚世界を理解するためには、実際に感じる色の種類数だけでなく、知覚できる電磁波の範囲の違いにも着目すべきである。前述のように、有彩色紙片と無彩色紙片を弁別するようミツバチを訓練できる。しかし、有彩色紙片が赤色のときは無彩色紙片と区別がつかず、その一方で紫外線を反射する紙片は無彩色の紙片と識別可能であった（Frisch, 1927）。つまり、ミツバチには赤が見えないが、それより短い波長は紫外線を含めてよく見えるのであ

表3-4　哺乳類の色覚

1色型	2色型	3色型
霊長目：ヨザル、ガラゴ、齧歯目：アフリカオニネズミ、食肉目：アザラシ、鯨目：コククジラ、バンドウイルカ	霊長目：ワオキツネザル、ツパイ、齧歯目：マウス（紫外線錐体を含む）、ラット（紫外線錐体を含む）、モルモット、ジリス、ウサギ目：アナウサギ、食肉目：ハイエナ（短波長錐体は紫外線錐体？）、クマ、イヌ、フェレット、ネコ、ラッコ、偶蹄目：ウシ、オジロジカ、ブタ、奇蹄目：ウマ、海牛目：マナティー、岩狸目：ハイラックス、長鼻目：アフリカゾウ、翼手目：オオコウモリ（紫外線錐体を含む）	霊長目：ヒト、マカクザル、ホエザル、リスザル（4色型？）

視物質の分光感度に基づいて錐体の種類を分類したJacobs（2009）の表からまとめたもの。

る。花蜜を求め舞うチョウも（図3-12）、トカゲも（Fleishman et al., 1993; i de Lanuza & Font, 2014）、紫外線が見える。鳥類の中にも紫外線が見える種は少なくない。例えば、紫外線を反射する足環をしたキンカチョウの雄は雌によくもてる（Bennet et al., 1996）。心理学実験でよく用いられるハトやネズミ（ラット・マウス・スナネズミ）も紫外線を知覚できるため（Jacobs, 1992）、視覚実験を行う際には注意が必要である。

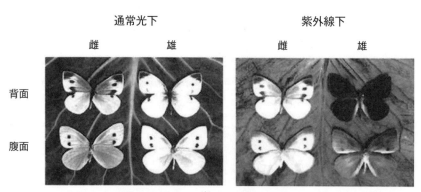

図3-12　モンシロチョウの紫外線視覚のイメージ　小原（2003）
雌の羽は紫外線を反射し、雄の羽は紫外線を吸収する。このため、通常光下で撮影した写真（左）では雌雄の区別がつかないが、紫外線下で撮影した写真（右）では雌雄の区別が明白である。モンシロチョウの雄にとって、羽の明るい個体は交尾相手の雌である。

なお、紫外線よりも短い電磁波はX線であるが、X線をラットに照射して電撃を与えるという手続きを繰り返すと、ラットはX線を照射されただけで恐怖反応を示す（Garcia et al., 1962）。このことから、ラットはX線に対する感覚があるといえるが、内臓の不快感としてX

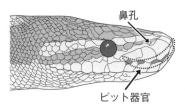

図3-13 ボールニシキヘビのピット器官

線を感知していると考えられるため、これを視覚と呼ぶのはためらわれる。また、可視光よりも長い波長の電磁波は赤外線であるが、ヒトはこれを熱として皮膚で感じるので視覚ではない。マムシ・ハブ・ニシキヘビなどは鼻孔近くに赤外線を感じる専用の**ピット器官**（孔器官 pit organ）が左右に1対以上あって（種によっては下顎にもさらに数対ある）、暗闇の中でも獲物の存在と位置を温度で察知できる（図3-13）。中南米に住む大蛇ボアコンストリクターは、赤外線に35ミリ秒（0.035秒）以内で反応するという（Gamow & Harris, 1973）。ピット器官は頭部の皮膚感覚を脳に伝える三叉神経を刺激することから、これも視覚とはいいがたい。

（5）視野

眼の機能は光を利用して周囲の環境を知ることである。眼に見える範囲を**視野** visual field というが、エビやカニでは頭から突き出た眼柄の先に複眼が

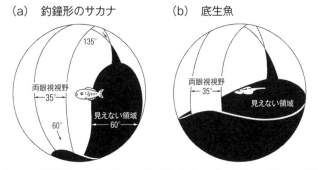

図3-14 魚類の両眼視野 Duke-Elder（1976）にもとづき吉澤ら（2002）が描いたもの

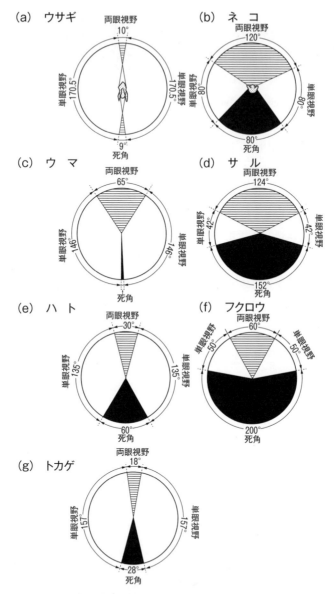

図 3-15　両眼の水平視野
　　　　Duke-Elder（1976）にもとづき吉澤ら（2002）が描いたものを改変

ついており、それを動かすと広い視野を得られる。また、ハエ・ハチ・トンボなどの昆虫では複眼が頭部面積の半分以上を占めており、これも広い視野獲得に役立っている。いっぽう、水底を這うカブトガニの眼は体の上面についていて、下面は視認できない。このように、視野外範囲を**死角** dead spot という。脊椎動物の多くの種では眼が頭部の左右両側面についているため両眼視野は広いが、底生魚ではカブトガニと同じく体の下面が見えない（図3-14）。また、霊長類やフクロウ、ネコのような動物では目が前向きについていて、首を動かさないと頭部後方に広い死角ができるが、その一方で前方に広い視野の重なりを確保できる（図3-15）。視野の重なりは、左右両眼での見えの違い（視差）や両眼を中央に寄せる（輻輳）ための動眼筋の緊張度合などを手がかりにした、**奥行知覚** depth perception や**立体視** stereoscopic vision を可能にする（→ p.114）。

鳥類の多くの種では眼球には中心窩が2つあって、前方での**焦点視** focused vision による正確な対象補足と、側方での**パノラマ視** panoramic vision による探索・警戒が同時に可能である（図3-16）。中心窩が2つあるということは、視軸が2つあることを意味する。イルカなどの鯨類も中心窩に相当する精度の高い部位が眼球に2つあり、前方と後方を同時に見ていると思われる（図

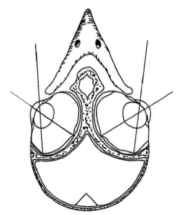

図3-16 鳥類の視軸
Duke-Elder（1976）にもとづき吉澤ら（2002）が描いたものを改変
各眼に2本ある視軸の1本は光軸（眼のレンズ中央を通るレンズに垂直な線）とほぼ同じで横向きであるが、もう1本は大きくずれていて前方視に優れる。

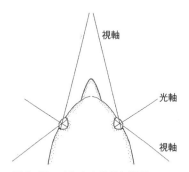

図3-17 イルカの視軸と光軸
村山（1996）を改変
各眼に2本ある視軸視軸は光軸から左右ほぼ対称に大きくずれている。

3-17)。なお、鳥類の眼球は頭部全体に比して大きく、ややひしゃげた形をしており、外眼筋があまり発達していないので、眼球をほとんど動かせない。このため、対象物を追うときは頭部全体を動かす。

(6) 形態視

対象物の形を識別する視覚能力を**形態視** form vision という。心理学実験でよく用いられるラット・ハト・マカク属のサル・チンパンジーについては、形態視の研究が複数ある。図3-18にそうした研究成果の一例を示す。ヒトにとって似て見えるアルファベット（CとG、WとMなど）は、ハトやチンパンジーにも似て見えているようだが、種差も見られる（CとQ、MとUなど）。また、ヒトでは図形の上下どちらに陰があるかの判断は、左右どちらに陰があるかの判断よりも容易だが、チンパンジーはこの逆である（図3-19）。平原で進化したヒトと樹間生活に適応したチンパンジーでは、知覚処理のしくみが異なっているのかもしれない。また、ヒトは画像刺激を全体

ハト    チンパンジー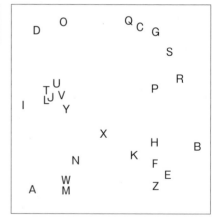

図3-18　ハトとチンパンジーにおけるアルファベット知覚
左パネル：Blough (1985) を改変　右パネル：Matsuzawa (1990)
2文字間の同時弁別学習の成績が悪ければ「それらの文字は似ている」と見なして、多次元尺度法により文字間の類似度を図示したもの。文字の絶対的位置ではなく、相対的位置（文字間の遠近距離とまとまり具合）に注目すること。

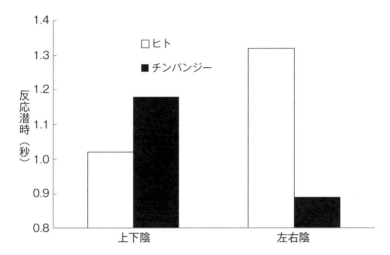

図3-19　視覚探索課題によって明らかにされた陰影知覚の種差　Tomonaga
（1998）の結果から作図。
上段は画面に呈示された刺激画像の例である。6つの円（直径18mm）から陰の位置が異なる仲間外れを1つ、できるだけ速く探さけければならない（6か所のどこに仲間外れが現れるかは毎回異なる）。反応潜時が短いほど知覚処理が容易であることを意味する。

として捉えがちだが、ヒト以外の霊長類やハトは画像の局所的特徴に注意を向ける傾向にある（後藤，2009）。

　形態視の研究は上記の動物種以外でも行われている。図3-20にはハナナガヘラコウモリの同時弁別課題を用いた実験をあげてある。このコウモリは超音波によって物体の形を知覚する種であるが、そういう種であってもかなりの形態視が可能であるのは興味深い。魚類の中にも優れた形態視を持つ種がいる（図3-21）。また、イカやタコは周囲の状況を視認して体色や模様を変えるが、この習性を利用した形態視研究もある（図3-22）。

第3章❖感覚と知覚　083

図3-20 ハナナガヘラコウモリの同時弁別実験で用いた視覚刺激 Suthers et al,（1969）

1辺が10cmの2つの三角形▲と▼（図のa）を左右に40.5cm間隔で並べ、137cm離れたところから1匹のコウモリを放った。▲の中央から甘い砂糖水が飲めるが、▼の中央から出るのは苦い水である。▲と▼の左右位置は試行によって異なる。▲を確実に選べるようになったら、図のb〜jのペア刺激を見せて、どちらを選ぶかテストした。ペアdとペアi以外は、この図で左に示した形を選んだ（ペアdとペアiでは好みに差がなかった）。こうした結果から、このコウモリは訓練で用いた▲と▼の識別の際、底辺に注目していたことがうかがえる。ペアiで好みに差がなかった理由は不明である（刺激が大きすぎたのかもしれない）。

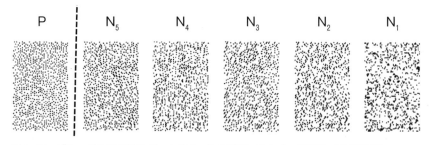

図3-21 ブルーギルにおけるドットパターンの識別 Bando（1993）の図を改変

魚の前に2種類のドットパターン（PとN）が同時に呈示され、Pに向かって泳げば餌（小エビ）が与えられる。この弁別訓練試行を繰り返す（PとNの左右位置は試行ごとにランダムである）。NパターンはN_1〜N_5の5つがあり、まずN_1を避けPを選ぶようになったら、次はPとN_2、そしてPとN_3、さらにPとN_4と訓練を進め、最後はPとN_5の識別もできるようになった。

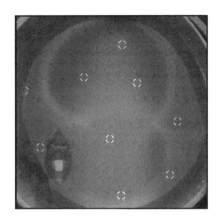

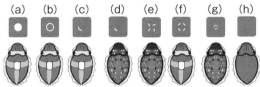

図3-22 ヨーロッパコウイカの体表模様で測る形態知覚　Zylinski et al. (2012) を改変
上：水槽の底（灰色）に切欠きのある円を複数配置したところ、イカの体に白い角丸斑が表れた。下：配置した図形によって表れる模様が異なる（実験結果をわかりやすくイラスト化したもの）。切欠きがあったり（f）、輪郭の一部であっても（c）、角丸斑が表れるが、輪郭が短すぎたり（d）、線分の向きが放射状であったり（e）、円が小さすぎると（g）、角丸斑ではなく点が表れる。体表の角丸斑はイカが図形を円として知覚していることを示唆している。

なお、形の知覚にはバイアスが見られる。その良い例が錯視である（→p.112）。

（7）視覚的探索

保護色をまとった虫に気づいて捕食する経験をした鳥が同種の虫を容易に見つけ出すようになることを、ティンバーゲン（→p.40）は**探索像** search image という言葉で表現した（Tinbergen, 1960）。鳥は何を探せばよいか具体的イメージを抱いて、獲物を探しているという意味である。探索像は経験にもとづく学習あるいは記憶の一種であるが、**視覚的注意** visual attention の問

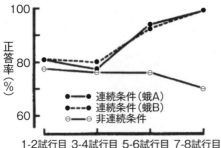

図3-23 探索像をアオカケスで実験的に確かめた実験　Pietrewics & Kamil (1979)
画面に木の幹の写真を映し出して、そこに蛾がいるかどうかをアオカケスに判断させた。木の幹に蛾が1匹いる試行では、画面をつつくと報酬としてミールワームが与えられる。蛾がいない試行では報酬は与えられない。この実験では、2種類の蛾（蛾Aと蛾B）が用いられた。蛾がいる試行ではどちらか1種類の蛾ばかり毎回映し出される連続条件では、試行を経るごとに成績がよくなっている（探索対象である蛾のイメージが固まっていくことを示唆する）。2種類の蛾のうちどちらが映し出されるかがわからない非連続条件では、そうした成績向上は見られない。

題（何に注意しながら探すか）としてみることもでき、その観点からアオカケスやハトを用いた実験研究が進められている（図3-23）。

ヒトの視知覚研究では、複数の図形の中から正しいものをできるだけ速く選ぶという視覚探索課題が、知覚情報処理過程の分析のためしばしば用いられる（河原・横澤, 2015）。同様の課題をハトや霊長類に対して行った研究も近年、多く見

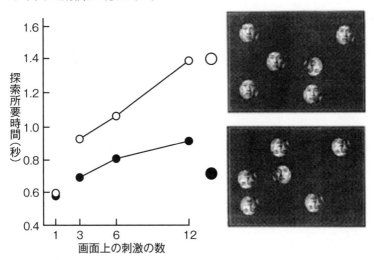

図3-24 チンパンジーにおけるヒトの顔の知覚に関する探索非対称性　友永 (1999)
正立顔の中から倒立顔を探す課題（○）よりも、倒立顔の中から正立顔を探す課題（●）のほうが容易である（早く見つけられる）。いずれの課題でも画面上の顔刺激の数が増えると探索に時間を要す。

られるようになった。先に紹介した陰の判断の実験（図 3-19）もそうであるが、より自然な刺激（人物の顔写真など）を用いた実験もある。例えば、チンパンジーでは、倒立顔の中から正立顔を探す課題のほうが、正立顔の中から倒立顔を探す課題よりも容易であった（図 3-24）。ニホンザルを対象に同種の顔写真を用いた研究もある。複数の平時表情の顔写真の中から威嚇表情の写真を見つける課題は、複数の威嚇表情の顔写真の中から平時表情の写真を見つける課題よりも容易であった（Kawai et al., 2016）。これは、他個体の威嚇表情が速やかに検出されることを意味している。

5．聴覚
（1）音受容器の進化と構造

聴覚 audition（auditory sense）の適刺激は空気や水の振動である。視覚器の場合と同様に、聴覚器の進化は無脊椎動物と脊椎動物で異なる。無脊椎動物で聴覚専用の感覚器官を持つのは昆虫類だけで、それ以外の無脊椎動物は他の感覚と区別されずに知覚されている。例えば、ミミズやカタツムリは周波数の低い空気振動（低い音）に反応するが、これは体表に振動を感知する感覚細胞が存在するためだとされている。クモ類も体表の感覚毛が空気振動に反応するという。しかし、肌に直接強い風を感じたり、強い風になびいた髪が頭皮を引っ張ったりしたとき、われわれはその感覚を聴覚と呼ぶだろうか。上述のような振動感覚も聴覚というより、むしろ皮膚感覚（特に、触覚）に含めるのがふさわしい。

昆虫類は種によって異なった聴覚器官を持つ。**弦響器（弦音器）** chordotonal organ は、数本の弦からなり、その一端が皮膚の特定箇所に、もう一端が神経細胞に直接つながっている。振動を感知するのが体表全体ではなく、皮膚の特定箇所であることから聴覚に特化した器官と見なせるが、物にぶつかるなど身体の圧迫にも反応するため、聴覚器官としては未発達だといえる。弦音器は、カの腹部やカミキリやシラミの肢などに見られる。

カ・ハエ・アブラムシ・トビケラなどの触角のつけ根にある**ジョンストン器官** Johnston organ は、空気振動を触角と触角線毛の揺らぎとして感知する

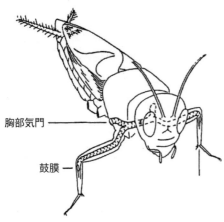

図3-25 コオロギの鼓膜器　Hill & Boyan (1976)
鼓膜器は左右の前肢脛節にある。鼓膜器は気管に裏打ちされており、左右の気管は、左右の胸部気門から伸びる気管とともに体の中央に集まる。この図では前肢以外の肢は省略されている。

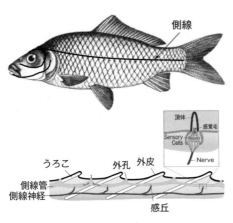

図3-26 側線器のしくみ
側線管を出入りする水流を感丘の中の感覚毛で感知して外界の水の振動（音）を把握する。側線の下だけでなく頭部にも側線管が見られる。

 もので、聴覚器官であると同時に風速計（触覚器）でもある。なお、カは1秒間に数百回の羽ばたきをし、「プーン」という特有の音を発する。この高速の羽ばたきによって生み出される音はヒトスジシマカでは雄903Hz、雌462Hz前後であり（Ikeshoji, 1981）、雄はこの周波数の違いを聞き分けて雌を見つけて交尾する。

　コオロギやキリギリスは前肢に、バッタやセミは腹部に聴覚に特化した**鼓膜器** tympanic organがある。鼓膜器は太鼓のように空気振動を膜の動きに変換するという点で哺乳類の鼓膜と同じであるが、神経細胞に直接つながった単純な構造である（後述のように、哺乳類の鼓膜は内耳を介して神経細胞につながる）。コオロギやキリギリスのように左右の前肢に鼓膜器があると、左右の鼓膜器が検出する音の強度や到達速度の違いを手がかりにして音源の方向を確認すること（**音源定位** sound localization）が容易になる。このためこれらの昆虫は、音を聞く際には前肢を

大きく左右に開く（図3-25）。

哺乳類の聴覚器は**側線器** lateral-line organ に端を発する。これは現生の魚類にも見られる（図3-26）。側線管を出入りする水流を感覚毛で捉えるしくみが側線器であるが、頭部の側線管が閉塞し、リンパ液がその中に満たされたことで**膜迷路** membranous labyrinth が生じ、**内耳** inner ear が誕生したと考えられている。魚類や両生類の膜迷路はラゲナ（壺嚢 lagena）と呼ばれる聴覚受容器と、頭部の回転加速度を察知する**半規管** semicircular canals、頭部の傾きや直線加速度を感じる**耳石器** otholis organ からなる。加速度や平衡感覚

トピック

電気受容器

　側線器から分化したもう1つの感覚器官が電気受容器である。動物の神経や筋肉の働きは微弱な電気を生むので、水棲動物の心臓や体筋の活動から生じた電気の一部は水中を伝わる。また、水流などの変化に伴ってさまざまな微弱電気が発生しているため、水中には微弱な電場が形成されている。これを使用して周囲の状況を知るのが**電気感覚**である。ヤツメウナギ、軟骨魚（サメやエイ）、チョウザメ、ナマズなどの魚類のほか、一部の両生類（アホロートルやアシナシイモリ）にも電気受容器が確認されている（菅原，1996）。これらの動物の電気受容器は**アンプラ型受容器** ampullary organ と呼ばれ、頭部を中心に側線器と平行に体軸にそって分布している。

　しかし、濁った流れでは視覚も嗅覚に頼るのが難しく、自然の電場も弱すぎて感知困難である。そこで、ナイル川にすむアロワナ目の魚の中には自分の尾部から弱い磁気を発して電場を作る弱電魚が出現した。これらの魚では磁場の乱れを、背部や腹部（モルミュルス科エレファントノーズフィッシュ）あるいは頭部（ギュムナルクス科ギュムナルクス）にある**結節型受容器** tuberous organ によって感じて周囲を知覚する。このように自ら電気を発生する能力がさらに進化し、餌捕獲や外敵防御に用いているのがシビレエイ、デンキナマズ、デンキウナギなどの強電魚である。なお、動物が感電するときに感じる感覚は、感覚神経が直接に刺激されて生じる触覚などの感覚と、運動神経の刺激によって生じる筋収縮の感覚の複合であって、電気感覚とは呼ばない。

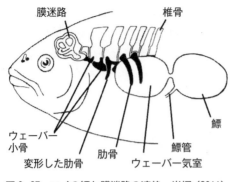

図3-27 コイの鰾と膜迷路の連絡 岩堀(2011)

も感覚毛の揺らぎで検出可能であり、これらの感覚と聴覚は同一起源である。魚類は水の振動を頭蓋骨で受けて骨伝導でラゲナに伝える。これが魚の聴覚である。また、コイ・フナ・ナマズなどは水の振動を鰾（うきぶくろ）で空気振動に増幅変換し、**ウェーバー小骨** Weberian ossicles を介して椎骨経由で膜迷路に入る経路もあって、他の魚種よりも音に敏感である（図3-27）。

ラゲナは両生類・鳥類では伸長して蝸牛管を形作り、哺乳類では蝸牛管がらせん構造となることでより延長するとともに、高周波の音を聞くことができるようになった。なお、魚類以外の脊椎動物では鰓（えら）などの一部が**鼓膜** eardrum を持つ**中耳** middle ear に変化した。鼓膜で捉えた空気の振動は、鰓周辺の骨や顎の骨が変化した**耳小骨** auditory ossicles によって増幅して内耳に伝えられる。両生類の鼓膜は体表にあるが、体表面の鼓膜は傷つきやすい。このため、爬虫類・鳥類では鼓膜が内部に移動して**外耳道** external auditory canal が形作られた。外から見ると耳穴（**外耳孔** external acoustic opening）が開いているだけである。哺乳類の多くの種では、この穴の周辺に**耳介** pinna が形成されて集音機能を果たしている。特に、ウサギ、ウマ、イヌ、ネコなどは左右の耳介を別々に動かすことができるため音源定位に長けている。

（2）可聴域と聴覚閾

空気や水の振動周波数は音の高さとして知覚される。知覚できる音の高さの幅を可聴域 hearing range（audible range）という。ヒトの場合、20Hzから15,000〜20,000Hzまでの周波数の音を聞くことができるが、低すぎる音や高すぎる音は音圧が強くなければ聞き取りづらい。図3-28はいくつかの動物種の可聴範囲を図示したものだが、音圧10dB（デシベル）（ヒトの呼吸音程度）で聞こ

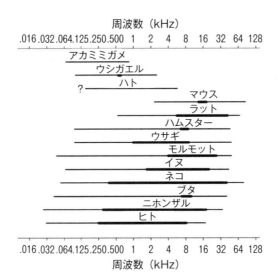

図3-28 行動学的方法で測定した動物の聴覚範囲
Heffner & Heffner (2007)
この図は聞き取りやすい範囲（音圧60dB以下で聞こえる範囲）を示したものであり、この範囲を少し外れても音圧が大きければ聞こえる。最も聞きやすい範囲（音圧10dB以下でも聞こえる範囲）が明らかな種については、それを太線で示している。

える幅を太線、音圧60dB（ヒトの通常会話程度の音の大きさ）で聞こえる幅を細線で表している。

　音の周波数と聞き取れる最小音圧（聴覚閾）の関係を示したものを**聴力図** audiogram という。本章初めに紹介したハナゴンドウの水中聴覚感度のグラフ（図3-2）はその例である。図3-29～30にいくつかの動物種の聴力図を示す。曲線が低いほど聴覚閾が低く、小さい音でも聴取可能であることを示す。また、曲線が右にあるほど高い音を聞き取れることを意味している。これらの図から、ゾウはヒトが聞き取れない超低周波の音を聞きとることや、イヌ・ネコ・ネズミなど多くの動物にはヒトに聞こえない超高周波の音、つまり**超音波** ultrasound（untrasonic）が聞こえていることがわかる。特に、イルカやコウモリの超音波知覚は優れている（→ pp.115-116）。なお、多くの動物は、同種間コミュニケーションに用いられる音声の周波数帯で最も感受性が良い。また、捕食動物は獲物の音声の周波数帯にも敏感である。

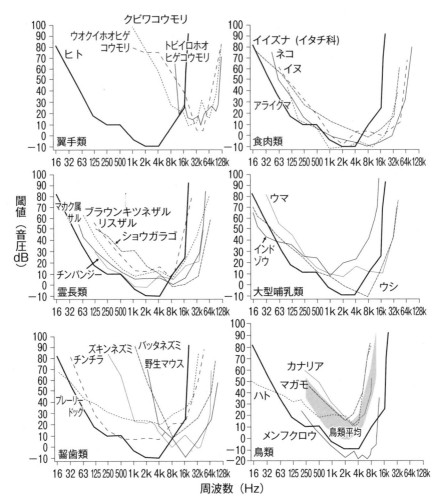

図 3-29　行動学的方法で測定した哺乳類と鳥類の聴力図　Heffner & Heffner (1998) を改変

0 dB とは20 μPa(マイクロパスカル)の空気振動である。音圧で20dB の増加が空気振動圧では10倍の増加に相当する。また、dB 値がマイナスのときは20μPa 以下の空気振動圧を聴取可能であることを意味する。なお、ヒトの聴覚図はすべてのパネルに太線で示した。

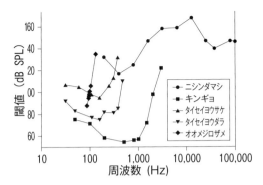

図3-30 電気生理学的方法で測定した魚類の聴力図
National Research Council (2003)
水中音圧はマイクロパスカル（μPa）で表す。大気中では
1 dBは20μPaであるが、水中では1μPaである。

（3）音源定位

音の発生源の位置（方向）を正確に同定することを**音源定位** sound localization という。音源定位の正確さは聴覚における空間分解能にあたる。図3-31にいくつかの動物の音源定位の正確さを示す。フクロウは猛禽類の中では視力があまりよくない（表3-2）。これはフクロウが夜行性であるためだが、そ

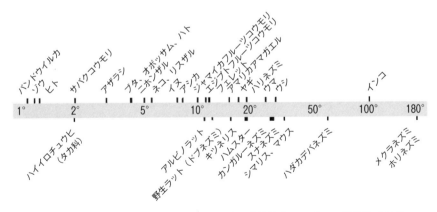

図3-31 主として行動学的方法により測定した音源定位精度　Heffner (2004) を改変
Heffner & Heffner (1998) の数値も含めて作成した。動物種によっては電気生理学的方法で求めた値である。

第3章❖感覚と知覚　093

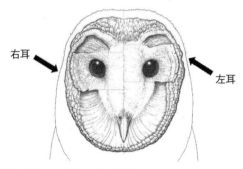

図3-32 メンフクロウの頭部
顔面を覆う細かい羽毛を取り除いたところ。Knudsen (1981) に矢印（耳の位置）を加筆

顔全体がパラボラアンテナ状で集音効果を持つ。耳は真横にあるが、左右非対称で左耳は下向き、右耳は上向きに外耳道が開いている（羽毛もこの向きについている）。このため左右位置だけでなく上下位置も正確に知覚できる。左右の耳の間に生じる音圧差が上下位置（左耳がよく聞こえれば下から、右耳なら上からの音）、時間差が左右位置の知覚に主に関与する。音圧差情報と時間差情報はそれぞれ異なった神経経路で蝸牛から中脳に達し、中脳外側核には外界空間の特定位置に対応する神経細胞が整然と並び、聴空間を形成している（藤田，1992；小西，1993）。

れを補うかのように聴覚閾が低い（図3-29）。それだけでなく、音源定位も正確で、暗闇の中でも獲物が動く音や鳴き声からその位置を割り出して捕食できる。特に、メンフクロウの音源定位能力については、小西正一（まさかず）（1933-）らによって詳しく調べられている（図3-32）。なお、ミミズクは「耳」のあるフクロウであるが、その「耳」は哺乳類の耳介のように皮膚ではなく羽毛であるため羽角（うかく）という。羽角には、その形で同種を識別したり、他の動物に擬態するといった役割があるとされる（Perrone, 1981）。ミミズクを含めフクロウ科の鳥の耳は真横にあるため、上部についた羽角は耳介のような集音機能を持たない。集音機能を果たすのは外耳孔周辺の皮膚の隆起と硬い羽毛である。

6．化学感覚
（1）化学受容器の進化と構造

ヒトは水に溶けた化学物質は口中（特に舌）で、空気中の揮発性化学物質は鼻腔で感知する。前者を**味覚** gustation（gustatory sense）、後者を**嗅覚** olfaction（olfactory sense）と呼び分けるが、動物種によってはこの2つの明確な区分は難しいため、**化学感覚** chemical sense と総称する。ただし、後述のように、摂食に関わる場合は味覚、呼吸に関わる場合は（水中であっても）

嗅覚とすることが多い。なお、ここでいう**化学物質** chemical substance とは、物理研究の対象となるもの（光・熱・音・電磁気など）ではなく、化学研究の対象となるものすべてを指しており、人工的に化学合成した物質（法律上の「化学物質」の定義）に限らず、自然界に存在する物質も含めたものである。

原生生物のアメーバでも、栄養となる砂糖やアミノ酸には近づき、毒になる酢やキニーネからは逃げる。ヒトにとって砂糖は甘味、アミノ酸は旨味、酢は酸味、キニーネは苦味を呈する（これに塩味を加えて基本味という）。アメーバにそうした味のクオリアがあるかどうか不明だが、これらを感知できることは間違いない。化学物質は周囲の環境を知る重要な手がかりである。動物にとって原始的な化学感覚は、腔腸動物（イソギンチャクやクラゲなど）や扁形動物（ウズムシなど）に見られ、体表全体や触手などに分布する感覚細胞で検知する。そうした感覚細胞のうち口に近い部分にあって、摂食に関係していると思われる場合（検知した対象物を体内に摂取する場合）は、味覚と称される。

前述のように環形動物（ミミズなど）は体表に散在性視覚器を持つが、触覚や化学物質の受容器も体表に散在する。このうち化学物質の受容器は脊椎動物の味蕾（みらい）（後述）によく似た蕾状（らいじょう）感覚器である（図3-33）。蕾状感覚器は棘皮動物のナマコの触手などにも認められ、形状の類似は収斂進化（→ p.15）によるものだと考えられる。

貝類などの軟体動物では鰓（えら）に近いところに化学物質の感覚器があって、取

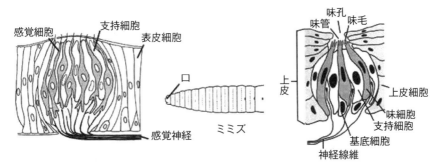

図3-33 ミミズの蕾状受容器（左）と脊椎動物の味蕾（右） 岩堀（2011）

り込む水の鮮度をモニターしている。鰓は水棲動物の呼吸器であるので、これは嗅覚器とよべる。

昆虫の体表は細胞分泌液が作る**クチクラ** cuticula という膜（クチクラはラテン語、英語だと**キューティクル** cuticle で、ヒトの毛髪のキューティクルもクチクラの一種である）で覆われているが、クチクラが針や毛のようになったものを**クチクラ装置** cuticular apparatus といい、その下に感覚細胞が集まって**感覚子** sensillum を構成している。感覚子には、化学物質を検出する味感覚子や嗅感覚子のほか、温度や湿度を検知する感覚子などもある。摂食の際に用いられる味感覚子はハチやアリでは触角、ミツバチやゴキブリでは口器、チョウやガ、ハエでは前肢にある（ハエが前足をこするのは、打たないでくれと拝んでいるのではなく味感覚子の汚れを取っているのである）。アゲハチョウのように、摂食の際に用いる味感覚子を産卵場所を決めるのに用いる（孵化した幼虫が食べられる葉を選んで産卵する）昆虫もいる。空気中の化学物質を感じる嗅感覚子は主として触覚周辺に見られる。

脊椎動物には、「嗅覚器」「一般化学受容器」「遊離化学受容器」「味覚器」という4種類の化学受容器がある。魚類の嗅覚器は呼吸と無関係であるが、頭部のくぼみ（鼻嚢 nasal sac）にあることと、両生類・爬虫類・鳥類・哺乳類の鼻の系統発生的起源であるためそう呼ばれている。鼻嚢からは外部に2つ（円口類のヌタウナギでは1つ）の外鼻孔が開いている（図3-34）。鼻嚢にある菊花弁状の組織（嗅房 olfactory rosettes）が嗅覚器として、この外鼻孔から出入りする水の化学物質を検知する。左右の外鼻孔はそれぞれ前方が入水、後方が出水を受け持つので、左右で合計4つ穴が開いている。肺魚では外鼻孔のうち出水孔が口腔中に取り込まれ、鼻からも空気呼吸ができるようになった。残った入水孔は両生類・爬虫類・鳥類・哺乳類の**鼻孔** nostril となった。鼻孔から入った空気中の化学物質は**鼻腔** nosal cavity の嗅粘膜の表層（**嗅上皮** olfactory epithelium）にある嗅細胞によって検知され、脳の**嗅葉** olfactory lobe（先端部は丸くなった**嗅球** olfactory bulb）で処理される。

一般化学受容器は、酸・アルカリ・香辛料などの刺激性化学物質を感知するもので、触覚や痛覚が麻痺した状況でも生じることから、独立した感覚だ

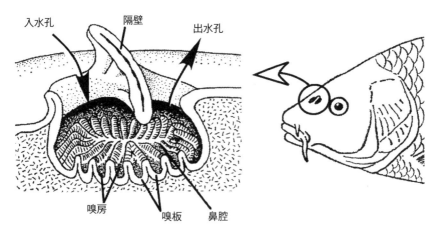

図3-34　硬骨魚の鼻嚢　岩堀（2011）

と考えられている。陸生脊椎動物では口・鼻・目・肛門などの粘膜にある自由神経終末で感知される。

　遊離化学受容器は、魚類や両生類の一部の種において体表の広い範囲に1つずつ存在する感覚細胞で、それが一か所に集まって味覚器が誕生したと考えられている。脊椎動物の味覚器は、複数の味細胞が花芽状（あるいはタマネギ状）に集結した**味蕾**taste budで、口腔内（ヒトの場合は特に舌）に多く見られるが、ナマズでは全身に味蕾があり、特にひげに密集している。味蕾からの情報は延髄で処理される。

（2）嗅覚感度

　嗅覚や味覚は対象となる化学物質が無限にあるため、その感度について一概に述べるのは難しい。また、嗅覚や味覚は刺激の呈示方法を標準化しづらく、感覚順応によって感度が鈍りやすく測定しづらい。こうした理由で、嗅覚や味覚の感度を種間で厳密に比較することは困難だが、目安としていくつかの研究を紹介しよう。図3-35は、各種脂肪酸に関する哺乳類の嗅覚閾値を行動的方法（弁別学習）で求めた諸報告をまとめたものである。なお、閾値が低いほど感度がよい。脂肪酸の種類によって感度のよい動物種が違って

第3章❖感覚と知覚　097

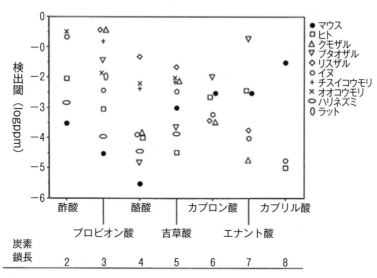

図3-35　哺乳類の嗅覚閾値の比較　Güven & Laska (2012)
行動的方法（弁別学習）により求めた閾値で、縦軸の値が低いほど敏感である。縦軸でマイナス1（−1）低くなると10倍感度が良いことを意味する。例えば、マウスはイヌよりも酢酸感度が1000倍良く、カプリル酸ではマウスよりイヌが1000倍以上も鼻が利く。酢酸は酢、プロピオン酸は腐った生ごみ、酪酸はチーズ、吉草酸は蒸れた靴下、カプロン酸はヤギ、エナント酸は腐った油、カプリル酸は生乾きの洗濯物、にそれぞれ似た匂いを呈する。

いる。なお、しばしば「イヌはヒトより1億倍も嗅覚が鋭い」といわれるが、イヌがヒトに勝っているのはカプロン酸とエナント酸だけで、他はすべてヒトよりも劣るかほぼ同じ感度であり、吉草酸の検出感度はヒトより大きく劣る。ただし、この図のイヌのデータはMoulton et al. (1960)にもとづいており、これが不正確である可能性もある。解剖学的に見ても、嗅細胞の数はイヌは2億個、ヒトは500万個で40倍の違いがあり（外崎, 1989）、嗅上皮の面積もイヌはヒトより20倍広い（Thorne, 1995）。

Neuhaus (1953) は弁別学習（3つの穴のうち匂いのする穴を選ぶと砂糖が与えられる）課題でイヌ（雌のフォックステリア1頭）の検出閾を測定しているが、その検出可能濃度をもとに単純に比率計算すると、イヌはヒトに比べて酢酸で1億倍、プロピオン酸で168万倍、酪酸で78万倍、吉草酸で171万倍、カプロン酸で500万倍、カプリル酸で444万倍、閾値が低い。わが国の嗅覚研究の

第一人者であった高木貞敬（1919-1997）が『嗅覚の話』（1974）で、この結果の一部を紹介し（ただし出典は示していない）、「とくに酢酸の場合は1億倍もイヌのほうが敏感である」と記しているのが、「一億倍嗅覚が鋭い」説の根拠であろう。なお、高木の弟子が丁子油の匂いの検出閾をイヌの唾液条件反射手続きで調べた研究（貝瀬, 1969）では、ヒトよりも100万倍感度がよかった。海外の研究でも、スミレの花に似た香りのイオノンで1,000～1万倍（Marshall & Moulton, 1981）、バナナに似た香りの酢酸アミルで5万倍以上（Walker et al., 2006）、イヌはヒトよりも優れていた。

　ただし、ここでいう「〇倍優れている」は、検出閾をイヌとヒトについて単純に比率計算したものである。こうした表現が適切かどうかは疑問である。高木は前掲書中で調香師の嗅覚感度を調べた自身の結果も紹介しているが、これをもとに同様の比率計算をすれば、調香師は一般人に比べて約1,000～1,000万倍（化学物質によって異なる）感度が良いことになる。いくら調香師の鼻が良いといっても、この隔差には違和感がある。同様に、イヌの嗅覚の鋭さについても比率計算をもとにして、「ヒトより〇倍優れている」という表現は適切でないだろう。なお、イヌはヒトよりも嗅覚に優れているが、ヒトの嗅覚は他の哺乳類より大きく劣っているわけではない（McGann, 2017）。これは図3-35からも明らかである。

　鳥類の嗅覚は哺乳類の嗅覚よりも劣っており、例えば、ハトの酪酸の検出閾（Henton, 1969）は、図3-35中で最も感度の悪いリスザルと比べても約50倍鋭い。鳥類の中で種間比較に用いることのできるデータは少ないが、3種の鳥類を対象に3種類の石油臭の検出閾を弁別学習により調べた実験（Stattelman et al., 1975）の結果を表3-5に示す。また、シクロヘキサノン（甘

表3-5　3種類の石油臭の検出閾の種間比較（値が低い方が感度が良い）

	ヘプタン	ヘキサン	ペンタン
ハト	0.29 ppm	1.53 ppm	16.45 ppm
ニワトリ	0.31 ppm	0.61 ppm	1.58 ppm
コリンウズラ	2.14 ppm	3.15 ppm	7.18 ppm

い刺激臭）の検出閾を調べた4つの研究のまとめ（Mason & Clark, 2000）によれば、ホシムクドリ（2.5 ppm）、ヒメレンジャク（6.8 ppm）、ゴシキヒワ（13.1 ppm）、シジュウカラ（34.1 ppm）、アメリカコガラ（60.0 ppm）、ミドリツバメ（73.4 ppm）といった値が報告されている（値が低い方が感度が良い）。

魚類の嗅覚は鋭敏である（上田，1989）。サケの母川回帰（→ p.137）が主として嗅覚によることはよく知られているが、社会行動のさまざまな面で嗅覚によるコミュニケーションが行われている（→ p.236）。

（3）味覚感度

味覚の感度についての種間比較研究は嗅覚以上に少ない。味覚の種間比較に関する論考の多くは味蕾の数をもって感度の目安としているため、いくつかの種について表3-6にまとめておく。しかし、味蕾の形状と機能は種によって異なり、同一個体内にも異なる味蕾タイプがあるため、その総数だけで味覚感度を決するのは不適当である。また、哺乳類の味蕾は多くが舌にある（ヒトでは6～7割、ラットでは8割の味蕾が舌にある）ため、他の動物種でも舌の味蕾数を数えた研究をもとに味覚を論じてしまいがちである。しかし、鳥類では舌以外の部位にも多くの味蕾がある。例えば、マガモでは味蕾は上顎に87％、下顎に13％で、舌には味蕾がない（Berkhoudt 1977）、ヒヨコでは上顎に69％、下顎に29％、舌に2％（Ganchrow & Ganchrow, 1985）、バリケン（カモ科の家禽）では口蓋に70％、口腔底部に28％、舌に2％（Stornelli et al. 2000）、ハシブトガラスでは上顎部に18.5％、下顎部に22％、舌根に59.5％（刈・杉田，2013）との報告がある。

なお、哺乳類でも舌以外に味蕾が多い種もいる。その一例がネコである。ネコの舌の味蕾数は473個と少ないため（Elliot, 1937）、餌を丸呑みする動物は味覚が乏しいとされていた。しかし、その後の研究で口中全体にはその約6倍の味蕾があることが判明している（Robinson & Winkles, 1990）。行動研究でも、苦味に関しては鋭い感覚を持ち（Carpenter, 1956）、イヌよりも優れているという報告もある（Rofe & Anderson, 1970）。味蕾の苦味受容体の遺伝子の働きを調べた研究では、ネコはイヌ・フェレット・ジャイアントパンダ・

表3-6 さまざまな動物の味蕾数

動物名	味蕾数	出典
アメリカナマズ	ひげ20,000 唇3,000 体表155,000	Atema (1971)
サツキマス（アマゴ）	全体15,319 （口中9,443）	Komada (1993)
シボリ（テンジクダイ科）	口中24,600	Fishelson et al. (2004)
アカホシキンセンイシモチ（テンジクダイ科）	口中1,660	Fishelson et al. (2004)
モツゴ（コイ科）	体表1,486 口中6,600	Kiyohara et al. (1980)
ガラガラヘビ	0（口中20）	Berkhoudt et al. (2001)
ハト	37	Moore & Elliott (1946)
ウソ	47	Duncan (1960)
ウズラ	62	Warner et al. (1967)
ニワトリ	24	Lindemaier & Kare (1959)
ニワトリ（ヒヨコ）	口中316	Ganchrow & Ganchrow (1985)
マガモ	口中375	Berkhoudt (1976)
バリケン（カモ科）	口中150	Stornelli (1999)
ハシブトガラス	口中537	刈・杉田 (2013)
コウモリ	800	Moncrieff (1951)
ハムスター	723	Miller & Smith (1984)
ラット	1,438	Travers & Nicklas (1990)
マウス	523	Zang et al. (2008)
イエウサギ	17,000	Moncrieff (1951)
ウシ	18,228	Davies et al. (1979)
ブタ	19,904	Chamorro et al. (1993)
ネコ	口中2,755	Robinson & Winkles (1990)
イヌ	1,706	Leibetseder (1980)
アカゲザル	8,000-10,000	Bradley et al. (1985)
ヒト	6,974	Miller & Bartoshunk (1991)

複数の報告があるものは原則として新しい報告によった。端数のある値は複数個体の平均値、概数は部分計数にもとづく推定値である。なお、味蕾は舌以外の口中にも多少認められるが、それらを数えた報告は少ないため、ここでは舌にある味蕾に限定した。ただし、いくつかの種については舌以外の部位の味蕾数を含めた数値である。味蕾数は同種の動物でも個体差があるほか、ヒト（新生児で10,000）のように成長に伴い減少する種もいるため表中の数字はあくまでも目安である。

ホッキョクグマなどとほぼ同等で、苦味受容体のほとんどない海生哺乳類（セイウチ・アザラシ・バンドウイルカ・ニククジラ・マナティ）とは異なっている（Lei et al., 2015）。ただし、ネコは甘味は感じない。

以上のように、味蕾数だけで味覚の感度を論じるには注意が必要であるが、それでも総じて爬虫類や鳥類は「味音痴」であり、草食動物は「味にうるさい」といえるであろう。

なお、動物の味の感覚・知覚研究は単純な味（甘味・塩味・苦味・酸味・旨味の5基本味）を用いたものがほとんどで、複雑な味の知覚に関する研究はあまり行われていない。数少ない研究の中から一例を図3-36にあげておく。

トピック

ネコは甘味を感じない

ネコが甘味を感じないことは行動研究により以前から示唆されていたが（Beauchamp et al., 1977）、この原因が味蕾の甘味受容体の変異であることが、比較的最近になって解明された（Li et al., 2005）。表3-7は甘味受容体に変異がある動物とない動物をまとめたもので、変異のある動物種は甘味を感じず、変異のない動物種は甘味を感じるものと推定されている（Jiang et al., 2012; Li et al., 2006, 2009）。ネコ科動物（ネコ、トラ、チータ、ライオン）は甘味を感じず、イヌ科動物（イヌやオオカミ）は甘味を感じるが、ジャコウネコ科、マングース科、ハイエナ科、カワウソ亜科では甘味感覚の有無が種によって異なっている。

表3-7　味蕾の甘味受容体の変異の有無

変異あり（甘味を感じないと思われる）	ネコ、トラ、チータ、ライオン、オビリンサン（ジャコウネコ科）、フォッサ（マングース科）、ブチハイエナ、コツメカワウソ、ゼニガタアザラシ、オットセイ、バンドウイルカ
変異なし（甘味を感じると思われる）	イヌ、ツチオオカミ、アメリカアカオオカミ、アードウルフ（ハイエナ科）、ジャネット（ジャコウネコ科）、キイロマングース、コビトマングース、ミーアキャット（マングース科）、メガネグマ、ジャイアントパンダ、レッサーパンダ、アライグマ、フェレット、カナダカワウソ

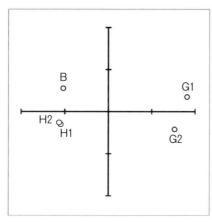
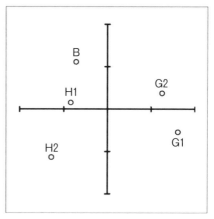

図3-36　ヒトとラットにおける「お茶の味」知覚　柾木ら（2007）
5種類のお茶（G1：おーいお茶　G2：生茶　H1：十六茶　H2：爽健美茶　B：天然ミネラル麦茶）の類似性について、多次元尺度法により図示したもの。点が近いほど似ていることを意味する。ヒトについては2種類ずつ味わい比べて類似度を0～100で評価してもらった。ラットでは、味覚嫌悪学習（→ p.41）の手続きで1種類の味を嫌いにしてから、残りのお茶を順次与えてどれだけ飲むかで類似度を測定した。

（4）フェロモン感覚

　ファーブル（→ p.39）は、ある日オオクジャクガの雌1匹を入れた金網籠に何十匹もの雄が群がっていることに気づいた。雌を透明ガラス鉢に密閉して置いておくと、雄はガラス鉢に近づかず、それまで雌が入っていた金網籠のほうに集まってきた。こうした観察から、ファーブルは、雌の姿ではなく、その腹部から放出される物質が雄を誘引している事実を明らかにしている。その後、類似の現象がさまざまな昆虫で知られるようになった。そこで、動物の体内で作られ分泌放出されて、同種他個体に特異的な行動や生理的効果を引き起こす物質を**フェロモン** pheromone と呼ぶことが提唱された（Karlson, & Lüscher, 1959）。ギリシャ語の「pherein（移動するの意）」と「hormao（ホルモンの語源で、刺激するの意）」の合成語であり、「体外に放出され刺激作用を起こす物質」の意味である。

　フェロモンという言葉が提唱された1959年、ドイツの科学者ブテナント（A.

F. J. Butenandt, 1903-1995）は、カイコガの雌から雄の誘引物質を抽出し、**ボンビコール** bombykol と名づけた。化学構造が明らかにされた最初のフェロモンである。カイコガのメスは尾端の性誘引腺からボンビコールを含む袋を膨らませて出して振る。メス1匹が有するボンビコールは10μg（1億分の1g）で、10億匹のオスを引きつけられる。なおカイコガは家畜化された虫で飛行能力を持たないが、近縁のオナガミズアオでは11km離れた地点からフェロモンを感知できるという（Mell, 1922）。昆虫のフェロモンについては、害虫駆除の実用的目的もあって多くの研究が行われ、各種の物質の化学構造が特定されている（高橋ら，2002）。

　フェロモン感覚は嗅覚の一種であるが、刺激―反応関係に特異性（特定性）があり、嗅覚器とは異なる感覚器によって受容されるため、通常の嗅覚（主嗅覚）とは別の感覚（副嗅覚）として取り扱われることが多い。フェロモンは昆虫では触角、両生類・爬虫類・哺乳類では**鋤鼻器** vomeronasal organ（**ヤコブソン器官** Jacobson's organ）によって感知される（図3-37）。魚類には鋤鼻器はない（肺魚にその起源的器官があるのみである）が、生殖や攻撃などの生得的行動を引き起こす嗅覚物質をフェロモンと呼んでいる。両生類の鋤鼻器の機能はまだよくわかっていない。鳥類や水生爬虫類（ワニやカメ）では鋤鼻器は退化しているが、ヘビやトカゲの鋤鼻器は主嗅覚系以上の働きをしている。ヘビやトカゲが舌をチラチラさせるのは、空気乳の匂い物質を舌に吸着させて、鋤鼻器に運んでいるのである。前述のようにトカゲの舌には少しの味蕾があるが、ヘビの舌には味蕾がなく、味蕾は歯のつけ根に少数見られるだけなので、

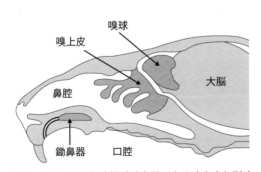

図3-37　イヌの主嗅覚系受容器である嗅上皮と副嗅覚系（フェロモン感覚）受容器である鋤鼻器
鋤鼻器の位置は種によって異なり、その開口部は口蓋（口腔の上部）または鼻腔側に開口部を持つ。イヌやネコなどでは口蓋部の門歯（前歯）の裏に開口するが、ネズミ科動物は鼻腔側に開口部がある。

図3-38　ウマとライオンのフレーメン反応

ヘビにとって舌は味覚器ではなく嗅覚器（を補助するもの）だといえる。ウマなどの奇蹄目・ウシなどの偶蹄目・ネコ科動物などは空気中のフェロモンを鋤鼻器に取り入れやすくするため、**フレーメン** flehmen という唇を引き上げる表情をする（図3-38）。コウモリや水生哺乳類の鋤鼻器は退化している。ヒトの鋤鼻器も痕跡としか残っておらず、そこから脳につながる神経も見つからない。したがって、フェロモン感覚は存在しないことになるが、胎児には鋤鼻器からの神経が認められる点や、共同生活によって月経周期が同期する**寮効果** dormitory effect などが見られる点から、何らかの形でフェロモンを知覚している可能性もある。

　フェロモンの多くは揮発性で空気中に拡散するが、対表面に付着して大気中にほとんど拡散しないもの（コンタクトフェロモン）もある。フェロモンが同種他個体に及ぼす影響は、2種類に大別できる。1つは、対象への接近や回避など種特異的な生得的行動を直ちに引き起こす**リリーサー**（**解発** releaser）**効果**である。哺乳類の場合は経験の影響も加わるので、**シグナリング**（**信号** signaling）**効果**と呼ぶことがある。性フェロモン、攻撃フェロモン、警戒（警報）フェロモン、集合フェロモン、道標フェロモン（他個体に経路を辿らせる）などはこうしたリリーサー効果を持つ。もう1つは、ホルモン変化による長期的で生理的な影響を行動に及ぼす**プライマー**（**起動** primer）**効果**である。女王バチが働きバチの卵巣発達を抑制する階級分化フェロモン（女王物質 queen substance）の働きや、主としてマウスで詳しく研究されている生殖に関する諸効果（表3-8）がこれにあたる。

表3-8　実験用マウスで確認されたフェロモンの効果

名　称	現　象
リー＝ブート効果 Lee-Boot effect	雌だけで飼育していると発情が抑制（周期が延長）される。 ・ハタネズミ・ブタ・マーモセット・タマリンなどでも確認
ホイッテン効果 Whiten effect	雄の匂いで雌集団の発情が促進（周期が短縮）し、同期する。 ・ハタネズミ・ヤギ・ヒツジでも確認
ヴァンデンバーグ効果 Vandenbergh effect	雄の匂いで雌の性成熟が早期化する。 ・ラット・ウシ・ブタ・ヤギ・ヒツジ・タマリンなどでも確認
ブルース効果 Bruce effect	雄との交尾後に（受精卵の着床前に）、雄を別雄に交換すると、雌マウスの妊娠が阻害される。「匂いによる子殺し」。 ・ハタネズミ・レミング・ライオンなどでも確認

以上の諸効果は報告者の名前を取って命名されたものである。

7．体性感覚

（1）体性感覚受容器の進化と構造

　身体表面への刺激や身体内部の刺激によって生じる感覚を**体性感覚** somatic sense という。体性感覚は、ヒトの場合、触覚・圧覚・痛覚・痒覚（かゆみ）・温度覚（温覚・冷覚）などの**皮膚感覚** cutaneous sense と、関節覚（運動覚・位置覚）・振動覚・深部痛覚などの**深部感覚** deep sense （**固有感覚**あるいは**自己受容感覚** proprioceptive sense ともいう）からなる。なお、空腹感・口乾感・吐き気・胃痛・尿意・便意などのように内臓の状態についての感覚（**内臓感覚** visceral sense）は体性感覚に含める場合と、別に扱う場合がある。

　無脊椎動物のうち単純な身体構造を持つ種では、既述のように体性感覚とそれ以外の感覚（視覚・聴覚・化学感覚）が未分化であることが多い。腔腸動物（クラゲやイソギンチャクなど）や環形動物（ミミズやヒルなど）では表皮あるいは感覚毛に直結した感覚細胞により、身体に与えられた運動刺激を検出するが、深部感覚についてはよくわかっていない。いっぽう、昆虫には明確な体性感覚があり、体腔内にある有杆体によって表皮や関節へ与えられた刺激を触覚として感知している。また、先述のように昆虫にはクチクラ装置に味覚に特化した味感覚子があるが、触覚に特化した鐘状感覚子も認められる。鐘状感覚子は関節にもあり、肢の運動によって生じる皮膚のひずみ

を検出する。さらに、昆虫の筋繊維にはその伸び縮みを検出する伸長受容細胞が巻きついていて、鐘状感覚子とともに深部感覚を生んでいる。

ゴキブリには風を感じる体性感覚器が備わっていて、相手の動きを素早く察知できる (Camhi, 1980)。腹部末端 (尻の先) から左右に各1本長く伸びた尾葉 cercus がそれである (図3-39)。尾葉には、気流を感知する太さ数ミクロンの感覚毛があり、刺激を感知すると

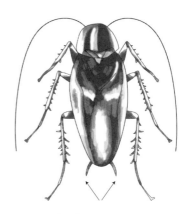

図3-39 ゴキブリの尾葉
空気振動を感知する尾葉はコオロギにもある。

反射的に逃避行動が生じる。尾葉で感知した刺激は腹部神経節を経て肢に伝達される。この反応時間はゴキブリではわずか0.04秒である。ヒトの場合、視覚刺激を見て手で反応するまでの時間は約0.15秒であるから (Cattell, 1886)、ゴキブリの動きを目で確かめながら捕えるのは難しい。

脊椎動物の皮膚は外部から順に、表皮・真皮・皮下組織からなり、①**自由神経終末** free nerve ending、②**毛包受容器** hair follicle receptor、③**被包性終末** encapsulated nerve endings (ルフィニ小体・パチニ小体・マイスナー小体など)、④**メルケル細胞** Merkel cell などが皮膚感覚の受容器となっている (図3-40)。触覚・圧覚にはこれらすべてが関わり、痛覚・痒覚・温度覚は自由神経終末が受容器である。哺乳類はこのすべてを持つが、鳥類・爬虫

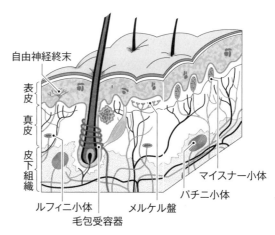

図3-40 哺乳類の皮膚感覚受容器
http://health.goo.ne.jp/medical/body/jin041

類・両生類は毛包受容器を欠き、魚類は自由神経終末が皮膚感覚受容器である。

魚類を除く脊椎動物の深部感覚は、筋の伸長を感知する筋紡錘（きんぼうすい）muscle spindle、筋の張力を検出するゴルジ腱器官 Golgi tendon organ、関節の状態（伸長と角度）を検知する被包性終末や自由神経終末によって生じている。魚類では関節の自由神経終末が深部感覚器である。なお、魚類の場合、前述のように、水流を側線器の感覚毛で捉えて知覚する。これも身体表面への刺激であるから、体性感覚といえなくもない。

（2）特殊な触覚能力

体性感覚のうち外界認知において最も重要なのは多くの場合、触覚である。図3-41はイヌのメルケル細胞の体表分布で、触覚の敏感さの目安の1つと見なすことができる。口や鼻だけでなく、足裏（肉球）も敏感であることが推察できる。ただし、ヒトではより敏感で、唇・硬口蓋・掌・指・足甲など

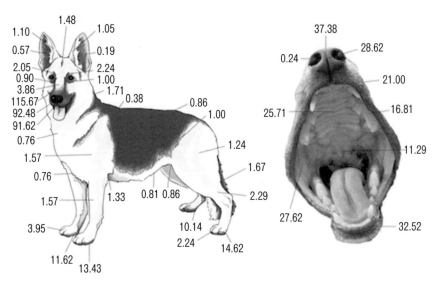

図3-41 イヌの皮膚基底部1cm^{2}当たりのメルケル細胞数　Ramírez et al. (2016)
犬種・年齢・体重・毛長・毛色・皮膚色・粘膜色が多様になるよう集められた21頭の平均値

で1 cm²当たり5,000を超えている（Lacour et al., 1991）。

動物種によっては、ヒトとは異質な触覚の環世界を持つものもある。そうした例を3つ取り上げよう。まず**ヒゲ感覚** whisker sense である。ヒトのヒゲは体毛であるが、ヒト以外の多くの哺乳類の顔に生えているヒゲは**触毛** vibrissa（感覚毛、洞毛）であって、その毛根は海綿状組織に包まれ、横紋筋によって自由に動かせる。このため、触れられたという**受動的触覚** passive touch だけでなく、積極的に物体を探る**能動的触覚** active touch も可能である。触毛は、皮膚感覚を脳に伝える三叉神経が神経孔から皮膚に出てくる上唇・眉・頬・顎・咽に生えている。夜行性の原始哺乳類で、触毛は特に発達している。ジャコウネズミでは吻先から放射状に生える触毛が前から見た体の大きさとほぼ同じであり、面前の穴が通り抜けられる大きさかどうか判断できる。有袋類やキツネザルでは手首（小指側）や肘などにも触毛があり、自分の体幅を知る役割をしている。狭さを正しく知覚するために触毛が必要であることは、ラットを用いた実験でも示されている（図3-42）。俗に「ネコのヒゲを切るとネズミを捕らなくなる」というが、これは狭いところを取り抜けてネズミを追うのが難しくなるためであろう。

地下生活をおくるモグラは視力が極めて低いが、鼻の先

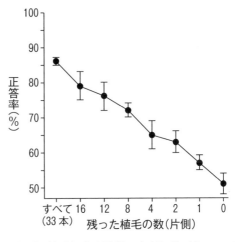

図3-42　触毛による隙間の広さ知覚　Krupa et al（2001）

吻先を突っ込んだ隙間が60mmなら左、68mmならば右に行くと報酬が与えられるという弁別訓練を習得した8匹のラットは、両頬の触毛を失うと成績が低下した。成績低下は失った触毛の数に対応しており、触毛をすべて失うと偶然正答率（50％）になった。触毛は麻酔下で付け根から切り取った。横軸の数字を2倍したものが両頬に残っている触毛の数の合計になる。左右1本ずつでも全くないよりはましである。なお、別の5匹のラットにどこまでの差を判別できるか試したところ、うち3匹は62mmと65mmの違いでも正しく判別できた。

図3-43　ホシバナモグラ

端にアイマー器官Eimer's organsと呼ばれる乳頭状隆起を多数持ち、ミミズなどの餌の動きを触覚で察知して捕食している。アイマー器官の基部にはメルケル細胞や被包性終末がある（柴内, 1988）。前述のように、メルケル細胞や被包性小体は他の動物にも見られるが、それらが整然と配列して構成されたアイマー器官は、モグラ科動物の鼻先に特有である（Catania, 2005; 横端, 1998）。北米の湿地にトンネルを掘って暮らすホシバナモグラはその名の通り、鼻先から22本の肉質突起が星のように広がっている（図3-43）。星鼻の表面積は1 cm²弱であるが25,000個以上のアイマー器官があって、10万本以上の神経線維が走っており、1秒間に12か所以上の場所を能動的に接触して、5個の餌を確認できる（Catania, 2002）。

ゾウは20Hz以下の超低周波の音を聞き取ることができ（Heffner & Heffner, 1980）、そうした低周波の音声も会話で使用している（Payne et al., 1986; Poole et al., 1988）。しかし、空気振動である音は野外では風によって容易に減衰する。いっぽう、ゾウの音声や足音によって生じた大地の震動は、土質にもよるが、音声で16km、足音で32km離れた地点まで伝わるという（O'Connell-Rodwell et al., 2000）。このため、ゾウは低周波を大地の震動としても知覚していると考えられている（O'Connell-Rodwell, 2007）。ゾウの脚には踵（かかと）に厚い脂肪組織があり、これによって振動を増幅可能である。振動が骨伝導によって耳小骨に伝わる場合は聴覚といえるが、これに加えて踵には多くのパチニ小体があって（Bouley et al., 2007）、触覚としても振動を捉えている。

（3）痛覚

上述のように、痛覚は皮膚の自由神経終末で受容し、脊椎動物は皮膚に自由神経終末を持つ。しかし、自由神経終末は痛覚以外の皮膚感覚（触覚・圧覚・痒覚・温度覚）の受容器でもあるから、「自由神経終末があること＝痛みを感じること」と即断できない。スネッドンら（Sneddon et al., 2003）は魚類の痛

覚を次のような方法で確認している。ニジマスの口周辺にハチ毒や酢酸を注射すると、ニジマスは鰓の開閉数を倍増させ、身を大きくくねらせ、水槽の底の砂利に口をこすりつける行動を見せる。なお、こうした行動はモルヒネ（ヒトを含む哺乳類にとって鎮痛剤である）によって、大きく減弱する（Sneddon, 2003）。ニジマスの口部周辺には侵害刺激の受容体があり、三叉神経によって脳につながっている。

　脊椎動物以外の動物も痛みを感じている可能性がある。例えば、モルヒネのような鎮痛作用を持つ脳内物質であるエンケファリンやβ—エンドルフィンは、脊椎動物の脳だけでなくミミズの脳神経節からも見つかっている（Alumets et al., 1979）。鎮痛作用を持つ物質が体内にあることは、痛覚が存在している傍証となる。

コラム　錯視研究

　実際の視覚刺激と知覚された視覚イメージとのずれを**錯視**（**視覚的錯覚** optical illusion）という。ヒトの錯視研究で用いられるさまざまな図形に動物も錯視を示すという証拠は、散発的ではあるものの1世紀近い研究の歴史があり、フナ・ニワトリ・ベニスズメ・ツグミ・ムクドリ・ハト・モルモット・アカゲザル・オマキザル・ベニガオザル・マンガベイ・ヒヒなどで報告がある（藤田，2005）。最近ではイヌを対象とした実験も発表されている（Byosiere et al., 2017; Petrazzini et al., 2017）。無脊椎動物では、古くはハエにミュラー＝リヤー錯視図形を見せて、どの位置を見ているかを調べた研究があるが、錯視効果そのものを測定しているわけではない（Geiger & Poggio, 1975）。最近、ミツバチのデルブーフ錯視（図3-45）は、図形との視距離を自由に変えられる場合に確認されるとの報告がなされている（Howard et al., 2017）。

　錯視量を具体的に測定し、錯視メカニズムや種差について本格的に検討するきっかけとなったのは、**藤田和生**（1953-）による一連の研究（Fujita et al., 1991, 1993; Fujita, 1996, 1997）である。彼は、ハト・アカゲザル・チンパンジー・ヒトでポンゾ錯視を確認する実験技法を案出し、ヒトのデータと比較している。その後、彼の研究室では同様の技法を用いて、他の錯視も検討されている（図3-46）。こうした研究に刺激され、多くの学者が動物とヒトの錯視の比較に取り組み始めている（Feng et al., 2017）。

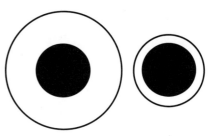

図3-45　デルブーフ錯視
左の黒円よりも右の黒円のほうが大きく見えるが実際は同じ大きさである。

　ヒトは物体の一部が欠損していても、物体の形を認識できる。これを**知覚的補完** perceptual completion というが、欠損部分の輪郭線があるように見える場合（**モーダル補完** modal completion）と、輪郭線がないことは知覚

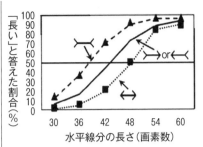
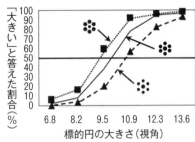

図3-46 ハトの錯視実験の結果　Nakamura et al. (2006, 2008)
左：ミュラー＝リヤー錯視（Nakamura et al., 2006）
水平線分はその長さに応じて「長い」と判断する割合が増えるが、>-< 図形はやや長く、↔図形はやや短く知覚される。これはヒトと同じである。
右：エビングハウス＝ティチナー錯視（Nakamura et al., 2008）。標的円はその直径に応じて「大きい」と判断する割合が増えるが、周辺の円が大きいとより大きく、周辺の円が小さいとやや小さく知覚される同化現象が見られる。ヒトでは対比現象が生じるのでまったく逆の錯角が生じている。なお、ニワトリでもハトと同じく同化現象が見られる（Nakamura et al., 2014）。

図3-47　知覚的補完

しつつも物体がつながっていると認識する場合（アモーダル補完 amodal completion）がある。図3-47でいえば、四角形はモーダル補完され、円はアモーダル補完される。こうした知覚的補完は、ヒヨコ・ジュウシマツ・マウス・フサオマキザル・チンパンジーでは確認されているが、ハトでは多くの研究にもかかわらず補完を示す確実な証拠が得られていない（藤田ら，2007; 中村，2016）。

コラム 奥行知覚と立体視

　動物は自分と獲物や天敵までの距離を見積もったり、断崖や陥穽(かんせい)の深さの見当をつけたりしなくてはならない。こうした3次元的視知覚は奥行知覚と呼ばれる。奥行知覚の能力はラットやサルなどの実験動物を中心にさまざまな方法で実験的に調べられている（上野・林部，1994）。最もよく用いられるのが、段差のある構造物の上面に透明板を敷いた**視覚的断崖**visual cliff（図3-44）で、動物が深い側を避けるかどうかを観察記録する。この方法を考案したウォーク（R. D. Walk, 1920-1999）とギブソン（E. J. Gibson, 1910-2002）の研究では、検査した動物種（カメ・ニワトリ・ラット・ネコ・イヌ・ウサギ・ヒツジ・ブタ・サル）のすべてで、奥行知覚の存在が確認された（Walk & Gibson, 1961）。

　ところで、自然界に存在する対象の多くは3次元的存在であるから、対象を平面的にしか捉えられなければ、対象の種類を同定したり、その量を正しく把握することができない。こうした場合に必要となる3次元的な視知覚が立体視である。ヒトでは、両眼の間隔と同じだけ離れた2点から撮影した写真や描画した図形を、左右の眼で別々に見ることのできる実体鏡（ステレオスコープ）を装着すると、図形や写真が立体的に見える。これは両眼視差にもとづく立体視であるが、同様の装置を用いた諸研究では、ベニガオザル・ネコ・ハヤブサ・ハト・フクロウ・ヒキガエル・カマキリなど多様な動物種において立体視能力が確認されているという（上野・林部，1994）。

図3-44　視覚的断崖
動物が本当に落ちないように、透明板が敷かれている。奥行感がわかりやすいように、白黒の市松模様が描かれていることが多い。
https://www.researchgate.net/figure/273065996_fig5_Figure-2-One-of-the-cliff's-forgotten-subjects-a-goat-contemplates-the-apparent-drop

コラム

イルカの反響定位

　漁船や軍用艦に積み込まれているアクティブ・ソナーは、水中で超音波を発し、その反響音から漁群や敵艦を探知する装置で、**反響定位** echolocation のしくみを応用したものである。イルカはこれと同じことを、以下のような方法で行っている。

　イルカは、頭頂にある呼吸孔の左右に空気嚢（鼻嚢(びのう)）を持つが、その左右間で空気を移動させ弁を震わせて1,000〜200,000Hzの音波を生み出す。これを前額にある脂肪組織メロン melon で増幅して対象物に断続的に発射する。この音をクリックスといい、人間の耳にはその低周波成分が「ギィィ」という重い扉を開くときのような音に聞こえる（高周波成分はヒトの可聴域を超えた超音波である）。対象物に反射した音は主に下顎で感知し、周辺の脂肪組織で増幅されながら骨伝導によって中耳に伝わる。なお、鼓膜は退化しているが、鼓膜靱帯という楕円形の神経組織があって、下顎骨から耳小骨へ情報を伝えている（イルカの外耳道は水が入らないようほぼ閉塞しており、耳孔付近はイルカの頭部で最も音に鈍感な箇所の1つである）。

　イルカの反響定位能力は優れている。例えば、ステンレス球（直径7.62cm、厚さ0.8mm、水充満）の最大検知距離はバンドウイルカで113mであった（Au & Snyder, 1980）。なお、オキゴンドウでは113〜119m（Thomas & Turl, 1990）、シロイルカでは162m（Au et al., 1985）との報告がある。また、形状や素材の知覚に関しては、スナメリ（日本を含むアジア沿岸にすむネズミイルカ科の小型鯨類）を用いて調べた実験（Nakahara et al., 1997）がある。この実験では、鉄製の円筒（直径1.5cm、長さ10cm）を標準刺激としてこれとの識別をテストしたところ、直径が0.1cm異なる鉄製円筒と区別できた。また、同じサイズの円筒の場合、アクリル製円筒や真鍮製円筒と区別できた（ただし、アルミ製とは区別できなかった）。

コラム コウモリの反響定位

　コウモリ目は大型のオオコウモリ亜目と小型のコウモリ亜目に分類されるが、前者では洞窟にすむルーセットオオコウモリを除き、反響定位は行わない。後者には800種が属しているが、ほぼすべてが反響定位を用いる。彼らは声帯に高い圧力をかけ、口または鼻から5〜9万Hzの超音波を発する。鼻から超音波を発する種（キクガシラコウモリなど）では、鼻の周囲にある鼻葉（びよう）という皺（しわ）で超音波の進行方向を決める。この超音波と、物体からの反響音を聴き比べて、飛ぶ虫を捕獲したり、障害物を避けたりする。虫を捕らえる場合、まず低速で巡回飛行しながらときどき超音波を発して虫を探す。虫を発見すると、超音波を発する頻度をあげ、虫の動きを予測しながら接近する。捕獲直前には高頻度で強い周波数を発して確実にしとめる。その精度は高く、3 mm程度のショウジョウバエも容易に捕獲する。

　オオクビワコウモリの対象知覚能力を実験室で調べた研究では、2.9m離れた地点から直径4.8mmの球体、5.1m離れた地点から直径19.1mmの球体を検出できた（Kick, 1982）。また63cm離れた対象が0.07mmの前後にずれていても検出できる奥行知覚を持っている（Moss & Schnitzler, 1989）。反響音の特徴から物体を知るには以下の方法を用いている（Suga et al., 1983）。まず、反応音がどこから来たかで物体の位置がわかる。具体的には、両耳間に生じる反響音の強さや到達時間の差から、物体と自分との水平角度（方位角）を知ることができ、大きな耳介のどの位置に反響音が強く速く到達するかで物体の上下位置（仰角）もわかる。反響音の振幅が物体の広がり（対位角、視覚における視角に相当）、反響音の強度が距離（近いほど強い）を示すので、この2つの情報を統合して物体の実際の大きさを知る。振幅の成分は物体の形状や材質などの特徴を反映している。さらに、移動する物体（飛ぶ虫）では、移動方向で音波が縮み、後方で音波が伸びるドップラーシフトが生じるので、これを感知して物体の移動速度がわかる。こうした物体認識は大脳皮質聴覚野で行われている（力丸・菅，1990）。コウモリの音響定位の科学的解明は進んでいるが、米国の哲学者ネーゲル（T. Nagel, 1937-）が「コウモリであるとはどのようなことか」と問うたように、その環世界をわれわれが真に把握するのは難しい（Nagel, 1979）。

参考図書

○日高敏隆『動物と人間の世界認識―イリュージョンなしに世界は見えない』
　ちくま学芸文庫　2007
○岩堀修明『図解・感覚器の進化―原始動物からヒトへ、水中から陸上へ』
　講談社ブルーバックス　2011
○シュービン『ヒトの中の魚、魚の中のヒト―最新科学が明らかにする人体進化35億年の
　旅』早川文庫　2013
○鈴木光太郎『動物は世界をどう見るか』新曜社　1995
○野島智司『ヒトの見ている世界、蝶の見ている世界』青春新書　2012
○浅間茂『虫や鳥が見ている世界―紫外線写真が明かす生存戦略』中公新書　2019
○［社］日本動物学会関東支部（編）『生き物はどのように世界を見ているか―さまざま
　な視覚とそのメカニズム』学会出版センター　2001
○日本比較生理学会（編）『見える光、見えない光―動物と光のかかわり』
　共立出版　2009
○河合清三『いくつもの目―動物の光センサー』講談社　1984
○ジェイコブス『動物は色が見えるか―色覚の進化論的比較動物学』晃洋書房　1994
○パーカー『目の誕生―カンブリア紀大進化の謎を解く』草思社　2006
○藤田祐樹『ハトはなぜ首を振って歩くのか』岩波科学ライブラリー　2015
○中村哲之『動物の錯視―トリの眼から考える認知の進化』京都大学学術出版会　2013
○バークヘッド『鳥たちの驚異的な感覚世界』河出書房新社　2013
○ホロウィッツ『犬から見た世界―その目で耳で鼻で感じていること』白揚社　2012
○添田秀男（編）『イルカ類の感覚と行動』恒星社厚生閣　1996
○森満保『驚異の耳をもつイルカ』岩波科学ライブラリー　2004
○川村軍蔵『魚との知恵比べ―魚の感覚と行動の科学（3訂版）』成山堂書店　2010
○川村軍蔵『魚の行動習性を利用する釣り入門―科学が明かした「水面下の生態」のすべ
　て』講談社ブルーバックス　2011
○谷口和美・谷口和之『味と匂いをめぐる生物学』アドスリー　2013
○神崎亮平『サイボーグ昆虫、フェロモンを追う』岩波科学ライブラリー　2014
○小山幸子『匂いによるコミュニケーションの世界―匂いの動物行動学』
　フレグランスジャーナル社　2008
○新村芳人『嗅覚はどう進化してきたか―生き物たちの匂い世界』
　岩波科学ライブラリー　2018
○上野吉一『グルメなサル香水をつけるサル―ヒトの進化戦略』講談社選書メチエ　2002
○ブレイスウェイト『魚は痛みを感じるか？』紀伊國屋書店　2012

第4章 ❖ 本能

「動物的」という言葉がある。『大辞林（第三版）』では「（人間が）動物としての本能をもっているさま」と定義されている。本章では動物のいわゆる「本能」について紹介するが、以下に述べるようにこの言葉の使用については学問上の論争がある。

1．本能概念の変遷
（1）本能論とその否定
「**本能** instinct」の定義はさまざまであるが、一般に、動物の内部にあると想定される、行動を引き起こす生得的なメカニズムあるいは衝動をいう（中島, 2013）。なお、日本語の「本能」は「本来持っている能力」の意味で、生得性に重きを置いているが、英語の「instinct」は「駆り立てる」を意味するラテン語の「instinguo」に由来しており、衝動という色彩が濃い。

「米国心理学の父」ジェームズ（→ p.29）は2冊組の大著『心理学原理』(1890) 全28章のうち1章を割いて本能について論じ、ヒトを含む動物のさまざまな生得的傾向をあげた。この考えを踏襲したのが英国人心理学者**マクドゥーガル**（W. McDougall, 1871-1938）である。彼は『社会心理学入門』(1908) で、本能を生得的な心理物理的傾向と定義し、特定の対象に注意を向け（認知）、特定の情緒的興奮を経験し（感情）、特定の行為に従事しようと試みる（意志）、という3つの側面を持つと述べている。また、後に彼は自らの立場を**ホルメー心理学** hormic psychology と名づけ、人間を内部から突き動かす衝動「ホルメー hormé」（「駆り立てる」を意味するギリシャ語）を中心に据えた立場を強調した（McDougall, 1930）。

しかし、本能という概念を否定する学者もいる。例えば、条件反射を提唱したパヴロフ（→ p.32）は、本能は反射に過ぎず、動物行動の記述や説明に用いるべきでないとした（Pavlov, 1927）。また、行動主義心理学者ワトソン（→ p.31）は生得的な反射だとされている行動にも経験が関与していると指摘した（Watson, 1914）。第2章で述べたように行動後成学を提唱したシュネイラ（→ p.38）も本能概念に批判的で、遺伝と環境の相互作用による発達と

学習という立場をとった（Schneirla, 1966）。

　中国人心理学者の郭任遠（クオジンヤン）（Z.Y. Kuo, 1898-1970）は、新行動主義者トールマン（→ p.35）のもとで博士号を得た最初の人物であるが、本能概念の行動主義的再構築を試みようとしたトールマンとは一線を画し、心理学において本能という概念はまったく不要であると断じている（Kuo, 1921, 1924）。その後、中国に帰国した彼が行った有名な研究に、ネコのネズミ捕殺に関する実験がある（Kuo, 1930）。離乳後単独飼育したネコは約半数しかネズミ（実験用ラット・野生ラット・マウス）を捕殺しなかったが、親ネコのネズミ捕殺を見て育ったネコのほとんどはネズミを捕殺するようになり、ネズミと一緒に育ったネコはそのネズミをまったく殺さず、他の種類のネズミもほとんど襲わなかった。なお、空腹状態であるかどうかはこうした結果にまったく影響しなかった。その後の研究（Kuo, 1938）で、同じ母親から生まれた子ネコ3〜4頭をまとめて親から離し、2匹のネズミ（雌雄のラット）あるいは4〜5羽のスズメとともに育てた場合にも、ネコはネズミやスズメをほとんど襲わなかった。ただし、テストした猫のうち約3分の2は生まれたばかりで逃げることのできないネズミは食べた。

（2）動物行動学による本能論の復活

　こうした本能否定論に対して、動物行動学者（→ p.39）の多くは「本能」という概念の意義を認めている。例えば、ハインロートは、動物の本能行動を種に特有な衝動行動と表現して、その研究を推進した。ローレンツやティンバーゲンも、遺伝的に決定された**固定的動作パターン** fixed-action pattern（図4-1）を本能行動とし、その背後に**生得的解発機構** innate releasing mechanism（図4-2）を想定した。それによれば、内的衝動が高まっているときに、これを解き放つ刺激（**解発子** releaser）が出現すると生じる定型的反応が本能行動である。解発子は**信号刺激** sign stimulus（**鍵刺激**（かぎ）key stimulus）とも呼ばれ、本能的行動の種類によって異なっている（図4-3、図4-4）。ネコにとってネズミは捕食行動の解発子であると考える動物行動学者は、前述の郭の研究は非自然的な状況（例えば、狭い檻の中）で行われたために不

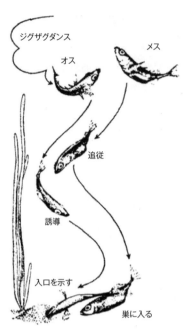

図4-1 イトヨ（トゲウオ）の配偶行動における固定的動作パターン Tinbergen (1951)

互いの外見や動作が相手の行動の解発刺激となって、一連の配偶行動が生じる。この後、雌が単独で巣に入って産卵して巣から出ると、雄は前鰭で新鮮な水を巣内に送り込む。なお、配偶行動の途中で雌が雄から離れると一連の動作は完了しない。つまり行動には一定の柔軟さがある。このため「固定的」「パターン」といった融通のなさを意味する言葉を避けて、**生得的反応連鎖** innate reaction chain と呼ぶこともある。

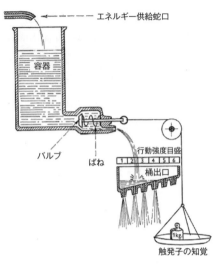

図4-2 生得的解発機構の水力学モデル Lorenz (1950)

刺激が身体内部の動機づけを解発して本能的行動が生じるしくみを、分銅がバルブを開いて水がほとばしるしくみになぞらえたもの。

適切な結論に至ったのだと批判した（Leyhausen, 1956）。

攻撃と逃走など両立しない複数の本能行動が解発される事態では、それらとはまったく異なる**転位行動** displacement behavior が生じることもある（例えば、縄張りをめぐって争うイトヨの場合には逆立ちになる行動が見られる）。ローレンツらは、転位行動は衝動の減弱（緊張の緩和）をもたらすとした。また、衝動が亢進しているにもかかわらず解発子が与えられないと、餌がないのに食べる動作をするなどの無目的な行動（**真空活動** vacuum activity）

が出現する。

ローレンツらによれば、本能行動と反射との違いは、行動によって快感情が生じるか否かにあるという。こうした本能観には、米国の心理学者で鳥類学者でもあった**クレイグ**（W. Craig, 1876-1954）の考えが影響している。クレイグは、本能行動を**欲求行動** appetitive behavior と**完了行為** consummatory act に分け、前者は経験やその場の環境に応じて変容するが、後者は遺伝的に規定された種に特有な固定的行動

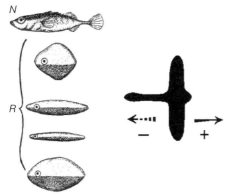

図4-3　解発刺激の作用　Tinbergen（1951）
左：イトヨの雄の攻撃行動を引き起こす解発刺激
他個体雄によく似た模型（N）でも腹部が赤くないと攻撃しないが、形が異なっていても腹部が赤い模型（R）には攻撃する。
右：ガンに逃避反応を引き起こす解発刺激
頭上で模型を右に動かす（タカなど猛禽類の動きに似ている）と逃避反応が生じるが、左に動かす（仲間のガンの動きに似ている）と生じない。

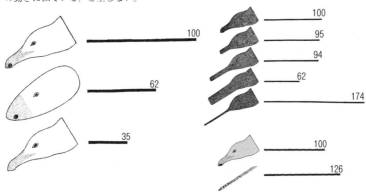

図4-4　セグロカモメの雛の親鳥への餌ねだり行動（くちばしつつき行動）を引き起こす解発刺激　Tinbergen & Perdeck（1950）
左：くちばし先端近くの赤い点と頭部の尖った形の両方が重要であることがわかる。
右上：くちばしが頭部に比べて細長いほうがねだり行動が多い。最下段の刺激は通常の長さ（最上段）よりも大きな行動を引き起こす。こうした刺激を**超正常刺激** supernormal stimulus という。
右下：棒先に赤い点をつけたものは本物そっくりの模型よりも多くつつかれる。これも超正常刺激である

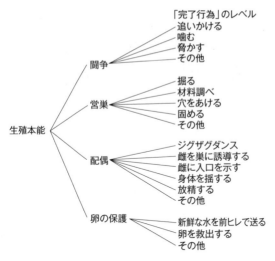

図 4-5　イトヨの生殖本能　Tinbergen（1942）

であるとしている（Craig, 1917）。図 4-5 はこの考えを取り入れてティンバーゲンが描いたイトヨの生殖本能の模式図である。

ローレンツらはまた、学習の機会を与えない**隔離実験** isolation experiment によって、純粋な本能行動を抽出できるとした。例えば、隔離飼育されたトゲウオは、通常飼育された場合と同じように、腹部の赤い模型に対して攻撃行動を示す。しかし、トゲウオは単独飼育されていてもガラスや水面に映った自らの姿を見た経験があるであろうし、そもそもこうした隔離実験は行動発達における遺伝と経験の複雑な相互作用を単純化しているとレーマン（→ p.38）は厳しく批判している（Lehrman, 1953）。

現在では、「本能」という言葉は説明概念としてではなく、記述概念として用いられることが多い。すなわち、**生得的行動** innate behavior のうち、衝動にもとづく複雑な一連の行動を**本能的行動** instinctive behavior と呼び、身体の特定部位の単純反応である**反射** reflex や、対象物に対する単純な接近・逃避行動である**走性** taxis（→ p.148）と区別する。反射や走性は動機づけの影響をほとんど受けない。

2．動機づけ

「本能」という言葉はとりわけ「生得性」の側面に関して論争を引き起こしてきたが、本能論を否定する学者の多くも、動物の行動が何らかの衝動にもとづいているという点まで拒否しているわけではない。衝動を意味する心

理学用語として、**動因** drive という言葉がある。これは米国の心理学者ウッドワース（R. S. Woodworth, 1869-1962）によって提唱された概念で、機械を動かす原動力（エネルギー供給）になぞらえたものである（Danziger, 1997）。

　空腹のラットでは一般的活動性が高まり、餌を探すようになる。このように、動因は、行動を賦活し、方向づける機能を持つ。また、たまたまある行動をして食物が得られれば、その行動を繰り返すようになる。ハル（→ p.35）やその弟子のミラー（N. E. Miller, 1909-2002）らはこれを**動因低減** drive reduction による**強化** reinforcement と呼んだ。食物や水など動物にとって重要なものを**剥奪** deprivation すると、**欲求（必要）** need が生じ、それが動因をもたらす。このとき、食物のように環境内にある対象物を**誘因** incentive というが、その**価値** valence は動因の強さだけでなく、誘因自体の見た目や匂い、味、口

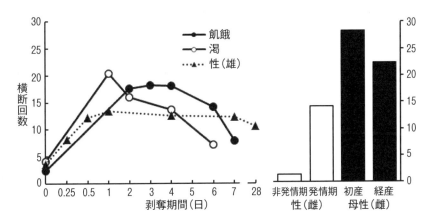

図4-6　ラットにおける動機づけ強度の比較　Warden（1931）の表中数値から作図
目標箱にさまざまな誘因（飢餓動因で粉餌、渇動因で水、性動因で異性ラット、母性動因で仔ラット）をおいた。被験体ラットが出発箱を出て弱電流通路を横断し、目標箱に入って30秒経過すると出発箱に戻した。動機づけが強ければ再び横断する。グラフは20分間にラットが通路を横断した回数である。左パネルに示されているように、飢餓動因や渇動因では剥奪期間が長くなると横断回数が増加する（動機づけが強くなることを示している）。剥奪期間があまり長くなると横断回数が減少するが、これは衰弱するためであろう（このように長時間の餌や水の剥奪処置は今日では動物実験倫理上、実施できない）。性動因は雌雄で違いがあり、雄ラットでは雌ラットからの隔離期間の影響を受けるが（左パネルの…▲…）、雌ラットでは発情期かどうかが重要である（右パネルの白い棒グラフ）。雌ラットの母性動因については初産であるかどうかが横断回数に影響する（右パネルの黒い棒グラフ）。

当たり、さらにはその誘因が過去にどの程度、動因を低減したかにも依存する（栄養価のある食物はその後、好まれるようになる）。こうした一連の作用を包括して**動機づけ** motivation と呼ぶ。なお、動因には食物・水・酸素・異性などのほかに、好奇心（→ p.150）も含まれる。

さまざまな動機づけの強さを比較した研究として有名なものに、**ワーデン**（C. J. Warden, 1890-1961）が1931年に発表した実験がある（図4-6）。ラットでは食欲よりも性欲よりも「母の愛」が強いことがわかる。

3．情動

「本能的」という言葉は「非知性的」という意味で用いられることがある。哲学や心理学では、非知性的な心の側面は19世紀初め頃には**情動** emotion と呼ばれるようになった（Danziger, 1997）。現代心理学では、刺激に対する諸反応（情動体験）とその言語化をもって情動とするのが一般的だが（Moors, 2009：図4-7 A）、動物はヒトに匹敵する言語能力を欠くため、動物に情動があるものとして研究する場合には、刺激と諸反応の間に中枢的情動状態を仮定した単純で常識的なモデル（Calder et al., 2001：図4-7 B）が採用され、中枢的な情動状態の反映と考えられる反応（接近・回避、興奮・鎮静、神経伝達物質やホルモンの変化など）が見られるかどうかが吟味される。快や不快の

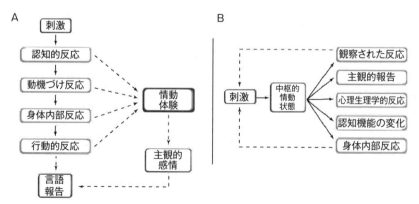

図4-7　情動のモデル　Anderson & Adolphs (2014)

情動については、昆虫のような無脊椎動物についても、その存在を仮定した研究が進められている（Anderson & Adolphs, 2014）。

ところで、ヒトでは重要な試合や試験の前に体温が1度弱上昇する（Briese, 1995; Renbourn, 1960）。これを**ストレス誘導性体温上昇** stress-induced hyperthermia あるいは**情動熱** emotional fever という。生理心理学者**カバナク**（M. Cabanac, 1934-）は、動物を持ち上げておろすという単純な方法で情動熱が生じるかどうかテストし、爬虫類（イグアナ）・哺乳類（ラット・マウス）で体温上昇を確認した。いっぽう、持ち上げておろしたカエルや、網ですくってから元に戻したキンギョでは体温上昇が見られなかったことから、両生類や魚類には情動がないと結論し、情動は太古の昔、爬虫類が両生類から分岐した際に誕生したと主張した（Cabanac, 1999a, 1999b）。なお、鳥類は爬虫類から進化したもので（→ p.6）、鳥類（ニワトリ）でも情動熱が見られることがその後の研究で示されている（Cabanac & Aizawa, 2000）。爬虫類や単弓類（哺乳類の祖先）が両生類から分岐したのは石炭紀後期であるから、カバナクの説にしたがえば、情動は約3億年前に誕生したことになる。後にカバナクは情動こそ意識だとして、動物の意識の起源をここに求めた（Cabanac et al., 2009）。しかし、魚類（ゼブラフィッシュ）でも情動熱が生じるとの報告（Rey et al., 2015）もある。神経科学者**パンクセップ**（J. Panksepp, 1943-2017）は、7つの原始情動（探索・怒り・恐怖・性欲・世話・悲しみ・遊び）はすべての脊椎動物にあるとした（Panksepp, 2011）。

4．本能的行動

衝動にもとづく複雑な生得的行動である本能的行動には、その機能によって分類できるが、本章では摂食・性・帰巣・渡り・回遊に関する行動を取り上げる。コミュニケーション行動（→ p.230）・縄張り防衛行動（→ p.311）・養育行動（→ p.350）は他章で紹介する。

（1）摂食行動

深海底の熱水噴出孔付近にすむシロウリガイやチューブワームは、体内に

硫黄酸化細菌を持ち、それが熱水中の硫化水素を酸化して得るエネルギーを利用して生きているため、食物を必要としない。しかし、ほとんどの動物は定期的に外界から栄養を摂取して生存する。つまり、食べなければ生きていけない。摂食頻度は動物種や置かれた環境によって異なる。エネルギーの乏しい草を食(は)む動物や、微生物を濾(こ)し取るホヤなどは、ほとんどの時間を摂食に費やす。いっぽう、変温動物は数日以上何も食べないこともある。カイコガの成虫には口がなく、飲み食いせずに羽化後1週間の命を全(まっと)うする。恒温動物でも、南極にすむコウテイペンギンの雄は酷寒の地で4か月間ずっと卵を温めながら何も食べずに、狩りに出た雌の帰りを待つ。無脊椎動物の中にはより長い絶食可能期間を持つものがいる。深海にすむダイオウグソクムシは、鳥羽水族館で5年1か月に渡り何も食べずに生き永らえたことが2014年2月にマスコミ報道された。

　脊椎動物において、食物剥奪は血液中の糖分濃度低下を引き起こすが、これを脳の視床下部が検出して、摂食行動を動機づける（**飢餓動因** hunger drive）。身体の維持には水分も必要である。水分剥奪は、血液を含む体液の浸透圧や細胞外液量の減少を生み、これを視床下部が検出して摂水行動を動機づける（**渇動因** thirst drive）。ヒトの場合、食物剥奪は内臓感覚として空腹感を生み、水分剥奪は口渇感（のどの渇き）をもたらすが、他の脊椎動物にも同様の内臓感覚が生じていると思われる。神経系の発達していない動物では、そうした内臓感覚こそ飢餓動因や渇動因の引き金であろう。

　動物は、何を食べるかによって**草食動物** herbivore、**肉食動物** carnivore、**雑食動物** omnivore に分類できる。哺乳類では草食動物を、足元の草を根こそぎ食べる**グレイザー** grazer（ウシやヒツジなど）と、草の葉の先端や木の葉や芽・果実・樹皮などをつまみ食いする**ブラウザー** browser（キリンやヤギなど）に分けることがある。

　いっぽう肉食動物は、自分で獲物を捕獲する**捕食者** predator と、他の肉食動物が殺したり、自然死した動物の屍肉を食べる**屍肉食者** scavenger に分けられる。なお、前者による捕食行動は以下のように細分化できる（今福, 2002）。まず、捕食者が獲物のほうに移動するもので、（1）射程距離内まで

近づいて襲うが、狙いが外れてもそれ以上深追いはしない「忍び寄り型」（カマキリやカメレオンなど）、（2）獲物が逃げても追いかけて捕える「追跡型」（チータやトラなど）、（3）複数で襲う「集団攻撃型」（オオカミやライオンなど）、がある。次に、捕食者が移動せず獲物からの接近を待つもので、（1）物陰などに隠れたり擬態して接近を待つ「待ち伏せ型」（トタテグモやオニダルマオコゼなど）、（2）網や落とし穴で捕える「陥穽型」（ジョロウグモやアリジゴクなど）、（3）餌に見せかけた身体部位を用いて誘い出す「食物誘因型」（ハタタテカサゴやアンコウなど）、（4）性フェロモンなどによっておびき出す「性的誘因型」（ナゲナワグモやホタルなど）、がある。このほかに、貝殻や外殻に穴をあけて食べる「防壁突破型」（ゼミエビやワタリガニ）、水中の微生物を濾し取って食べる「濾過摂食型」（ホヤやヒゲクジラ）がある。

　食べる対象（餌）が植物であれ動物であれ、ほとんどの動物は餌を求めて移動する。どこでどういった餌を食べるかの選択を**採餌戦略** foraging strategy という。餌の密集する場所（パッチ patch）が複数あるときは、どのパッチを選ぶか（近くて餌が豊富で天敵の少ないパッチがよい）、いつまでそのパッチに滞在するか（食べて餌が少なくなると、次のパッチに移動したほうがよい）の判断が必要になる。どの餌を食べるかについても、捕獲や摂食に要するコスト（時間や運動量）と成功率、餌の質（味やカロリーなど）をもとに判断しなくてはならない。

（2）性行動

　動物種や性によっては性衝動に周期性が見られ（図4-9）、繁殖期が明確な動物では性衝動の季節性を示す（→ p.145）。性衝動の高まりは行動を全般に賦活するだけでなく、種に特有な**性行動** sexual behavior を生み出す。性行動は**配偶行動** mating behavior ともいい、異性を誘引する**求愛行動** courtship behavior と、生殖器を結合する**交尾行動** copulating behavior からなる。求愛行動は動物種によって異なり、視覚（**求愛ダンス** courtship dance）や聴覚（**求愛音声** mating call）に訴えたり、フェロモンを発したり（→ p.103）、餌を与えたり（鳥類の**求愛給餌** courtship feeding、昆虫類の**婚姻贈呈** nuptial gift）する。繁

殖期に体が鮮やかな**婚姻色** nuptial coloration, breeding color に変わることは「行動」ではないが、巣を青色の物で飾り立てるアズマヤドリの雄のように装飾行動をとる動物もいる。なお、青く飾る巣は卵を生み育てる巣とは別で、求愛のためだけの巣である。

　求愛ダンスは一対一でなされる場合だけでなく、複数の雄が求愛場所（レック lek）に集まり、そこを訪れる雌に選んでもらう**レック繁殖** lek mating の形態をとる種もいる。動物園にいるクジャクの雄は1羽で羽を広げるが、野生ではしばしば複数の雄が美しい羽を広げて雌にアピールする。甲殻類ではシオマネキ、昆虫類ではガやチョウ、魚類では口の中で稚魚を育てることで知られるカワスズメ、鳥類ではライチョウやマイコドリ、哺乳類ではシカや

トピック

シオマネキの求愛

　砂浜一面に広がったシオマネキ（スナガニ科）がいっせいにハサミ（鋏脚きゃく）を振る景色は壮観である。これは雄が雌に対して行うウェービング waving と呼ばれる求愛行動で、通常は巣の近くで行われるが、雌が近づいてくると複数の雄が取り囲むようにしてウェービングを競う。雄のハサミは片方だけが大きく、これは性選択（→ p.20)、すなわち大きく立派なハサミを持つ雄が雌によって選ばれたためだと考えられている。大きなハサミが左右どちらであるかはシオマネキの種によって異なるが、ハクセンシオマネキではおよそ1対1である。

　東アフリカのタンザニアに生息するシオマネキを対象とした野外調査では、求愛にはハサミを振るスピードも重要で、ハサミを速く振る雄は雌から選ばれやすかった（Blackwell et al., 1999）。また、雄は周囲に他の雄（ライバル）がいるとハサミを振るスピードが速くなるという（図4-8）。

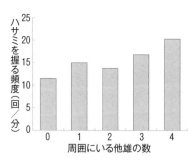

図4-8　シオマネキの雄がハサミを振る速度とライバル雄の数との関係　Milner et al. (2012) の図に加筆

コウモリといった動物がレック繁殖をする代表的な種である。なお、レック繁殖に限らず、多くの動物種では雌が雄を品定めする（性選択、→ p.20）。例えば、コクホウジャクの雌は長い尾羽を持つ雄を選ぶ（図4-10）。

求愛に成功すると、哺乳類・鳥類・爬虫類では交尾行動が行われる。両生類のカエル（無尾類）は交尾しないが、産卵する雌を抱え込み放精する（**抱接** amplexus）。この際、1匹の雌に多数の雄が群がる（カエル合戦）。同じ両生類でもイモリ（有尾類）では、雄が精子の入った袋（精包）を産み落とし、それを雌が総排泄孔から取り込んで受精する。魚類のほとんどの種は交尾は行わず、雌が産んだ卵の近くで雄が放精するが、サメやエイ、グッピー、カサゴなどは交尾によって受精が行われ

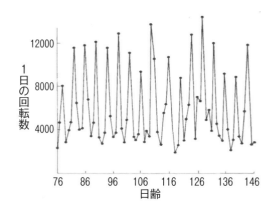

図4-9 雌ラットの活動性の変化 Richter（1927）
成熟した雌ラットを回し車つきケージで飼育し、活動性を回し車の回転数として可視化した。ほぼ4日周期で活動性の増減が見られ、性衝動の高まりをうかがうことができる。

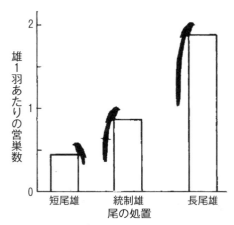

図4-10 コクホウジャクの雄の尾の長さと営巣数の関係 Andersson（1982）を一部改変
雌に選ばれて営巣に成功する確率は、尾の長さに依存する。尾を切って短くした雄（短尾）は他の雄の尾をつないで尾を長くした雄（長尾）よりも雌に選ばれにくい。なお、断尾後につないだ統制雄よりも営巣数が少ないため、営巣失敗は尾を切られたストレスによるものではないといえる。

第4章❖本能 131

る。ハエなど昆虫の多くの種は精子注入する交尾を行うが、精包を生殖器に挿入する種（トンボやカマキリなど、昆虫以外ではエビやカニ）や、雄が精包を産み落として雌が拾う種（トビムシなど、昆虫以外ではサソリ）もいる。

　動物種によっては、雌雄の配偶関係は生息域と関係がある。例えば、霊長類では生息域の狭いところに暮らす小型の種に一夫一妻が多く、やや広い生息域を持つ中型種は一夫多妻のハーレムを形成し、広範な生息域を持つ大型種では乱婚の形態をとりやすい（徳永ら，2002a, 2002b）。

（3）定位行動と帰巣行動

　動物が特定の方向に感覚器や体軸を向けることを**定位** orientation という。その最も単純な形式は走性や定位反射である。走性は刺激に対する単純な全身移動であり、定位反射は刺激源に感覚器を向ける身体部位の運動で、いずれも生得的行動であるが、動機づけの影響をほとんど受けないため、本能的行動には含めない。すでに述べた摂食行動や性行動なども対象に対する方向性を持つ場合は定位行動であるが、これらは動機づけの影響を受ける。

　目標が近距離にある場合は視覚によって定位可能である。目立つ建物や山脈・河川・海岸線などの地形を**ランドマーク**（**標識**）landmark として利用できる。アリは他個体の残した道標フェロモン（→ p.103）を頼りに方向を決める。空飛ぶ鳥も森の香りを含めさまざまな嗅覚手がかりを用いることがある。しかし、遠距離の目標は直接感知するのが難しい。100km 先は高度800m 以上の上空からでないと物理的に見通すことができず、500km 先になると地上1万9,000m の高みに上る必要がある（中村，2012）。ちなみに民間航空機の巡航高度は約1万 m である。したがって、極めて優れた視力を持っていたとしても遠距離を望むことは不可能である。このため、動物は長距離の**帰巣** homing や渡り（→ p.134）では太陽や星座、地磁気を手がかりに定位し、**航路決定** navigation することになる（→ p.152）。これらを可能にする神経行動的メカニズムを**太陽コンパス** sun compass、**星座コンパス** star compass, **地磁気コンパス** magnetic compass という。

　太陽コンパスに関する古典的実験（Kramer, 1950）では、ホシムクドリは渡

りの季節になると旅立つ方角に向いて過ごすが、曇天の日はそうした傾向を示さず、太陽光の入射角を鏡を使って変えると、向く方角もそれに応じてずれた。ミツバチの尻振りダンスによる餌場に関するコミュニケーション（→ p.238）も、ミツバチが太陽の位置を手がかりとした定位をしていることにもとづいている。昆虫は太陽の位置をその偏光（→ p.66）から把握できる。なお、天空内の太陽の位置は時間や季節によって異なるため、太陽コンパスを用いるには体内時計（→ p.142）を用いた補正が必要である。また、コンパスは単に太陽の位置だけでなく、それが作り出す陰の手がかりや偏光も含む（Guilford & Taylor, 2014）。

夜間に長距離移動する動物では星も重要な定位手がかりになる。例えば、北米のルリノジコは北極星を中心とする北天の星座を手がかりに、季節によって向かう方角を決めることが、図4-11のような装置を用いて確認されている。アフリカにすむ甲虫スカラベ（フンコロガシ）は月や北極星を中心とした星の動き、天の川などを手がかりに、糞を押す方角を決めている（Dacke et al., 2013）。

ミツバチやハトの体内には地磁気コンパスがある。ミツバチは腹部のクチクラの下に直径0.005ミリの鉄の顆粒が多数あり、これが磁場に反応する（Kuterbach et al., 1982）。ハトは頭部に0.1μg（1,000万分の1g）の鉄粒が約1億個存在すると推定されている（Kirschvink, 1982）。特に、内耳のラゲナ（→ p.89）に多くの鉄分が含まれており、ラゲナの神経を切断したりその周辺

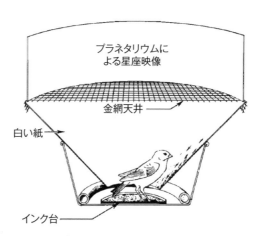

図4-11　星座コンパス Emlen & Emlen（1966）
鳥は漏斗型の容器の底でプラネタリウム映像を仰ぎ見る。鳥が向かう方向と頻度は円錐部内側に貼られた白い吸取紙に黒インクの足跡として記録される。この装置は考案者の名をとってエムレン漏斗 Emlen funnel と呼ばれている。

に磁石を取り付けると帰巣行動が障害される（Harada, 2002）。ハトレースでは鳩舎から数百km、時には千km以上も離れた地点からハトを放ち、帰巣するまでの時間を競う。こうしたレース中に磁気嵐（地磁気異常）が生じると帰還率が低下する。なお、魚類ではキハダマグロの脳に地磁気コンパスの存在が指摘されており（Walker et al., 1984）、回遊（→ p.136）に用いられていると考えられる。

太陽、星座、地磁気のいずれを手がかりに定位するかは、動物種や環境によって異なると考えられ、複数のコンパスを同時に用いている可能性も高い。上述のようにハトの帰巣は地磁気コンパスにもとづくが、太陽コンパスを利用しているとの実験報告もある（Budzynski et al., 2000）。ヨーロッパの砂浜にすむハマトビムシは日中は太陽、夜は月を定位に用いていることが確かめられている（Ugolini et al., 1999）。

（4）渡り行動

日本には春になるとツバメが南から飛来し、秋には去る。それと入れ替わるようにカモ（ガン）が北から訪れ、春には帰還する。こうした**渡り migration** も目標が遠距離にある定位行動である。日本に飛来する主な渡り鳥のコースと高度を図4-12と図4-13に示す。渡りに要する日数は種によって異なり、例えばツバメは餌となるカやハエの発生に連れて北上するため、日本国内の移動に限っても九州から北海道まで移動するのに1か月以上要する。いっぽう、オオソリハシシギはアラスカからニュージーランドまで1万1,000kmを一度も休むことなく8日間（平均時速にすると約60km/h）で移動する（Gill et al.,

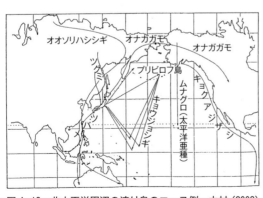

図4-12　北太平洋周辺の渡り鳥のコース例　中村（2002）

2008)。

　ハクチョウやツルのように大型で天敵に襲われにくい鳥は日中に、ツグミやホオジロのような小型の鳥は夜間に渡りをすることが多い（ただし、ツバメのように飛翔速度の速い種は日中に渡りを行う）。上述のようにノンストップで昼夜を分かたず飛ぶ種も多い。

　ウォレス（→ p.25）は、餌を求めて移動した個体が生き残ったために遠距離を飛ぶ鳥が自然選択されたと論じている。ティンバーゲンの4つの問い（→ p.40）でいえば、渡り行動の進化要因は餌ということになる。しかし、シギやチドリは餌がふんだんにあっても、渡りの準備を始める。これは、気温や日長、内因性の概年リズム（→ p.142）が渡り行動の直接の引き金になっていることを示唆している。なお、渡りに先立ち、特に夜間に活動性

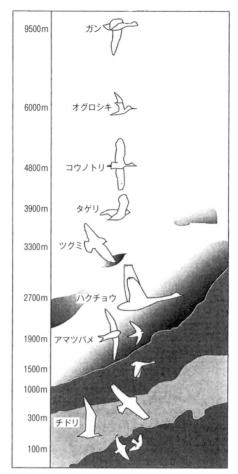

図4-13　渡り鳥の最高飛行高度　中村（2002）
渡り鳥の多くは通常は海抜100〜1500mの間を飛ぶ。図中の鳥の大きさは等しい縮尺で示されていない。

の増大が見られる。これを衝動の高まりの反映と見て、**渡りのいらだち** migratory restlessness, Zugunruhe という。この時期には採餌行動が増加して脂肪蓄積が生じ、長旅に備えた体ができあがる。

　渡りをするのは鳥類だけではない。アキアカネ（赤とんぼ）は平地の田や池で孵化し、夏に高山で避暑し、秋に平地に戻って交尾・産卵し、一生を終

える。その移動距離は高低差1km以上、水平距離で数十kmである。また、サバクトビバッタやトノサマバッタなどのトビバッタ類（飛蝗(ひこう)）は、個体密度が高くなると、体色が暗く（茶色）、翅が長く、脚が短い個体が生まれるようになる（孤独相から群生相への**相変異** gregarization）。それがときに数百億匹もの群れをなして穀物を食い荒らしながら移動する（蝗害(こうがい) locust plague）。いわゆる「イナゴの大群」であるが、イナゴはトビバッタではなく、そうした習性はない。英語の locust（トビバッタ）が「イナゴ」と誤訳され、広まったものである。こうした大移動も渡りと呼ばれる（トビバッタの別称は**ワタリバッタ** migratory locust である）。

（5）回遊行動

「渡り」の英語は migration であるが、この英語には飛行による渡り移動だけでなく、水生動物（魚類・大型鯨類・ウミガメ・イカなど）が、餌を探し、産卵し、あるいは適温を求めて、生息域を大きく変える回遊も含まれる。例えば、魚の回遊は英語で fish migration という。ここでは、詳しく調べられている魚類の回遊について紹介する（上田，2002）。

海水と淡水を行き来する**通し回遊魚** diadromous fish には、海で生まれ川で育ち産卵のため海に戻る**降河(こうか)回遊魚** catadromous fish と、川で生まれ海で育ち産卵のため川に戻る**遡河(さくか)回遊魚** anadromous fish がいるが、前者は少なく（ウナギやアユカケなど）、後者がほとんどである。これは、総じて海のほうが餌が豊富で成長に適しているためであろう（ただし海には捕食者も多い）。遡河回遊魚のうちシシャモ・イトヨ・シロザケ・カラフトマスなどは産卵後に多くの個体が海に下るが（降海型）、自然の地形変化（川がせき止められて湖になるなど）によって淡水で一生を終えるようになった種にイワナ・ニジマスなどがいる（陸封型）。ワカサギなどは生息条件によって、降海型と陸封型の両方がいる。なお、同種であるにもかかわらず降海型と陸封型で身体的特徴が大きく異なるため、標準和名が異なるものもいる。例えば、*Oncorhynchus nerka* は降海型がベニザケ、陸封型がヒメマスであり、*Oncorhynchus masou* は降海型がサクラマス、陸封型がヤマメである（図4-

トピック

サケの母川回帰

遡河回遊魚は産卵のため海から生まれ育った川に戻る。これを**母川回帰** natal-river homing といい、サケ科の魚類で多く見られる。卵から孵化したサケは約 2 年間川で過ごすが、その間に川の匂いを記憶する。これは幼生期に形成される強固な記憶で、刷り込み現象（→ p.349）に似ているため、「匂いによる刷り込み」と呼ばれる。その後、川を下る際には、他の川と合流するたびに新たな匂いの記憶を加えていく。数千キロに及ぶ外洋での回遊は地磁気コンパスによると考えられている。海で数年過ごしたサケが故郷に戻る際、沿岸までの航路決定には地磁気コンパスに加え太陽コンパスも用いていると思われるが、その後どの川を選ぶかは嗅覚に頼っている。

刷り込まれた匂いを思い起こして母川を探り当てていることは、外鼻孔に詰め物をしたサケの遡上率が極めて悪くなるという事実（Wisby & Hasler, 1954）から明らかである。なお、この事実は何度も再現されており、日本の川に遡上するサケ（シロザケ）でも確認されている（Hiyama et al., 1967）。

母川には、雨のしみこむ土壌に含まれる鉱物や微生物、落葉、水藻、生息する生物が発する物質などさまざまな匂いが含まれている。どのような匂いが刷り込まれているかについても、行動実験や脳波測定が行われているが、得られた結果（手がかりとなる匂いが揮発性かどうかなど）は研究によって異なる（上田，1987, 1989）。刷り込まれた匂い物質（母川物質）が母川ごとに異なるのは当然ともいえる。

14）。通し回遊魚のうち産卵とは関係なく海水と淡水を往来するのが**両側回遊魚** amphidromous fish であり、アユやハゼがこれにあたる。

海水または淡水のいずれかのみで回遊する魚もいる。外洋で長距離回遊するマグロ・カツオ・ブリ・ハマチや、近海で短距離回遊するアジ・イワシ・サバ・サンマなど青魚が**海水回遊魚** oceanodromous fish である。タラ・マダイ・ヒラメ・ボラ・スズキなど沿岸で移動する魚も含めることもあるが、これらの中にはほとんど移動しない「居つき」個体も多く見られる。なお、大回遊を行う魚種は筋肉に色素蛋白が多く赤身であり、沿岸性の魚種は白身で

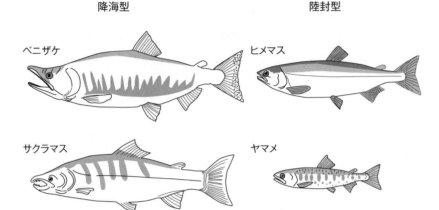

図4-14　降海型と陸封型で身体的特徴が大きく異なる魚種

ある。**淡水回遊魚** potsamodromous fish は少ないが、河川のみで回遊するオイカワ・アユモドキ、湖沼のみで回遊するイサザ・ビワマスなどがいる。

　回遊時には多くの魚が命を落とす。荘周と恵施が川のほとりで観察した「ゆうゆうと泳いでいる魚」(→本書巻頭) も必死に回遊中だったのかもしれない。

5．睡眠と生物リズム
(1) 睡眠

　ほとんどの動物は休息のため睡眠状態に入る。ヒトの場合は睡眠に意識の消失という主観的体験を伴うが、動物では意識の有無や質および程度を確認することが困難なため、刺激に対する反応性が極めて低くなった状態として睡眠は定義される。ただし、強い刺激によって容易に覚醒状態に回復する場合に限られる。睡眠時姿勢は動物によって異なり、多くの魚類は鰭をほとんど動かさずにじっとしているだけであり、フラミンゴは片足立ちで眠る。

　なお、昼間活動して夜間に休息・睡眠をとるものを**昼行性動物** diurnal animal、その逆を**夜行性動物** nocturnal animal というが、ラット・マウス・ネコ・コウモリなど一般に夜行性動物とされる動物のほとんどは明け方や夕暮れに最も活動する**薄明薄暮性動物** crepuscular animal である。鳥類の多くは

昼行性であるが、渡り鳥の中には夜も飛ぶ種も少なくない。なお、フクロウ目はほとんどが夜行性ないしは薄明薄暮性であるが、オナガフクロウやシロフクロウのように昼行性のものもいる。

　無脊椎動物では活動と休息の日周リズム（→ p.142）が見られるものの、休息時を睡眠と呼ぶかどうかは研究者間で意見が分かれる。複雑な神経系を持つ無脊椎動物種（昆虫類など）については睡眠と呼ぶことが多い。脊椎動物の睡眠状態は覚醒時よりもゆるやかな脳波の出現や行動観察（不動状態）によって判断されている。表4-1に哺乳類の睡眠時間を示す。総じて、肉食動物は草食動物よりも睡眠時間が長い。獲物の肉は高カロリーであるので、ひとたび得れば、しばらくは再び獲物を捕らえる必要がなく、睡眠を含む休息に当てる時間が長いからである。いっぽう、繊維質の多い草は食むにも時間がかかり、低カロリーであるので食べ続ける必要がある。また、草食動物は肉食動物の獲物となりやすいことから、警戒のために睡眠時間が短くなる。なお、体重当たりの消費カロリーが大きい動物（小型動物や運動量の多い動物）は、疲労を回復するとともに無駄なカロリー消費を抑えるため、長い睡眠時間が必要となる。

　脳波測定から、イルカやクジラ、アシカ、マナティーは、大脳の左半球と右半球を別々に休ませることもできる（Lesku et al., 2006; Rattenborg et al., 2000; Siegel, 2008）。これによって長時間泳ぎ続けることができる。こうした**半球睡眠** unihemispheric sleep は鳥類の多くの種でも可能で、眠っている半球とは反対側の眼を閉じる。脳の半分が常に起きていることは、天敵の警戒や長時間の飛行（渡り）に有用である。なお、オオグンカンドリは最長10日間の渡りを行うが、両半球とも睡眠状態（つまり完全に眠っている状態）でも、飛び続けていたとの報告がある（Rattenborg et al., 2016）。

（2）レム睡眠

　睡眠中、身体は休息しているものの、脳の活動が比較的高い状態を**逆説睡眠** paradoxical sleep という。この状態にあるヒトでは眼球の急速な運動（rapid-eye movement, REM）が確認されるため、**レム睡眠** REM sleep ともいい、

表 4-1 さまざまな哺乳類の睡眠時間 Zepelin (1989) の表から抽出

動物名	日内睡眠総量(時間)	日内レム睡眠総量(時間)	レム睡眠の割合(％)	動物名	日内睡眠総量(時間)	日内レム睡眠総量(時間)	レム睡眠の割合(％)
コチャイロコウモリ	19.9	2.0	10.1	チンパンジー	9.7	1.4	14.4
イタチオポッサム	19.4	6.6	34.0	リスザル	9.6	1.4	14.6
ヨザル	17.0	1.8	10.6	ブタ	9.1	2.4	26.4
トラ	15.8	—	—	キタオットセイ	8.7	1.4	16.1
ミツユビナマケモノ	14.4	2.2	15.3	ハリモグラ	8.6	0.0	0.0
ゴールデンハムスター	14.3	3.1	21.7	ウサギ	8.4	0.9	10.7
ライオン	13.5	—	—	ヒト	8.0	1.9	23.8
ラット	13.0	2.4	18.5	ハイイロアザラシ	6.2	1.5	24.2
マウス	12.5	1.4	11.2	ヤギ	5.3	0.6	11.3
ネコ	12.5	3.2	25.6	アメリカバク	4.4	1.0	22.7
バンドウイルカ	10.4	0.0	0.0	ウシ	4.0	0.7	17.5
ホシバナモグラ	10.3	2.2	21.4	ヒツジ	3.8	0.6	15.8
ヨーロッパハリネズミ	10.1	3.5	34.7	ロバ	3.1	0.4	12.9
マカク属サル4種	10.1	1.2	11.9	ウマ	2.9	0.6	20.7
イヌ	10.1	2.9	28.7	キリン	1.9	0.4	21.1

トラおよびライオンについては上記文献にレム睡眠の総量記載なし。
睡眠時間のみなら、150種の動物(無脊椎動物・魚類・両生類・爬虫類・鳥類・哺乳類)の展望論文がある(Campbell & Tobler, 1989)。

ヒトではこのとき覚醒させると夢を見ていたとの報告が得られることが多い(Dement & Kleitman, 1957; LaBerge et al., 1986)。レム睡眠は日中経験した記憶の定着に関与しているとされてきたが、レム睡眠でない睡眠状態(**ノンレム睡眠** non-REM sleep)のほうが記憶定着に重要であるとの見解が近年では優勢である(Vorster & Born, 2015)。

魚類や両生類ではレム睡眠とノンレム睡眠が区別できないため原始睡眠、爬虫類では分化の兆しがあるため中間睡眠、哺乳類と鳥類では明瞭に分化しているため正睡眠という。ただし、鳥類のレム睡眠は短く、眼球急速運動を伴わない。古代ローマの詩人ルクレティウス（BC99―BC55）は『事物の本質について』で、睡眠中のイヌの肢が動くのはウサギを追いかける夢を見ているのだと述べ、1世紀後のプリニウス（23-79）も『博物誌』ですべての哺乳類が夢を見るとした。実際、ラットのレム睡眠中の海馬（空間学習の脳中枢）の活動パターンは、入眠前に従事していた迷路課題でのそれと類似しており、睡眠中に迷路内を走る追体験をしている、つまり夢を見ている可能性がある（Louie & Wilson, 2001）。

　哺乳類84種の睡眠の量と質に関する総説（Zepelin, 1994）によれば、総睡眠時間に占めるレム睡眠の割合は動物種によって異なるものの概ね10～30％であるが、ハリモグラや鯨類（バンドウイルカ・ネズミイルカ・ゴンドウクジラ）ではレム睡眠は見られない。ヒト・イヌ・ネコでは逆説睡眠は20数％である。最もレム睡眠の割合が大きいのはヨーロッパハリネズミ（10.1時間のうち3.5時間）やイタチオポッサム（19.4時間のうち6.6時間）で34～35％である。イタチオポッサムはレム睡眠の絶対量でも最大であり、「最も夢見る哺乳類」である。ただし、アジアゾウは3.9時間のうち1.8時間（46％）がレム睡眠である可能性がある（Zepelin, 1989）。また、ヒトはノンレム睡眠時にも夢を見ることが近年明らかにされており（Oudiette et al., 2012; Siclari et al., 2017）、レム睡眠と夢は異なる脳機能の産物だとの見解もある（Solms, 2000）。したがって、動物にレム睡眠があるから夢を見ていると結論するのは早計かもしれない。

（3）擬死

　捕食者などの脅威にさらされた動物は睡眠状態によく似た不動状態になることがある。これを**擬死** apparent death, thanatosis あるいは**強直性不動** tonic immobility という。**動物催眠** animal hypnosis とも呼ばれる。いわゆる「タヌキ寝入り」「死んだふり」である。擬死状態になると、動く対象を餌にする捕食者から逃れられる。魚類・爬虫類・鳥類・哺乳類の多くの動物種で見ら

れるが、容易にこの状態を誘導可能なニワトリやウズラでの研究が多い（Gallup, 1974, 1977; Jones, 1986）。擬死は戦場・大災害・暴力・強姦などの場面でヒトが示す身体硬直症状との関連が示唆されている（Clerici & Veneroni, 2011; Marx et al., 2008; Volchan et al., 2011）。

（4）生物リズム

生物が生得的に持つ自律的な変動周期を**生物リズム** biological rhythm といい、生物リズムを制御する機構として動物体内に想定されたしくみを**生物時計** biological clock（**体内時計** internal clock）という。広義の生物リズムには神経活動・脳波・心拍・脈波といった短いリズムも含まれるが、通常は数時間以上の周期を持つものを指す。動物では、約半日の**概潮汐リズム** circatidal rhythm、**概日リズム** circadian rhythm、**概年リズム** circannual rhythm などがある。こうした周期は恒常環境下でも生じる内因的なものであるが、自然界の動物は潮の満干や日長、温度変化などの外的因子に生物リズムを同調させ、**潮汐リズム** tidal rhythm、**日周リズム** diurnal rhythm、**年周リズム** annual rhythm を刻む。このように生物時計に影響する外的因子を**ツァイトゲーバー**（独語 Zeitbeger）という。

(a) 潮汐リズム

地球の自転と月の公転の関係によって海の水は約半日（12.4時間）周期で上下変動し、潮の干満を生む。潮汐リズムは、ベンケイガニの幼生放出、カブトガニの交尾、ウミユスリカの羽化と産卵などに見られ、その外的同調因子は明暗や海水の撹拌・水圧などである。なお、昼か夜のいずれかの潮のとき、つまり倍潮周期（24.8時間周期）で見られる行動もあり、アカテガニの幼生放出や甲殻類（動物性プランクトンを含む）の遊泳がこれである。なお、海の水は太陽の引力の作用によって、約半月周期で上下動する（大潮・小潮）ので、上記の行動もその影響を受ける。このように日内・月内の潮汐周期は、小動物の増減をもたらすので、それを餌にする魚の行動も間接的に左右する。漁師や釣り人が潮見表を用いるのはこのためである。

(b) 日周リズム

睡眠は覚醒と交互に1日周期で出現するので、日周リズムの代表例といえる。一般的活動性（運動量）が1日のうちで周期変動することは、無脊椎動物を含め多くの動物で観察されている（海老原・後藤, 2002）。特に、**回転カゴ**（回し車 running wheel, activity wheel）を備えた飼育ケージで、齧歯類（特にラット・マウス・ハムスター）の活動量をカゴの回転数として測定する研究が多い。一般活動性のほか、摂食・摂水行動、他個体への攻撃、生殖関連行動（交尾・営巣・子育て）などにおいても日周リズムが見られる。

　恒温恒湿で明るさも固定にした実験室内に動物行動をおくと、外的同調因子の影響を最小限にして、純粋に内因的な概日リズムを測定できる。このとき見られる概日リズムを**自由継続周期（フリーラン周期）** free-running period という（図4-15）。自由継続周期は、主観的な1日の長さを示したものといえるだろう。

　自由継続周期は、昼行性動物では周囲が明るいと短く、暗いと長い。夜行性動物ではこの逆である。これを発見者名にちなんで**アショフの法則** Aschoff's law という。この法則は魚類・爬虫類・鳥類では概ね成り立つが、無脊椎動物や哺乳類ではこの法則に沿わないケースも少なくない。

　概日リズムを制御する生物時計は、ゴキブリやコオロギでは視葉、ザリガニでは食道上神経節、ヌタウナギでは視床下部、トカゲでは松果体と視床下部、イグアナでは視交叉上核、スズメやブンチョウでは松果体と視交叉上核、ハトでは松果体・視交叉上核・眼、哺乳類では視交叉上核と目にある（海老原, 2002）。これらはすべて視覚に関連した脳部位である。多くの動物種にとって、概日リズムのツァイトゲーバーが明暗である（図4-16）のもそのためである。

(c) 年周リズム

　図4-17に年周リズムの一例を示す。年周リズムは日長や気温など外的な条件の影響を強く受け、内因性の概年リズムの体内時計も不明である。このため、**季節リズム** seasonal rhythm とも呼ばれる。ハムスターの場合、日長が毛色・体重・体温の年内変動の主要因で（図4-18）、気温の影響はあまり見られないが、気温による影響が大きいものに**冬眠** hibernation がある。狭義

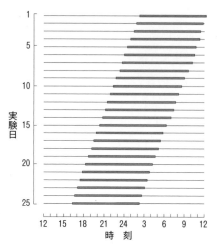

図4-15 アメリカモモンガの自由継続周期 DeCoursey（1960）を改変

気温20℃の暗室で25日間連続記録した1個体の回転カゴ走行量である。走行活動は黒い帯で示されている、この個体の生物時計は1日23時間40分（1日につき20分進む時計）である。個体差もあり、調査対象とした18匹では22時間58分〜24時間21分であった。ヒトではかつて平均25時間とされてきたが、日本人を対象とした最近の研究では平均24時間10分、個人差は小さく23時間54分〜24時間18分であった（Kitamura et al., 2013）。

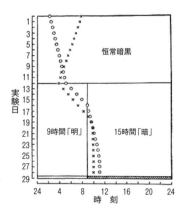

図4-16 アメリカモモンガの活動開始に及ぼす室内照明の効果

暗室内での生物時計が24時間15分であった個体（○）も23時間40分であった個体（×）も、室内照明を明期9時間／暗期15時間にすると、活動開始時刻が暗期直後に移動する。つまり、アメリカモモンガでは照明がツァイトゲーバーである。図はDeCoursey（1960）掲載の2つの図から桑原（1967）が合成したものを改変。

の「冬眠」は、低温下でも比較的高い体温を維持する恒温動物（哺乳類・鳥類）が代謝や運動を抑制して冬を過ごすことだが、気温低下に伴い自動的に代謝や運動が抑制される変温脊椎動物（両生類・爬虫類・魚類）の越冬や無脊椎動物の冬季休眠を含めて広義の「冬眠」という。シマリスやヤマネのような小さな哺乳類では、体温を外気温近くまで低下させるための特殊な生理的メカニズムを進化させている。クマのような大型哺乳類は冬眠中もあまり体温が下がらず、出産も可能である。

　いっぽう、夏の高温や乾燥への適応として活動性や代謝を低下させるのが**夏眠** aestivation である。昆虫類やカタツムリ、ミミズなどの陸上無脊椎動物で見られるほか、脊椎動物はハイギョが夏眠を行う。アフリカハイギョは泥

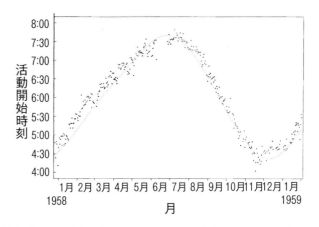

図4-17 アメリカモモンガの年周リズム DeCoursey (1960)
自然光で13か月間連続記録した1個体の回転カゴ走行開始時刻を示す。日没時刻(点線)の頃に活動を開始していることがわかる。

と粘液でできた塊りになって乾季を過ごす。その塊の入った土で家の壁を作ってしまうと、雨期に湿った壁から目覚めたハイギョが現れて驚くことになる。

　冬眠や夏眠を総称して**休眠** dormacy という。ハチドリやジャンガリアンハムスターなど小型の恒温脊椎動物では、寒いときに体温を低下させて代謝を最小限にする**日内休眠**(デイリートーパー daily torpor)が生じる。

　動物の行動は季節によって異なることが多い。先に述べた鳥類の渡りはその一例である。また、多くの動物には交尾・出産(産卵)・育児などの繁殖行動を行う**繁殖期** breeding season があり、その始まりは**交尾期** mating season (**発情期** estrus) である。交尾期はいわゆる「盛りの季節」で、「猫の恋」や「鳥交る(とりさか)」が春、「鹿鳴く」や「虫鳴く」が秋の季語になっていることからもわかるように、四季のある国では春や秋が交尾期である動物が多いが、夏の蝉時雨(せみしぐれ)も恋の歌である。なお、ザトウクジラなど大型鯨類の多くは、冬に暖かい低緯緯度海域で交尾や出産育児(交尾から約1年後に出産する)を行い、夏には、餌となる動物性プランクトンを求めて寒い高緯度海域に回遊する。

　交尾期の長さは動物によって異なる。アメリカ西部山間部に住むベルディ

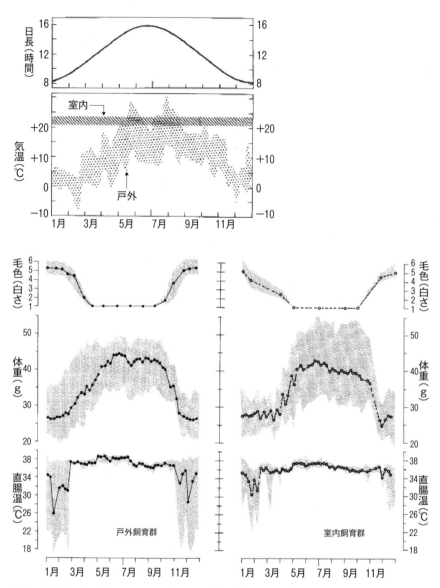

図4-18 ジャンガリアンハムスターの毛色・体重・体温の季節リズム　Heldmaier & Steinlechner (1981)
窓からの自然光と天井蛍光灯照明（日長と同じ時間帯）した恒温の室内飼育群（下右パネル）も、自然光のみで戸外飼育群（下左パネル）とよく似たリズムを示す。データ線は10匹の平均、影はデータ範囲を示す。

ングジリスでは雌の発情期は5〜6月であるが、各個体についていえば1年に1日だけ、それも午後に平均4.7時間に過ぎず、この間に1〜5頭の雄と交尾する（Hanken & Sherman, 1981）。このときを逃すと1年間、交尾の機会はない。

コラム 走性

　生得的行動のうち刺激の方向に関連して生じる単純な移動反応を**走性** taxis という。刺激に近づく反応を**正の走性** positive taxis、刺激から遠ざかる反応を**負の走性** negative taxis と区別する。また、刺激の種類によっても分類可能であり、表4-2はそれをまとめたものである。走性には、このほかに**電気走性（走電性）**galvanotaxis、**気流走性（走風性）**anemotaxis、**温度走性（走熱性）**thermotaxis などがある。

表4-2　走性の種類と代表例

走性の種類	正の走性を示す動物の例	負の走性を示す動物の例
光走性（走光性）phototaxis	【接近】ガ、コガネムシ、ショウジョウバエ、サンマ、イワシ、イカ	【逃避】プラナリア、ミミズ、ゴキブリ、ノミ
湿度走性（走湿性）hydrotaxis	【接近】ミミズ、ダニ、ワラジムシ（動性）	【逃避】ゾウムシ、トノサマバッタ（動性）
化学走性（走化性）chemotaxis	【接近】カ（二酸化炭素）	【逃避】ゴキブリ（シナモンなどの精油）
流れ走性（走流性）rheotaxis	【上昇】コイ、遡河時のサケやマス	【下降】アメンボ、メダカ、降河時のサケやマス
重力走性（走地性）geotaxis	【下降】ミミズ、ノミ、貝類の多く	【上昇】カタツムリ、ウニ

ネズミの仔を頭が下または横になるようにして斜面に置くと、身体を回転させて頭が上になる姿勢をとる。これは負の走地性の例だとされてきたが、近年では否定されている（Motz & Alberts, 2005）。斜面に爪が引っかかるかどうかなど、重力以外の要因によって行動が大きく異なるからである。

　なお、朽木や石の下などの湿った場所にいることが多いワラジムシは、正の走湿性の例としてしばしば取り上げられる。しかし、ワラジムシは乾燥した場所で活動性が高く、湿った場所では動きが鈍くなるために湿った場所で見つかりやすいだけである（Gunn, 1937）。いっぽう、トノサマバッタは逆に、湿った場所で活動性が高く、乾いた場所で動きが鈍くなる（Kennedy, 1937）。このように、結果的に一定の場所に向かうことになるが、

身体運動そのものには方向性がないものを、走性と区別して**動性** kinesis と呼ぶ場合がある（Fraenkel, & Gunn, 1940）。この場合、走性と動性を総称して**向性** tropism という。なお、向性は、本来、植物の成長において見られる方向性（例えば、太陽の方向を向く）を意味する言葉であるが、ここではその言葉を流用しているのである。

図 4-19　電球に集まる蛾（正の光走性の例）
https://flickr.com/photos/37180297@N08/34229649361
昆虫の光走性については、弘中・針山（2014）に詳しい。

コラム 好奇心と遊び

動物は新奇なものに対して探索的反応を示す。これを**好奇動因** curiosity drive という。図4-20は動物園で飼育されている100種以上の動物に新奇物品を1回につき1種類与えて、それを注視または接触した行動を測定したものである。霊長類と食肉類が最も好奇心が強く、齧歯類と原始哺乳類がそれに次ぎ、爬虫類はほとんど新奇物体に関心を示さない。

新奇な刺激は動物の注意を引き、探索行動を引き起こすだけでななく、それを得る行動を強める（**感覚性強化** sensory reinforcement）。例えば、マウスやラットがレバーを押すと装置内の照明が点灯するようにしておくと、レバーを押す頻度が増える（Kish, 1955; Marx et al., 1955）。ニワトリのキー押し反応についても同じである（Sterritt, 1966）。照明という新奇刺激が好奇心を喚起したといえる。

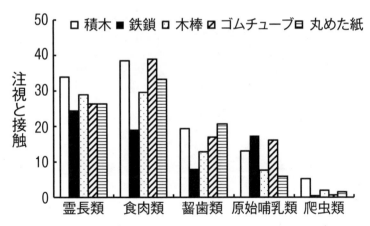

図4-20 探索動因の強さ　Glickman & Sroges (1966) の表中数値から作図
新奇な物品に注視・接触するかどうかを6分間観察した結果。物品は動物の体格に応じたサイズで、1物品につき2個（大小）与えた（ただし、丸めた紙は全動物に同じサイズ1個）。なお、この研究では、オポッサム・カンガルー・ハリネズミ・アルマジロ・アリクイ・センザンコウを原始哺乳類にまとめているが、この分類は現在では用いられていない。

バンドウイルカやシロイルカは口から息を吐いて輪（バブルリング）を作ることができる。この行動の形成と維持には、リング作成時の口内の感覚や音、眼前に出現したリングの見た目などによる感覚性強化が働いていると考えられるが、リングにどのような機能（意味）があるかは不明である。明確な目的もなく、好んで作っているように見えるので、一種の「遊びplay」であろうと見なされている（Paulos et al., 2010）。イルカ以外にもさまざまな動物で「遊び」と見られる行動が報告されているが（Bekoff & Byers, 1998）、「遊び」の客観的定義は難しい。米国の比較心理学者バークハート（Burghardt, G., 1941-）は、（1）はっきりした機能を持っていないこと、（2）自発的・能動的で行動そのものが目的となっていること、（3）真摯な行動とは構造的・時間的に異なっていること、（4）繰り返し行われること、（5）リラックスしているとき（空腹でなく、安全で健康なとき）に始まること、の5条件をすべて満たす行動を「遊び」と定義し、哺乳類だけでなく、鳥類・爬虫類・魚類や、ロブスターなどの無脊椎動物にも観察できると主張している（Burghardt, 2005）。

図4-21　作ったバブルリングで遊ぶシロイルカ
　　　　写真提供：島根県立しまね海洋館アクアス

コラム 推測航法による帰巣

ミツバチやアリ、ネズミなどは餌を探すために巣を離れても餌を見つけると直ちに巣に戻る（図4-22）。見回り中に天敵を発見した場合も巣に直ちに引き返す。最も効率よく巣に戻るためには、正しい方向と距離がわかっていなくてはならない。つまり、自分の現在位置と巣の関係を把握している必要がある。ダーウィン（→ p.25）は船舶が用いる**推測航法（自律航法）** dead reckoning と似たしくみが動物に備わっているのではないかと考えた（Darwin, 1873）。大海原を進む船舶は、船の方位とこれまでに進んだ距離から船の現在位置を求め、これから進む方向と港までの距離を推測する。

いつ餌や天敵が出現するかわからないため、探索中の動物は帰巣経路に関する情報を常に更新（**経路統合** path-integration）しなくてはならない。巣の方角を知るには太陽コンパスや地磁気コンパスを利用でき、これまでの移動距離については消費したエネルギーや歩数から求めることができる。こうした情報から最短の帰巣経路を導くことが可能である。

見渡す限り砂ばかりのサハラ砂漠にすむサバクアリは地形を頼りに帰巣できない。このアリは巣の方角を太陽の位置と偏光から知るが、巣までの距離はこれまでに進んだ歩数をもとにしている。餌を見つ

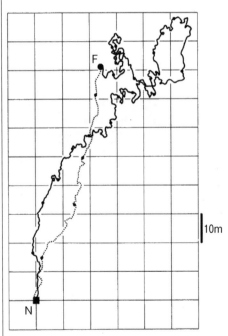

図4-22　1匹のサハラサバクアリがたどった経路　Müller & Wehner（1988）

巣（N）から餌を探しに出たアリは、F地点で餌を見つけると一直線に巣に引き返した。往路は実線、復路は点線で示されている。

けたアリの肢を短くする（各肢について1節だけ切る）と巣の手前で巣を探し始め、肢を長くする（ブタの毛をとりつけ、竹馬のようにする）と巣を通り過ぎたところで巣を探す行動を取った（Wittlinger et al., 2006：図4-23）。アリは体内の「歩数計」にしたがって、「そろそろ、このあたりに巣があるはず」だと見当をつけているため、脚の長さが変わると距離を正確に見積もれないのである。

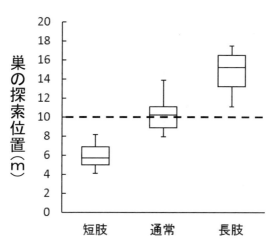

図4-23　サバクアリによる巣の探索位置
Wittlinger et al.（2006）から作図
実際の巣の位置は10mである。箱の中央は中央値、箱の両端は25~75%区間、ひげの両端は5~95%区間を示す。

参考図書

○ティンベルヘン『動物のことば―動物の社会的行動』みすず書房　1955
○ローレンツ『ソロモンの指環―動物行動学入門―』ハヤカワ文庫　1998
○スレーター『動物行動学入門』岩波書店　1988
○リドゥリー『新しい動物行動学』蒼樹書房　1988
○ハインド『エソロジー――動物行動学の本質と関連領域』紀伊國屋書店　1989
○上田恵介・佐倉統（監修）『動物たちの気になる行動（1）―食う・住む・生きる編』裳華房　2002
○上田恵介・佐倉統（監修）『動物たちの気になる行動（2）―恋愛・コミュニケーション編』裳華房　2002
○小原嘉明『モンシロチョウ―キャベツ畑の動物行動学―』中公新書　2003
○桑原万寿太郎『動物の本能』岩波新書　1989
○桑原万寿太郎『帰巣本能―その神秘性の追究―』NHKブックス　1978
○桑原万寿太郎『動物と太陽コンパス』岩波新書　1966
○桑原万寿太郎『動物の体内時計』岩波新書　1963
○ブライト『鳥の生活』平凡社　1997
○中村司『渡り鳥の世界―渡りの科学入門』山梨日日新聞社　2012
○樋口広芳『鳥たちの旅―渡り鳥の衛星追跡―』NHKブックス　2005
○エルフィック編『世界の渡り鳥アトラス』ニュートンプレス　2000
○前野ウルド浩太郎『孤独なバッタが群れるとき―サバクトビバッタの相変異と大発生―』東海大学出版会　2012
○森沢正昭ほか（編）『回遊魚の生物学』学会出版センター　1987
○井上昌次郎・青木保『動物たちはなぜ眠るのか』丸善ブックス　1996
○井深信男『行動の時間生物学』朝倉書店　1990
○クライツマン『生物時計はなぜリズムを刻むのか』日経BP社　2006

第5章 ❖ 学習

19世紀末から20世紀初め、学習能力と抽象的思考能力は「知能」として一括され、その理解が比較心理学の主要テーマだとされていた（→ p.260）。本章では学習について論じ、抽象的思考については第8章で述べる。なお、現代心理学において「学習 learning」という言葉は、「経験によって生じる比較的永続的な行動変化」あるいは、それを可能にする心のしくみ（メカニズム）や過程（プロセス）を意味している。経験から行動表出までの間、学習した内容は記憶されていると考えられるため、学習と記憶には密接な関係があるが、心理学では関連しつつも異なった分野として研究されてきたため、本書でも記憶についての解説は次章に譲る。なお、学習はそれ自体が動物心理学の研究テーマとなるほか、そうした学習をもたらす訓練技法が、動物の知覚・認知能力を探る道具として用いられている。

1．学習の基本的しくみ

ここでは、動物の学習の基本的なしくみとして、馴化・古典的条件づけ・オペラント条件づけの3つを取り上げる。研究者の中には、これら3種類の学習はすべて、生得的行動システムの経験による変容として総体的に捉えるべきで、別個の学習メカニズムを動物が有しているわけではないと考える者もいる（Timberlake, 1994）。筆者もその立場に共感する一人であるが、ここでは現代学習心理学の標準的見解にしたがって、3種類の学習メカニズムがあるものとして解説する。なお、模倣学習に代表される観察学習については、第9章で述べる。

（1）馴化

動物に生得的反応を引き起こす刺激を反復して与えると、誘発される生得的反応は次第に減弱する。これを**馴化** habituation という。馴化には、無意味な刺激に反応しないことでエネルギー消費を抑えたり、他の重要な刺激に多くの注意を配分できるといった利点がある。また、新奇な刺激に対する警戒・忌避反応（**新奇性恐怖** neophobia）の馴化は、その刺激への接近や摂取を可能

にするため、摂食行動などにおいて大きな役割を果たしている。

　馴化には、表5-1に示すような特徴がある。このうち脱馴化は、反応減弱が感覚器の損傷や効果器の疲労によって生じたものではないことを示す意味で特に重要である。例えば、音に対する定位反応（音源方向に向く生得的行動、→p.132）は音の反復呈示によって減弱するが、光を見せてから音を聞かせると、減弱していた定位反応が復活する。耳が聞こえなくなったり（感覚器の損傷）、反応することに疲れていたり（効果器の疲労）といった理由で反応が減弱していたのだとしたら、光を見せても音への反応は復活しないと考えられるからである。

　馴化は、数秒から数時間程度の刺激反復間隔で生じる**短期馴化** short-term habituation と数日に及ぶ**長期馴化** long-term habituation に分けられる。海の軟体動物アメフラシの鰓ひっこめ反射を用いた研究では、短期馴化は神経伝達物質の減少、長期馴化はシナプス結合の減少が主たる原因だとされる

表5-1　馴化の9特徴　Thompson & Spencer（1966）から作表

1．刺激の反復呈示により、反応は次第に減弱する。
2．反復呈示を中断すると、再呈示時に反応が増大する（**自然回復** spontaneous recovery）。
3．反復呈示と自然回復を繰り返すと、反応減弱は速くなる。
4．反復する刺激の呈示頻度が高いと、反応減弱効果は大きい。※1
5．反復する刺激の強度が強いと、反応減弱効果は小さい。※2
6．刺激の反復呈示で反応が最小になった後も、刺激呈示を続けると効果が見られる（**零下馴化** habituation below zero）。これは、自然回復の生じにくさなどに反映される。
7．反応減弱の効果は類似した刺激にも波及する（**般化** generalization）。
8．減弱していた反応は、他の刺激を与えることで、復活する（**脱馴化** dishabituation）。
9．脱馴化は、他の刺激の反復呈示によって減少する。

長期馴化を加えて合計10特徴とすることも提案されている（Rankin et al., 2009）。
※1：ただし、同数の刺激を高頻度で経験した個体と低頻度で経験した個体を、同じ呈示頻度条件下でテストすると、前者のほうが反応減弱が小さい（Davis, 1970）。つまり、訓練時とテスト時では呈示頻度の効果は逆になる。
※2：ただし、強刺激を経験した個体と弱刺激を経験した個体を同じ刺激強度条件下でテストすると、前者のほうが反応減弱が大きい（Davis & Wagner, 1968）。つまり、訓練時とテスト時では刺激強度の効果は逆になる。

(Hawkins & Kandel, 1984)。

　馴化とは逆に、刺激の反復呈示で反応が増えることがあり、これを**鋭敏化（感作）**sensitization という。鋭敏化も経験によって生じる行動変化であるため、学習の一種と位置づけられることも少なくないが、鋭敏化は、強い刺激を用いた場合で、しかも反復呈示回数が少ないとき（つまり、反復呈示訓練の初期）に生じやすい。もし刺激によって生じた一時的な興奮状態が鋭敏化の原因であれば、「比較的永続的な行動変化」ではないから「学習」とはいえない。

　馴化は古くから知られた学習現象で、さまざまな説明理論が提唱されている（Thompson, 2009）。例えば、刺激には動物の反応傾向を増大させる作用（鋭敏化）と減少させる作用（馴化）があり、その相互作用によって反応の減少が次第に生じるとする説がある（Groves & Thompson, 1970）。いっぽう、ロシアの神経生理学者ソコロフ（E. N. Sokolov, 1920-2008）は、刺激の反復呈示によってその刺激のイメージ（**神経モデル** neuronal model）が脳内に徐々に形作られると考えた（Sokolov, 1963）。呈示された刺激は脳内イメージと照合され、「ずれ」があれば定位反応が生じる。刺激に対する定位反応が徐々に減弱する（馴化する）のは、脳内イメージが実際の刺激と寸分違わなくなっていくためである。なお、刺激に対する脳内イメージの形成を生得的反応だと考えれば、いつも同じ環境でその刺激が呈示されると、当該環境におかれただけでその刺激を予期するようになるかもしれない。これは一種の古典的条件づけ（次項参照）である。このように、馴化を古典的条件づけの一種として捉える理論もある（Stein, 1966; Wagner, 1979）。

　ところで、馴化という学習の性質を利用して動物の行動や認知を調べることができる。例えば、ベルベットモンキーは天敵の種類に応じて異なった警戒音声を発し、群れのメンバーはそれに対して退避行動をとるが（→ p.235）、録音した同じ警戒音声、例えば「ヒョウが来た！」というメッセージを何度も流すと、次第に退避行動を示さなくなる。まるでイソップ寓話の「羊飼いと狼」の話のようである。さてここで、別の個体が発した「ヒョウが来た！」という警戒音声に切り替えても、群れはやはり反応しないままだが、同じ個体が発した「ワシが来た！」にはあわてて退避する。この研究（Cheney &

> **トピック**
>
> ### クーリッジ効果
>
> 　ビーチ（→ p.52）は、雄ラットが雌ラットとの交尾に飽きた後でも、別の雌ラットとは交尾することを報告した（Beach & Jordan, 1956）。これは、その後、クーリッジ効果 Coolidge effect と呼ばれるようになったが、それは米国第30代大統領カルビン・クーリッジの以下の逸話にちなんだものである（Bermant, 1976）。
>
> 　クーリッジ大統領は、あるとき夫人同伴で公営農場を視察した。先に鶏（にわとり）小屋（こや）を訪れた夫人は、案内係から雄鶏（おんどり）が1日に何十回も雌鶏（めんどり）と交尾すると説明されると、「その話を大統領にもしてくださいな」と言い残して立ち去った。後でその話を聞いた大統領は、案内係に「いつも交尾相手は同じかね？」とたずねた。案内係の「いえ、毎回違います」との返事に、大統領は「じゃあ、それを妻に伝えてくれないか」と言ったそうである。
>
> 　クーリッジ効果は、交尾動の馴化と脱馴化を反映したもので、ラット以外にもハムスターやマウスなどさまざまな齧歯（げっし）類、ネコ、ウシ、ヒツジ、ブタ、ウズラなどで確認されている（Dewsbury, 1981）。昆虫でもシデムシで見られるという報告がある（Steiger et al., 2008）。

Seyfarth, 1988）は、馴化とその**般化** generalization を利用したテストであり、ベルベットモンキーが警戒音声の意味を理解していることを示すとともに、彼らが「嘘つき」をどのように認識しているかを探ることにも成功している（→ p.324）。

　なお、馴化後の般化テストは、発達心理学者によってヒト乳児の認知研究に採用された際に誤って、**馴化―脱馴化法**と命名されてしまった。脱馴化とは、刺激の馴化後に他の刺激を与えてから元の刺激を与えた際に見られる反応復活であって、他の刺激そのものによって反応が生じることではない（表5-1）。他の刺激による反応は般化、その不足は**般化減衰** generalization decrement である。誤用であることは発達心理学界の内外で繰り返し指摘されたが（例えば、Clifton & Nelson, 1976; Graham, 1973）、誤用が定着してしまい、動物心理学でも比較認知分野の実験では誤用が普通である。

第5章　学習　159

（2）古典的条件づけ

パヴロフは条件反射研究（→ p.32）で、空腹のイヌにメトロノーム音を聞かせてから餌を与えるという対呈示手続きを繰り返すと、メトロノーム音にも唾液分泌反応が生じることを示した。ここで、生物的に重要な餌は無条件に（生得的に）反応を誘発する**無条件刺激**（unconditioned stimulus, US）であり、メトロノーム音は特に意味を持たない中性的刺激であったのが、対呈示経験によって反応を誘発する**条件刺激**（conditioned stimulus, CS）となったとされた。US が誘発する反応を**無条件反応**（unconditioned response, UR）、CS が誘発する反応を**条件反応**（conditioned response, CR）といい、この例ではいずれも唾液分泌である（図5-1）。なお、CS を呈示しても US を与えないと CR は消失していく（**消去** extinction）。

所定の条件下で反応が形成され喚起されるという意味で、この種の学習は**条件づけ** conditioning と呼ばれるが、後述のオペラント条件づけと区別するため、最初に発見された条件づけという意味を込めて**古典的条件づけ** classical conditioning と称される。発見者の名から**パヴロフ型条件づけ** Pavlovian conditioning、反応が刺激に対する応答であるという意味で**レスポンデント条件づけ** respondent conditioning とも呼ばれる。古典的条件づけは、イヌ以外の動物でも、餌以外の US でも、メトロノーム音以外の CS でも、唾液分泌以外の反応でも生じる。例えば、ラットに味覚溶液を飲ませて毒物を投与すると、その味覚溶液を忌避するようになるが（味覚嫌悪学習）、このとき溶液の味が CS、毒物による気分不快感が US、溶液の忌避反応が CR である。

ひとたび条件づけが形成されると、その CS を用いて他の刺激に対する反応を形成できる。例えば、前述のパヴロフの訓練の後、光とメトロノーム音を対呈示すると、光に対しても唾液

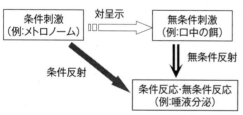

図5-1　パヴロフの条件反射と古典的条件づけ
唾液分泌条件反射以外の生得的行動をもとに条件づけを形成することもできる。

分泌が見られるようになる。こうした現象を**2次条件づけ** second-order conditioning という。なお、訓練の順序を逆にして、光とメトロノーム音の対呈示訓練の後で、メトロノーム音と餌の対呈示を行うような手続きを**感性予備条件づけ** sensory preconditioning という。

2次条件づけ以上の条件づけを**高次条件づけ** higher-order conditioning と総称する。例えば、上にあげた2次条件づけの実験で、次に光を黒い四角形と対呈示すると3次条件づけとなる。パヴロフが形成できたのは3次条件づけまでだったが（Pavlov, 1927）、イヌの前肢への電撃をUSに用いて筋収縮反応をCRとして測定した実験では、純音、光、鼻への水流、ベル、風を、この順にCSに用いて5次条件づけを形成できたとの報告もある（Finch & Culler, 1934）。ただし、この実験は後述の統制条件を満たしていない。

レスコーラ（R. A. Rescorla, 1940-）は、古典的条件づけの形成には、CSがUSに対する情報をもたらすこと（CSによってUSが予期されること）が重要であるとし（Rescorla, 1972）、同僚の**ワグナー**（A. R. Wagner, 1934-2018）とともに、CS─US連合形成の理論を発表した（Rescorla & Wagner, 1972）。**レスコーラ＝ワグナー・モデル** Rescorla-Wagner model として知られるこの理論は、複数のCSを用いた際に生じる**刺激競合** stimulus competition など既知の現象をうまく説明できただけでなく、新たな現象の予測にも成功した（→ p.188）。また、この理論を検証する多くの実験研究が行われ、さまざまなライバル理論も提出されて、古典的条件づけ研究の隆盛をもたらした（中島，2014）。

古典的条件づけの成立を実験的に示す上で重要なのは、誘発された反応が鋭敏化など別の原因で生じた可能性（**疑似条件づけ** pseudoconditioning）の排除である。このため、非対呈示操作（CS呈示時にはUSを呈示しないという操作）を行った群よりも反応が大きいことを実証する必要がある。ただし、非対呈示群では、「CSが来るとUSが来ない」というマイナスの関係学習（**制止条件づけ** inhibitory conditioning）が生じる可能性があるので、CSとUSを無関係に呈示する**真にランダムな統制** truly-random control（Rescorla, 1967）を比較対照に用いる場合もある。

(3) オペラント条件づけ

ソーンダイクの問題箱実験(→ p.29)では、ネコが箱の中で適切な反応を行うと扉が開いて脱出できた。スモールやワトソン(→ p.31)、トールマンやハル(→ p.35)の迷路実験では、正しい経路選択をしたラットが目的地に到達できた。スキナーの実験(→ p.35)では、レバーを押したラットは餌粒を得た。こうした学習は初め、**試行錯誤学習**と呼ばれたが、その後、所定の条件下で反応が形成され喚起されることから、条件づけの一種であるとされるようになった。古典的条件づけと区別するため、反応が環境を変える道具(手段)となっているという意味で、**道具的条件づけ** instrumental conditioning とも呼ばれるが、この分野の研究に最も貢献したスキナーの用語法である**オペラント条件づけ**という言葉のほうが広く用いられている。「オペラント」は環境に対する「操作」の意味である。

スキナーは、オペラント条件づけを、反応とその結果の関係だけでなく、反応の手がかりとなる**弁別刺激** discriminative stimulus をも含めた**3項随伴性** three-term contingency として概念化した(図5-2)。そして、反応の結果には反応を増加する**強化子** reinforcer と低減する**罰子** punisher があるとし、それらの研究に大勢の弟子とともに没頭した。スキナー自身は3項随伴性の枠組を、行動と環境の関係を記述したものとして使用し、動物が「随伴性を把握して行動する」といった心理的説明は行わなかった。「心によって行動が生じる」という考え方を拒否し、行動そのものを環境との直接的関係で捉えようとしたからである(Skinner, 1950, 1977)。しかし、少なくともラットでは、3項随伴性が把握されていることを示す証拠が、その後、数多く報告されている(Colwill, 1994)。表5-2はそうした実験の1つ(Colwill & Rescorla, 1990)である。

古典的条件づけやオペラント条件づけを、複数の出来事(事象)間の心理的結びつき(連合)の形成であると考えれば、**連合学習** associative learning と総称できる。**連合学習理論** associative learning theories は古典的条件づけ研究の分野では、常に主流派であった。オペラント条件づけ研究では、「連合」のような目に見えない**仮説構成体** hypothetical construct を用いた説明を行わ

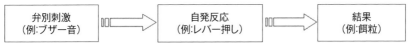

	その後 反応が増える	その後 反応が減る
反応によって 刺激が出現する	正の強化	正の罰
反応によって 刺激が消失する	負の強化	負の罰

図5-2 オペラント条件づけにおける3項随伴性

反応の結果が餌粒のとき、反応はその後、増加する（正の**強化** positive reinforcement）。反応の結果として電気ショック（電撃）が与えられた場合は、反応が減少する（正の**罰** positive punishment）。結果が電撃停止の場合は、反応が増加し（負の**強化** negative reinforcement）、これを**逃避学習** escape learning という。予定されていた電撃が延期される場合も同じく負の強化であるが、このときは**回避学習** avoidance learning という。結果が餌の呈示停止の場合は、反応が減少する（負の**罰** negative punishment）。予定されていた電撃が延期される場合も同じく負の罰であるが、このときは**省略学習** omission learning という。反応を強化する結果を**強化子** reinforcer、罰する結果を**罰子** punisher と呼ぶ。空腹のラットのレバー押し事態では餌粒呈示が強化子であり、電撃呈示は罰子である。何が強化子や罰子になるかは、動物種や動機づけ状態などによって異なる。

表5-2 オペラント条件づけの連合構造を探る実験 Colwill & Rescorla（1990）

訓練		強化子無価値化	テスト（強化子は与えられない）	
弁別刺激	反応→強化子	反応できない場面	弁別刺激	反応選択
光	レバー押し→餌粒 チェーン引き→砂糖水	餌粒→毒注射 砂糖水→無毒注射	光	レバー押し＜チェーン引き
音	レバー押し→砂糖水 チェーン引き→餌粒		音	レバー押し＞チェーン引き

この実験では、光呈示時と音呈示時に2つの異なる反応をそれぞれの強化子によって訓練する。次に、強化子のうちの1つを与えてから毒物を注射してその魅力を低減する（無価値化）。最後に、強化子を与えない状況下で、光や音を呈示すると、ラットは無価値化されなかった強化子をかつてもたらした反応を多く自発した。これは、ラットが「光刺激のときは、レバー押しは餌粒をもたらし、チェーン引きは砂糖水をもたらす」「音刺激のときは、レバー押しは砂糖水をもたらし、チェーン引きは餌粒をもたらす」という関係を把握していることを示唆している。なお、実際の実験では、弁別刺激―反応―強化子の組み合わせや、どちらの強化子を無価値化するかはラット間で異なっており、それが結論に影響しないようになっているが、この表では単純化してある。

ず、手続き（環境）と行動の直接的関係として捉える**スキナー派** Skinnerian らの研究により、動物の行動を操る技術が数多く開発された。しかし、近年では上述のように、オペラント条件づけによって「何が学習されるか」つまり、心的表象 mental representation を重要な研究テーマの1つとする連合学習理論の立場での研究の進展が著しい。また、スキナー派の研究の中で編み出された実験技術が、動物の心を探る動物認知科学（比較認知科学）の手法として今日、広く用いられている。

　なお、連合学習には生物的制約があり、古典的条件づけやオペラント条件づけの形成が困難な場合がある（→ p.41）。例えば、ハムスターでは壁ひっかき反応などは餌を報酬としたオペラント条件づけで容易に強化できるが、頭掻き反応などは強化困難である（図5-3）。

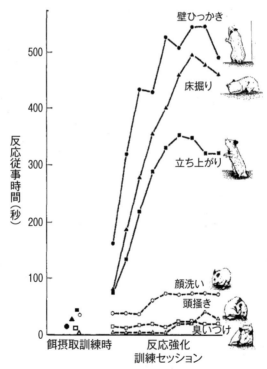

図5-3　ハムスターのオペラント条件づけ成績　Shettleworth (1975) を改変
装置内で餌粒を食べる訓練を行った後、所定の反応（ハムスターによって異なる）を餌粒で強化した。

> **トピック**
>
> ## アメーバの「迷路学習」
>
> 　神経系のない原生生物のアメーバでも「学習」が可能だとの報告がある（Nakagaki et al., 2009）。アメーバの一種であるモジホコリという粘菌を、迷路のすべての通路を埋め尽くすよう培養してから、2か所に餌として寒天をおくと、2か所を結ぶ最短経路に集まるようになった（図5-4）。報告者らはこの結果を、原始的な知能を示すものだと論じている。
>
>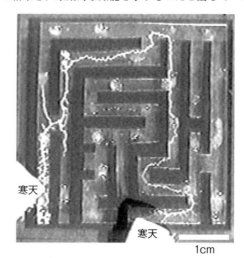
>
> 図5-4　アメーバが実験開始から8時間後に到達した最短経路　Nakagaki et al.（2009）

2．般化と弁別

（1）般化

　古典的条件づけやオペラント条件づけでも、馴化と同じく、刺激の般化が生じる。つまり、初めて接する刺激に対しても動物は訓練された反応を示すことがあり、その大きさは条件づけ訓練時の刺激とテスト時の刺激の類似度による。逆にいえば、般化の程度から訓練刺激とテスト刺激の主観的類似度を測定できる。なお、般化の程度をグラフ化したものを**般化勾配** generalization gradient という（図5-5）。

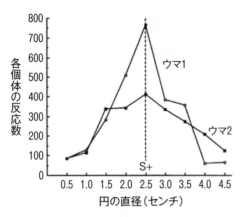

図5-5　2頭のウマの刺激般化勾配　Dougherty & Lewis（1991）

パネルに直径2.5cmの円が照射されているときのレバー押し反応を強化訓練した後、さまざまな直径の円でテストして得られた般化勾配。ウマ1はウマ2よりも勾配が急峻であることから、円の大きさの違いに敏感な個体といえる。

（2）弁別学習

動物の知覚を調べるさらに有効な方法は、弁別学習訓練を行うことである。例えば、★を見せたときには餌を与え、☆のときには与えないという訓練を行って、★と☆で唾液分泌量が異なってくれば、動物はこの2つの形を識別可能であることを意味している。古典的条件づけ手続きによるこうした弁別学習を**分化条件づけ** differential conditioning という。

オペラント条件づけでは、★のときに反応すれば餌を与えるが、☆のときには反応しても餌を与えないという Go/No-Go 型の**継時弁別** successive discrimination 訓練を行って、反応頻度が★と☆で異なるようになるかを調べればよい。なお、★のときにはレバー押し、☆のときにはボタン押し、のように刺激によって異なった反応をする Yes/No 型継時弁別訓練を用いる場合もある。

また、オペラント条件づけでは、★と☆を同時に見せて、★を選んだときのみ餌を与えるという**同時弁別** simultaneous discrimination 訓練を行うこともできる。同時弁別訓練装置の一例としてラシュレー（→ p.38）の**跳躍台** jumping stand を図5-6に、米国ウィスコンシン大学の**ハーロー**（H. Harlow, 1905-1981）らが開発した**ウィスコンシン一般検査装置**（Wisconsin General Test Apparatus, WGTA）を図5-7に示す。こうした装置は手動であるが、最近では、刺激呈示や反応記録はすべてコンピュータで制御するのが普通で、視覚刺激の呈示と反応記録にはタッチスクリーンがよく用いられる。

弁別学習は、★と☆の識別のように、単一の物理次元（ここでは明暗）上

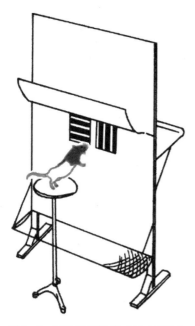

図 5-6　同時弁別学習のための跳躍台　Lashley（1930）の図にラットを加筆

ラットは左右どちらかのパネルに向かって跳躍するよう求められる。正しいパネルを選ぶとパネルが開いて奥にある餌を食べられるが、間違ったパネルは固定されているためラットは下の網に落ちる。電撃を与えるなどの手続きで強制的に跳躍させる必要があり、現在この装置はほとんど用いられないが、自発的に跳躍するネズミキツネザルでは同様の装置が極めて有効であるという（Picq et al., 2015）。

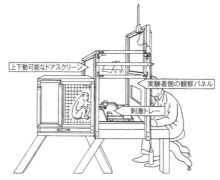

図 5-7　ウィスコンシン一般検査装置　Harlow（1949）

刺激トレーには穴が 2 つ空いており、色や形が異なる刺激物体を穴をふさぐように置く。ドアスクリーンを上げてトレーをサルの側に押し出し、2 つの刺激物体のどちらかを選択させる。正しい物体の下の穴には餌が入っている。実験者側の観察パネルは一方視鏡になっており、サルから実験者の顔や操作が見えない。

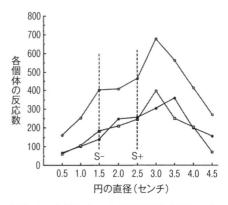

図 5-8　3 頭のウマの弁別後般化勾配にみられる頂点移動　Dougherty & Lewis（1991）

円の直径が 2.5cm のときはレバー押し反応に餌を与えるが、1.5cm のときは餌を与えないという継時次元内弁別訓練後の般化勾配。3 頭とも、最も多く反応しているのは直径 2.5cm の円ではなく、より大きな円である。

の複数の刺激を識別させる**次元内弁別** intra-dimensional discrimination 訓練と、★と◎のように単一次元上に表現できない刺激間の識別をさせる**次元間弁別** inter-dimensional discrimination に分けることもできる。次元内での継時弁別課題後の般化勾配では、**頂点移動** peak-shift が見られる（Hanson, 1959;Purtle, 1973）。一例として図5-8にウマでの実験結果を示す。次元内弁別の場合、動物が反応の手がかりにしているのは、刺激の絶対的な値か、それとも相対的な性質かが問題となる（→ p.280）。

（3）条件性弁別学習

より複雑な弁別訓練課題として、**条件性弁別** conditional discrimination 課題がある。これは複数の弁別刺激の関係性にもとづいて正しい反応が変わるもので、その代表はオペラント条件づけの**見本合わせ**（matching-to-sample, MTS）課題である。見本合わせ課題はさまざまな動物の記憶・注意・概念・時間判断などの研究法として用いられてきた（中島, 1995）。具体的な研究例は第6～8章で紹介することとし、ここでは、ハトを用いた場合の標準的手続きについて述べる。

壁の一方に3つの反応キー（円形のパネルボタン）のついたスキナー箱にハトを入れ、中央のキーを赤または緑に点灯する（図5-9）。ハトがこの見本刺激をつつけば、左右のキーに赤と緑が**比較刺激** comparison stimulus（**テスト刺激** test stimulus）として点灯する（赤と緑の左右位置は試行ごとに異なる）。中央のキーと同じ色のキーをつつけば、餌が与えられる。比較刺激

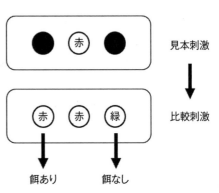

図5-9　見本合わせ課題の例
3つのキー（円形のパネルボタン）を持つハト用スキナー箱で行う場合。ここでは、見本刺激と同じ比較刺激を選べば正答という同一見本合わせで、比較刺激呈示時に見本刺激が残っている同時見本合わせの例を示す。見本刺激の種類や正答の左右位置は試行ごとに異なり、赤と緑の2色であれば4種類（赤赤緑、緑赤赤、赤緑緑、緑緑赤）の試行があるが、この図に示したのはそのうちの1つである。

点灯時に見本刺激がまだ呈示されている課題は**同時見本合わせ** simultaneous matching-to-sample といい、見本刺激が消えてから比較刺激が呈示される課題は**遅延見本合わせ**（delayed matching-to-sample）である。

なお、見本刺激と比較刺激が同一である場合を正答とする（**同一見本合わせ** identity matching-to-sample）のではなく、見本刺激と比較刺激が異なる場合を正答とする**非見本合わせ** non-matching-to-sample 課題もある。非見本合わせは、**異物合わせ** oddity matching、**異物見本合わせ** oddity-from-sample とも呼ばれる。正答となる見本刺激と比較刺激の組み合わせを実験者が任意に決めることもできる。例えば、見本刺激が赤のとき比較刺激は△、緑のときは▽が正答という方法で、こうした手続きを**象徴見本合わせ** symbolic matching-to-sample または**恣意的見本合わせ** arbitrary matching-to-sample という。

3．時間学習

古典的条件づけ手続きで、CS 呈示開始から US 呈示までの時間を一定にして長期間訓練すると、CR は US 呈示直前に集中するようになる（図5-10）。いつ US が到来するかを動物が学習したのである。オペラント条件づけでも、一定間隔でしか反応に強化が伴わないなら、適切なタイミングで反応が生じる。図5-11には**ピーク法** peak procedure と呼ばれる手続きによる実験例を示す。

こうした実験により、ラットは実験計測をストップし、ハトなど鳥類は時間計測をリセットすると論じられたが、その後の研究で、時間計測を停止

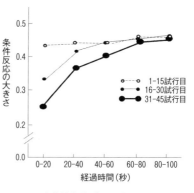

図5-10　古典的条件づけの時間学習
Rosas & Alonso（1996）から作図
ラットは音（CS）が呈示されてから100秒後に電撃（US）を受けた。この図では電撃到来に対する恐れ（不安情動）を条件反応（CR）とし、20秒単位でまとめて表している。訓練初期（1-15試行目）にはCS呈示直後（0-20秒目）から大きなCRが生じていたが、訓練を継続するとCS呈示直後のCRは次第に弱まり（**遅滞制止** inhibition of delay）、訓練末期（31-45試行目）には、US呈示が近づくにつれCRが大きくなる（直前にCRが集中する）パターンを示すようになった。

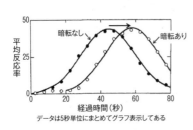

図5-11 ピーク法の実験結果の例
Roberts（1981）を改変

室内灯点灯から40秒以上経過した後にレバーを押せば餌粒が得られる訓練を行ったラットに対して、ときどき餌粒を与えないで室内灯を80秒間点灯し続けるテスト試行を行ったところ、40秒過ぎに頂点（ピーク）を持つ反応率曲線が得られた（暗転なし条件）。試行開始10秒目の時点から10秒間だけ室内灯を消灯して20秒目から再び点灯すると、曲線の頂点は右に約10秒ずれた。このことから、ラットは暗転中に時間計測をストップしたと考えられる。もし時間計測をリセットしたのなら、再点灯から40秒過ぎ（試行開始から60秒過ぎ）に頂点が来るので、ずれは20秒になるはずである。

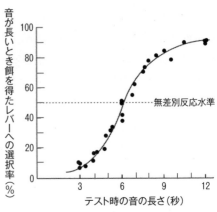

図5-12 間隔二等分課題を行ったラットの成績 Church & Deluty（1977）

ラットをスキナー箱で、純音3秒なら一方のレバー、12秒ならもう一方のレバーを押すよう訓練した後、さまざまな長さの純音に対する両レバーの選択を見たもの。両レバーを均等に押す無差別反応水準は、3秒と12秒の算術平均の7.5秒ではなく、幾何平均（$\sqrt{3 \times 12}$）の6秒であった。なお、1秒と4秒、2秒と8秒、4秒と16秒の弁別の場合も、無差別反応は幾何平均のときであった。つまり、2つの時間の長さの主観的等価点は幾何平均である。なお、ヒトの場合は算術平均に近いとする報告（Wearden, 1991）と幾何平均であるとの報告（Allan & Gibbon, 1991）がある。

するかリセットするかは、室内灯点灯から消灯への照明変化がどれだけはっきりしているかによって決まる（ラットでも明暗コントラストが顕著ならリセットし、ハトでも顕著でないならストップする）のであって、種によって質的な差があるのではないとされた（Buhusi et al., 2002）。

　時間の長さを弁別するよう積極的に訓練することもできる。図5-12は、ラットに2つの時間の長さの弁別訓練を行った後、2つの長さの中間点がどこにあるのかを調べる**間隔二等分課題** temporal bisection task の実験結果である。

4．空間学習

20世紀初めに発表されたスモールによるラットの迷路学習実験（→ p.31）以降、数多くの迷路実験が行われ、さまざまな迷路が考案された。迷路学習は、刺激を手がかりに適切に反応（選択、空間移動）すると結果（目的地への到達）をもたらすので、オペラント条件づけの一種として捉えることができる。

最も単純な迷路は、三叉路（さんさろ）の一端が出発点、残り2つが選択肢になったもので、平面図の形状から**T字迷路** T-maze や **Y字迷路** Y-maze と呼ばれている。これらは、選択地点に置かれた2つの刺激のどちらを選ぶかという同時弁別学習装置としてしばしば用いられ、跳躍台より簡便である。なお、実験者が設定する正しい刺激の左右位置は**ゲラーマン系列** Gellermann series や**フェローズ配列** Fellows sequence によって疑似ランダム化することが多い。こうした順列（→ p.383）は、左右どちらかへの偏好や、左右交互に反応する**交替反応** alternation response や、左左右右左左右右…のような**二重交替反応** double-alternation response によって、偶然に正答率が高くなってしまうことを防ぐために考案されたものである。

さて、左右位置そのものを弁別刺激として訓練する場合、例えばT字迷路の右選択肢の先端に餌を置く。このとき、「右に曲がる」という反応が学習されるのか、「特定の場所」が学習されるのかが問題となる。新行動主義の学習心理学者（→ p.34）のうち、ハルは反応学習説、トールマンは場所学習説であった。図5-13は場所学習説を支持する実験の1つである。トールマンは事物の配置の内的表象を**認知地図** cognitive map と呼んだ（Tolman, 1948）。その後、ヘッブ（→ p.38）の孫弟子である**オキーフ**（J. O'Keefe, 1939-）は、広い平面装置（オープンフィールド open field）内を自由に歩き回るラットの脳神経活動を測定中に、いつも決まった場所を通るときに盛んに活動する神経細胞群（**場所細胞** place cell）が海馬にあることを発見し（O'Keefe & Dostrovsky, 1971）、海馬を認知地図の中枢であると結論づけた（O'Keefe & Nadel, 1978）。オキーフは場所細胞の発見により2014年にノーベル生理学医学賞を受賞している。

認知地図には複数の場所や物が空間関係として表象されている。つまり認知地図の獲得とは**空間学習** spatial learning である。ラットの空間学習に関す

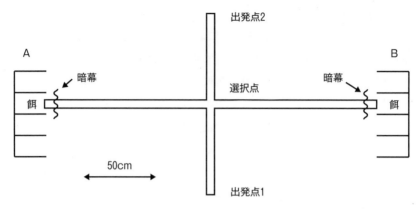

図5-13 場所学習と反応学習を比較する実験に用いた迷路の平面図　Tolman et al. (1946) に加筆

ラットはランダムな順序で出発点1または2からスタートした。場所学習群は場所Aまたは場所B（個体によって異なる）で常に餌を得ることができ、反応学習群は常に右に曲がれば餌を得た。学習基準達成（10回連続正選択）までに要した試行数は、場所学習群（8匹）では1〜8試行であったが、反応学習群（8匹）のうち3匹は15〜22試行を要し、残り5匹は訓練期間（72試行）に基準を達成できなかった。この結果は、通常のT字迷路では場所学習がなされるという説を支持しているが、その後に他の研究者らによって行われた類似の実験では場所学習説を支持するものと反応学習説を支持するものに結果が分かれた。場所Aと場所Bが迷路外手がかりによってはっきり区別できるときは場所学習、そうした手がかりに乏しいときは反応学習になるようである（Restle, 1957）。

る研究では、オルトン（D. S. Olton, 1943-1994）が発案した**放射状迷路** radial arm maze（Olton & Samuelson, 1976：図5-14左）がよく用いられている。このような迷路課題では、迷路から見える実験室内の壁や電灯の位置などの**迷路外手がかり** extra-maze cue のほうが、装置内の壁の凹凸や自らの臭いの跡などの**迷路内手がかり** intra-maze cue よりも、進路決定に重要な役割をしていることが、迷路の向きや位置を移動させたり、迷路外手がかりの位置を変えるといった実験により明らかとなっている（Olton & Collison, 1979; Suzuki et al., 1980）。また、**水迷路** water maze（Morris, 1981, 1984：図5-14右）のように、迷路内手がかりがほとんどない課題でも迷路外手がかりがあればラットは容易に習得できる。

　なお、実験室での空間学習では、オープンフィールドや水迷路の内外に複数の物体を置き、その位置関係で目的地を探索する課題を設定する場合がある。このとき、目的地を知らせる物体手がかりを**ランドマーク** landmark と

図5-14 放射状迷路（左）と水迷路（右）
写真提供：バイオリサーチセンター株式会社

放射状迷路ではラットは中央部に入れられ、8つの選択肢すべての先端にある餌粒を効率よく回収するよう求められる（ラットは選択肢を選ぶたびに中央部に走り戻って、新たな選択をする）。水迷路は小さな逃避台を備えたプールで、白濁した水を逃避台のすぐ上の水位まで満たす。ラットはプールの周囲の毎回異なる地点から水に放たれ、泳いで逃避台を探す。水は白濁しているため、遠くから逃避台を見て探すことはできない。また、臭いの痕跡も水中に拡散するため、迷路外手がかりを使って逃避台の位置を探さざるを得ない。放射状迷路では出発点となる中央部、水迷路では目標点となる逃避台をプラットフォームと呼ぶ。いずれの迷路もマウス用の小型装置があり、薬理試験にもよく用いられる。他の動物種についても、同様の構造を持つ迷路を作製して実験する場合もある。

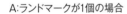
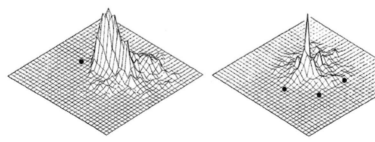

図5-15 ミツバチのランドマーク使用　Cartwright & Collett（1983）
部屋全体を真っ白に塗った実験室に、砂糖水の入った小さな容器（餌場）を1つ置き、その近くにランドマークとして黒い円柱（直径4cm×高さ40cm：図中の●）を配置して、ミツバチに餌場を見つけさせた。半日訓練した後、餌場を取り去ってランドマークだけの状態でテストすると、餌場のあったあたりを長く飛び回っていた（図の高さが滞在時間を示す）。各図は代表的な2匹のデータを示したものだが、訓練とテストで用いたランドマークが1個の場合（ハチA）よりも3個の場合（ハチB）のほうが、峰が急峻であることから、餌場のあった位置をより正確に把握しているといえる。なお、テスト時にランドマークの位置を変えておけば、動物がどのランドマーク（あるいはランドマーク間の関係）を目印にしているかを調べられる。

いう。これは野生動物が自然界で移動する際に参照する地形などのランドマーク（→ p.132）の機能を実験環境で模したものである。ラットを用いた実験（Cheng, 1986）のほか、ハト（Cheng, 1988）やミツバチでの研究（図5-15）もある。ハトでは、ディスプレイ画面を探索空間に見立てて、標的となる位置をつつかせる実験法が用いられることもある（Spetch et al., 1992）。

5．学習の種間比較
（1）学習と脳神経系

アメーバやゾウリムシのような原生動物（動物的な原生生物）や、平板動物門（センモウヒラムシ）・海綿動物門には神経系がないが、馴化は見られる（Ginsburg & Jablonka, 2009）。しかし、連合学習を可能にするのは可塑的な神経系の存在である。最も単純な神経系は散在神経系であり、文字通り体全体に散在している。散在神経系は、有櫛動物（クシクラゲと総称され、通常のクラゲのように円盤状ではなく球形の動物である）や、刺胞動物（クラゲ・ヒドラ・サンゴ・イソギンチャクなど）に見られる。有櫛動物と刺胞動物はまとめて腔腸動物と呼ばれる。イソギンチャクで古典的条件づけの成功報告（Haralson et al., 1975）があることから、散在神経系でも連合学習が生じると論じた展望論文（Perry et al., 2013）もあるが、断定するにはより多くの報告が必要であろう。

集中神経系は神経節や脳のような中枢を持ったもので、環状神経系（棘皮動物）、かご形神経系（扁形動物）、はしご形神経系（節足動物・環形動物・軟体動物）、管状神経系（原索動物・脊椎動物）に分類できる（図5-16）。環状神経系を持つ棘皮動物のヒトデでは古典的条件づけの報告が複数ある（Landenberger, 1966; McClintock & Lawrence, 1982; Valentinčič, 1983）。かご形神経系を持つ扁形動物のプラナリアにおいても、古典的条件づけの刺激競合など複雑な連合学習現象が報告されている（Prados et al., 2013）。はしご形神経系を持つ節足動物の昆虫は脳が米粒ほどの大きさで、脳神経細胞の数も10～100万個しかない（ヒトは1,000億個）ものの、ミツバチのように脊椎動物に匹敵する連合学習能力を示す種もいる（Menzel, 1993; Menzel & Müller, 1996）。同じ

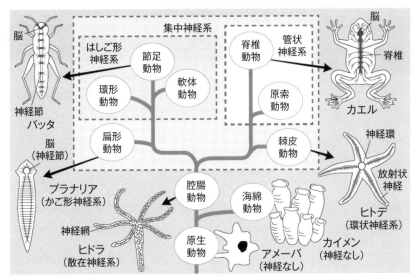

図 5-16 さまざまな動物の神経系　中島（2017）

くはしご形神経系を持つ環形動物のミミズ、軟体動物のナメクジやカタツムリ、タコでの連合学習研究も数多く存在する（Abramson, 1994）。脊椎動物についてはいうまでもない。ただし、脊椎動物と同じ脊索動物である原索動物（ホヤやナメクジウオなど）については連合学習研究が極めて少なく（Shuranova, 1996）、知見の集積が期待される。

　動物が神経系を獲得し、さらに複雑な集中神経系に進化したのは、先カンブリア時代からカンブリア紀に移り変わる頃である。このため、集中神経系の誕生をカンブリア爆発（→ p.5）の原因の1つとする説がある（Ginsburg & Jablonka, 2010）。この説によれば、集中神経系によって可能になった複雑な連合学習が動物の環境への適応度を高め、新しい生息域（ニッチ）を開拓したり、進化的軍拡競争（→ p.13）を促進したという。

　構造的に大きく異なる神経系を持つ動物種で連合学習が確認できることから、カンブリア紀にさかのぼる共通の祖先から今日まで、連合学習の能力が引き継がれていると考えられる（中島, 2017）。しかし、今日見られる連合学習能力の普遍性は共通祖先を持つ相同ではなく、収斂進化や平行進化によっ

て生じた相似（→ p.15）であるかもしれない。例えば、イヌの唾液分泌条件反射と、カタツムリの触覚探索反応の条件づけ（Loy et al., 2006）は、2次条件づけや刺激競合が見られるなど共通点が多いが、条件づけを可能にする具体的な神経メカニズムは異なる。神経メカニズムは違えど共通の学習プロセスが作用しているのか、違う神経メカニズムでは異なる学習プロセスが作用しているのか、今後さらに比較研究が必要である。

　類似した中枢神経系を持つ哺乳類の種間においても、同じことがいえる（Jozefoiez, 2014）。パヴロフ（→ p.32）は条件反射を大脳全体の波動的活動として捉えた。ラシュレー（→ p.38）も脳は全体として学習に関与し、脳が破壊されるとその割合に応じて学習が阻害されるという**量作用説** mass action theory を唱えた。しかし、その後の研究は、学習の種類によって関与する脳部位が異なることを明らかにしてきた。例えば、古典的条件づけの場合、恐怖反応の学習は扁桃体（Fanselow & Poulos, 2005）、瞬き反応の学習は小脳（坂本，2016）、味覚嫌悪学習は脳幹の結合腕傍核（坂井，2000）が主要な働きをする。餌を用いたオペラント条件づけでは中脳辺縁系などの脳内報酬系が（Robbins & Everitt, 1996）、時間学習や空間学習では海馬（Kesner, 2017; 岡市，1996）が主要な機能を果たす。こうした部位を中心に、それぞれの学習を制御する神経回路が明らかにされつつある。

（2）学習能力の種差

　学習を可能にする神経系の構造上の違いはさておき、学習能力そのものに種差はあるだろうか？　図5-17は所定の反応をすれば餌が与えられるオペラント条件づけの正の強化事態における学習実験の成績をまとめたものである。強化回数が少ないほうが学習が速いといえるが、学習速度はわれわれが通常考える「賢さ」（→ p.296）とは逆であり、神経系の単純な動物ほど学習が速い。しかし、こうした比較は妥当であろうか？　動物種によって、反応の種類も報酬も異なっている。同種の動物でも、条件づけ形成の速さは、刺激や反応の種類、動機づけなどに大きく依存する。このため、同一条件で動物種を比べることが肝心である。しかし、物理的に同一であっても心理的に

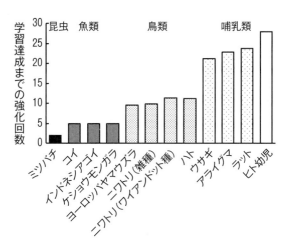

図5-17 さまざまな動物種のオペラント条件づけ（餌報酬による正の強化）の容易さ
Angermeier（1984）所収の表と図の値をもとに作図
ミツバチは特定の色光で照らしたガラス皿への飛来、魚類は棒押し、鳥類はキーつつき、ウサギは穴への鼻先突込み、アライグマやラットはレバー押し、ヒト幼児は頭の向きを変えることが餌で強化された。

見て妥当な比較であるとは言えない。例えば、1gの餌の強化効果はキンギョとラットでは異なるだろうし、餌の種類も同じにするのが適切かどうかわからない。また、最適な動機づけをもたらす絶食期間の長さは種間で異なるだろう。刺激の感受性、反応の容易さ、動機づけの種類や強さなどには種差がある。これらを種間で心理的に等しく揃えて比較実験を行う**等質化による統制** control by equation は、現実的に不可能である。そこで米国の心理学者ビターマン（M. E. Bitterman, 1921-2011）は**系統的変化法による統制** control by systematic variation を提唱した（Bitterman, 1960）。この考えにしたがえば、学習成績に影響を及ぼすと考えられる要因を体系的に変化させ、その要因と行動との関数関係（機能的関係）の比較を行うことになる。例えば、キンギョでもラットでも餌の量が多いと学習が促進されるという関係が得られれば、この2種間で学習プロセスに種間共通性があり、そうでなければ種間で異なる学習プロセスが作用していると推察できる。

しかし、系統的変化法による統制も容易なことではない。このため、学習成績の種間比較をこの方法で厳格に調べた研究は多くない。また、研究者によって用いる実験技法の詳細が異なり、それが結果に影響する可能性があるから、同一研究者（または研究チーム）が多くの動物種について体系的に調べるのが望ましいが、そのような研究は極めて少ない。そこで、さまざまな研究室から発表された実験報告を包括的に比較検討することになる。脊椎動物の多くの種で行われたさまざまな学習課題の成績をそのようにして比較し、脳の構造や機能を含めて考察した英国の心理学者マクファイル（Macphail, 1982, 1985, 1987）は、ヒト以外の脊椎動物では学習プロセスや能力に種差はないと結論している。しかし、この結論については批判も多い（Pearce, 1987）。種差が見られる学習現象もこれまでいくつか報告されているからである。以下に、その代表的なものを3つあげる。

(a) 学習セット

ハーローは WGTA（→ p.166）を用いて、刺激ペア（色や形の異なる積み木など）のうち1つを選べば餌が得られるという同時弁別訓練をアカゲザルに行った（Harlow, 1949）。つまり、まず刺激ペア（AとB）のうちAを正しく選ぶよう十分に学習したら、別のペア（CとD）の弁別課題に移行して訓練する。それを学習したら、第3のペア（EとF）の弁別課題を行う。こうした複数の刺激ペアを用いた訓練を数百課題にわたって行った成績が図5-18である。課題を重ねるごとに学習速度が徐々に速くなっている（漸次的改善）。このように、「いかに効率よく学習するかを学習する」ことをハーローは、**学習セット（学習の構え）** learning set の形成と名づけた。今日であれば、「メタ学習」と呼ばれるであろうこの学習能力の種差を示すのが図5-19である。しかし、学習セット形成の容易さは刺激モダリティによって異なる。例えば、ラットでは嗅覚刺激だと学習セットは比較的簡単に形成される（Slotnick & Katz, 1974; Slotnick et al., 1991, 2000）。ここにも、学習能力の差を種間で順位づけするという試みの困難さが示されている。

なお、ハーローは前述の8頭のアカゲザルに、その後さらに**連続弁別逆転学習** successive discrimination reversal learning 課題を訓練している。これは、

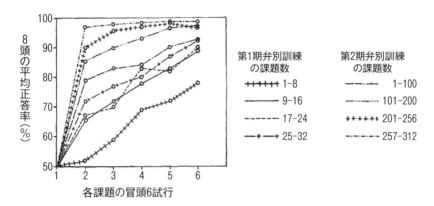

図5-18 アカゲザルの学習セット実験の結果 Harlow（1949）
第1期の32課題については各課題50試行、第2期の第1〜200課題は各課題6試行、第201〜312課題は各課題平均9試行を実施したが、図は冒頭の6試行の成績だけを示す。2択場面で、どちらが正答かは実験者が決めるため、課題の第1試行の期待値は50％となるが、第2試行以降では前試行の結果をもとにサルが正答を見極めることが可能である。

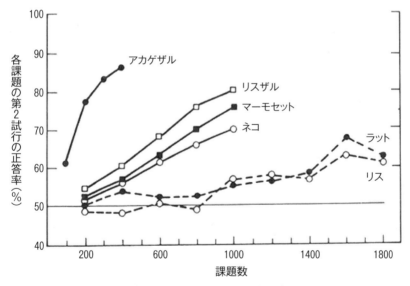

図5-19 さまざまな動物種の学習セット形成 Warren（1965）
弁別課題を習得するたびに学習効率がよくなることを、各課題の第2試行の正答率向上で示した図である。この図のアカゲザルの成績はハーローの実験結果（図5-18）よりも若干悪いが、リスザル・マーモセット・ネコよりはるかに優れている。ラットやリスでは学習セット形成はほとんど見られない。しかし、このような種間比較の妥当性には疑問も呈されている。

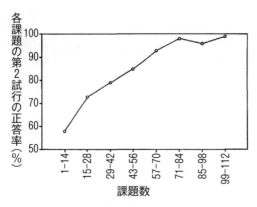

図5-20　連続弁別学習訓練による学習セット形成
　　　　Harlow（1949）

2つの品物AとBのうちAを選ぶことを学習したら、次はAではなくBを選ぶよう訓練し、それができたらBではなくAを選ぶように訓練するといった形で、学習基準に達するたびに正誤を入れ替えるものである。逆転後の第1試行では、前学習で正答であった刺激が誤答となるから、動物はほぼ間違える。しかし、第1試行で間違っても第2試行で正しい刺激を選ぶという学習セットが徐々に形成された（図5-20）。

　複数の刺激ペアを次々用いる課題でも、連続弁別学習課題でも、アカゲザルは最終的に各課題の第2試行で100％近い成績を示していることから、「Aを選んで餌が得られれば次試行も同じAを選び、餌が得られないときは、次試行ではBを選ぶ」という**ウィン・ステイ／ルーズ・シフト**（成功＝継続／失敗＝移行）**win-stay/lose-shift** 方略（Levine, 1959）をアカゲザルが獲得したことがうかがえる。

　学習セット形成には、刺激のどの側面に注意すべきかについての学習（Sutherland & Mackintosh, 1971）も関与している。課題解決に無関係な刺激特徴は無視し、関連のある刺激特徴や刺激次元に注意するという態度の獲得は、成績の漸次的改善をもたらす。例えば、〇が正答で△が誤答である弁別課題であれば、装置内の傷や臭い、実験者の服装などは無視し、〇を選ぶ（あるいは△を避ける）ことや、「形」といった刺激次元に注目することが学習される。なお、AとBの弁別成績が学習基準に達するとすぐに逆転学習に移行するよりも、基準に到達しても元学習をしばらく続ける過剰訓練を行ってから逆転学習に移行したほうが、逆転学習が迅速に進む場合がある。こうした**過剰学習逆転効果** overlearning reversal effect も、動物が注意すべき刺激次元を

過剰学習中により確実にしたことを意味している（Lovejoy, 1966）。

　ビターマンは、連続弁別逆転課題による成績の漸次的改善が、サルやラット（哺乳類）・ハト（鳥類）では確認されるが、カワスズメ（魚類）・ゴキブリやミミズ（無脊椎動物）ではそうではないことから、前者（ラット型）と後者（サカナ型）で弁別学習に質的な違いがあると論じた（Bitterman, 1965）。ビターマンの二分法は動物学習心理学者の関心をひき、他の鳥類（カササギ・オウム・キュウカンチョウ・ヒヨコ・ウズラ）や魚類（キンギョ）なども用いた実験的検証がなされたが、用いる刺激や選択反応の種類など手続きの違いによって、同種であっても漸次的改善の程度が異なることが次第に明らかとなり（Bitterman & Mackintosh, 1969）、ラット型とサカナ型といった二分法は不適切で、種差があったとしても量的な違いに過ぎないというマッキントッシュの見解（Mackintosh, 1965）が優勢となった。例えば、図5-21は、連続弁別逆転課題をキンギョ、ハト、ラットに課したときの成績であるが、ラットほどではないにしろキンギョも漸次的改善を示しており、ハトと大差ない。なお、マッキントッシュによれば、種間の成績の量的な差は、報酬変化にどれだけ気づけるかという注意の量の違いである（Sutherland & Mackintosh, 1971）。また、前試行の結果（餌がもらえたかどうか）をどれだけ記憶しているかの違いであって、キンギョでも試行間間隔を短くすればより顕著な漸次的改善を示す（Mackintosh et al., 1985）。

(b) 確率学習

　ラット型―サカナ型の二分法をめぐる論争は、確率学習の分野でも展開された（Bitterman & Mackintosh, 1969）。刺激Aを選ぶと70％の確率で餌が得られるが、刺激Bを選んでも餌を得る確率は30％であるなら、最善策は常に刺激Aを選んで得られる餌を最大化することである。このような場面に置かれたラットはもっぱら刺激Aを選ぶようになるが、魚類ではAとBの選択割合は7対3になる（図5-22）。ビターマンはこの種差を質的な違いだと考えた。図5-23はビターマンの考えにもとづいて、サカナ型学習とラット型学習の系統進化を連続弁別逆転学習と確率学習について表現したものである。

　しかし、図5-22をよく見ると、70％対30％のとき、ラットは常に刺激A

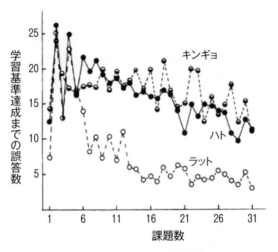

図5-21 連続弁別逆転学習における種間比較 Mackintosh & Cauty (1971) を一部改変

この実験では左右位置の弁別課題が用いられた。第2課題では第1課題の逆側が正答であるので、誤答数が増えている。しかし、さらに逆転を繰り返すと、次第に誤答数は減っていく（漸次的改善）。

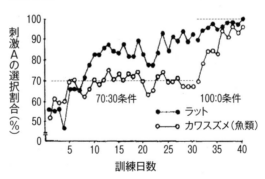

図5-22 刺激Aと刺激Bの同時弁別課題の成績 Bitterman et al. (1958)

刺激Aと刺激Bで餌を得られる確率が異なる場合、カワスズメでは餌をもらえる割合（70:30）に応じて刺激を選択するように学習するが、ラットは高確率で餌を得られる刺激Aをもっぱら選ぶようになる。刺激Aを選んだときだけ餌が得られる条件（100:0）では、カワスズメでも刺激Aだけ選択するようになることから、刺激Aと刺激B（この実験では縦縞と横縞が用いられた）の弁別能力には種差がないといえる。

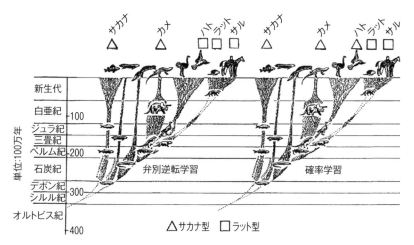

図5-23　連続弁別逆転学習と確率学習の系統発生　Hodos & Campbell (1969) を一部改変
視覚刺激を用いた課題に関して Bitterman (1965) がまとめた結果にもとづき描いた図。なお、進化系統樹は1960年代のもので現代のものとはやや異なっている（例えば、恐竜の子孫はカメなどの爬虫類ではなく鳥類である）。

を選んでいるわけでなく90％程度である。カワスズメの70％よりは刺激Aの選択が多いが100％ではない。こうした結果から、マッキントッシュは、確率学習において見られる種差も報酬への気づきの程度を反映しているに過ぎず、質的に異なる学習があるわけではないとした（Mackintosh, 1974）。

　なお、サカナ型で見られる餌割合と選択割合の対応関係を**確率対応** probability matching というが、上述のようにこれは最適な採餌方略ではない。しかし、刺激Aでは1分間に平均1回、刺激Bでは1分間に平均2回の頻度で餌が得られるといった事態では、餌割合と選択割合を対応させると最も多く餌を得られる。このように対応関係が報酬の最大化をもたらす事態では、ラットなどの動物でも対応関係が見られる（→ p.194）。

（c）報酬対比効果

　図5-24はキンギョとラットの走路学習成績を示したものである。点線の左側部分から、どちらの種でも報酬（餌）の量が多いと走路学習がより迅速であることがわかる。つまり、ここには種間共通性が見られる。しかし、成績が安定したところで高報酬群の報酬量を低報酬群と同じにすると、種差が

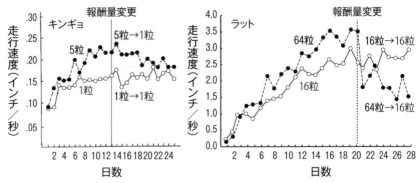

図5-24 キンギョとラットの走路学習における報酬の効果 Mackintosh (1971) と
Crespi (1942) を改変

キンギョは1日4試行、ラットは1日1試行実施した。ラットの餌1粒は20mg、キンギョの餌1粒は37mgである。キンギョの場合は、走路ではなく泳路と呼ぶべきだが、ここでは「走路」で統一した。

現れる。キンギョでは高報酬群の成績が徐々に低下して低報酬群と同じになったが、ラットでは高報酬群の成績は急激に低下し、低報酬群よりも下回ってしまう**報酬対比効果** reward contrast effect（別名：**継時的負の対比** successive negative contrast、あるいは報告者の名前から**クレスピ効果** Crespi effect ともいう）が見られる。これは、期待した高報酬が得られなかったために生じた**期待相反** expectancy violation 現象の一種だと考えられる。期待相反の有名な事例に、サル（アカゲザル・カニクイザル）の弁別学習実験がある（Tinklepaugh, 1928）。弁別学習はレタス片だけを報酬としても容易に形成できたが、報酬がバナナ片であった場合は途中でレタス片に変更されるとそれを食べなかった。報酬が期待したバナナではなくレタスであったので、失望したのだと解釈できる。

　報酬対比効果を含む期待相反現象は、オペラント条件づけの訓練事態で動物は報酬に関する知識を獲得している（報酬が符号化されている）ことを示唆している。これは、学習とは「手段─目標」関係の理解だというトールマンの主張（→ p.35）を支持するが、報酬は刺激状況と反応との連合形成のための触媒に過ぎない（動物は報酬そのものについて学習しない）とするソーンダイクやハルの「刺激─反応」理論（→ p.30）で説明するのは難しい。

しかし、ハルの弟子の**スペンス**（K. W. Spence, 1907-1967）は、**誘因動機づけ** incentive motivation 概念の導入により、刺激―反応理論で報酬対比現象を説明しようとした（Spence, 1956）。彼によれば、走路終点でラットが経験する環境刺激は報酬を食べる反応（目標反応）と連合する。走路始点は走路終点と似たところがあるから、目標反応が部分的に喚起される（**早発予期目標反応** fractional anticipatory goal response）。これが走行反応の誘因となって強い動機づけを生み、高報酬群は低報酬群のラットよりも速く走るようになる。速く走るようになると、走路に入れられてから報酬までの時間が短くなるから、走路始点と目標反応の直接的な連合も生じやすくなり、さらに動機づけが高まる。しかし、学習完成後に報酬量が低下すると、早発予期目標反応に見合った報酬（誘因）が与えられないため不適切反応が出現し、走行を妨害する。この考えでは、報酬対比効果とは誘因対比効果である。なお、スペンスの弟子の**アムゼル**（A. Amsel, 1922-2006）はこうした不適切反応をフラストレーション反応と呼び、フラストレーション反応が走行反応を妨害する場合だけでなく、反応をより動機づける場合もあることを指摘している（Amsel, 1958）。

このように、スペンスやアムゼルらハル派の学習心理学者は、報酬対比効果をあくまでも「刺激―反応」の枠組で理解しようとした。キンギョで報酬対比効果が見られないのは、誘因動機づけを学習する能力に欠けるからであり、連合学習そのものの違いではない。いっぽうトールマン流にいえば、キンギョでは「刺激―反応」学習だが、ラットでは「手段―目標」関係の理解（つまり、「反応―結果」学習）がなされているということになる。

ビターマンは、報酬対比効果は部分強化消去効果（→ p.190）などと同じく突然の報酬変化に関わる現象であり、連続弁別逆転学習や確率学習のように、ラット型―サカナ型の二分法が当てはまると論じた（Bitterman, 1965）。いっぽう、マッキントッシュは、ラットと魚類で質的に異なる学習があるのではなく、報酬に対する注意の程度に量的な差があるに過ぎないとした（Bitterman & Mackintosh, 1969）。なお、ハト（Papini, 1997）、ニシキガメ（Pert & Bitterman, 1970）、ヒキガエル（Papini et al., 1995）もキンギョと同じく報酬対比現象を示さないから、ビターマン流にいえば、これらの種はサカナ型である。

ビターマンの弟子であるパピーニ（M. R. Papini, 1952-）は、二分法の立場から、報酬変化に関わる諸効果の系統発生を明らかにしようとした（Papini, 2003, 2006）。しかし、報酬変化が砂糖水の濃度低下のときはラットでも報酬対比効果が生じないなど、二分法では容易に説明できない多くの報告を前にして、そうした試みをあきらめざるを得なかった（Papini, 2014）。

（3）学習に一般原理を求めるべきか

　種差が証明できない限り、共通の学習過程があると見なすのが心理学者で、共通の学習過程が証明できない限り、種差があると見なすのが動物行動学者である。これは、ビターマンがある国際会議で学習の種差について発表した際、ローレンツ（→ p.39）から発せられた言葉である（Bitterman, 1975）。心理学者は行動の一般原理を追及する行動主義の影響を強く受けているため、学習過程に種間で共通性があることを前提に研究する。いっぽう、さまざまなニッチに適応した動物を見つめる動物行動学者は、適応能力の1つである学習の過程が種間で異なっているのは当然だと考える。ローレンツの指摘はやや極端であるが、学習という心理作用の解明に取り組むときの研究者の立ち位置の違いをうまく表現している。

コラム　無関係性の学習と無力感の学習

　英国の心理学者マッキントッシュ（N. J. Mackintosh, 1935-2015）は、動物はCSとUSの随伴関係を学習するだけでなく、それらが無関係であることも学習できると主張した（Mackintosh, 1973）。例えば、光CSと電撃USが真にランダムになるよう無随伴呈示しておくと、その後、［光CS→電撃US］の随伴呈示による条件づけの形成が遅れるが、これは、「光と電撃は無関係である」という学習が、「光に電撃が随伴する」という学習を阻害するためだとした。（**無関係性の学習** learned irrelevance）。無関係性の学習はCSが異なっても生じ、あらかじめ関係学習を行うことで無関係学習をふせぐこともできる（Nakajima et al., 1999）。

　いっぽう、オペラント条件づけが生じない反応─結果の無随伴事態で動物は「反応してもムダだ」という無力感を学習する。例えば、3頭のイヌをハンモックに吊るし、イヌAとイヌBに同時に電撃を与える。イヌAとイヌBは同じだけの電撃を受けるが、イヌAが頭を動かしたときだけ電撃が止まる。イヌAは電撃に対処可能で、イヌBは対処不可能である。イヌCには電撃を与えない。その後、別の装置で、音が鳴っている間に隣室に移動すれば電撃を回避できるという課題を与えると、イヌA（対処可能群）はイヌC（無電撃群）と同様に容易に習得した。しかし、イヌB（対処不可能群）は課題を習得できなかった（Seligman & Maier, 1967）。これは「何をやってもダメだ」という無力感を学習したためだと解釈できる（Seligman et al., 1971）。

　無力感の学習（**学習性無力感** learned helplessness）は、ネコ・ラット・マウス・スナネズミ・キンギョ・ヒトなどでも報告されており、動機づけ障害（新しい課題への意欲低下）、認知障害（新しい課題の随伴関係、つまり解決法の発見の遅れ）、情動障害（不安やうつ傾向）をもたらし、神経伝達物質ノルアドレナリンやセロトニンの欠乏を引き起こす（Seligman, 1975）。学習性無力感は、事前に対処可能経験を与えておくと予防できる（Hannum et al., 1976; Seligman et al., 1975; Williams & Maier, 1977）。

　学習性無力感現象はゴキブリ（Brown & Stroup, 1988）にも見られ、対処可能経験により予防できる（Brown et al., 1990）。ミツバチ（Dinges et al., 2017）やナメクジ（Brown et al., 1994）でも学習性無力感現象を確認したとの報告がある。学習性無力感現象は多くの動物種で観察されるため、太古の昔から存在する心的現象で、「あきらめる」ことにも適応的価値があるのではないかとの指摘がある（Eisenstein & Carlson, 1997）。

コラム 隠蔽・阻止と過剰予期効果

　レスコーラ=ワグナー・モデルは古典的条件づけのさまざまな現象を説明した。代表的なものに、複数のCSがUSとの連合をめぐって競合することを示唆する刺激競合現象がある。例えば、光CSと電撃USの対呈示で形成される光恐怖CRよりも、光CSと音CSを同時に電撃USと対呈示する**複合条件づけ** compound conditioningで形成される光恐怖CRは弱い。これを音CSによる光CSの**隠蔽**（オーバーシャドーイング）overshadowingという。

　複合条件づけ前に音CSと電撃USの対呈示を行っておくと、CRはさらに弱くなる（表5-3）。これを**阻止**（ブロッキング）blockingという。隠蔽や阻止といった刺激競合現象は、CSがUSの手がかりとしてどのくらい有用であるかがCRの大きさを決めることを意味しており、レスコーラ=ワグナー・モデルは、これらの現象の生起とその強さを数学的に示すものである。

表5-3　阻止の実験例（Kamin, 1968）

群名	第1期	第2期	テスト期	CR表出
統制群	無処置	光CS+音CS→電撃US	光CS	中
阻止群	音CS→電撃US			小

表5-4　過剰予期効果の実験例 Kremer（1978, 実験1）

群名	第1期	第2期	テスト期	CR表出
統制群1	光CS→電撃US 音CS→電撃US	無処置	光CS	大
統制群2		光CS→電撃US 音CS→電撃US		大
実験群		光CS+音CS→電撃US		小

このモデルは、新しい現象の予測にも成功した。その1つが**過剰予期効果** overexpectation effect である。例えば、まず光 CS も音 CS もそれぞれ US と対呈示して条件づけを行っておくとしよう。光 CS と電撃 US の対呈示で形成された光恐怖 CR は、その後、光 CS と音 CS を同時に電撃 US と対呈示する複合条件づけを行うと、弱まる（表5-4）。訓練の第2期で光 CS も音 CS も電撃 US との対呈示を継続しているのに CR が弱まってしまうのは、光 CS と音 CS が同時に与えられると過大な US（強い電撃）を予期してしまい、実際に与えられる電撃はこれまでどおりであるから、そのずれを補正するために、予期を小さくするからである。つまり、ここでも CS 間の競合が生じているといえる。

　なお、ここではラットの恐怖反応の条件づけの例で隠蔽・阻止・過剰予期効果を説明したが、他の条件づけ事態でも同じである（CS や US は他の刺激でも構わない）。

コラム 強化スケジュール

　スキナーは弟子のファースター（C. B. Ferster, 1922-1981）とともに、スキナー箱で自由に行動するハトのキーつつき反応を累積記録器（図5-25）で記録し、強化子（餌粒）をどのように反応に随伴して与えるか（**強化スケジュール** schedules of reinforcement）によって、反応パターンが異なるようすを詳細に報告した（Ferster & Skinner, 1957）。例えば、すべての反応を強化する（**連続強化** continuous reinforcement, CRF）のではなく、**部分強化** partial reinforcement（**間歇強化** intermittent reinforcement）するとき、脊椎動物の多くの種では共通した反応パターンを示す（中島，2011）。

　部分強化のうち、決まった反応回数（例えば50回）ごとに強化子を与える**固定比率**（fixed ratio, FR）スケジュールでは、強化直後に反応しない期間（**強化後反応休止** post-reinforcement pause, PRP）が現れる。強化子を得るための反応回数が毎回異なる**変動比率**（variable ratio, VR）スケジュールでは、PRPは見られず高率で反応し続ける。決まった時間（例えば5分）が経過したあとの初発反応に強化子を与える**固定間隔**(fixed interval, FI)スケジュールでは、PRP後に反応の加速（**スキャロップ** scallop）が現れる。強化子を得るための経過時間が毎回異なる**変動間隔**（variable interval, VI）スケジュールでは、比較的低い頻度で安定した反応が生じる。こうした反応パターンは、強化子の呈示を中止（消去）しても、しばらく観察される（図5-26）。このほかにも、さまざまな強化スケジュールが考案されており、その成果は動物の訓練に応用されている。

　なお、連続強化よりも部分強化のほうが、消去に時間を要する場合が多く、これを**部分強化消去効果** partial reinforcement extinction effect（PREE）または発見者の名前をとって**ハンフレイズ効果** Humphreys effect という。部分強化消去効果は、哺乳類や鳥類では見られるが、爬虫類・両生類・魚類ではあまり見られないため、ラット型とサカナ型の二分法がここにも当てはまるとする研究者もいる（Buriticá et al., 2013）。

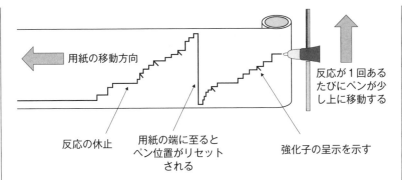

図5-25　累積記録器のしくみ

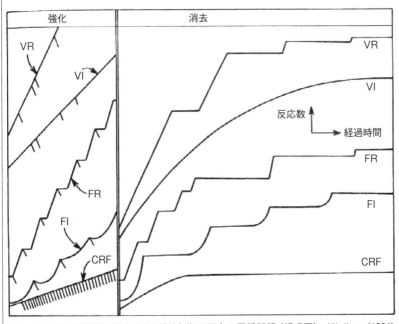

図5-26　強化訓練期と消去（強化停止）期の反応の累積記録（模式図）　Walker (1984)
縦軸は累積反応数であるので、急峻な線は高頻度での反応、平坦な線は無反応を示す。
強化訓練期の累積記録に示されている右下向きの短線は強化子が呈示された時点を示す。

コラム　選択における対応法則

　複数の選択肢があるとき、どの選択肢にどれだけ反応するかは、各選択肢を選んだ際に得られる強化子の頻度に依存する。スキナーの弟子のハーンスタイン（R. J. Herrnstein, 1930-1994）は、2つの反応キーがあるスキナー箱でハトを訓練した。左キーは赤、右キーは白で、各キーへのつつき反応は平均して何分かに1回の割合で穀物餌によって強化された。3羽のハトの結果を図5-27に示す。どのハトも、キーの選択割合は餌の割合とほぼ一致していた。ハーンスタインはこの関係を**対応法則**（マッチング法則）matching law と呼び、次式で表した。

$$\frac{B_1}{B_1 + B_2} = \frac{R_1}{R_1 + R_2}$$

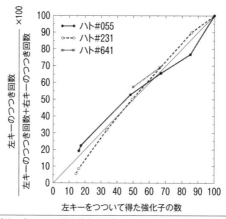

図5-27　ハトのキー選択における対応法則 Herrnstein（1961）
左キーへの反応と右キーへの反応にはそれぞれ独立に、変動間隔スケジュールで餌が与えられた。間隔の値は条件によって異なっており、ハト#055と#231は6条件、ハト#641は2条件でテストされた。データは各条件において反応率が安定したときのものである。反応総数のうち左キー反応の割合（縦軸）は、強化子総数のうち左キーで得られた割合（横軸）とほぼ対応している。

ここで、B_1は選択肢 1 を選んだ回数、B_2は選択肢 2 を選んだ回数であり、R_1は選択肢 1 を選ぶことによって得られた強化子の数、R_2は選択肢 2 を選ぶことによって得られた強化子の数である。対応法則に関する研究は、ヒトや標準的な実験動物（ハト・ラット・サル）での研究がほとんどであるが、イヌ（Green & Rashotte, 2003）、コヨーテ（Gilbert-Norton et al., 2009）、ウシ（Foster et al., 1996）、ニワトリ（Sumpter et al., 1995）、フクロギツネ（Bron et al., 2003）などでも示されている。また、自然界における動物個体の分布においても類似の対応法則が見られる（→ p.310）。

コラム カンブリア紀の脳

　太古に生きた動物の行動は、足痕など活動の痕跡が**生痕化石** trace fossil (ichnofossil) として一部大地に記録されるものの、基本的に化石として残らない。残された身体構造から空を飛んでいたであろうとか、骨の傷痕から捕食動物に襲われたとか、歯の形状やすり減り具合から草食動物であったとかといった推測は可能である。しかし、学習能力については化石記録からうかがい知るのは不可能なので、現生動物間の比較によって学習能力の進化を推察するしかない。かつてはそのように言われていた。しかし近年、古生代カンブリア紀の**体化石** body fossil 頭部に神経系を確認したとの報告がなされている（Ma et al., 2012; Tanaka et al., 2013）。化石から神経系の進化、そして学習能力の進化を探ることも可能になるかもしれない。

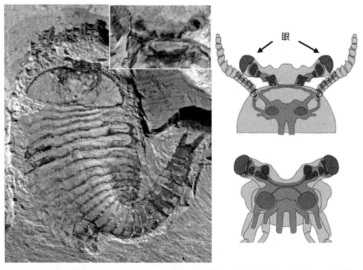

図5-28　節足動物フキシャンフィアの化石頭部に確認された5億2000万年前の脳　Ma et al. (2012) を改変
　左パネルは化石写真（写真右上は頭部顕微鏡画像）、右上パネルは顕微鏡画像から描いた頭部神経系で、現生のヤドカリの頭部神経系（右下パネル）によく似ている。

参考図書

- 今田寛『学習の心理学』培風館　1996
- 実森正子・中島定彦『学習の心理―行動のメカニズムを探る』サイエンス社　2000
- 眞邉一近『ポテンシャル学習心理学』サイエンス社　2019
- メイザー『メイザーの学習と行動（日本語版第3版）』二瓶社　2008
- ボゥルズ『学習の心理学』培風館　1982
- 能見義博（編）『学習心理学』大日本図書　1976
- 佐藤方哉『行動理論への招待』大修館書店　1976
- ヒルガード＆バウアー『学習の理論（上）（下）』培風館　1988
- 坂上貴之・井上雅彦『行動分析学―行動の科学的理解をめざして』有斐閣アルマ　2018
- レイノルズ『オペラント心理学入門―行動分析への道』サイエンス社　1978
- ブラックマン『オペラント条件づけ―実験的行動分析』サイエンス社　1981
- 岩本隆茂・高橋雅治『オペラント心理学―その基礎と応用』勁草書房　1988
- 今田寛（監修）・中島定彦（編）『学習心理学における古典的条件づけの理論―パヴロフから連合学習研究の最先端まで』培風館　2003
- 八木冕（編）『心理学研究法5―動物実験Ⅰ』東京大学出版会　1975
- 佐々木正伸（編）『現代基礎心理学―学習Ⅰ：基礎過程』東京大学出版会　1982
- 末永敏郎ほか（編）『適応行動の基礎過程―学習心理学の諸問題』培風館　1989
- 石田雅人『強化の学習心理学―連合か認知か』北大路書房　1989
- 水原幸夫『強化系列学習に関する認知論的研究』北大路書房　2006
- 小牧純爾『学習理論の生成と展開―動機づけと認知行動の基礎』ナカニシヤ出版　2012
- ピアース『動物の認知学習心理学』北大路書房　1990
- 岡市広成『海馬の心理学的機能の研究―空間認知と場所学習』ソフィア社　1996
- 川合伸幸『心の輪郭―比較認知科学から見た知性の進化』北大路書房　2006
- 山口恒夫（監修）『昆虫はスーパー脳』技術評論社　2008
- 水波誠『昆虫―驚異の微小脳』中公新書　2006
- 山口恒夫ほか（編）『もうひとつの脳―微小脳の研究入門』培風館　2005

第6章 記憶

1885年にドイツの心理学者エビングハウス（H. Ebbinghaus, 1850-1909）が、記憶 memory という心の働きを忘却曲線として可視化して以来、記憶は科学的な心理学の研究テーマとなった。しかし、記憶そのものは眼に見えないため、普遍的な行動法則を求める行動主義の時代には、記憶研究はあまり盛んではなかった。動物心理学では特にそれが顕著であり、記憶研究は学習研究の一部としてわずかに行われていた程度である。しかし、斬新な実験方法を手に「心の復権」をうたう認知心理学の影響が1970年頃から次第に動物心理学にも及ぶようになり（→ p.43）、ヒトの記憶を、ごく短時間の情報保持メカニズムである**短期記憶**（short-term memory, STM）と、永久的で大容量の**長期記憶**（long-term memory, LTM）に区分する2貯蔵庫説（Atkinson & Shiffrin, 1968）が、動物心理学にも導入された。認知心理学の枠組では、記憶の3つの働き（記銘・保持・想起）を、コンピュータによる情報処理プロセスになぞらえて、それぞれ、**符号化 encoding・貯蔵 storage・検索 retrieval** ともよぶ。

　動物の記憶については、記憶の座と考えられる脳部位の電気刺激や切除、あるいは薬剤投与など神経科学的手法による研究も行われているが、本章では行動的方法を通じて明らかにされてきた記憶のしくみや諸現象について紹介する。なお、ヒトの記憶実験では被験者に記憶課題を与える際、「何を憶えるべきか」を被験者に教示する。また実験後には「何を憶えていたか」を言葉で聞き出すこともできる。動物の場合は教示も事後報告も困難であるため、被験体が実験者の意図とは異なる方法で課題を解決していたり、憶えているのに行動成績に反映されないといったことも生じがちであるから、動物の記憶実験を計画したり、結果を解釈する際には十分に注意しなければならない（Zentall, 1997）。

1．短期記憶の行動的研究方法
（1）生得的行動と短期馴化
　動物の生得的行動から記憶能力を探ることができる。例えば、動物は前方行き止まりの箇所では「右に曲がったら次は左」のように、ある分岐点で一

方向に曲がると次の分岐点では逆方向に曲がる生得的傾向がある。こうした**交替性転向反応** turn alternation はラットなどでも見られるが、特に顕著なのはワラジムシやダンゴムシである（川合，2011）。転向反応傾向は第1分岐点から第2分岐点までの距離、つまり分岐点間の所要時間が長くなると弱まるため、転向反応の強さを「前にどちらに曲がったかを憶えているか」という短期記憶の指標と見なすこともできる。ただし、距離と時間の効果を個別に検討した実験では、距離（歩脚運動量）のほうが時間（第1分岐点での選択からの経過時間）よりも転向反応の強さに及ぼす影響が大きかった（Hughes, 2008）。このため、転向反応の強さを記憶指標と見なすのであれば、捉えようとしている「記憶」とは何かをよく考える必要がある。

さて、第5章で述べたように、刺激に対する生得的な反応は、刺激の繰り返しにより馴化するが、馴化が生じるには「前の刺激を憶えている」必要がある。つまり、馴化は記憶の一種だと考えられる（Wagner, 1979; Whitlow, 1975）。馴化は数秒から数時間程度の短期馴化と数日に及ぶ長期馴化に分けられる。このうち短期馴化が短期記憶に相当するので、これを用いて短期記憶の研究を行うことができる。

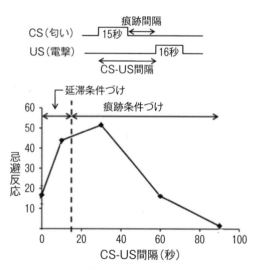

図6-1　ショウジョウバエの忌避反応の古典的条件づけにおけるCS-US間隔の効果　Tanimoto (2004) から作図
CS-US間隔の異なる5群の最終成績。CS-US間隔90秒（痕跡間隔75秒）では忌避反応は形成できなかった。CSとUSの長さは全群で同じなので、CS-US間隔が短い場合は延滞条件づけになる。

（2）痕跡条件づけ

古典的条件づけ（→ p.160）では通常、条件刺激（CS）の呈示中あるいは呈示終了と同時に無条件刺激（US）を呈示する**延滞条件づけ** delay conditioning 手続きが用いられ

る。しかし、CS の呈示終了から US の呈示開始までに空白の時間を設けることもある（図6-1）。パヴロフはこの手続きを、CS の記憶痕跡が関わるという意味を込めて**痕跡条件づけ** trace conditioning と呼んだ（Pavlov, 1927）。条件づけ形成可能な空白時間（痕跡間隔）の長さは、動物種よりも、条件反応（CR）として何を計測するかに大きく依存する。このため、痕跡条件づけの成否をその動物種の記憶力の指標とするのは妥当ではない。しかし、痕跡条件づけの研究からも記憶の性質に関する情報を得ることはできる。例えば、空白時間に他の刺激（ブリッジ bridge）を挿入すると CS に対する CR 形成が促進する（Kaplan & Hearst, 1982）が、これはブリッジが CS と US の遠隔連合を形成する「触媒」となり得ることを示している（Rescorla, 1982）。

（3）遅延強化手続き

オペラント条件づけ（→ p.162）では、反応から強化子呈示までに空白時間を設ける手続きを**遅延強化** delayed reinforcement 手続きといい、即時強化よりも反応形成・維持が困難である（Dickinson et al., 1992; Lattal & Gleeson, 1990）。しかし、痕跡条件づけの場合と同様に、空白時間（遅延時間）をつなぐ刺激によって、成績は向上する。具体的には、イルカトレーナーはイルカが芸をした瞬間に笛を吹き（Pryor, 1984）、イヌのしつけ訓練では反応直後に**クリッカー** clicker という金属板のついた小箱をカチッと鳴らす（Pryor, 1999）。動物訓練のパイオニアであるブレランド夫妻（→ p.41）は1940年代に、こうした刺激を「ブリッジ」と呼んでいたが（Bailey & Gillaspy, 2005）、この場合、反応と強化子の連合をつなぐ「触媒」として作用するというよりも、それ自体が強化子としてはたらく（Feng et al., 2016; Williams, 1994）。つまり、その後に与えられる餌などの**生得性強化子** innate reinforcer（**1 次強化子** primary reinforcer）を信号する**習得性強化子** acquired reinforcer（**2 次強化子** secondary reinforcer）として作用する。なお、習得性強化子の成立は古典的条件づけの働きによると考えられるため、生得性強化子のことを**無条件性強化子** unconditioned reinforcer、習得性強化子のことを**条件性強化子** conditioned reinforcer ともいう。

反応直後に与える刺激は習得性強化子として反応を強化するだけでなく、反応の記憶を鮮明にする作用を持つ。例えば、迷路の左右2つの通路のうちどちらかの先に餌を置いた迷路で、ラットが通路を選択してから餌を得るまで数秒を要するような課題を与えたとする。このような実験では、ラットが通路を選択する瞬間に強い刺激（例えば、大きな音）を必ず与えるようにすると、正しい通路を選ぶ学習が促進する（Thomas et al., 1983）。これを**マーキング効果** marking effect という。こうした実験では強い刺激（マーキング刺激）は選択の正誤にかかわらず与えられるので、正答率向上を条件性強化で説明するのは難しい。マーキング刺激は選択反応の記憶痕跡を活性化する（どのように反応したか、はっきり記銘させる）と考えられている。

（4）遅延反応課題

　短期記憶の種間比較研究は**ハンター**（W. S. Hunter, 1889-1954）による**遅延反応** delayed reaction 課題に始まる。彼が用いた装置では、3つの電球のうち1つが点灯して消え、所定の遅延時間後、かつて点灯していた電球を選ぶと餌が与えられた（図6-2）。訓練できた最長の遅延時間はラット10秒、アライグマ25秒、イヌ1分、6歳児25分であった（Hunter, 1913）。図6-3は遅延反応課題をWGTA（→p.166）で実施した霊長類6種の比較である。ただし、実験方法は完全に同じではないため、種間比較には注意を要する。

　遅延反応課題では、遅延時間中、その部屋の方向に体を向け続けるといった定位反応を媒介的に使用することが可能である。実際にそうした反応が遅延中に見られるとの報告（Miles, 1957）もあるが、定位反応と記憶成績には関係がないとの報告（Gleitman et al., 1963）もある。図6-3に示した実験のニホンザルは、その後のテストで遅延時間が10分を超えても80%以上の正答率を示しているが、著者ら（Yagi et al., 1969）によればそうした反応は確認できなかったという。

（5）遅延見本合わせ

　定位反応のような行動的な媒介によって遅延課題を解決する場合、「頭の

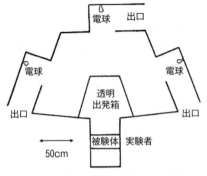

図6-2 Hunter (1913) がアライグマの遅延反応課題のために作製した装置

ドアが開くと被験体はガラス製の透明出発箱に移動し、そこから3つの電球のうち1つが点灯するのを見ることができる。電球消灯から所定時間が経過した後、透明出発箱のガラスドアが開く。かつて点灯していた電球を選ぶと出口で餌が与えられた。ラット用、イヌ用、幼児用の装置はそれぞれ形や寸法がこれとは異なるが、すべて選択肢は3つであった。

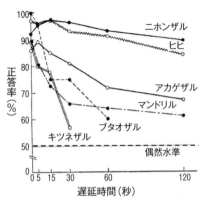

図6-3 WGTAを用いて行った遅延反応課題の成績 Yagi (1969)

実験者が左右どちらかの穴に餌を入れてサルに見せた後、両方の穴を2本の円柱でふさぐ。遅延時間後、サルは左右いずれかの円柱を選んで、その下の穴に餌があればそれを与えられる。まったくランダムに選べば正答率は50％である。ニホンザル以外のデータは同様の場面で他の研究者が得たデータ (Harlow et al., 1932; Maslow & Harlow, 1932) による。

中で憶えておく」という一般的な意味での「記憶」とは異なる。定位反応の成績への関与を排除するには、遅延見本合わせ課題（→ p.169）を用いるとよい。例えばハトを用いた典型的な実験では、3つの反応キーの中央に見本刺激を呈示する。見本刺激呈示終了後しばらくして左右のキーに比較刺激を呈示し、見本刺激と同じであれば餌で強化する（図6-4）。見本刺激呈示終了から比較刺激呈示開始までの遅延時間を操作して、短期記憶を調べることができる。正しい比較刺激が左右どちらに呈示されるかは不規則であるので、遅延反応課題のように定位反応を媒介とするのは難しい。ただし、「頭を振る」「激しくつつく」など、見本刺激に合わせて異なる反応を自発し、それを遅延時間中も継続することで、比較刺激呈示時にその動きを手がかりとして比較刺激を選ぶ場合もある（Blough, 1959）。また、見本刺激ごとに異なる反応を積極的に訓練すると記憶成績が向上することは多くの実験で確認されている（例えば、Riesen & Nissen, 1942; Zentall et al., 1978）。

（6）遅延継時見本合わせ

一般的な遅延見本合わせ課題では、動物は遅延時間後に複数の比較刺激の中から正しいものを選ばねばならない。つまり、選択型の課題である。動物の短期記憶は、比較刺激（テスト刺激）を1つだけにしても調べることができる。それが見本刺激と対応しているかどうかを動物に問えばよいのである。この手続きはパヴロフの弟子のポーランド人神経生理学者**コノルスキー**（J. Konorski, 1903-1973）によって考案されたものだが（Konorski, 1959）、後にワッサーマン（→ p.43）が**継時見本合わせ** successive matching-to-sample 課題の名で広めた（Wasserman, 1976）。継時見本合わせ課題は、Go/No-Go 型と Yes/No 型の2手続きに細分化できる（表6-1）。いずれの手続きも、見本刺激呈示終了後に遅延時間を設けることで短期記憶課題として使用できる。

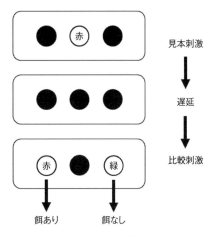

図6-4　遅延見本合わせ課題の例

3つのキー（円形のパネルボタン）を持つハト用スキナー箱で、視覚刺激を用いた同一遅延見本合わせを行う場合の例。見本刺激と同じ比較刺激を選べば正答である。見本刺激の種類や正答の左右位置は試行ごとに異なる。

表6-1　遅延見本合わせ課題の種類

選択型遅延見本合わせ	見本刺激を1つ呈示し、遅延時間後に呈示された複数の比較刺激から見本刺激と対応するものを1つ選ばせる。
継時遅延見本合わせ	見本刺激を1つ呈示し、遅延時間後に比較刺激を1つ呈示して、見本刺激との対応を判断させる。
Go/No 型	見本刺激と比較刺激が対応しているときは比較刺激に反応すれば正答（反応しなければ誤答）、対応していないときは比較刺激に反応しなければ正答（反応すれば誤答）。
Yes/No 型	見本刺激と比較刺激が対応しているときは Yes ボタンを押せば正答、対応していないときは No ボタンを押せば正答。

(7) 放射状迷路

ハトやサルに比べて視覚に劣るが空間能力に長けたラットを対象とした記憶研究では、見本合わせ手続きよりも迷路課題を用いることが多い。最も代表的なのは放射状迷路課題（→ p.173）であり、出発地点（中央プラットフォーム）から放射状に延びる複数の選択肢（通常は 8 本）の先端に置かれた餌粒をすべて回収するよう求められる。このとき、同じ選択肢を 2 度選ばないためには、選択肢に関する短期記憶が必要となる。

2. 短期記憶の諸相

(1) 忘却

短期記憶は文字通り短期間の記憶であるが、記憶が短期間に消失してしまう理由、すなわち忘却の原因は何だろうか？ ヒトの短期記憶研究では、忘却は情報の減衰や他の情報による干渉または置換によるとされる（Murdock, 1967）。動物の記憶研究でもこうした解釈を支持する結果が報告されている。例えば、遅延見本合わせ課題では、記憶すべき対象（ここでは見本刺激）の呈示時間が長いとなかなか忘却しない（図 6-5）。これは強い記憶痕跡は減衰しにくいことを示唆しており、忘却は記憶情報の減衰によるとする**減衰説** decay theory に合致する結果である。

いっぽう、忘却は記憶対象が他の刺激からの干渉を受けることで生じるという**干渉説** interference theory を支持する実験も多い。例えば、図 6-6 はカブオザルに視覚刺激を用いた遅延見本合わせ課題を行ったいくつかの実験結果をまとめたものである。見本刺激の呈示直後や直前に無関係な刺激を呈示すると記憶成績

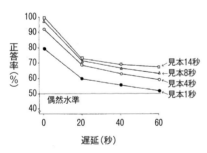

図 6-5 ハトの遅延見本合わせにおける忘却曲線 Grant（1976）

遅延時間 0 秒で訓練した後に、0 秒、20 秒、40 秒、60 秒の遅延でテストした。見本刺激が長いと記憶成績がよい。同様の結果は聴覚見本刺激でも見られるし（Kraemer & Roberts, 1984）、ベニガオザルやリスザルでも確認されている（Herzog et al., 1977）。

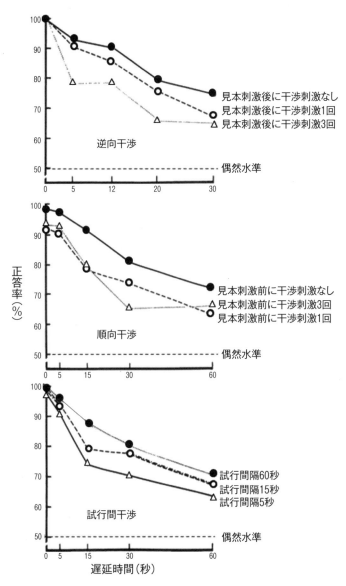

図6-6 カブオザルの遅延見本合わせ成績に及ぼす干渉効果 Jarrard & Moise (1971) を改変

は悪化する（逆向干渉・順向干渉）。試行間隔が短いと成績が悪いのも、直前の試行からの干渉（試行間干渉）によると考えられる。

なお、短期記憶の容量に限界があるとすれば、見本刺激後に呈示された無関係な刺激忘却は単なる干渉ではなく、記憶すべき対象が他の対象に置換された可能性もある。また、記憶の2貯蔵庫（Atkinson & Shiffrin, 1968）では、短期記憶を維持するには心的リハーサルが必要だと仮定するから、無関係な刺激は見本刺激のリハーサルを妨害すると解釈することもできる。

（2）系列記憶

連続して呈示される複数刺激からなる系列の記憶を**系列記憶** list memory という。各刺激の記憶成績は刺激系列内の位置によって異なる（**系列位置効果** serial position effect）。ヒトでは、系列の始端部と終端部は系列の中央部よりも成績がよく、それぞれ**初頭効果** primacy effect、**新近性効果** recency effect と名づけられている。系列記憶はヒトでは古くから研究されているが（Bigham, 1894）、認知心理学の勃興によって1960年代以降に再注目されるようになった（Murdock, 1963）。動物においても1970年代半ばに研究され始めた（中島，2001）。例えば、図6-7は新奇風味忌避反応の馴化を用いて、ラットの系列記憶を調べた例である。系列の冒頭の匂いの記憶成績がよく（初頭効果）、呈示間隔が長い条件（60秒間隔）では系列の末尾の成績がよい（新近効果）。適度な呈示間隔のとき（10秒間隔）にはU字型の系列記憶曲線が得られる。

先に紹介したYes/No型の継時遅延見本合わせ課題はプローブ再認課題とも呼ばれるが、それをさらに拡張し、複数の見本刺激が系列になるよう順次呈示してからテスト刺激を1つ呈示して、それが見本刺激系列の中にあったかどうかを問うのが**系列プローブ再認** seral probe recognition 課題である。図6-8は4つの写真を刺激系列に用いた実験でのハト、アカゲザル、ヒトの成績を示している。なお、フサオマキザルもアカゲザルとよく似た成績を示す（Wright, 1999）。刺激系列の直後にテストされるとリスト末端の成績がよいが（新近性効果）、遅延時間が長いときはリスト始端の成績がよい（初頭効果）。適度な遅延時間ではU字型の系列位置曲線が得られる。新近性効果か

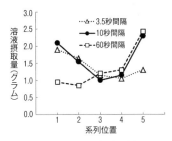

図6-7 ラットの系列記憶 Reed (2000)

ラットは未知の匂いのする溶液はあまり摂取しないが、以前に経験した溶液は摂取する（新奇忌避反応の馴化）。5種類の匂い溶液を順に飲ませてから30分後にすべての溶液を同時に与えると、摂取量に違いが見られた。匂いの経験の記憶をもとに溶液を摂取すると考えると、摂取量が記憶の指標となる。溶液の呈示間隔が短い条件（3.5秒間隔）では系列の冒頭の記憶成績がよく（初頭効果）、呈示間隔が長い条件（60秒間隔）では系列の末尾の成績がよい（新近効果）。適度な呈示間隔のとき（10秒間隔）にはU字型の系列記憶曲線が得られる。

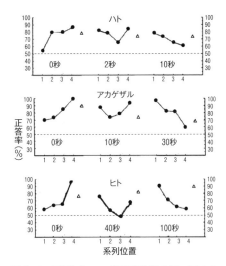

図6-8 系列プローブ再認課題成績 Wright et al. (1985) の図から各動物種につき3つの遅延時間のグラフのみ抽出して作成。

●はテスト刺激が系列に含まれていたとき（Yes反応をすべきとき）の成績。△はテスト刺激が系列に含まれていなかったとき（No反応をすべきとき）の成績。点線は偶然水準である。

ら初頭効果に移行する遅延時間の長さは動物種によって異なるが、3つの動物種はすべて同じように移行しており、刺激系列の記憶のしくみはどの動物でも質的に大きな違いがないことを示唆している。興味深いことに、聴覚刺激を系列呈示した場合は、刺激系列直後にテストされると初頭効果、遅延時間が長いときに新近性効果が見られるという、視覚刺激系列とは正反対の結果がアカゲザルで得られており（Wright, 1998）、他種での追試が望まれる。

（3）作業記憶

　課題実行中に能動的に作用する記憶の働きを、**作業記憶（作動記憶）** working memory といい（Pribram et al., 1960）、2貯蔵庫説では短期記憶の別名として位置づけられた（Atkinson & Shiffrin, 1968, 1971）。今日、ヒトの認知心理学では、作業記憶と短期記憶の関係は研究者によって異なり、作業記憶を長期記憶の

一形態であるとする理論も現れているが（Cowan, 2005）、動物の記憶研究では2貯蔵庫説の通り、作業記憶は短期記憶の能動的側面と見なされている。これは、1970年代後半から動物の記憶研究を主導したホーニック（→ p.43）の寄与が大きい（Honig, 1978, 1981）。長期記憶は必要に応じて引き出されて用いられる対象であることから、ホーニックはこれを**参照記憶** reference memory と呼び（この用語はコンピュータ科学からの借用だと思われる）、作業記憶との共同的活動を明らかにしようとした。

なお、放射状迷路（→ p.173）を用いて空間学習を研究していたオルトンも同様の発想を持っていたため（Olton, 1978）、ホーニックの提唱した作業記憶と参照記憶という用語で自らの研究を紹介した（Olton, 1979; Olton et al., 1979）。なお、空間学習では認知地図（→ p.172）が参照記憶に該当する。

（4）記憶表象

コノルスキー（→ p.203）は、遅延時間に動物が保持しているイメージ（**記憶表象** memory representation）について考察し、何を経験したかという**回想記憶**（回顧的記憶）retrospective memory だけでなく、これから何をすべきかという**展望記憶**（予見的記憶）prospective memory もあることを指摘した（Konorski, 1967）。遅延見本合わせ課題でいえば、「見本刺激が何であったか」が回想記憶、「どの比較刺激に反応すべきか」が展望記憶である。

図6-10はハトの遅延見本合わせ課題習得後の遅延テスト成績である。色（赤・緑）を見本刺激と比較刺激に用いた同一遅延見本合わせ課題を行った「色→色」群は、線（垂直線・水平線）を見本刺激と比較刺激に用いた同一見本合わせ課題を行った「線→線」群よりも短期記憶成績がよい。図の残り2群は、象徴見本合わせ課題（図6-11）で訓練した。具体的には、「色→線」群は、見本刺激が赤のときは垂直線を選べば正答で、見本刺激が緑のときは水平線を選ぶと正答であった。いっぽう「線→色」群は、見本刺激が垂直線のときは赤を選べば正答で、見本刺激が水平線のときは緑を選ぶと正答であった。遅延テストでの「色→線」群の成績は「色→色」群とほぼ同じであり、「線→色」群の成績は「線→線」群とほぼ同じであるから、遅延時間中

にハトが保持しているのは見本刺激のイメージ（回想記憶）であることが示唆される。

　この実験結果はハトが回想的記憶表象を使用していることを示しているが、展望的な記憶表象が用いられているという証拠もある。例えばこの実験でも、比較刺激が色の場合には線の場合よりも成績がやや良いのは、展望的

トピック

持続時間の短期記憶

　図6-9は、室内灯の点灯時間（2秒または8秒）を見本刺激とし、赤と緑を比較刺激としたハトの選択型遅延見本合わせ成績である。遅延時間が長くなると成績が低下しているが、興味深いのは、見本刺激が長いときには偶然水準の50%を下回っていることである。つまり、見本刺激後に遅延が挿入されると、見本刺激は「短かった」と判断をしていることになる。これを**短選択効果** choose-short effect という。単選択効果を説明する理論は複数あるが（中島, 2012）、最も代表的なのは、見本刺激の記憶表象が遅延時間中に劣化して、短くなってしまうという**主観的短縮化** subjective shortening である（Spetch & Wilkie, 1983）。この場合、記憶しているのは見本刺激なので、ハトは回想的符号化をしていることになる。なお、Go/No-Go型遅延見本合わせ課題では短選択効果が見られず、見本刺激が2秒点灯の時も8秒点灯のときも、遅延時間が長くなると同様に成績低下することから、展望的符号化がなされると考えられる。

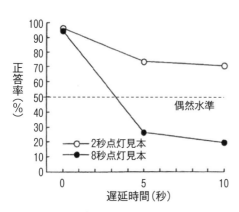

図6-9　室内灯の点灯時間を見本刺激とした遅延見本合わせ課題の記憶成績　Grant & Spetch (1991)

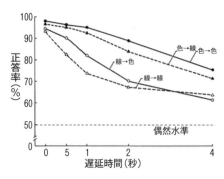

図6-10 ハトの遅延見本合わせ成績 Urcuioli & Zentall（1986）

群名は用いた見本刺激と比較刺激の種類を示す。見本刺激が色である「色→色」群と「線→色」群で記憶成績がよい。

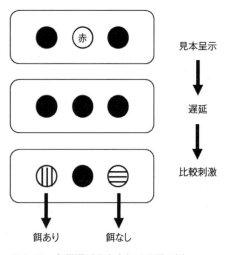

図6-11 象徴遅延見本合わせ課題の例

3つのキー（円形のパネルボタン）を持つハト用スキナー箱で、視覚刺激を用いた象徴遅延見本合わせを行う場合の例。見本刺激と対応した比較刺激を選べば正答である。正しい対応は実験者があらかじめ決めておく。見本刺激の種類や正答の左右位置は試行ごとに異なる。

記憶表象の関与がいくらかあることを示唆している。また、ロイトブラット（→ p.44）は、極めて巧妙な実験計画でハトの象徴遅延見本合わせ課題の誤答パターンを分析し、遅延時間が長くなると比較刺激間の混同が生じやすくなることから、記憶表象は展望的だと主張した（Roitblat, 1980：→ p.224）。

記憶表象が回想的か展望的か（つまり、動物は回想的符号化を行っているか、展望的符号化を行っているか）という問題は、眼に見えない「記憶のかたち」を探るという挑戦的なテーマであったため、意欲的な研究が多く行われた（Grant, 1993; Honig & Thompson, 1982; Wasserman, 1986; Zentall et al., 1991）。その結果、動物はこの2つの記憶方略を課題によって使い分けていることが明らかになってきた。また、課題によっては回想的符号化方略と展望的符号化方略を柔軟に使い分けられることも報告されている（→ p.225）。記憶表象の柔軟な使い分けは、記憶が単なる機械的過程ではなく、動物は

自らの記憶を制御できることを意味する。

（5）指示忘却

ヒトは不要な情報を積極的に忘れることができる。例えば、経験したことや行うべきことについて、他者から忘れるよう指示されたり、自分で忘れるよう努めると、完全に忘却しないまでも思い出しにくくなる。ヒトを対象とした実験心理学ではこうした能力は**指示忘却** directed forgetting という名称で研究されている（Bjork, 1972）。動物を対象とした研究では、1980年代になってすぐに、ハトでの実験報告が相次いだ（Maki & Hegvik, 1980; Maki et al., 1981; Grant, 1981; Kendrick et al., 1981）。

図6-12はそうした報告の1つで、ハトの遅延見本合わせ課題での訓練手続きである。遅延時間に中央キーに○が呈示された想起試行では、その後に比較刺激の選択機会があるが、△が呈示された忘却試行では比較刺激は出現しない（省略手続き）。つまり、忘却試行では記憶する必要がない。この訓練を長期にわたって行った後、遅延中に△を呈示したにもかかわらず比較刺激を見せて選択させる「抜き打ちテスト」を実施すると、ハトの成績は悪かっ

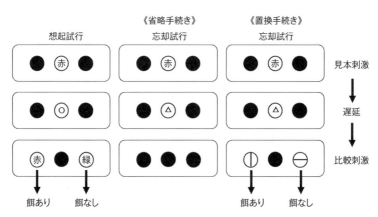

図6-12 ハトの指示忘却実験（Kendrick et al., 1981）で用いられた訓練手続き
遅延時間中に中央キーに○が呈示されたときは比較刺激が出現するが、△が呈示されたときは比較刺激は呈示されない（省略手続き）か、見本刺激が何色であるかにかかわらず垂直線を選べば餌が得られる（置換手続き）。テストでは△を呈示して赤と緑の選択を行わせる。

た。これは、△が忘却手がかりとして機能したことを意味している。

しかし、訓練中ずっと忘却試行では三角が出たら試行終了で、餌も与えられないわけだから、△は選択時の注意力や動機づけを低下する働きをしたのかもしれない。つまり、「憶えてはいるが本気で比較刺激を選ばない」だけかもしれない。そこで考案されたのが、△のときは記憶にもとづかない課題に従事させる置換手続きである。この実験では、△の後に垂直線と水平線の同時弁別課題を行わせた。見本刺激の色にかかわらず、垂直線を選べば餌が与えられた。こうした訓練の後で「抜き打ちテスト」をした場合、記憶成績は低下しなかった。その後に行われた諸研究でも同様に、置換手続きを用いた場合には指示忘却現象を確認するのが容易ではなかった（Roper & Zentall, 1993）。しかしその後、見本合わせ課題中に他の記憶課題を加えて記憶負荷を高めると、置換手続きでも指示忘却が確認された（Roper et al., 1995）。ヒトでも忘れると都合がよいのは、ほかに憶えねばならない事柄があるときである。

なお、霊長類での指示忘却研究は、単純な見本合わせ課題で省略手続きを用いた実験（リスザル：Roberts et al., 1984）、複雑な見本合わせ課題で置換手続きを用いた実験（アカゲザル：Tu & Hampton, 2014）、で成功報告がある。ラットでは放射状迷路課題を用いて研究されており、忘却試行を省略手続きで行った実験（Grant, 1982）でも、置換手続きで行った実験（谷内ら，2013）でも、指示忘却が確認されている。

（6）メタ記憶

自己の記憶に関する知識を**メタ記憶** metamemory という（Flavell & Wellman, 1977; 清水，2009）。これは自己の意識状態を能動的に把握する**メタ認知** metacognition の一種で（Flavell, 1979; 三宮，2008）、ヒトでは幼児の認知発達研究を主舞台に研究が重ねられてきた。動物にメタ記憶の能力があるかどうかは、短期記憶課題で調べられている（藤田，2010; 中尾・後藤，2015）。図6-13はそうした実験計画の一例で、見本刺激が消失した後、好物の餌がもらえるテスト課題と、あまり好きではない餌が簡単に得られる容易課題を選べ

る状況が設定されている（Hampton, 2001）。この実験に参加した2頭のアカゲザルは、遅延時間が長くなるとテスト課題を避けて容易課題を選びがちになった。これは、遅延時間が長くなると記憶に自信がなくなっていくことを示唆している。また、テスト課題を選んだ試行では、強制的にテスト課題を受けさせた場合と比べて、短期記憶成績が良かった。つまり、積極的にテスト課題を選ぶのは、記憶に自信がある場合である。さらに、見本刺激を呈示しなかった場合は、サルはテスト課題を避けて容易課題を選びがちであったことから、記憶がないときにはテストを敬遠するといえる。

メタ記憶はオランウータン（Suda-King, 2008）やリスザル（Fujita, 2009）でも確認されている。ラットでも成功報告がある（Yuki & Okanoya, 2017）。ハトでの実証は不首尾に終わっているが（Inman & Shettleworth, 1999; Sutton & Shettleworth, 2008）、長

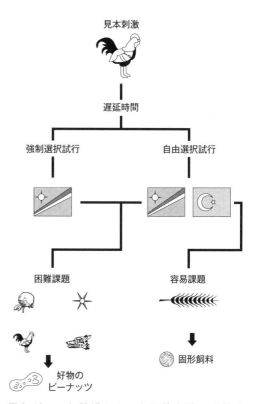

図6-13 アカゲザルのメタ記憶実験の手続き
Hampton（2001）を一部改変

画面中央に呈示された見本刺激に3回触れると見本刺激が消えて遅延時間に入った。その後、自由選択試行では、マーシャル諸島国旗とトルコ国旗が呈示された。マーシャル諸島国旗に触れると四隅に比較刺激が現れるテスト課題となり、見本刺激と同じ比較刺激を選べば好物のピーナッツが与えられた。トルコ国旗に触れると小麦図形だけが現れる容易課題となり、小麦図形に触れると固形飼料が与えられた。強制選択試行ではマーシャル諸島国旗だけが呈示され、テスト課題に進まざるを得なかった。自由選択試行と強制選択試行のどちらになるかはランダムだった。

> **トピック**
>
> ### 知覚の確信度に関するメタ認知
>
> 　動物のメタ認知研究は、知覚の確信度に関する研究から始まった。端緒となったのは音の高さの弁別に関するイルカの実験である（Smith et al., 1995）。この実験では、呈示音が2100Hzのときは左、1200Hzのときは右の櫂状パネルを押せば、餌が与えられた。弁別学習が達成した後、押すと1200Hzの音が流れる第3の櫂状パネルを導入して、中間の高さの音に対する判断を求めた。左パネルは「高い」、右パネルは「低い」、第3パネルは「わからない（ので簡単な刺激に変更してほしい）」を意味することになる。イルカは、ヒトと同様に、「高い」判断と「低い」判断がほぼ等しくなるあたり（弁別限界に近く、判断に自信がないとき）に第3のパネルを押す傾向が見られた。同様の実験手法を用いて、スクリーンに呈示した正方形の面の肌理の粗さの弁別に関する確信度をアカゲザルで調べ、ヒトと比較した実験も報告された（Smith et al., 1997）。知覚の確信度実験は記憶の確信度実験と並ぶ、動物のメタ認知研究の大きな柱である（藤田, 2010）。

期間の訓練によってメタ記憶能力を示す個体がいるとの報告もある（Adams & Santi, 2011）。ハシブトガラスでは見本合わせ課題での短期記憶についてはメタ記憶の存在が確認されなかったが、見本合わせ課題で自分がどの比較刺激を選んだかについての短期記憶ではメタ記憶を示唆する結果が得られたという（Goto & Watanabe, 2012）。

3．長期記憶

2貯蔵庫説では、ひとたび長期記憶に貯蔵された記憶はほとんど失われることがないと仮定する（Atkinson & Shiffrin, 1968）。思い出せないのは貯蔵された多くの情報に紛れて検索に失敗するためである。

（1）生得的行動と長期馴化

動物の生得的行動のなかにも、長期記憶とよべるものが少なからず見られ

る。鳴禽の歌の結晶化（→ p.242）もそうした例であるが、ここでは餌を分散して長期間貯蔵する習性（貯食 food caching）について取りあげよう。カラス科やシジュウカラ科には、餌の豊富な秋に餌を集めて各所に隠し、冬や春に回収する種がいる。例えば、野生のハイイロホシガラスは秋に1羽あたり約7,500か所に松の種を隠し、その約3割を回収すると推定されている（Tomback, 1980）。なお、岩や木を置いて野生環境を模した実験室では4～5日後の回収率が5～8割であったが、岩や木を動かすと成績は低下した（Vander Wall, 1982）。餌を隠す種はそうでない種よりも、海馬（空間記憶を司る脳部位）が体重や脳全体に比して大きく（Krebs et al., 1989; Sherry et al., 1989）、さらに隠す餌の数が多いほど海馬が大きい（Hearly & Krebs, 1992）。また、海馬を損傷すると餌を回収できなくなることが実験室研究で明らかになっている（Sherry et al., 1992）。

　刺激に対する生得的行動の馴化は、1日以上続くこともある。そうした長

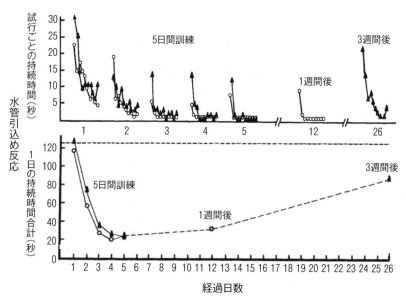

図6-14　アメフラシの水管引込め反応の馴化　Carew（1972）を改変
1日あたり10試行実施した。上パネルは試行ごとに持続時間を示したもの、下パネルは10試行分の持続時間を合計したものである。5日間訓練した後、○群は1週間後にテスト、▲群は3週間後にテストした。

期馴化（→ p.157）は長期記憶の一種だといえよう。図6-14は、アメフラシの馴化を示したものである。アメフラシの背部に触れると水管引込め反応が生じる。これを繰り返すと水管が引っ込んでいる時間は徐々に短くなる。ここでは1日あたり10試行実施しており、試行間での反応低下が短期馴化である。毎日連続して実験すると、10試行全体の持続時間も日々減少する。これは1日を超える長期馴化である。この研究では5日間の馴化訓練を行った後、半数の個体は1週間後、残り半数は3週間後に再び10試行を実施している。1週間ではほとんど忘却が生じておらず、3週間後でも訓練初日の水準に達していないことから、記憶が長期間にわたっていることがわかる。なお、アメフラシの寿命は約1年なので、アメフラシの3週間はヒトでいえば4〜5年に相当する。

（2）条件づけ

古典的条件づけでもオペラント条件づけでも、十分に訓練したものは長期間にわたって保持される。図6-15はコオロギの匂いの古典的条件づけの保持を示したものである。1試行だけの訓練では時間経過とともに忘却が生じているが、分化条件づけ（→ p.166）の方法で4試行実施した場合には24時間後にも完全に保持されていた。なお、同じ研究者らが行った同様の実験では10週間後でも匂いの学習は保持されていた（Matsumoto & Mizutani, 2002）。コオロギの寿命は12〜16週間なので、ヒトの寿命をもとに

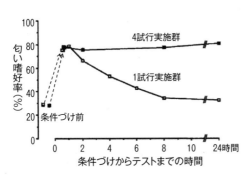

図6-15　コオロギの匂いの古典的条件づけの記憶
　　　　Matsumoto（2006）を改変

1試行実施群では、渇状態にあるコオロギにペパーミントの匂いをかがせながら水道水を与える対呈示試行を1回だけ行った。4試行実施群では、ペパーミントと水道水の対呈示試行と、バニラを嫌いな塩味水と対呈示する試行を2回ずつ（合計4施行）行う分化条件づけ手続きを実施した。条件づけ前はペパーミントの匂いはバニラよりも好まれなかったが、条件づけ後には好むようになった。条件づけの記憶はテストまでの時間を操作して調べた。

単純換算すれば数十年に及ぶ記憶に相当する。オペラント条件づけの記憶も長期的である。キーつつきをオペラント条件づけで訓練したハト（寿命は十数年）を4年後にテストしたところ、キー点灯から2秒後には反応を開始し、強化子（餌）を与えない反応消去状況であったにもかかわらず700回も反応したという（Skinner, 1950）。なお、消去手続きを行っても、時間経過や環境変化などで反応が復活することから、条件づけによる学習は保持されているといえる（Bouton, 2004）。しかし、刺激般化勾配（→ p.166）は学習後の時間経過によって平坦化するため、刺激の細かい点は時間とともに忘却されるといえよう（Riccio et al., 1992）。

（3）刺激弁別学習

　長期記憶が半永久的だとすれば、記憶容量はほぼ無制限ということになる。動物の長期記憶容量に関する最も有名な研究は、ハトによるスライド刺激（そのほとんどは風景写真）の弁別学習実験であろう（Vaghan & Green, 1984）。この実験では、実験者があらかじめ320枚の写真をランダムに半数ずつ（A組160枚、B組160枚）に分けておき、A組の写真が1枚パネルに映写されたときにはつつけば餌がもらえるが、B組の写真のときは餌がもらえないという刺激弁別訓練を行っている。約7か月でほぼ間違いなく区別できるようになったことから、視覚刺激の長期記憶は風景刺激で約300枚分はあると推定できる。驚くべきことに、訓練から2年後にテストしても、成績低下はほとんど見られなかった。

　なお、この実験では初めから320枚の写真で訓練したのではなく、80枚ずつ徐々に増やして行っているが、その間、学習効率は大きく変化していない。ただし、2年後のテストでは学習後期に追加したスライドの成績が悪いことから、記憶容量の限界が示唆される。他の研究者らによる発展的追試では、2年間の訓練で合計1600〜1800枚の写真の弁別訓練を行っており、新しい写真が加わると古い写真の弁別成績が低下することから、ハトの写真記憶能力の上限は830枚程度だと推測している（Cook et al., 2005）。

(4) 系列学習

刺激系列の長期記憶は**系列学習** serial learning として研究されている。古くから研究が盛んなのは、走路や迷路の走行場面で餌報酬の規則的変化に応じてラットの行動が変化するかを調べる**系列パターン学習** serial pattern learning である（谷内, 1998; 矢澤, 1986, 1992, 1998, 2012, 2013a, 2013b）。例えば、ラットを走路で1日につき5回走らせるとしよう。目標箱で与える餌粒の数を徐々に減らして、1回目は14個、2回目は7個、3回目は3個、4回目は1個、5回目は0個とする。この訓練を連日行うと、そのうちラットはこの単調減少規則を憶えて、餌粒の量に応じた熱心さで走るようになる（Hulse & Dorsky, 1984）。具体的には、その日の5回の走行について、走行速度が徐々に遅くなる（走行時間でいえば徐々に長くなる）。なお、この課題では、「14-7-3-1-0」という系列の学習は参照記憶、前回走行の結果として得た餌粒に応じて次回走行の速度を決めるのは作業記憶の働きである。

さて、もし1日に走る回数を25回とし、目標箱で与える餌粒の数を14-7-3-1-0-14-7-3-1-0-14-7-3-1-0-14-7-3-1-0-14-7-3-1-0にすると、どうなるだろうか。この長い系列は「14-7-3-1-0」を5回繰り返したものである。図6-16の「手がかりなし」群がその結果である。走行時間は目標箱で得られる餌粒の数をほとんど反映しておらず、ラットは常に疾駆している。しかし、餌粒が0個であった走行と次の餌粒14個の試行の間に、10〜15分の休憩を設けた時間手がかり群や、目標箱の左右位置を変えた場所手がかり群、休憩を入れ場所も変えた場所・時間手がかり群では、走行時間に明白な変化が見られている。「14-7-3-1-0」が1つのまとまり（チャンク chunk）と知覚できるよう、長い系列を分節化すると系列の長期記憶が容易に

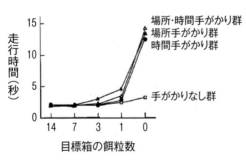

図6-16　ラットの長い系列の学習における分節手がかりの効果　Fountain et al. (1984)

なったのである。

ハトやサルを用いた系列学習研究では反応キーのつつき順序を習得できるかが調べられることが多いが（木村ら，2009; Terrace, 2005）、そうした系列学習課題でも記憶項目のチャンク化に関する実験がある。例えば、5つのキーに異なる視覚刺激が同時呈示されたスキナー箱で、実験者が決めた刺激順序でつつけば餌が得られるという系列学習をハトに訓練するとしよう。異なる5種類の色刺激（A〜E）をA→B→C→D→Eの順でつつく学習や、3色（A〜C）と2種類の図形刺激（Ⓧ〜Ⓨ）をA→Ⓧ→B→Ⓨ→Cの順でつつく学習よりも、3色と2種類の図形刺激をA→B→C→Ⓧ→Ⓨの順でつつく学習のほうが容易であった（Terrace, 1987, 1991）。A→B→C→Ⓧ→Ⓨ系列では、連続する色刺激でチャンク化でき、連続する図形刺激でもチャンク化できるため、記憶負荷が小さくなるからだと解釈されている。

（5）陳述記憶

ヒトの長期記憶は、**非陳述記憶** nondeclarative memory と**陳述記憶** declarative memory に大別できる（Squire, 1992）。非陳述記憶とは、馴化や条件づけなどに代表されるもので、言語的意識を伴わずに生じるため**潜在記憶** implicit memory とも呼ばれる。これに対し、陳述記憶は言語的意識を伴うもので**顕在記憶** explicit memory とも呼ばれる。陳述記憶は、物の名称など一般的知識に関する**意味記憶** semantic memory と個人的な出来事の体験的思い出である**エピソード記憶** episodic memory に細分化できる（Tulving, 1972）。

動物に言語的意識がないとすれば、動物の長期記憶はすべて非陳述記憶である。しかし、動物種によっては、言語的意識の芽生えのようなものがあるかもしれない。大型類人猿には言語訓練が可能であるし（→ p.244）、鍵盤語を教えたあるチンパンジーは20年以上使わなかった記号の意味を正しく理解ができた（Beran et al., 2000）。これは意味記憶といえるかもしれない。

では、もう1つの陳述記憶であるエピソード記憶は動物に存在するだろうか。エピソード記憶は「時間的に特定され、空間的に位置づけられた個人的体験や、諸体験間の時空間的関係を貯蔵し検索すること」（Tulving & Thomson,

1973, p. 354) とされている。つまり「いつ」「どこで」「何を」経験したかについての個人的記憶といえる。こうした記憶が動物でも見られるかどうかに

トピック

巡回セールスマン問題に挑む動物たち

　人工知能研究などで巡回セールスマン問題と呼ばれる状況がある。離れた場所にいる複数の顧客をめぐり回って契約交渉するセールスマンは、最小のコスト（最短距離）で顧客間を移動せねばならない。このためには、各顧客の空間位置の参照記憶と、どの顧客を訪問したか（あるいは、これから訪問するか）に関する作業記憶を必要とする。

　巡回セールスマン問題と類似した実験がチンパンジーに対して行われている（Menzel, 1973）。実験者は、チンパンジーを1頭だけ広い放飼場に連れ出し、18か所に餌（果物）を隠すところを見せた。その後、ケージに戻して数分以内に他の5頭のチンパンジーを含めて6頭をいっせいに放飼場に放った。この実験は16日間（毎日1回）実施され、4頭のチンパンジーは各4回テストされたが、餌のありかを知っていたチンパンジーは最も効率よく餌を発見できた。図6-17はテストされた4頭のうち最優秀個体の最もよくできた日の成績である。最短経路とまではいかないが、効率よく餌を回収していることがわかる。

　ハナバチでも（餌場は4か所と少ないが）同様の実験報告がある（Lihoreau et al., 2010）。また、自分自身が移動するのではないが、画面上の標的刺激をつつき動かして3つの目標地点に順次移動させる課題をハトに与えると、最短経路で標的を動かすことが報告されている（Miyata & Fujita, 2010）。

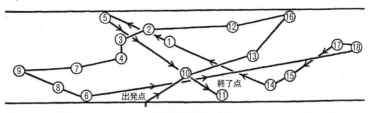

図6-17　1頭のチンパンジーの空間学習成績（平面図）　Menzel (1973)
丸数字は見せた順番、矢印は探索経路を示す。隠すところを見た順序にかかわらず、比較的効率よく餌を回収している。

ついて、近年大きな関心が寄せられている（Crystal, 2000; 佐藤, 2010; Temper & Hampton, 2013）。そのきっかけとなったのは、英国の動物心理学者**クレイトン**（N. S. Clayton, 1962-）と**ディッキンソン**（A. Dickinson, 1944-）が貯食習性のあるフロリダカケスを用いて行った実験である（Clayton & Dickinson, 1998, 1999a, 1999b）。カケスはピーナツより芋虫を好むが、腐った芋虫は食べない。カケスに、砂を入れた深皿の好きな場所に餌を隠す機会を2回与えてから、空腹時に回収させると、合理的な選択を示した（表6-2）。芋虫は隠してからしばらくは新鮮だが、5日（120＋4時間）も経過すると腐ってしまう。実験結果は、カケスが餌の種類と餌を隠した場所や時間を記憶して、回収期に適切に行動したことを示唆するものだった。

この実験は、カケスには少なくともエピソード記憶に似たもの（**エピソード的記憶** episodic-like memory）があることを示している。なお、こうした記憶を「何（what）」「どこ（where）」「いつ（when）」の英語の頭文字を取って**WWW記憶** WWW memory と呼ぶ（Suddendorf & Busby, 2003）。貯食状況でのWWW記憶は、カササギ（Zinkivskay et al., 2009）やアメリカコガラ（Feeney et al., 2009）でも確認されているが、アカゲザル（Hampton et al., 2005）やラット（Bird et al., 2003）では実証できなかった。

WWW記憶は貯食状況以外でも調べられている。ラットでは、実験者が放射状迷路の選択肢に配置した複数の餌を適切な時期に回収する課題で多くの成功報告がある（例えば、Babb & Crystal, 2005, 2006; Naqshbandi et al., 2007;

表6-2　カケスのエピソード的記憶の実験（Clayton & Dickinson, 1998）の手続き

貯食期1	→	貯食期2	→	回収期		
ピーナツ	120時間	芋虫	4時間	ピーナツ隠し場所	対	芋虫隠し場所
芋虫	120時間	ピーナツ	4時間	ピーナツ隠し場所	対	芋虫隠し場所

回収期の枠囲みは多かった選択を示す。「ピーナツ→芋虫→回収」試行と「芋虫→ピーナツ→回収」試行はランダム順に何回か繰り返して訓練した。訓練後にカケスが餌を隠した後で実験者がこっそり餌を抜いた場合にも結果は同じであったため、隠れた餌の匂いを手がかりにしていたわけではない。なお、回収前に実験者がいつも新鮮な芋虫と交換しておく手続きで訓練すると、「芋虫→ピーナツ→回収」試行でも芋虫隠し場所を探すようになることから、単なる新近性効果（最後に隠した場所を選ぶ）では説明できない。

Zhou & Crystal, 2009)。ハチドリでは野外の花蜜採集状況（González-Gómez et al., 2011)、コウイカでは水槽内に配置したエビとカニの選択状況（Jozet-Alves et al., 2013）で、WWW 記憶が確認されている。さらに、新奇物体の探索課題でも、ラット（Eacott et al., 2005; Kart-Teke et al., 2006)、マウス（Dere et al., 2005)、ミニブタ（Kouwenberg et al., 2009)、ゼブラフィッシュ（Hamilton et al., 2016）での報告がある。

ところで、ヒトは過去を回想して追体験できる。つまり**心的時間旅行** mental time travel が可能であり、これはエピソード記憶の特徴といえる（Tulving, 2002)。動物にそうした能力はあるだろうか？　トレーナーが身振りで示す「直前の行動を繰り返せ」というハンドサイン（身振り）に従うよう訓練したバンドウイルカは、訓練場面ではなく、自由にふるまっているときに突然このハンドサインを出した場合でも、直前の行動を繰り返すことができた（Mercado et al., 1998)。イルカは過去の行動を回想したのだといえるかもしれない。キーつつきの左右位置を見本刺激、赤と緑を比較刺激とした象徴見本合わせ課題（左キーをつついたときは赤、右キーをつついたときは緑を選べばが正答）を訓練したハトは、訓練場面以外でキーをつついたときでも、それが左右どちらであったかを、赤・緑の選択を通じて正しく報告できた（Zentall et al., 2008)。これも、ハトが直前の行動を回想できる証拠かもしれない。しかし、イルカの例ではせいぜい 1～2 分、ハトでは数秒以内の過去の出来事の回想で、長期記憶ではない。動物も心的時間旅行ができるという証拠はまだ十分に得られていない。

コラム 感覚記憶における容量制限

　記憶の2貯蔵庫説（Atkinson & Shiffrin, 1968）は、短期記憶貯蔵庫と長期記憶貯蔵庫のほかに、感覚レジスタと呼ばれる一時的な記憶メカニズムを仮定している。**感覚記憶** sensory memory は視覚の場合、数百ミリ秒であるとされており、容量に限りがあるので、新しい情報によって古い情報は押し出されて消失してしまう。

　図6-18は1羽のハトの見本合わせ課題の成績である。白く点灯している中央キーをつついて消すとすぐ見本刺激が呈示され、所定の時間（0.05〜2秒）が経過すると消失して、左右のキーに比較刺激が呈示された（遅延時間は0秒）。右上がりの曲線グラフから、呈示時間が長いほど成績がよいことがわかる。より興味深いのは、色（赤または青）あるいは線の向き（垂直線または水平線）といった単純な刺激（要素刺激）が用いられた場合（図中●）に比べて、色と線の合わさった、例えば赤背景に垂直線のように複雑な刺激（複合刺激）が用いられた場合は成績が悪いことである。これは感覚記憶に容量制限があるため複数の情報（色と線）を容易に処理できないのが原因だと、この実験の報告者らは論じている。ただし、この結論には異論も少なくない（中島, 1995）。

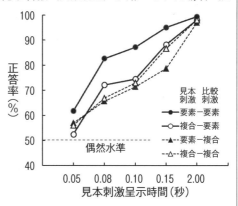

図6-18　1羽のハトの見本合わせ成績　Maki et al. (1976) の表中データから作図
見本刺激、比較刺激ともに要素情報（色または線）だけからなる場合に最も成績がよい。

コラム 混同エラーから短期記憶表象を探る

ロイトブラット（Roitblat, 1980）は3種類の色（赤・橙・青）と3種類の線（水平線・右にやや傾いた垂直線・垂直線）を刺激とする象徴見本合わせ訓練をハトに施した。各試行で見本刺激は1つ、比較刺激は3つ呈示され、見本刺激に対応した比較刺激を選べば正答であった。2羽のハトは見本刺激が色で比較刺激が線の傾きであり、見本刺激が赤なら水平線、橙なら右微傾線、青なら垂直線を選べば正答であった（図6-19）。

この訓練を行った後、見本刺激と比較刺激の間に遅延時間を挿入して記憶をテストした。もし、ハトが見本刺激のイメージを遅延時間に保持しているのなら（回想記憶）、遅延時間中に記憶が薄れると、よく似た赤と橙の混同が生じるはずである。このため、見本刺激が橙のときは水平線を選ぶエラーが生じがちになる。いっぽう、もし、選ぶべき比較刺激のイメージを遅延時間に保持しているなら（展望記憶）、遅延時間中にその記憶が薄れると、よく似た右微傾線と垂直線の混同が生じるはずである。このため、見本刺激が橙のときは垂直線を選ぶエラーが生じがちになる。

テスト結果は、ハトの記憶表象は展望的であることを支持するものであった。なお、見本刺激が線の傾きで比較刺激が色という訓練を行ったハト1羽の結果も展望的符号化を示唆していた。

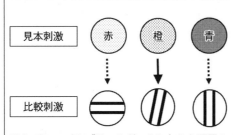

図6-19 ロイトブラットがハトに与えた課題の見本刺激と正しい比較刺激の関係
見本刺激は3種類の色刺激のうちから1つだけ呈示され、比較刺激は3種類の線刺激が同時に呈示されて正しいものを選ぶと餌が与えられた。

コラム 回想的方略から展望的方略への切り替え

　放射状迷路課題（→ p.173）では複数の選択肢末端に置かれたすべての餌を回収することをもって1試行と呼ぶ。この課題で、ラットは2種類の短期記憶（作業記憶）方略を使用できる。1つは「どの選択肢を訪れたか」という回想的方略で、試行内で次々と選択を行うたびに憶えなければならない場所が増えていく（記憶負荷が大きくなる）。もう1つは「どの選択肢をまだ訪れていないか」という展望的方略で、これは選択するたびに記憶負荷が小さくなる。

　図6-20は12本の選択肢を持つ放射状迷路でラットを十分に訓練した後、課題従事中に15分間の遅延を挟むテストを行った結果である。遅延によって成績が悪化しやすいのは記憶負荷が大きいときであろう。6選択後に遅延を挟んだときに最も成績が悪化しているので、このとき最も記憶負荷が大きいといえる。

　このことから、ラットはまず「どこを訪れたか」という回想的方略を用いて餌を回収し、記憶負荷が大きくなった時点で「どこを訪れるべきか」という展望的方略に切り替えていると推察できる。

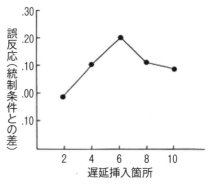

図6-20　12本の選択肢を持つ放射状迷路の遅延テストでの誤反応　Cook et al. (1985)

15分間の遅延が2、4、6、8、または10選択後に挿入された。誤反応は既に訪れた選択肢を再び選択してしまうことである。課題の性格上、試行が進むにつれて正しい選択肢（未訪問の選択肢）が少なくなっていくため、遅延を入れない統制条件との差を成績としている。

コラム チンパンジーの数列と場所の記憶

　京都大学霊長類研究所のアイというチンパンジー（→ p.250）は、画面上に示された複数の数字について、小さいものから順にタッチすることができた（友永ら，1993）。この学習そのものは長期記憶である。さて、短期記憶テスト（図6-21）では、ディスプレイ上のランダムな位置に1から9までの数字のうち5つが呈示された（a）。アイが1をタッチした瞬間、残り4つの数字は四角形で隠された（b）。アイは、数字の位置の記憶をもとに、それらを順に選ぶことができた（下図c～f）。他のチンパンジーも同様の訓練を受け、さらに9つすべての数字が呈示される課題でもよい成績を収めた個体もいた（Inoue & Matsuzawa, 2009）。中には、ヒトよりもはるかに正確に課題をこなすチンパンジーもいた（Inoue & Matsuzawa, 2007）。ただし、ヒトでも十分な訓練を受ければチンパンジー並に優れた成績を収められる（Cook & Wilson, 2010）。

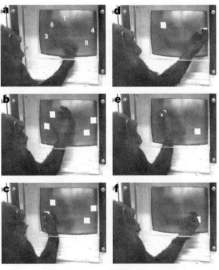

図6-21　5つの数字が呈示される課題での選択のようす Kawai & Matsuzawa(2000)

参考図書

○佐藤方哉（編）『現代基礎心理学6—学習 II』東京大学出版会　1983
○日本比較生理生化学会（編）『動物は何を考えているのか？—学習と記憶の比較生物学』
　　共立出版　2009
○川合伸幸『心の輪郭—比較認知科学から見た知性の進化』北大路書房　2006
○スクワイヤ＆カンデル『記憶のしくみ（上）—脳の認知と記憶システム』
　　講談社ブルーバックス　2013
○スクワイヤ＆カンデル『記憶のしくみ（下）—脳の記憶貯蔵のメカニズム』
　　講談社ブルーバックス　2013

第7章 コミュニケーションと「ことば」

動物は種内あるいは種間で他個体とコミュニケーションしながら暮らしている。それを動物の「ことば」と表現することもできる。本章では、動物のコミュニケーションについて感覚モダリティごとに解説した後、動物固有の「ことば」を理解しようとする研究と、動物に言語を訓練した試みを紹介する。

1. コミュニケーション

「コミュニケーション communication」という言葉を広く定義すれば、生物個体間の情報伝達である。したがって、ある植物個体が放出した化学物質が他の植物個体に影響するという他感作用もコミュニケーションの一種ということになる（→ p.18）。ヒトはしばしば意図的な情報発信を行うが、意図せざるコミュニケーションもある（人前で赤面して恋心を悟られるなど）。動物の場合、意図 intension を持っているかどうか確認困難であり、植物に意図という言葉を使用すると擬人化がすぎるかもしれない。

しかし、動植物のコミュニケーションにおいても、情報の発信者（送り手）は何らかの内的状態を受信者（受け手）に伝えている。この内的状態をメッセージ message と呼び、情報の受け手にとっての意味 meaning と区別することがある（Smith, 1968）。例えば、繁殖期の小鳥の雄の歌は「発情」という内的状態を示すメッセージであるが、それは同種の他雄にとって「縄張りに近づくな」、同種の雌にとっては「近づいて交尾しろ」の意味になる。また、獲物を探しているキツネにとって、小鳥の歌は獲物がそこにいることを意味している。

以下に、視覚・聴覚・嗅覚によるコミュニケーションを紹介する。これらの感覚モダリティ（様相）では相手が遠距離にあっても情報を伝達できるため、コミュニケーションに用いられやすいが、それ以外の感覚様相によるコミュニケーションもある。例えば、互いの被毛をなめて毛づくろい（グルーミング grooming）するなどの触覚コミュニケーションがある。また、メッセージは総合的に働くこともあり、単一の感覚様相の情報によって他個体の行動が影響されるとは限らない。

（1）視覚的コミュニケーション

「カエルの面に小便」というが、魚類・両生類・爬虫類・鳥類には表情筋がないため顔の表情を変えたくても変えられない。ただし、口をあけたり眼を閉じたり、顔をそらすといった所作から、彼らの好悪感情を推測できなくはない。哺乳類、特にイヌや霊長類の顔の表情は一般に豊かで、ヒトとの共通性もあるため、容易に了解できることが多い（図7-1）。ヒトの顔面表情の分析ツールである**顔面動作符号化システム**（Facial Action Coding System, FACS）の開発（Ekman & Friesen, 1978）・改訂（Eckman et al., 2002）や、画像解析技術の進歩によって、チンパンジー（Vick et al., 2007）・オランウータン（Caeiro et al., 2013）・テナガザル（Waller et al., 2012）・アカゲザル（Parr et al., 2010）・イヌ（Waller et al., 2013）・ウマ（Wathan et al., 2015）・ウサギ（Keating et al., 2012）・マウス（Defensor et al., 2012; Langford et al., 2010）・ラット（Finlayson et al., 2016; Sotocinal et al., 2011）などの顔面表情についても詳細に分析可能になった。

図7-1　哺乳類の顔面表情　Darwin（1872）
左：うなるイヌ　中：なでられて喜ぶクロザル　右：不平を示すチンパンジー

感情状態は身体にも表れるから、顔面表情の乏しい動物種でも姿勢や動作に感情を見て取ることができよう（図7-2）。西東三鬼（俳人）の「蝮の子頭くだかれ尾で怒る」の句にあるように、哺乳類以外の動物であっても身体で表現される感情は理解されやすい。本書巻頭で紹介した「知魚楽」の荘周も魚の気持ちを「悠々と泳いでいる」身体表情から見て取ったのである。

顔面であれ身体であれ動物の表情は**自然表情** spontaneous expression であって、作為的な**意図的表情** deliberate expression ではない。ペットとして最も一

図7-2 イヌとネコの身体表情 Darwin（1872）
A、B：敵意を示しながら他犬に対するイヌ　C：謙虚で親愛の情を示すイヌ、D：飼い主にすり寄るイヌ、E：イヌと対面して脅えるネコ、G：飼い主にすり寄るネコ

般的なイヌとネコについて、その顔面表情と身体表情を図7-3～7-6に示す。イヌの場合、喜びに興奮したときに尾を振り、威嚇するときに尾を立てるが、ネコが大きく尾を振るのは不機嫌なときであり（Kiley-Worthington, 1976）、尾を立てるのは他個体や人間に甘えるときである（Bernstein & Strack, 1996）。ただし、尾だけで感情を推し量るのは不適切で、他の身体部位の状態や動きにも注意する必要がある。例えば、イヌも威嚇時に尾を振ることがある。実験室でイヌに画像を見せて尾の動きを記録したところ、画像が飼い主のとき尾は右に振られることが多く、未知のイヌの画像では尾が左に振られることが多かったという（Quaranta et al., 2007）。イヌが尾を右に振ると快、左に振ると不快のサインであることは、それを見たイヌの行動や心拍を測定した研究でも確かめられている（Siniscalchi et al., 2013）。ただし、実験室外では尾を振る向きと感情の間に明白な関係が認められないとの報告がある（Paz & Escobedo, 2011）。

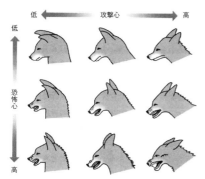

図7-3 イヌの顔面表情　Fox（1972）
攻撃心と恐怖心の2次元からなる。耳と口の形、鼻の上のしわ、被毛の逆立ちなどに感情が反映される。なお、被毛の多い犬種や垂れ耳の犬種では表情がわかりづらいため、近縁のイヌ科動物であるコヨーテの表情を示している。

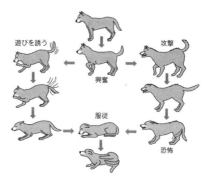

図7-4 イヌの身体表情　Fox（1972）
普通の状態から警戒した興奮状態に変化後、遊びを誘う姿勢を経て積極的服従にいたる場合と、攻撃姿勢から恐怖を経て消極的服従にいたる場合がある。いずれの場合でも服従の程度が強くなると鼠蹊部を見せるようになる。

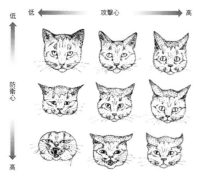

図7-5 ネコの顔面表情　Leyhausen（1956）
攻撃心と防衛心の2次元からなる。耳、首、口と鼻孔の形、瞳孔の形と大きさなどに感情が反映される。

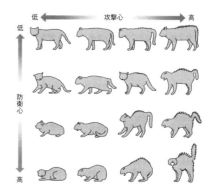

図7-6 ネコの身体表情　Leyhausen（1956）
顔面表情と同じく、攻撃心と防衛心の2次元からなる。尾の位置と形、背中の曲がり、被毛の逆立ち、重心位置などに感情が反映される。なお、図中左下のうずくまり姿勢を防衛ではなくマイナスの攻撃心である受動的服従と見なし、左上の中性的状態から右下への変化を防衛的威嚇の程度として捉える学者もいる（Fox, 1974）。

顔面や身体の表情は相手に感情状態を伝えるだけでなく、個体間の社会的距離を調節する機能を持つ。特に、個体間の攻撃を和らげるための動作を**カーミング・シグナル** calming signal という。イヌでは、顔を背ける、あくびをする、すれ違う際に半弧を描くように互いに距離をとるといった行動で（Rugaas, 2006）、こうした動作によって実際に攻撃性が低くなるとの報告がある（Mariti et al., 2014）。

　多くの鳥類が示す求愛ダンス（→ p.129）や、ホタルの点滅、イカの体色変化など、求愛時に行われる視覚を介したコミュニケーションも身体表情の例と見なすことができる。以上のように、身体表情は威嚇・宥和・求愛などさまざまな意味を持つ信号となるが、生得的な身体表情は、進化の過程で信号として特殊化した定型的な行動であって、動物行動学ではそうした行動を**ディスプレイ** display と呼んでいる。

　視覚的コミュニケーションは顔面や身体の表情に限らない。例えば、アズマヤドリの雄は求愛場所を青色の物で飾り立てて雌を誘う（→ p.130）。ネコが木などにつける引掻き傷は、なわばりを示す視覚的マーキングである。チ

トピック

イヌと飼い主のコミュニケーション

　近年、イヌとヒトの種間コミュニケーション研究が盛んになり、それまで「犬好きの思い込み」だとされていたような話が科学的に支持されるようになってきた。例えば、イヌは、飼い主の禁止命令を破るときは飼い主の視線を気にし、特に訓練しなくても隠された物の場所を飼い主に教える。また、ヒトの指さしに対して適切に反応できるが、これには特別な訓練を必要としないことや、チンパンジーなど大型類人猿では長期間訓練しないとできないこと、ネコやウマ、ヤギ、家畜化したキツネも少しはできることなどから、この能力は家畜化の過程でイヌが獲得したものではないかと推察されている。つまり、「相手の心を読む」という社会的知性がイヌには生得的に備わっているというのである。詳しくは第9章および以下の展望論文を参照されたい（藤田, 2016; 菊水, 2012; 中島, 2007; 高岡, 2009）。

ンパンジーが棒を手に威嚇するのは、「怒り」を伝える視覚的コミュニケーションといえる。

（2）聴覚的コミュニケーション

　ダーウィンは『人と動物の表情について（1872）』で、「虫でさえ、怒りや恐れ、嫉妬、愛情を鳴き声で表す」と述べている。動物の音声は単に情動の表出に留まらず、他個体への情報伝達の役割を果たすことがある。そうした音声コミュニケーションは、**求愛音声** mating call、**警戒音声** alarm call、**触れ合い音声** contact call、**救難音声** distress call などに分類される。このうち求愛音声はいわゆる「恋の歌（ラブソング）」であって、主として雄が発して雌を誘引する。鳥類では鳴禽類のカナリアやウグイス、昆虫類ではセミやコオロギ、両生類ではカエルなどの歌が一般にもよく知られている。魚類ではアンコウやスケソウダラ、両生類ではワニやイモリ、哺乳類ではシカやコアラ、ザトウクジラなどがラブソングを歌う。なお、異性への求愛音声は同性へのなわばり防衛の機能を同時に持つ場合も少なくない。鳴禽類では求愛や縄張りのための音声を「**さえずり（歌）** song」、それ以外を「**地鳴き** call」に大別することが一般的である。

　天敵の到来を仲間に知らせる警戒音声は鳥類や哺乳類の多くの種で観察される。ベルベットモンキーはアフリカのケニアに群れで暮らしている。天敵を発見した個体は3種類の天敵の種類に応じて異なった警戒音声を発し、それを聞いた集団のメンバーはヒョウに対して木に登る、ワシに対して藪に逃げる、ニシキヘビに対して地面を探すという行動をとる（Seyfarth et al., 1980）。これは、録音した音声を再生して流す**プレイバック実験** playback experiment によって明らかになった。同様の実験により、北米の草原にすむプレーリードッグは、4種類の天敵（ヒト・タカ・イヌ・コヨーテ）に応じた警戒音声を発することが確認されている（Kiriazis & Slobodchikoff, 2006）。また、アフリカ東岸沖のマダガスカル島にいるワオキツネザルは仲間の警戒音声だけでなく、他種のサル（ベローシファカ）が発する警戒音声にも適切に反応する（Oda & Masataka, 1996）。この反応はベローシファカと同じ地域にすんで

表7-1　イヌの発声の種類　Bradshaw & Nott（1995）

発声の種類	発声のメッセージ
（1）ワンワン（bark）	防衛・遊び・あいさつ・さびしさ・注目をひく・警告
（2）クー（grunt）	あいさつ・満足
（3）ウー（growl）	防衛的警告・おどし・遊び
（4）クーン（whimper）、キャン（whine）	服従・防衛・痛み・悲しみ・あいさつ・注意をひく

表7-2　ネコの発声の種類　Moelk（1944）

発声の種類	発声のメッセージ
（1）ゴロゴロ（purr）など	くつろいだときに出る友好・愛着の声
（2）ニャー（meow）など	関心をひく・要求・求愛・威嚇など多様な声
（3）ウー（growl）、ワーオゥ（wail）、フーッ（hiss）	攻撃・防御・交尾の際に発する緊張した声

7カテゴリとする分類（Brown et al., 1978）もある。

いるワオキツネザル集団に限られることから、経験によって獲得した行動パターンだと考えられている。

　イヌは家畜化の過程で発声に関しても選別育種されてきたため、発声種類が多く、状況に応じて使い分ける。犬種によって発声の種類や頻度が異なるが、概ね4つに大別される（表7-1）。いっぽう、ネコの発声は16種類で、3つに大別される（表7-2）。

　イルカは反響定位（→ p.115）に用いるクリックスのほかに、個体間コミュニケーションに使われる澄んだ音を発する。これをホイッスルといい、人間の耳には「ピューィ」と聞こえる。ホイッスルには個体に特有の鳴き方（シグネチャー・ホイッスル signature whistle）があって、互いの個体識別に用いられているとされている（中原，2012）。

（3）嗅覚的コミュニケーション

　匂いやフェロモン（→ p.103）のような嗅覚刺激は、その場に付着させると、個体が立ち去ったあとも長時間にわたって残る。このため、存在情報の保存

性は高いが、感情の変化など時間的に変化する情報を伝えるには適さない。フェロモンは同種他個体に特異的な行動や生理的効果を引き起こす物質であるから、フェロモンを放出することは同種内のコミュニケーション行動の一種である。とりわけ、他個体の生得的行動を即座に誘発するリリーサー効果を持つフェロモンはコミュニケーションの強力な媒体である。

フェロモンによるコミュニケーションについては、昆虫・魚類・哺乳類での研究が盛んである。ここではイヌとネコについて紹介する（Bradshaw & Nott, 1995; Bradshaw & Cameron-Beaumont, 2000）。イヌやネコでは、糞尿や体臭が嗅覚コミュニケーションの刺激となる。雄犬は片足を上げて尿の**マーキング** markingを行い、これによって地位や縄張りを主張する。また、他の個体の尿の上にさらに尿をする**カウンター・マーキング** countermarkingも見られる。雌犬は半座りでした尿で発情状態を雄に知らせる。排便の際に肛門両脇にある肛門嚢開口部から排出される微量の分泌物も、イヌの性別・年齢・健康状態などを他犬に伝える作用を持つと考えられている。この分泌物は恐怖

トピック

ネコは飼い主の気持ちを気にするか

　ネコはイヌほど飼い主に気遣わず、きままに暮らしている動物だということは、よく知られている。ことわざにも「犬は三日の恩を三年忘れず、猫は三年の恩を三日で忘れる」という。しかし、ネコも飼い主の気持ちをいくらかは気にしているようである。飼い主の気分状態とネコの行動を調査した研究によれば、飼い主から離れたところにいるとき、ネコは飼い主の気分を気にしている様子を示さなかったが、飼い主の近くにいるときは、飼い主がネガティブな気分であるほど、頭やわき腹をこすりつけた（Rieger & Turner, 1999）。また、飼い主の近くにいるときは、飼い主が社交的な気分でいたり、動揺していると、飼い主にさらに近寄ってきた（Turner et al., 2003）。ネコの社会的知性の研究はイヌに比べて困難だが（齋藤・篠塚, 2009）、飼い主の声を聞き分けられる（Saito & Shinozuka, 2013）、自分の名前を理解している（Saito et al., 2019）など、徐々に研究成果が発表され始めている。

や不安を感じたときにも排出される。イヌは頭部や背中、会陰部などアポクリン腺の多い部位を互いに嗅ぎあうことから、アポクリン腺から分泌される汗に含まれる水溶性分泌物と、皮脂腺からの油脂性分泌物の複合臭を用いて、個体情報を伝達していると思われる。こうした個体固有の体臭を**匂いの指紋** odorprint と呼ぶ。

　ネコでも尿によるマーキングが行われるが、ネコでは、直立した尾を震わせ霧状の尿を排出する（尿スプレー）。カウンター・マーキングが行われることはあまりない。また、尾の付け根や口の周りの臭腺（しゅうせん）からの分泌物を物にこすりつけてマーキングし、その所有を示す。飼主に体をこすりつけるのも嗅覚的マーキングであろう。また、同種他個体や飼い主に対して、顔を接触させ、こめかみ腺からの分泌物を付着させる。このマーキングはあいさつ行動の一種である。ネコどうしのあいさつでは、肛門部の匂いをかぐ行動も見られ、これにより個体情報が伝達されると考えられる。

2．動物の「ことば」

　動物好きにとって動物との会話は「夢」の1つである。古代イスラエルの**ソロモン王** King Solomon は、指輪の力で動植物と話ができたという。イタリアの都市アッシジ生まれの聖**フランチェスコ** Saint Francis は小鳥や獣に説教し、オオカミを回心させたとの逸話が伝わる。児童文学の主人公**ドリトル先生** Dr. Doolittle も動物と自由に会話できるという設定である。フィクションではなく現実に、動物の「ことば」を理解しようとする科学的営みも数多く行われてきた。

（1）ミツバチの尻振りダンス

　フォン＝フリッシュ（→ p.40）はミツバチの野外研究を行い、働き蜂が餌場についての情報を他の働き蜂に**尻振りダンス** waggle dance で伝えていることを明らかにした。ミツバチは巣内に巣房（すぼう）をたくさん作り、縦（垂直方向）に増やしていくため、平板状の巣（巣板）ができる。餌場から戻ってきたミツバチは、巣板の上を歩きながら8の字の軌道を描くが、餌場が遠くなると

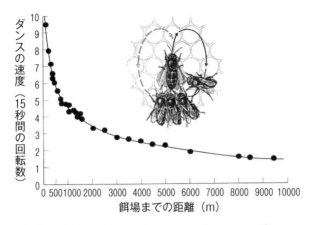

図7-7 ミツバチの尻振りダンスの速度と餌場までの距離
von Frisch（1971）を一部改変
右上のイラストは、餌を集めて帰巣した1匹の後を4匹が追いながら、速度情報を受け取っているようすを示す。

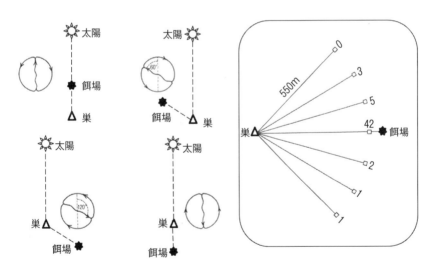

図7-8 ミツバチの尻振りダンスの直進方向と餌場の方角　von Frisch（1971）を改変
左パネル：餌場を発見して巣に戻ったミツバチは、太陽との位置関係（水平方角）を重力との関係（垂直方向）に変換して、8の字を描くように尻振りダンスを行う。右パネル：巣から550メートル離れた7枚の匂いづけした厚紙に集まったミツバチの匹数。餌場の情報を受け取ったミツバチは、正しい方角に置かれた厚紙に多く集まっている。

8の字回転の速度が遅くなる（図7-7）。なお、餌の量はダンスの激しさで示される。

また、「餌場と太陽」の位置関係（水平方角）を「巣板と地面」との位置関係（垂直方向）に変換して、ダンスの進行方向を決める（図7-8左パネル）。なお、巣板が水平に作られたときは、ダンスの直進方向が餌場の方角を示す。餌場の方角情報を受け取った他のミツバチは、正しくその方角に飛んで行く（図7-8右パネル）。なお、なお、餌場までの距離が短い（50〜100メートル以下）ときは、ダンスの軌道半径は極小になり、8の字でなく円形になる（時計回りと反時計回りを交互に繰り返す）。このダンスを察知した他のミツバチは、巣から四方八方に飛んで行く（餌場が近いと方角に頓着しなくても飛行中に容易に餌場を発見できる）。

このように、ミツバチのダンスは複数の情報を他個体に精確に伝えるが、それらは生得的かつ固定的で、発展性がない点でヒトの言語とは異なる。

（2）鳥の歌（さえずり）

鳴禽類（song bird）のさえずりの科学的研究は、英国の動物行動学者ソープ（W. H. Thorpe, 1902-1986）が米国のベル研究所で開発された**ソナグラフ** sonagraph（周波数分析器）を用いて、数量化・視覚化された客観的データを詳細に分析したことを端緒とする。ソープの弟子の**マーラー**（P. R. Marler, 1928-2014）は米国に渡って、多くの弟子を育て、鳴禽類のさえずりを含む動物の音声コミュニケーション研究を大きく発展させた。なお、ソナグラフの分析結果をサウンド・スペクトログラム、または**ソナグラム** sonagram という。いわゆる**声紋**である。図7-9にウグイスの鳴き声のソナグラムを示す。

鳴禽類のさえずりは種によって異なるだけでなく、同種であっても地域差（方言）がある。例えば、ヒヨドリは京都御苑で「ピーユ ピー」、紀伊白浜では「ピー ツンカ ツンカ」、岐阜県金華山では「ピエロン キョッキョ」、札幌円山公園では「ピーヨー ピーヨー」、奄美大島では「プシー プシー」とさえずるという（川村，1974）。こうした方言の違いは、主として経験の違い、つまり学習によると考えられている。例えば、北米西海岸にすむミヤマシトド

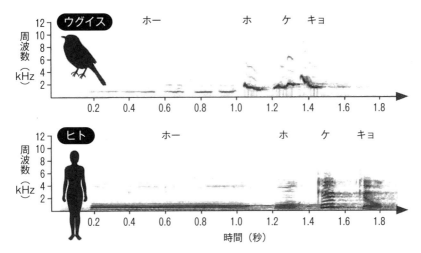

図7-9 ウグイスのさえずりとそれをヒトが真似た発声のソナグラム 岡ノ谷（2010）
ウグイス雄1個体とヒト女性1名が、それぞれ1回、発した音声の記録である。

　の調査では、個体間の遺伝子変異によって方言の違いを説明することは困難である（Soha et al., 2000）。

　経験要因が働いているという点で、鳴禽類のさえずりはヒトの言語に似ている。では、鳴禽類はどのようにさえずりを学習するのだろうか。幼鳥は地鳴きしかしないが、若鳥になると早口で未完成の歌を小さな声でさえずるようになる（小さえ

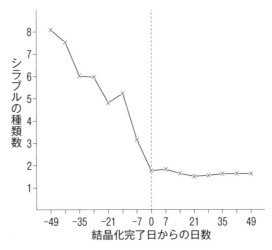

図7-10 ヌマウタスズメのさえずりの結晶化 Marler & Peters（1982）を改変
結晶化完了日は個体によって異なるが、生後約11か月頃で、それ以降、さえずりの要素であるシラブルの種類が一定となる。

ずり)。小さえずりには多彩なシラブル（句）が含まれるが、徐々にシラブルの種類数が少なくなり、成鳥になる頃には構造化されて最終的なさえずりが完成する（図7-10）。こうした過程を**結晶化** crystallization といい、それ以降、ほとんどの種でさえずりは大きく変化しない。ただし、ジュウシマツは成鳥でも耳が聴こえなくなったりすると、さえずりが少なからず変わる（Okanoya & Yamaguchi, 1997）。

なお、さえずりの学習には手本となる歌（自然界では親鳥のさえずりである場合がほとんどである）が必要である。ヌマウタスズメなどの鳥では、手本を聞いて記憶する時期と、実際にさえずり始めるまでに数か月のずれがある。このため、記憶された歌（鋳型 template）と自分のさえずりを比較しながら練習して上達する。いっぽう、カナリア・ウグイス・ヒバリなどの鳥では、さえずり始めてからも成鳥の歌を聞く機会があり、自分のさえずりをそれに似せるよう練習する。

さえずりのレパートリーは種によって異なる。ミヤマシトドなどは「持ち歌」が1曲しかないが、北米にすむチャイロツグミモドキでは1000以上もの歌を1個体が有しており（Boughey & Thompson, 1981）、こうした鳥は複数のシラブルの組み合わせで多様な歌をさえずるのである。ジュウシマツなどはその組み合わせが「文法」と呼べるほど複雑な構造をなしており、そうしたさえずりからヒトの言語の進化を考察する試みも行われている（Bolhuis et al., 2010; Okanoya, 2017）。

（3）動物によるヒト音声の識別

動物はヒトの音声を識別できるだろうか。音素レベルでの聞き分けについては、実験室においてオペラント条件づけの弁別学習手続き（→ p.166）で訓練した後、よく似た音素への般化を動物精神物理学（→ p.62）の技法でテストして、ヒトのデータと比較する手続きがしばしば用いられる。例えば、チンチラ（南米チリにすむ齧歯類で、ペルシャネコの一種である「チンチラ」とは別の動物）に /a/ と /i/ や、/t/ と /d/ の弁別を訓練した研究（Burdick & Miller, 1975; Kuhl & Miller, 1975）、ハトやハゴロモガラスやコウウチョウに /ε/、

/ae/、/a/、/sa/ の弁別を訓練した研究（Hienz et al., 1981）、セイセイキインコやキンカチョウに /ra/ と /la/ の弁別を訓練した研究（Dooling et al., 1995）、ラット

トピック

ボーダーコリーの言語理解

　ボーダーコリーのリコ Rico は一般家庭で飼育されている間に、200以上の品物（主に子どもの玩具）の名前を憶え、命令に応じて正しい品物を持ってくることができるようになったという（Kaminski et al., 2004）。研究者らの立会いの下に行ったブラインドテストでも、飼い主の命令への正答率は9割を超えた。また、飼い主がリコに新しい品物を見せてその名前（新単語）を2〜3回述べた後、その品物でしばらく遊ばせるだけで、リコは新単語を憶えることができた。こうした能力は**即時マッピング** fast mapping と呼ばれ、ヒトの言語習得でも重要な特徴の1つにあげられる。実際に、リコが名前を知っている品物7個とまったく新しい品物1個の合計8個を並べたテスト場面で、飼い主が新単語をリコに告げると、7割の確率で新しい品物を正しく選んだ。新単語は既知の品物の名前ではなく、見慣れない品物の名前だということを理解しているようであった。

　しかし、テスト場面で高い確率で新しい品物を選ぶのは単に珍しいものを好むためかもしれない。そこで、**チェイサー** Chaser という名のボーダーコリーを用いた追試が他の研究者らによって行われた（Pilley & Reid, 2011）。3年間の訓練により、チェイサーは1022もの品物の名前を憶え、テスト場面で新しい品物があるときに新単語を告げると新しい品物を選ぶが、既知の単語であればそれに応じた既知の品物を持ってくることも確認された。つまり、単に珍しいものを好むためではなく、真の即時マッピングであることが確かめられた。

　また、［take］（口にくわえて持ち上げる）、［paw］（前肢で触れる）、［nose］（鼻先で触れる）という3つの命令（動詞）と、3つの品物（名詞）を組み合わせた指示に正しく反応すること（2語文の理解）もできた。さらに、憶えたすべての品物を［toy］（玩具）、そのうち球形の116品を［ball］（ボール）、円盤状の26品を［Frisbee］（フリスビー）と総称されることも理解できた。例えば、実験者が［toy］と告げると、玩具とそうでないものが並んだ中から、玩具を選択できた。

に /cha/ と /sha/ の弁別を訓練した研究（Reed et al., 2003）などがある。こうした研究では、音声刺激の統制のため、コンピュータによる合成音を用いることが一般的である。

　日常生活で実際に用いられている単語の聞き分けに関する研究はあまり多くないが、動詞については、録音した［sit］と［come］という音声命令に正しく従うように6頭のイヌを訓練した後、［chit］［sat］［sik］［tome］［ceme］［cofe］でテストしたところ、イヌははっきりした行動は示さず、［sit］や［come］とは区別していたとの報告がある（Fukazawa et al. 2005）。名詞の聞き分けでは、ボーダーコリーの事例が有名である（前ページのトピック参照）。

　ヒトの音声の識別に関する研究でほかに特筆すべきものとしては、ワタボウシタマリン（南米コロンビアにするオマキザル科の動物）が日本語とオランダ語の違いを聞き分けられることを馴化―脱馴化法（→ p.159）を用いて確認した研究（Ramus et al., 2000）や、ラットに日本語とオランダ語の違い（Toro et al., 2003, 2005）、ブンチョウに英語と中国語の違い（Watanabe et al., 2006）や日本語の抑揚の違い（Naoi & Watanabe, 2012）を聞き分けるようオペラント条件づけで学習訓練した研究などがある。

（4）類人猿の言語訓練1（音声から手話へ）

　ヒトの乳児は1歳前後から言葉を獲得し始める。ヒト以外の動物でも、生後間もない頃からヒトとともに暮らせば、ヒトの言語を習得できるだろうか。米国の比較心理学者ケロッグ（W. N. Kellogg, 1898-1972）は妻と息子（生後10か月）とともに暮らす家で、**グア Gua** という名の生後7か月半の雌チンパンジーを9か月間育てた。グアは夫妻からの話し言葉による指示に従うことはできたものの、自らヒトの言葉を発することはなかった（Kellogg & Kellogg, 1933）。米国の比較心理学者ヘイズ（K. J. Hayes, 1921-2000）はジャーナリストの妻（C. Hayes, 1921-2008）とともに自宅で、**ヴィキィ Viki** という名の雌チンパンジーを生後2週目から4年にわたって育て、さまざまな方法で英語を話させようとした。その結果、ヴィキィは［papa］［mama］［cup］の3語（あるいは［up］を含む4語）を発音できるようになったものの、［papa］（ヘイズ

博士）と［mama］（ヘイズ夫人）の混同も多く、指示物と明確に対応していたのは［cup］（飲み物）だけであった。それでも、ヘイズ夫妻が撮影したヴィキィの動画は大きな話題となり、ヘイズ夫人の著作（Hayes, 1951）は世間の注目をひいた。

　ヴィキィの動画を見た米国の比較心理学者**ガードナー夫妻**（R. A. Gardner, 1930– ; B. T. Gardner, 1933-1995）は、ヴィキィがヘイズ夫妻の身振りを読み取り、またヴィキィ自身もボディランゲージを用いていることに気づいた。そこで、音声言語ではなく、身振り言語であればチンパンジーは習得可能ではないかと考えた。なお、ヒト以外の霊長類は咽頭（のどの奥の部分）が狭く、ヒトのように容易に構音できない事実が明らかになったのは、その後のことである（Lieberman, 1968）。ガードナー夫妻は、**ワショー** Washoe という名の1歳の雌チンパンジーを自宅で育て、22か月アメリカ手話（American Sign Language, ASL）をオペラント条件づけ（→ p.162）や観察学習（→ p.318）によって訓練し、その結果、30の単語を正しく使用できた（Gardner & Gardner, 1969）。なお、ガードナー夫妻はその後、**ファウツ**（R. S. Foutz, 1943–）らの協力を得て研究を発展させた（Gardner et al., 1989）。ワショーの使用単語は100を超え（名詞だけでなく、動詞や形容詞なども含まれる）、ワショー以外のチンパンジーの手話訓練も成功した。また、ブラインドテストによってクレバー・ハンス効果（→ p.50）の可能性が否定され、チンパンジーどうしの手話でのコミュニケーションが見られることや、彼らから幼いチンパンジーが手話を模倣学習することも示された。なお、ガードナー夫妻らの成功に影響され、ゴリラ（Patterson, 1978）やオランウータン（Miles, 1980）でも手話訓練が行われて、一定の成果が得られている。

　こうした成功を受け、スキナーの弟子のテラス（→ p.44）は、言語をヒトに特有の能力だとする言語学者**チョムスキー**（A. N. Chomsky, 1928–）の見解をくつがえそうと、1頭の雄チンパンジーに手話の訓練を行った（Terrace et al., 1979）。このチンパンジーはチョムスキー（Noam Chomsky）を貶める意図で、**ニム** Nim Chimpsky と名づけられた。ニムも100を超える単語を正しく使用できたが、単語を組み合わせて文を作ることは難しかった。1発話あたりの平

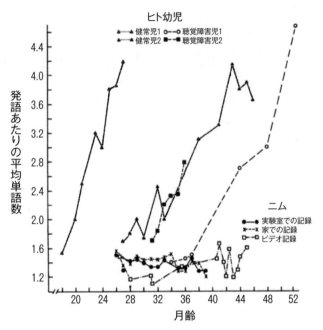

図7-11　文を構成する単語の数の発達　Terrace (1979)
健常児の会話や聴覚障害児の手話では、発達につれて、文を構成する単語の数が多くなっていく（1語文から2語文、3語文、4語文へと進む）。ニムの手話では、文の長さが平均2語を超えず、長文化の兆しも見えない。これは記録法にかかわらずそうである。

均単語数が2語を超えず（図7-11）、長文も2〜4語を繰り返し羅列したものに過ぎなかった。テラスは、ワショーの手話についてもニムと同様であろうと論じ、チンパンジーの言語はヒトの言語とは異なると結論した。つまり、図らずもチョムスキーの考えを支持することとなった。ワショーが池のハクチョウを見て［water bird］（水鳥）と身振りしたという逸話についても、新語を創造したのではなく、池の水に対して［water］、ハクチョウに対して［bird］としたのだろうとテラスは考察している。

（5）類人猿の言語訓練2（彩片語と鍵盤語）
テラスの攻撃は大きな影響を持ち、類人猿に手話を教える研究は下火と

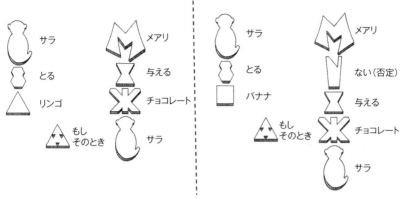

図7-12 チンパンジーのサラの条件文の理解 Premack & Premack（1972）
チョコレートをメアリ（訓練者）からもらうためには、バナナではなくリンゴを手に取らなくてはならないことを、サラは上図の彩片語の文を読んで理解した。

なった。しかし、類人猿の言語訓練は手話によるものだけではなかった。ガードナー夫妻の研究が始まった頃、米国の心理学者プレマック（D. Premack, 1925-2015）は妻（A. J. Premack, 1929-）とともに、**サラ（セアラ）**Sarah という雌チンパンジーを自宅で育てていた。彼らは手話ではなく、色とりどりのプラスチックの小片（彩片）を単語としてサラの訓練に採用し、物の名前だけでなく、物の色や［same］［different］という関係概念（→ p.278）を意味する言葉の使用も教えた（Premack, 1970）。サラは彩片を使って文を綴り、条件文まで理解した（図7-12）。なお、彩片は必ずしも物の形や色と似てはいなかった。例えば、［banana］を意味する彩片は赤い正方形で、［yellow］を意味する彩片は黒いT字型だった（このような恣意性はヒトの言語の特徴の1つであり、例えば、「黄」という漢字は黒色で印刷されていても、熟したバナナの皮や菜の花に似た色を指す）。このため、［?］、［color of］、［banana］の3つの彩片が並べられれば、サラは［?］を、［yellow］を意味する黒いT字型の彩片に置き換えることができた。これは、サラが黒いT字型の彩片から黄色をイメージしたことを意味している。

　手話の動作は判別しにくく、記録にはビデオ録画が必要であるが、言語訓練に彩片を用いたことで、「発話」の曖昧さが解消され、記録性も向上した。

しかし、語彙数が増えるとたくさんの彩片が必要となり、彩片の山の中から適切なものを選ぶのは大変である。ヤーキズ霊長類研究所（→ p.37）の**ランバウ**（D. M. Rumbaugh, 1929–2017）は、コンピュータのキーボード（鍵盤）の小さなキーパネルに描かれた**絵文字** lexigram を単語として、**ヤーキッシュ** Yerkish と名づけた鍵盤語を霊長類に訓練する計画を開始した（Rumbaugh et al., 1973a）。主たる被験体となった雌チンパンジーの名を冠して始まった**ラナ・プロジェクト** Lana Project は、ラナがバナナが欲しいときに［please］［machine］［give］［piece of］［banana］［.］（最後のピリオドは文の終了を示す）と自発的に綴ることができるようになったという報告（Rumbaugh et al., 1973b）を皮切りに、雄の**シャーマン** Sherman や**オースティン** Austin らによるチンパンジー間での鍵盤語を用いた会話に発展した（Savage-Rumbaugh et al., 1978）。

ラナ計画では、「発話」はコンピュータで自動的に記録される。また、訓練者はコンピュータを介して被験体に接することになるので、訓練の初めからクレバー・ハンス効果を避けられる。ラナ計画については、スキナー派の研究者からの批判もなされたが（→ p.254）、過去の霊長類に対する言語訓練としては最も洗練されたものである。その後も、**サベージ＝ランバウ**（S. Savage-Rumbaugh, 1946–）を中心に、雄のボノボ（ピグミーチンパンジー）の**カンジ** Kanzi が数十の単語を駆使して自発的に文章を綴るという報告（Savage-Rumbaugh et al., 1986）など、研究の著しい発展を見た。なお、報道によれば現在、カンジは約500語を使い、約3,000語を理解できるという（Leonard, 2014）。

日本でも、京都大学霊長類研究所で独自の鍵盤語（図7-14）をチンパンジーに教える試みが1978

図7-13　チンパンジーの会話実験
Savage-Rumbaugh et al.（1978）

図7-14 京都大学霊長類研究所の鍵盤語 松沢(1991)

年から始まり、物品の名前と色を絵文字で正しく答えるという報告（Asano et al., 1982）を嚆矢として、言語だけでなくさまざまな認知能力の解明が進められてきた（Matsuzawa, 2003）。これは、主たる被験体である雌チンパンジーの名を冠して**アイ・プロジェクト** Ai Project と呼ばれている。

（6）オウムの言語訓練

新行動主義者ハル（→ p.35）の弟子であった米国の心理学者**マウラー**（O. H. Mowrer, 1907-1982）はキュウカンチョウやヨウム（大型インコであるオウムの一種）など複数種の**しゃべる鳥** talking birds を対象に、オペラント条件づけの手続きで話し言葉を教えた。長期間の訓練によって、飲み物や食べ物を要求する、眼の前の物の名前を言うといったことにはある程度できるようになったが、言葉を組み合わせて文章を作ることはできず、これらの鳥の発声はヒトの言語とは異なるものであると結論した（Mowrer, 1950）。

しかし、その四半世紀後、ドイツの生物学者**トッド**（D. Todt, 1935-）が、**モデル／ライバル法** model/rival approach と名づけた方法でヨウムの発声の訓練に成功した（Todt, 1975）。これは、1羽のヨウムに対して2名の訓練者がつき、うち1名は教師役、残り1名がヨウムの発声のお手本（モデル）を示しつつ、競争相手（ライバル）にもなるという方法である。米国の**ペッパーバーグ**（I. M. Pepperberg, 1949-）は、モデル／ライバル法の修正版（訓練者がしばしば役割を交代する点が、元の方法と異なる）を用いて、**アレックス** Alex という名の雄のヨウムの言語訓練に成功した。26か月の訓練によって、名詞9つ（[paper][key][hide][peg wood][cork][corn][nut][pasta]）、色形容詞3つ（[rose][green][blue]）、形を意味する単語2つ（[three-corner][four-corner]）を正しく使い、否定時に[no]ということも学習した（Pepperberg, 1981）。また、訓練者が立ち去ろうとすると、[I'm sorry]というなど、状況に応じた発声を自発的に行うようになった（Pepperberg, 1994b）。アレックスはその後も語彙を増やし、2007年に死亡したときには、100語以上を学んだ鳥として米国マスコミで紹介された（Carey, 2007）。

（7）イルカとアシカの身振り言語理解

ヒトとイルカの種間コミュニケーションを目指していた米国の神経科学者**リリー**（J. C. Lily, 1915-2001）は、バンドウイルカにヒトの発声を模倣するよう訓練した。ヒトが数秒間に発声する回数（1～10回）に応じて、イルカも同数回の発声ができたという（Lilly, 1965）。しかし、研究はその後ほとんど進展せず、リリーは自分が幻覚剤などを用いて変性意識状態になれば異種間コミュニケーションが可能になるとの考えを強く抱くようになった。幻覚剤の影響によってリリーは妄想的になり、科学界から去った。

ところで、水族館ではトレーナーのハンドサイン（主に手や腕を用いた命令）に応じて、イルカやアシカが芸をする。ハンドサインは手話の一種であるから、手話言語を理解しているということになる。イルカやアシカは身体の構造上、手話を使えないので、表出言語は難しいが、理解言語なら容易に習得できる。ハワイ大学の心理学者**ハーマン**（L. M. Herman, 1930-2016）らは**アケアカマイ Akeakamai** という名の雌のバンドウイルカを対象に、ハンドサインを用いた単語と文の理解訓練を行った（Herman et al., 1984）。例えば、[right] [basket] [ball] [fetch]（右のカゴをボールのほうへ移動）という4語文を理解し、単語の新しい組み合わせにも正しく反応した。ブラインドテストにも合格した。ハーマンらは、その後も、イルカが文法的に正しい文とそうでない文（語順が違っている文など）の区別ができるといった報告をしている（Herman et al., 1993）。

同様の研究をアシカで行ったのが心理学者**シュスターマン**（T. J. Shusterman, 1932-2010）である。彼は、**ロッキー Rocky** という名の雄のカリフォルニアアシカを対象に、ハンドサインによる単語と文を訓練し、ハーマンのイルカに勝るとも劣らない成果をあげた（Schusterman & Krieger, 1984, 1986; Gisiner, & Schusterman, 1992）。

3．ヒトの言語と動物の「ことば」

デカルト（→ p.31）は、動物にも感情があることを認めたが、感情表現は刺激に対する単なる反応に過ぎず、ヒトの言語とは異なるものだとした

(Descartes, 1637)。では、ヒトの言語に特有な特徴とは何だろうか？

米国の言語学者ホケット（C. F. Hockett, 1916-2000）は、ヒトの言語の特徴を複数あげ（表7-3）、動物の「ことば」との違いを論じている。例えば、ミツバチの尻振りダンスは、「音声・聴覚経路」という特徴を満たさないが、遠く離れた餌場を仲間に知らせるので「転位性」という特徴は満たしている。しかし、ダンスについてダンスで語ることはしないので「反射性」は見られない。ホケットのあげた諸特徴は、それ以後に行われた類人猿・オウム・イルカ・アシカの言語訓練においても、しばしば言及される。例えば、チンパンジーの手話は、「音声・聴覚経路」「反射性」「伝統性」といった特徴は欠くものの、それ以外の多くの特徴をヒトの言語と共有する（ただし、前述のようにテラスは「開放性」に疑問を呈している）。

表7-3 ヒトの言語の特徴 Hockett（1969）から作成

1. 音声・聴覚経路	言葉は音声として発信され、聴覚で受信される。
2. 拡散性と指向性	発信時は広がって伝わり、受信時には発信源の方向を推定できる。
3. 急速な減衰	言葉は持続せず急速に消失する。
4. 交換可能性	言葉の発信者は受信者にもなることができる。
5. 完全なフィードバック	言葉の発信者は発話中に自分の言葉を受信できる。
6. 特殊性	言葉は情報伝達に特化しており、他の機能の副産物ではない。
7. 意味性	言葉は特定の対象を意味する。
8. 恣意性	言葉と対象の間に必然的関係がない。
9. 分離性	言葉は連続的でなく、区切りがある。
10. 転位性	言葉は時間的・空間的に離れた出来事を示すことができる。
11. 開放性	言葉には有限の要素を用いて無限の文を生む生産性がある。
12. 伝統性	言葉は次世代へ教育・学習によって継承される。
13. 二重性	要素によって単語が構成され、単語によって文が構成される。
14. 虚偽性	言葉によって架空の出来事（嘘）を述べることができる。
15. 反射性	言葉を使って言葉そのものについて述べることができる。
16. 学習性	1つの言語だけでなく別の言語も学習できる。

コラム 犬語翻訳機

　バウリンガル BowLingual は、2002年9月に株式会社タカラ（現：タカラトミー）から発売された犬語翻訳機である。タカラの発案・依頼にもとづき、声紋分析を専門とする日本音響研究所の鈴木松美が獣医師の小暮規夫の助言の下、50犬種合計約1,000頭（各犬種10～20頭）の鳴き声を周波数分析し、商品化した。「楽しい」「悲しい」「威嚇」「フラストレーション」「要求」「自己表現」の6つの本能的感情とその組み合わせをもとに、約200の日本語表現のいずれかに翻訳される。個体差の問題やマイク性能の向上など、開発には多大な努力を要している（鈴木, 2003）。

　バウリンガルの精度については公開されていないが、ハンガリーで行われた類似の試みが学術研究として報告されているので、以下に紹介しよう（図7-15）。この研究では、「見知らぬ人」「闘争」「散歩」「孤独」「ボールを見せる」「身体遊び（追っかけっこや綱引きなど）」の6場面で合計6,000頭のイヌの鳴き声を録音し、それを周波数分析して機械的に分類可能かどうかを調べた。また、人間が分類判断した結果と比較した。以下の図に示されているように、「見知らぬ人」「闘争」「ボール」では人間より機械による判断のほうが優れているが、「孤独」と「身体遊び」については人間が機械よりもはるかに正しく判断している。「散歩」については人間も機械も正答率は偶然水準である。

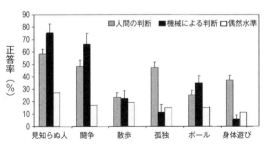

図7-15　イヌの鳴き声の人間および機械による分類　Molnár et al. (2008)
場面によって偶然水準が違うのは、録音した鳴き声の数が場面間で異なっていたためである。

コラム ハトの会話実験

　キーボードを用いたチンパンジーの会話実験（→ p.248）は大きく注目された。しかし、スキナー（→ p.35）とその弟子のエプスタイン（R. Epstein, 1953-）らは、オペラント条件づけによって説明可能であり、認知的な説明は不要であると批判した。その根拠となったのが、ハトでも類似の行動が可能であることを示した実験（Epstein et al., 1980）である。図7-16は個別に訓練された2羽のハトが、初めて一緒に実験に参加した際の様子を撮影したものである。

　ジャック（左）とジル（右）の間には透明な仕切りがある。ジャックが［WHAT COLOR］キーをつつくと（A）、ジルはカーテンの奥にある電球の色をのぞき込む（B）。ジルは見た色を［R］［G］［Y］の文字キーから1つ選んで報告する（C）。ジャックが［THANK YOU］キーを押すと（D）、ジルに餌が与えられる。ジャックは3つの色キーから1つを選び（E）、それがカーテン裏の電球の色と合致していれば、ジャックにも餌が与えられる（F）。

　この実験後も、ハトは誤った色をわざと相手に伝える（嘘をつく）こと（Lanza et al., 1982）、メモを取る行動（仕切りを外して1羽のハトで実施しても文字キーを押す）が見られること（Epstein & Skinner, 1981）、餌強化子が与えられない状況でも電球色を報告すること（Lubinski & MacCorquodale, 1984）、電球色ではなく気分状態（事前に薬物を投与して誘導した）も相手に伝えられること（Lubinski & Thompson, 1987）などが示された。しかし、実験結果やそこから導き出された論考（Lubinski & Thompson, 1993）に対して、スキナー派以外の心理学者からはあまり支持されていないようである。

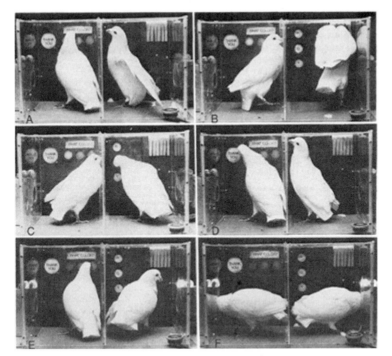

図7-16　2羽のハトの「会話」　Epstein et al.（1980）

コラム 目は口ほどにものをいう

　俳優は眼だけで意図や感情を観客や視聴者に伝えられる。動物でも眼の動きや瞬き（瞬目）がコミュニケーションの道具として用いられることがあり、特に霊長類でそうである。

　ヒトを含む30種の霊長類について、眼の形態と野生での群れのサイズの関係を調べた研究（Kobayashi & Hashiya, 2011）では、群れのサイズが大きい種ほど、眼は切れ長で白目の割合が多かった。切れ長で白目の割合が多いと、視線の動きを他個体が読み取りやすくなる。この研究では、群れのサイズが大きい種では、眼球の動きが多いことも明らかにしている。また、71種の霊長類の瞬きを調べた研究（Tada et al., 2013）では、昼行性の種は夜行性の種よりも総じて瞬き頻度が多く、群れのサイズが大きいと瞬き頻度が多い傾向があった（表7-4）。これらの事実から、眼の動きや瞬きはコミュニケーションに関与していることが推察できる。

表7-4　霊長類の瞬き頻度（1分間当たりの回数）　Tada et al. (2013) より16種を抜粋

種名	活動	群れサイズ	瞬き頻度	種名	活動	群れサイズ	瞬き頻度
オオガラゴ	夜	1.0	0.3	アジルテナガザル	昼	4.4	4.1
シロガオサキ	夜	4.4	5.4	シロテナガザル	昼	5.0	8.5
ゲレザ	夜	9.3	8.0	トクモンキー	昼	24.8	12.6
コモンマーモセット	夜	9.5	5.4	ギニアヒヒ	昼	40.5	11.1
クロキツネザル	夜	10.0	2.0	ニホンザル	昼	40.3	15.1
アンゴラコロブス	夜	13.6	7.2	ブタオザル	昼	44.5	17.2
フサオマキザル	夜	18.0	5.9	バーバリーマカク	昼	49.7	19.5
アジルマンガベイ	夜	35.8	18.0	チンパンジー	昼	53.0	19.4

ヒトの瞬き頻度は1分間あたり約20回である。なお、さまざまな哺乳類の瞬き頻度については Blount (1927) や Stevens & Livermore (1978) の報告がある。ただし、これらの研究では、イヌの瞬き頻度が1分間当たり2回程度で、イヌだけで調べた研究（Carrington et al., 1987; Nakajima et al., 2011）での十数回との結果と大きく異なるため、それ以外の動物についても再調査する必要があろう。

参考図書

- ハリディ＆スレイター（編）『動物コミュニケーション』西村書店　1998
- ハート『動物たちはどんな言葉をもつか』三田出版会　1998
- ダーウィン『人及び動物の表情について』岩波文庫　1991
- コレン『犬語の話し方』文春文庫　2000
- フォックス『イヌのこころがわかる本―動物行動学の視点から』朝日文庫　1991
- フォックス『ネコのこころがわかる本―動物行動学の視点から』朝日文庫　1991
- ライハウゼン『猫の行動学』どうぶつ社　1998
- ベサント『ネコ学入門―猫言語・幼猫体験・尿スプレー』築地書館　2014
- 小田亮『サルのことば―比較行動学からみた言語の進化』京都大学学術出版会　2005
- フォン・フリッシュ『ミツバチの生活から』ちくま学芸文庫　1997
- フォン・フリッシュ『ミツバチの不思議（第2版）』法政大学出版局　2005
- 川村多実二『鳥の歌の科学』中央公論社　1974
- 小西正一『小鳥はなぜ歌うのか』岩波新書　1994
- 岡ノ谷一夫『さえずり言語起源論―新版 小鳥の歌からヒトの言葉へ』岩波科学ライブラリー　2010
- ヘイズ『密林からきた養女（新装版）』法政大学出版局　1971
- アモン『チンパンジーの言語学習』玉川大学出版部　1979
- プリマック『チンパンジー読み書きを習う（改訂版）』思索社　1985
- プレマック『ギャバガイ！―「動物のことば」の先にあるもの』勁草書房　2017
- テラス『ニム―手話で語るチンパンジー』思索社　1986
- リンデン『チンパンジーは語る』紀伊国屋書店　1978
- リンデン『悲劇のチンパンジー―手話を覚え、脚光を浴び、忘れ去られた彼らの運命』どうぶつ社　1988
- ファウツ『限りなく人類に近い隣人が教えてくれたこと』角川書店　2000
- パターソン＆リンデン『ココ、お話しよう（新装版）』どうぶつ社　1995
- ギル『チンパンジーが話せたら』翔泳社　1998
- サベージ＝ランボー『カンジ―言葉を持った天才ザル』NHK出版　1993
- サベージ＝ランバウ＆ルーウィン『人と話すサル「カンジ」』講談社　1997
- サベージ＝ランバウ『チンパンジーの言語研究―シンボルの成立とコミュニケーション』ミネルヴァ書房　1992
- 松沢哲郎『チンパンジー・マインド―心と認識の世界』岩波書店　1991
- 松沢哲郎『チンパンジーの心』岩波現代文庫　2000
- 松沢哲郎『進化の隣人 ヒトとチンパンジー』岩波新書　2002
- 松沢哲郎『チンパンジーから見た世界（新装版）』東京大学出版会　2008
- 松沢哲郎『想像するちから―チンパンジーが教えてくれた人間の心』岩波書店　2011

○ペッパーバーグ『アレックスと私』幻冬舎　2002
○ペッパーバーグ『アレックス・スタディ―オウムは人間の言葉を理解するか』
　　共立出版　2003
○村山司『イルカの認知科学―異種間コミュニケーションへの挑戦』
　　東京大学出版会　2012

第8章❖思考

知能（知性 intelligence）の定義は心理学者によって異なるが、（1）環境適応能力、（2）学習能力、（3）抽象的思考能力の3つに大別できる（Thorndike et al., 1921）。すべての動物種は身体の構造や機能だけでなく、心理・行動的機能についても生息環境に適応するよう進化してきた。したがって、知能を環境適応能力と見なすなら、現生動物種は等しく知的だといえる。学習能力については第5章で論じた。そこで本章では、知能の第3の定義である抽象的思考能力、すなわち、出来事の原因を推理し、さまざまな概念にもとづいて物事を判断する能力に関する研究を紹介する。

1．脳の大きさと知能

　知的能力の中枢は脳である。このため、脳が大きければ「知能が高そう」である。しかし、脳は運動制御や体温調節などの機能も司っている。このため、身体の大きな動物は脳も大きく、例えばクジラはヒトの約5倍の重さの脳を持つ。図8-1は、さまざまな動物種の脳重と体重をグラフ上にプロットしたものである。いずれも範囲が広いので両対数グラフで表示する。なお、このように、生物の身体や機能に関わる2指標間の関係を表したものを**アロメトリー** allometry という。

　魚類・爬虫類（変温動物）も鳥類・哺乳類（恒温動物）も傾き2/3の回帰直線がよく当てはまる。両対数グラフのため、回帰直線の傾きは脳重（E）と体重（P）の関数式では累乗の値（べき指数）で示され、$E = kP^{2/3}$ である。つまり、脳重は体重の2/3乗に比例する。この式の k は、体重から予測される脳重の割合であり、**脳化係数** cephalization coefficient という。具体的には、変温動物全体で0.007、恒温動物全体で0.07、恒温動物のうち哺乳類に限ると平均0.12である。個々の動物種について脳の巨大化の程度を見るときは、$E = kP^{2/3}$ の回帰直線からの距離を指標とすればよい。これは、「その種の脳化係数」を「属している綱（例えば、ヒトの場合は哺乳綱）の脳化係数」で割った値であり、**脳化指数** encephalization quotient という。

　表8-1は、哺乳類のいくつかの種について、脳化係数と脳化指数をまと

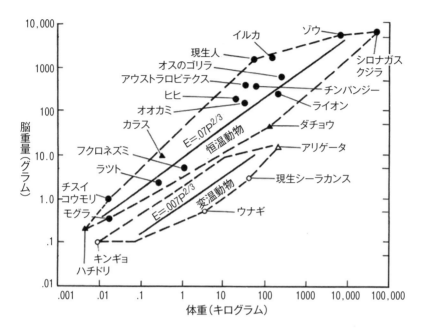

図8-1 各動物種の体重と脳の重さの関係　Jerison (1969) を改変
縦軸も横軸も常用対数で、目盛は10倍ごとの表示である。両対数グラフのため図中の直線は実際には、べき関数曲線であり、べき指数（右肩の累乗数）の2/3が図中の直線の傾きを示す。なお、べき関数曲線の係数の.07および.007は図中の直線の縦軸切片となる。

めたものである。ヒトが最上位に来るなど素朴心理学（→ p.296）と合致する結果であるが、この表の順位が高い種が知的だと決めつけるのは早計である。例えば、オマキザル属の種はチンパンジーよりも脳化指数が高い（ノドジロオマキザル2.54、フサオマキザル3.49、シロガオオマキザル4.79）。しかし、彼らは手先が器用であるものの、多くの知的課題でチンパンジーよりも劣る。

　脳重（脳の絶対的な大きさ）と脳化指数（身体に対する脳の相対的な大きさ）のどちらが正確に動物種の知的能力を予測するか、多くの議論がなされてきた。霊長類を対象とした研究では、脳重を重視する立場（**大脳皮質再構築仮説** cortical reorganization hypothesis）が脳化指数を重視する立場（**脳化仮説** encephalization hypothesis）よりも優勢である（例えば、Deaner et al., 2000, 2007; Gibson et al., 2001; Shultz & Dunbar, 2010）。哺乳類29種（うち23種は霊長類）と鳥

表 8-1 哺乳類の脳化係数・脳化指数と脳の重さ・脳重の体重比

順位	動物	脳化係数	脳化指数	脳の重さ［順位］	脳の体重比［順位］
1	ヒト	0.89	7.44	1444 g [4]	1:44 [2]
2	イルカ	0.64	5.31	1735 g [3]	1:82 [4]
3	チンパンジー	0.30	2.49	440 g [8]	1:128 [6]
4	アカゲザル	0.25	2.09	80 g [11]	1:20 [1]
5	ゾウ	0.22	1.87	4717 g [2]	1:646 [13]
6	クジラ	0.21	1.76	6800 g [1]	1:854 [15]
7	キツネ	0.19	1.59	53 g [13]	1:87 [5]
8	セイウチ	0.15	1.23	1126 g [5]	1:592 [12]
9	ラクダ	0.14	1.17	762 g [6]	1:525 [11]
10	イヌ	0.14	1.17	79 g [12]	1:170 [9]
11	リス	0.13	1.10	6 g [16]	1:53 [3]
12	ブタ	0.12	1.01	113 g [10]	1:1327 [16]
13	ネコ	0.12	1.00	25 g [14]	1:129 [7]
14	ウマ	0.10	0.86	532 g [7]	1:692 [14]
15	ヒツジ	0.10	0.81	140 g [9]	1:393 [10]
16	ウサギ	0.05	0.40	9 g [15]	1:132 [8]

Blinkov & Glezer (1968)、Jerison (1973)、Russell (1979) の数値をもとに作成。脳化係数と脳化指数はここでは小数点以下 2 桁まで示す。このため、表で同値でも順位が異なる。なお、脳重と体重に関するアロメトリーのべき指数は、その後の研究によれば哺乳類では 2/3 よりも高い 0.75、鳥類や爬虫類では 0.56 である (Harvey & Pagel, 1988)。それに基づいて脳化係数・脳化指数を再計算すれば、大型動物ほど表の値よりも小さくなる。

類 7 種の合計 36 種を対象に行われた大規模な行動実験でも、脳重のほうが課題成績とより高く相関していた (MacLean et al., 2014)。なお、この研究で用いられた課題は 2 つで、ともに衝動的行動を抑えることが必要なものであった。具体的には、透明なチューブに置かれた餌を開口部から取り出す課題（後述の迂回課題の一種）と、餌の隠し場所を変えるとすぐにそれに対応できるかを問う課題（過去の成功状況への固執を抑制する力を問う課題）であった。

2．問題解決

ゲシュタルト心理学者ケーラー（→ p.36）は、第一次世界大戦直前の1914年前半に、北アフリカ沖合のテネリフェ島で9頭のチンパンジーに「知恵試験」を与え、その解決法を観察した（Köhler, 1917）。チンパンジーが解決した課題は16に及ぶが（Tolman, 1928）、ここでは主要な4つを取り上げ、その後の展開を紹介する。

（1）迂回問題

迂回（回り道）問題 detour problem では、柵のすぐ外側に餌を配置する。ニワトリは柵の前でしばらくうろうろし、やがてあきらめて柵から離れるが、チンパンジーでは直ちに迂回して餌を得る（図8-2）。イヌでは餌が柵の遠くにある場合は容易に迂回するが、柵の近くにあるときは迂回せず柵の前で途方に暮れたという。チンパンジーや餌が遠いときのイヌの場合のように、

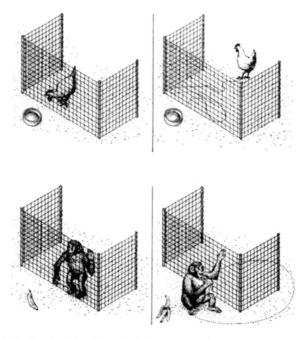

図8-2　ケーラーの迂回問題　Munn（1957）

試行錯誤によらない問題解決をケーラーは**洞察（見通し）** insight と呼び、問題場面の構造を見抜く知性を示すものであるとした。なお、「洞察」はその後の研究者らによってさまざまに定義されているが、それらをまとめると、以下のようになる（中島，2003）。①課題を与えられた直後に見られる探索的行動、②初期の無駄な試み、③「怒り」「あきらめ」などの情動反応の出現、④一時的な「ためらい」状態、④解決行動の突然の開始、⑤解決までの滑らかな流れ、⑥課題を再呈示された際の解決の容易さ。

迂回問題はケーラー以前にも、イヌ（Hobhouse, 1901）、ニワトリや魚（Thorndike, 1911）で行われているが、ケーラーの研究が大きな刺激となり、多くの研究者がこの課題を用いてきた。これまでに少なくとも96の動物種が研究対象になっているという（Kabadayi et al., 2017）。その中には、タコ（Schiller, 1949; Wells, 1964）やハエトリグモ（Tarsitano, 2006; Tarsitano & Andrew, 1999）など無脊椎動物での研究もある。ただし、迂回問題を取り扱った諸研究は、目標物へ到達するには遠回りする必要があるという点は同じであっても、障害物の種類や配置が相互に異なっている。また、洞察研究というよりも試行錯誤学習（迂回行動の獲得）を調べた研究が多い。しかし、ほぼ同条件で洞察の種間比較を行った研究も稀ではあるが存在する。例えば、イヌ・ネコ・ウマの比較では、実験装置の構造や餌が直接見えるかどうかによって成績順位が異なり、3種間では洞察力の優劣を決することは難しかった（Chapuis, 1987）。いっぽう、3種の若鳥を対象とした研究では、セグロカモメが容易に迂回したのに対し、カナリアはまったく課題を解決できず、ウズラはその中間であった（Zucca et al., 2005）。

画面上の標的刺激をつつき動かして目標地点に移動させるよう学習したハトは、障害物を避けることも憶える（Miyata et al., 2006）。自分自身が移動するのではないが、これも一種の迂回課題である。図8-3のように、複数の目標地点がある場合にも障害物の有無によって、迂回路を取るかどうかを判断する（Miyata & Fujita, 2011）。こうした問題解決は、洞察的というよりも計画的な思考を示すものである。

ところで、通常の迂回問題は出発点から目標地点を見て取ることができる

が、目標地点が直接見えない迂回問題として、トールマン（→ p.35）の**洞察迷路** insight maze がある（Tolman & Honzik, 1930：図8-4）。空腹のラットを出発箱に置き、目標箱にある餌まで走る訓練を行うと、ラットは十字路で経路1（最短経路）を常に選択するようになるが、A地点で進行が妨げられると、十字路に戻ったラットは経路2（小迂回経路）を選ぶ。テストでは、経路1を進んだラットをB地点でブロックする。十字路に戻ったラットが経路2ではなく経路3（大迂回経路）を選択すれば、「B地点は経路1と経路2で共有されている」という迷路構造を理解していることになる。10匹のうち7匹が経路3を選んだため、トールマンは洞察が確認されたと結論した。しかし、3匹は経路2を選んでおり、経路3への選好は統計的に有意ではない。なお、同様の実験装置を用いて他の研究者が行った追試実験でも成功個体は10匹中4匹に過ぎなかった（浅見，1954）。

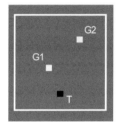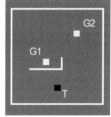

図8-3 ハトが画面上で行う迂回問題の例
　　　Miyata & Fujita（2011）を改変

Tはハトがつつき動かす標的刺激、G1とG2は目標地点である（これらの文字は画面上には示されない）。ハトは標的刺激を最短経路（G1→G2）で動かすが、障害物（L字図形）があるときは迂回路を取り、G2→G1の順で標的刺激を動かす。

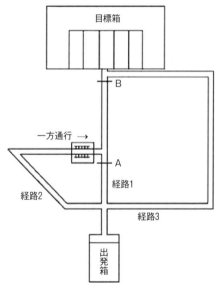

図8-4 洞察迷路の平面図　Tolman & Honzik（1930）

中央の三叉路から経路2への逆走不可。通路両側に壁のある廊下式迷路では、テスト時に経路2と経路3の選択に偏りはなく、壁のない迷路では経路3を選んだため、空間を見渡せるかどうかが重要だとトールマンは考察している。

（2）紐引き問題

　複数の紐のうち餌につながれた1本を選ぶ課題も、場面構造の把握を意味している。ケーラーは、チンパンジーがこの問題を解決できるものの、イヌでは不首尾であったことを報告している（Köhler, 1917）。紐引き問題はケーラー以前からあり、比較的最近発表された展望論文（Jacobs & Osvath, 2015）によれば、これまで200篇以上の論文が発表され、160種以上もの動物種（哺乳類と鳥類）で成否が調べられている。霊長類やラットを対象とした研究ではほぼすべて成功しているが、イヌやネコでは成功例と失敗例の報告数が拮抗している。同論文によれば、年齢・視力・注意力・抑制力・利き肢・動機づけ・新奇物への恐怖度・遊び心・好奇心・大胆さなどの個体要因のほか、紐の材質や長さも問題解決の成否に影響する。また、野生での餌の探索行動において肢を使用する動物種ほど成績がよい。なお、紐の数や交差が影響することはいうまでもない。

（3）箱とバナナ問題

　箱とバナナ問題 box-and-banana problem は、ケーラー（Köhler, 1917）が行った数々の洞察実験の中で最も有名である。天井からバナナを吊り下げた部屋に入れられたチンパンジーは、バナナに向かって跳躍するが届かない。しばらく部屋の中を歩き回ったチンパンジーは、突然、木箱の前に立ち止まると、それをつかんでバナナの下に運び、それに登って、バナナを手に入れた。木箱の前に立ち止まってからは中断のない滑らかな解決行動であり、チンパンジーを再び同じ問題状況においたときは、この解決行動が即座に出現した。前述のように、唐突に生じ、滑らかに遂行され、以後は容易に行われるのが「洞察」の特徴であり、場の全体構造の把握を意味しているとケーラーは考えた。

　さらに、バナナを高いところに吊り下げると、木箱を2～4個積み上げてバナナを取ることができた（図8-5）。ただし、箱を積む行為は滑らかには行われず、積みあがった箱も不安定であることをケーラー自身認めている。つまり、箱積みは試行錯誤学習でなされる。また、他の研究者による追試実

験で、箱積みには経験を要すると指摘されている（Bingham, 1929）。

箱積みを必要としない課題（木箱が1つの場合）についても、箱を動かすという経験、箱に登ってバナナを取るという経験が解決行動を生むとの立場から、エプスタイン（→ p.254）は、そうした経験をハトに与えた（Epstein et al., 1984）。テスト場面で初めてバナナと箱が同時にある状況に置かれたハトは、ケーラーのチンパンジーとよく似た解決行動を示した。この結果から、「洞察」という認知的概念ではなく、経験の組み合わせで説明すべきだとエプスタインは主張している。

図8-5 箱を3つ積んでバナナを取るチンパンジー Köhler (1917)

（4）道具の使用と製作

ケーラーが行った実験の中に、棒を道具として使って柵の外にある餌を引き寄せるというものがある（Köhler, 1917）。最初にこの問題状況に置かれたチンパンジーは箱とバナナ問題のときのように洞察的な問題解決が見られた。ケーラーは道具の製作についても観察している。例えば、チンパンジーは2本の棒を組み合わせて長くし、遠くの餌を取ることに成功した。いっぽう、英国のグドール（D. J. M. Goodall, 1934-）も、タンザニアのジャングルでチンパンジーが草の茎でアリを釣る行動を報告している（Goodall, 1964）。

道具の使用や製作には過去経験の重要性が指摘されている。例えば、棒を使って餌を得ることに失敗したチンパンジーに、飼育場所で棒を与えて遊ばせたところ、その後のテストで棒を使って餌を取ることができたとの報告がある（Birch, 1945; Jackson, 1942）。ただし、棒の使用はチンパンジーにとって本能的行動で、これらの結果は経験ではなく成熟によるとの批判もある

表 8-2 動物の道具使用と道具製作 Shumaker et al. (2011)

様式	昆虫類	ウニ類	甲殻類	クモ類	頭足類	腹足類	魚類	両生類	爬虫類	鳥類	齧歯類	食肉類	有蹄類	ゾウ類	鯨類	原猿類	新世界ザル類	旧世界ザル類	テナガザル類	オランウータン	ゴリラ	ボノボ	チンパンジー
[道具使用]																							
落とす										○								○		○			○
投げる				○						○				○			○	○	○	○	○	○	○
引っ張る・回す・擦る・叩く・押す										○				○			○	○	○	○	○	○	○
振りかざす・打ち振る・振り回す			○							○				○			○	○	○	○	○	○	○
誘う・そそのかす	○				?					○								○		○		○	○
殴る・打つ	○		○							○				○			○	○		○	○	○	○
砕く・叩き打つ										○		○			○		○	○		○		○	○
てこを使う						○												○		○			○
掘る										○				○			○	○		○	○	○	○
突く・刺す・穴を開ける	○									○				○		○	○	○		○		○	○
伸ばす																		○		○		○	○
入れて探る	○									○				○		○	○	○	○	○	○	○	○
ひっかく・擦る										○				○			○	○		○	○	○	○
切る																		○				○	○
固定する			○				○			○								○		○		○	○
支える・塗る・均衡を取る・傾波す・再配置する	○		○							○				○	○		○	○		○	○	○	○
吊るす																				○			○
吸収する										○								○		○	○	○	○
拭う							○			○								○		○	○	○	○
身に着ける	○		○							○						○	○	○		○	○	○	○
象徴物を運ぶ・維持する・交換する																							○
[道具製作]																							
分離する	○									○				○			○	○		○		○	○
取り除く										○				?				○		○		○	○
組み合わせる	○																			○		○	○
整形する			○							○								○		○		○	○

道具使用の様式は「〜する道具」としてまとめてある。例えば、クシケアリは土塊やハナバチに落として巣の蜜を得る。道具製作の様式は製作動作別にまとめてある。例えば、クシケアリは土塊を小分けにしてから落とすことがある。? は曖昧な報告だけがあるもの。

「道具使用」の定義は研究者によって異なるが、ここでは、「環境内にある分離物体または操作可能な接続物体を道具として、他の物体・生物・自分自身の形・位置・状態・活動をより効果あるものに変えること」や「道具は使用中または使用直前にその前に保持して直接操作すること」や「道具の特性や効果的方向の使用者が決定できること」といった条件も付加される。

(Schiller, 1952)。エプスタイン（→ p.254）は、洞察的に見える道具使用も経験によって獲得された行動の組み合わせに過ぎないとして、適切な訓練をしたハトが、円盤を使って餌に触れるという洞察的な道具使用をすることを報告している（Epstein & Medalie, 1983）。なお、道具製作も既修得の行動の組み合わせにより可能になることが、他の研究者らによってオマキザルで示されている（Neves Filho et al., 2016）。

道具の使用や製作は動物の知的行動だとされることが多い。しかし、類人猿に限らず、さまざまな動物種が道具の使用や製作を野生下で行う（表8-2）。人工的な環境（実験室）で道具使用行動を獲得することも、上述のハトだけでなく多くの動物が行う。例えば、マルハナバチは紐を引いて餌を得ることを学習する（Alem et al., 2016）。このため、最近では道具使用と知能との直接的関係は否定される傾向にある（Shumaker et al., 2011）。なお、**道具使用** tool-use の定義は「分離した物体を用いて、他の物体に変化をもたらすこと」（Chevalier-Skolnikoff, 1989）といった比較的単純なものから、この表の注記にあるように複雑に細かく規定されたものまで、研究者によりさまざまである。

近年では、知能研究として動物の道具使用を調べる場合、道具を使うかどうかよりも、道具の原理を理解しているかどうかを問題とすることが多い。例えば、道具（杖や熊手）と対象物（餌）との配置関係の把握が、チンパンジー（Povinelli, 2000）、ワタボウシタマリン（Hauser, 1997）、フサオマキザル（Fujita et al., 2003, 2011）、キツネザル（Santos et al., 2005）、サバンナモンキー（Santos et al., 2006）、ラット（Nagano & Aoyama, 2016）、デグー（Okanoya et al., 2008）などで調べられており、鳥類での研究もある（Teschke et al., 2013：図8-6）。

道具使用における物理的因果関係の理解を調べるため考案された代表的テストが**トラップ・チューブ** trap tube **課題**である（図8-7）。動物は透明チューブに棒を差し込んで餌を押し出すことが求められるが、棒を入れる方向を間違えると餌は「落とし穴」に落ちてしまい、入手できない。フサオマキザル（Visalberghi & Limongelli, 1994）や大型類人猿（Limongelli et al., 1995; Mulcahy & Call, 2006; Povinelli, 2000）、キツツキフィンチ（Tebbich & Bshary 2004）、カレドニアガラス（Taylor et al., 2009）、ミヤマガラス、（Tebicchi et al., 2007）などを対

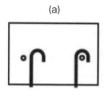
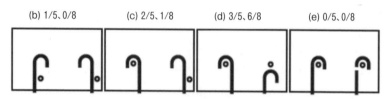

図 8-6 杖課題の例　Teschke et al.（2013）を改変
この実験では杖の本体部分が紐になっており、鳥が紐をくわえて引くと杖を手前に移動できた。まず、(a) の配置で正しく餌を入手できる杖を選ぶ訓練を行った（正解の左右位置は試行ごとに異なっていた）。野生で道具を使用しない2種の鳥（ハシボソガラスとズキンガラス）には学習した個体はいなかったが、くわえた小枝を道具として餌を得る習性を持つ2種の鳥（カレドニアガラスとキツツキフィンチ）では半数以上の個体が学習した。その後、学習した個体を (b) 〜 (e) の配置で何度もテストした。2種の個体成績は分数で示してある（左の分数がカレドニアガラス、右の分数がキツツキフィンチの成績）。例えば、(b) のテストで統計的に有意に正しい杖を選んだカレドニアガラスは5羽中1羽だった。(d) のテスト以外での成績は悪く、特に、(e) のテスト（正常な杖と道具として使えない杖の区別）に合格した個体はいなかった。

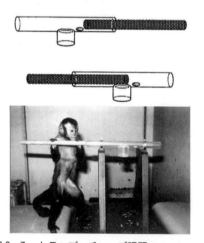

図 8-7　トラップ・チューブ課題
Visalberghi & Limongelli（1994）
この例では右側から棒を差し込むと餌は「落とし穴」に入ってしまうので、左側から差し込む必要がある。

象に実験が行われているが、課題を直ちに解決できる個体はおらず、多くの訓練試行を行っても正しい方向から棒を挿入できる個体も少数である。また、正しく挿入できるよう学習した個体も、「落とし穴」の意味を理解したのではなく、餌から遠い方から棒を差し込む行動を試行錯誤で学習しただけであった。例えば、「落とし穴」のないチューブでのテストでも、それまでと同じように、餌から遠い

方から棒を差し込んでしまう。しかし、カレドニアガラスはこうしたテストでも正しく行動する。また、大型類人猿やキツツキフィンチは、棒で餌を押すのではなく引き寄せる課題に変更すると、訓練後のテストに合格する個体がいることから、物理的因果関係をある程度は把握できると思われる。トラップ・チューブ課題はさまざまな動物種に容易に実施できる便利なテストであるが、ヒトでも逆方向から棒を挿入する軽率な者が結構いるため、物理的因果関係の理解度テストとしてふさわしくないのではないかとの指摘もある（Silva et al., 2008）。

　ギニアのボッソウ村に生息するチンパンジーは、アブラヤシの種を台となる石に載せ、別の石で叩き割って食べる。台石と地面との間に他の石を挟んで台石を固定することもある。この場合、挟んだ石は台石を道具として機能させるための道具、つまり**メタ道具** metatool である（Matsuzawa, 1991）。短い棒を使って長い棒を檻から取り出し、その長い棒で餌を取るというチンパンジーの行動（Köhler, 1917）も、長い棒を道具として機能させるために短い棒を使ったと見れば、メタ道具使用の例と見なし得る。こうした行動は、ゴリラやオランウータン（Mulcahy et al., 2005）、カレドニアガラス（Taylor et al., 2007）で報告されている。なお、メタ道具は複数の道具を組み合わせることで機能性を向上させるわけだから、一種の道具製作だと見なすことができる。例えば、2本の棒を組み合わせて餌を取る課題は、棒Aを機能させるために棒Bをメタ道具として用いるものだといえる。最近、カレドニアガラスが2～4本の棒を組み合わせて長くし、箱の奥の餌を取ることができるとの実験が報告された（von Bayern et al., 2018）。報告者らは、この道具製作行動をメタ道具の観点から考察している。

　ユクスキュル（→ p.59）は、ヒトが用いる道具には、作用の補助手段である**作用道具** Werkzeuge（例：ハンマー）と知覚の補助手段である**知覚道具** Merkzeuge（例：拡大鏡）があると指摘している（Uexküll & Kriszat, 1934）。動物の道具使用・製作研究では主に前者が扱われており、後者に関する研究は少ない（Asano, 1994）。ただし、棒で餌の位置を探り当てて掻き出すといった事例では、棒は作用道具であると同時に知覚道具でもあるといえるだろう。

3．概念と推論

哲学者ロック（→ p.32）は動物に**推理能力** reasoning はあっても、**抽象化** abstraction の能力は持たないと論じた（Locke, 1700）。すなわち、感覚印象にもとづく単純観念を複合して推理することは、動物でもある程度可能だが、抽象化された観念すなわち**概念** concept を用いることはできないとした。しかし、動物心理学者たちは、動物もさまざまな概念を有していることを実験的に示そうとしてきた（Zentall et al., 2008）。

（1）カテゴリ概念

カテゴリ概念 category concept とは、具体的事例の集合体（カテゴリ、範疇）としての概念である。動物のカテゴリ概念の研究は、ハーンスタイン（→ p.192）が行った実験（Herrnstein & Loveland, 1961）を嚆矢として大きく発展した。この実験では、ハトに風景写真をスライド呈示し、人物が写っていれば画面をつつくと餌を与え、写っていない風景写真ではつついても餌を与えないという継時弁別訓練（→ p.166）を行っている。用いた風景写真は1200枚に及び、写っている人物の数・性別・年齢・人種・衣装は写真ごとにさまざまで、その大きさもまちまちだったが、ハトは人物の有無を正しく判断するようになった。これは、ハトが「人物」というカテゴリ概念を持つことを意味している。ただしこの実験だけでは、以前からこの概念を持っていて訓練によってそれが現出したのか、訓練によってこの概念が形成されたかは不明である。

この報告以降、同様の手法を用いたカテゴリ概念の実験研究が主としてハトを被験体として多くなされるようになった（Watanabe et al., 1993）。例えば、ハーンスタインらは「木」（Herrnstein, 1979）、「水」（Herrnstein et al., 1976）、「魚」（Herrnstein & de Villiers, 1980）のカテゴリ概念を対象にしているが、「木」や「水」はともかく、「魚」についてはハトの普段の生活で見ることはないので、これは訓練によって形成されたカテゴリ概念である。自然物だけでなく人工物のカテゴリ概念研究も行われている。最も有名なのは、ハトによるモネとピカソの絵画弁別（図8-8）であろう。

カテゴリ概念能力を説明する理論は、個別事例をそのまま記憶していると

する**事例説** exemplar theory、複数の事例から中心特性を抽出して作り上げた典型（プロトタイプ）をもとに反応するとみなす**典型説** prototype theory、複数の事例から共通特徴を抽出して判断するという**特徴説** feature theory の3つの立場に大別できる（Pearce, 1987）。事例説では膨大な数の写真を憶えることを仮定せねばならないが、ハトは写真の長期記憶に優れているため（→ p.217）、これは必ずしも事例説の欠点にはならない。ハトは新しい写真画像に対してもカテゴリにもとづいて正しく反応する。そこで、事例説では、初めて見る画像については、経験事例との類似性にもとづいて反応することになる。これに対して、典型説や特徴説では、中心特性や共通特徴を事例から抽出する能力が動物にあるかが問題になる。

典型説が正しいなら、例

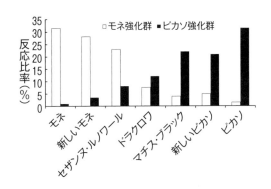

図8-8　モネとピカソのカテゴリ弁別の般化テスト
　　　　Watanabe et al.（1995）から作図

モネとピカソの絵を各10種類用いて、継時弁別訓練を行った後、訓練で用いなかったモネの絵、セザンヌやルノワールの絵、ドラクロアの絵、マチスやブラックの絵、訓練で用いなかったピカソの絵でテストした。モネをつつくように訓練した群では、新しいモネや、モネと同じ印象派画家（セザンヌ、ルノワール）の絵に反応が多く見られた。ピカソをつつくように訓練した群では、新しいピカソや、野獣派画家（マチス）や立体派画家（ブラック）の絵に反応が多く見られた。ロマン主義画家（ドラクロワ）については、両群とも中程度の反応があった。

歪み三角形　　ランダム図形　　三角形の典型

図8-9　典型説を検証する実験で用いられた刺激の例　Watanabe（1988）から抽出作成

実験者が6つの点で構成された正三角形をもとにして、少し歪めた三角形を数多く作成し、それをハトに呈示する正刺激（つつけば餌が与えられる刺激）とした。負刺激（つついても餌が与えられない刺激）は6つの点をランダムに配置した図形である。正刺激、負刺激もここに示すものは実験に用いた数多くの刺激のうちの一部である。

えば、歪み三角形とランダム図形の弁別学習を行わせてから正三角形でテストすると（図8-9）、歪み三角形のときよりも多くの反応が見られるはずである。正三角形は最も典型的な三角形であるからである。しかし、歪み三角形のときほどの反応は見られなかった（Watanabe, 1988）。個別事例を記憶していたか、何らかの特徴を手がかりに反応するよう学習していたと思われる。

特徴説を支持する研究としては、漫画スヌーピーの登場人物の絵をハトに弁別させた実験（Cerella, 1980）が有名である。この実験では画面に映し出された絵が主人公チャーリー・ブラウンのときはつつけば餌がもらえるが、それ以外の登場人物のときは餌が与えられない。弁別学習完成後のテストでは、登場人物の体の一部が欠けた画像、身体を3等分して上から脚・胴・頭の配置になるよう並べ替えた画像（図8-10）にも、正常画像と同程度のつつき反応が見られた。主人公の局所的特徴（シャツの模様など）が反応手がかりになっていたと考えられる。また、ハーンスタインの人物カテゴリ弁別実験（前述）と同様の訓練をハトに行った後、写真を細かく断片化してばらばらに並べ替えても（図8-11）、ハトの弁別成績はほとんど低下しなかったとの報告（Aust & Huber, 2001）も、特徴説を支持している。

これらの実験結果は、カテゴリ弁別学習を行ったハトは写真の局所的特徴に注目していることを示唆しているが、刺激の種類によってはむしろ全体的特徴が重要である。例えば、漫画『サザエさん』の登場人物を刺激として訓練したときには、身体部分をばらばらにした画像でも元画像のときと同じように反応したが、漫画のハト、写真の人物、写真のハトを刺激として訓練した場合は、ばらばら画像への反応は少なかった（Watanabe, 2001）。つまり、局所的特徴が重要なのは漫画人物画像のときだけだった。

ところで、ヒトはさまざまなレベルでカテゴリ概念を有し、場合に応じて使用できる。例えば、さまざまなカワセミの写真とそれ以外の鳥の写真の区別（「カワセミ」の概念）、さまざまな鳥の写真と鳥以外の動物の写真の区別（「鳥類」という概念）、さまざまな動物の写真と動物以外の写真の

図8-10
Cerella (1980)
の般化テスト

図8-11 Aust & Huber（2001）の実験で用いられた写真の例

区別（「動物」という概念）など、異なるレベルでカテゴリ分けできる。ヒト・リスザル・ハトで、この3種類のカテゴリ弁別訓練を行ったところ、ヒトに比べてリスザルやハトでは、鳥類概念課題や動物概念課題の成績が悪かった（Roberts & Mazmanian, 1988）。知覚的に異なる刺激を1つのカテゴリにまとめる能力において、ヒトとこの2種の間には差があることを意味している。

（2）物理的関係概念
（a）同異概念
「同じ」や「違う」という概念を動物は持っているだろうか？ 物理的に類似した刺激に対して同様の行動をするのは、刺激を「同じ」と判断しているためだろうか？ 異なる刺激に別の行動をするのは、刺激を「違う」と判断しているためだろうか？ 非生物ですら刺激の差に応じて応答を変える。したがって、こうした事例だけでは、動物に**同異概念** same/different concept（**同一性概念** identity concept）があると結論できない。個々の刺激ではなく、刺激間の抽象的な同異関係が行動を制御していることを示す必要がある。

同異概念の研究には同一見本合わせ手続き（→ p.169）がよく用いられる。その先駆となった研究（Cumming & Berryman, 1961; Cumming et al., 1965）では、ハトを3つの反応キーのついた装置に入れ、中央の見本刺激キーに赤・緑・青の色光いずれか1つを点灯した。ハトがそれをつつくと、左右の比較刺激キーも点灯したが、それは見本刺激と同じ色と異なる色であった。例えば、選択時にキーが左から順に 赤 赤 緑 となる試行では、左の 赤 をつつけば餌を得られた。この課題に100％近い正答率を示す3羽のハトに、新しい色（黄色）を見本として、黄 黄 緑 のような転移テストを行ったところ、正答率は偶然

水準（50％）にとどまった。この結果は、ハトが見本刺激と比較刺激の正しい組み合わせを丸憶えしたに過ぎず、「見本刺激と同じ比較刺激を選ぶ」という同異概念にもとづく行動ではないことを示唆している。この結論は、見本合わせ手続きの総説論文でも踏襲されている（Carter & Werner, 1978; Cumming & Berryman, 1965）。なお、見慣れた色をテスト刺激に用いても不成績であるとの結果から、転移テストでの不成績は新奇な色に対する恐怖が原因でないとされた（Farthing & Opuda, 1974）。

いっぽう、ゼントール（→ p.44）らは、同一見本合わせ課題を習得したハトが、別の同一見本合わせ課題を速やかに学習することから、これを転移の一種と捉え、同異概念の証拠とした（Zentall & Hogan, 1974, 1976, 1978）。しかし、彼らの実験は実験統制上の不備を指摘されている。表8-3のような適切な統制群を設けた場合、ハトでは課題間転移が見られない（Wilson et al., 1985a）。ただし、カケス・コクマルガラス・ミヤマガラスでは明確な転移が確認できた（Wilson et al., 1985b）。

新しい刺激への転移は、ハトに刺激をじっくり見て選ぶように訓練したり（Pisacreta et al., 1984; Urcuioli & Nevin, 1975; Wright, 1997）、見本合わせ課題の訓練に用いる刺激の種類を大幅に増やす（Bodily et al., 2008; Wright et al., 1988）、といった実験上の工夫によって、得られやすい。こうした報告から、ハトには同異概念があることが推察される。

同異概念の研究法としては、同時に呈示された複数（通常は2つ）の刺激が同じか違うかを動物に答えさせる**同異課題** same/different task もある。ホーニック（→ p.43）は2つの反応キーが同色点灯したときは左キー、異色点灯したときは右キーをつつくよう半数のハトに訓練した。残り半数のハトは、同色点灯のとき右キー、異異色灯のとき左キーが正解であった。弁別学習後、訓練に用いなかった色でテストすると、偶然水準以上の成績が得られた（Honig, 1965）。同様の結果は他の研究者によっても報告されている（Blaisdell & Cook, 2005; Katz & Wright, 2006; Malott et al., 1971; Zentall & Hogan, 1975）。

同一見本合わせ課題や同異課題の訓練後に実施する転移テストに成功した例としては、ハトのほかにもハイイロホシガラス（Magnotti et al., 2015）、ハリ

表8-3 同一見本合わせ課題における課題間の学習の転移を調べる適切な実験計画

群名	第1課題における色の正しい組み合わせ	第2課題における色の正しい組み合わせ
同一見本合わせ経験群	緑→緑 青→青 (同一見本合わせ)	赤→赤 黄→黄 (同一見本合わせ)
非見本合わせ経験群	緑→青 青→緑 (非見本合わせ)	
統制群1	紫→緑 茶→青 (恣意的見本合わせ)	
統制群2	紫→青 茶→緑 (恣意的見本合わせ)	

同一見本合わせ経験群は非見本合わせ経験群よりも第2課題(同一見本合わせ)の学習成績がよかったが、同一見本合わせ経験群と統制群には成績差が見られなかった(Wilson et al., 1985a)。

モグラ(Russell & Burke, 2016)、ハナグマ(Chausseil, 1991)、フサオマキザル(D'Amato et al., 1985; D'Amato & Colombo, 1989; Wright & Katz, 2006; Truppa et al., 2010)、アカゲザル(Bhatt & Wright, 1992; Jackson & Pegram, 1970a, 1970b; Weinstein, 1941; Wright & Katz, 2006)、ニホンザル(Fujita, 1982; Kojima, 1982)、チンパンジー(Nissen et al., 1948; Oden et al., 1988; Thompson et al., 1997)、アシカ(Pack et al., 1991; Kastak & Schusterman, 1994)、アザラシ(Scholtyssek et al., 2013)、イルカ(Herman & Gordon, 1974; Herman et al., 1989; Mercado et al., 2000)など多くの動物種で報告されている。種間比較を行った研究では、カササギやハイイロホシガラスがアカゲザルやフサオマキザルよりも転移成績が優れており、ハトはこれらの種よりも成績が悪い(Wright et al., 2017)。

転移テストは刺激次元間でも実施できる。次元間転移が確認されれば、より抽象度の高い同異概念を動物が有する証拠になる。例えば、「同じ色」を選ぶよう学習した動物が「同じ形」を選ぶ新課題でも正答すれば、この動物はより抽象的なレベルで同異概念を理解していることになる。次元間転移を

示すかどうかは動物種の違いだけでなく、訓練手続きにも依存する。例えば、フサオマキザルでは失敗報告（D'Amato & Colombo, 1989; D'Amato et al., 1985）と成功報告（Truppa et al., 2010）がある。次元間転移の成功報告はこの他に、ハト（Edwards et al., 1983; Zentall & Hogan, 1974, 1975, 1976）、ハナグマ（Chausseil, 1991）、アザラシ（Scholtyssek et al., 2013）イルカ（Mercado et al., 2000）、などで報告されている。ミツバチは次元内の転移だけでなく、色次元から形次元への次元間転移、匂いから色へのモダリティ間転移も見られた（Giurfa et al., 2001）。これは、この種において同異概念の抽象度が極めて高いことを示唆している。

　同異概念の研究には、複数の刺激の中から1つだけ異なるものを選ぶ（例えば、4つの刺激AABAからBを選ぶ）**異物課題（孤立項選択課題）** oddity taskも用いられる。六者択一の異物課題に90％以上正答できるまで訓練したチャエリガラスは、新しい刺激での転移テストで85％の正答率を示し、セグロカモメも正答率70％であったという（Benjamini, 1983）。異物課題後の転移はハト（Lombardi, 2008; Lombardi et al., 1984; Pisacreta, 1996; Pisacreta et al., 1985, 1989; Urcuioli, 1977）、ラット（Taniuchi et al., 2017; Wodinsky & Bitterman, 1953）、イヌ（Gadzichowski et al., 2016）、アシカ（Hille et al., 2006）、アカゲザル（Moon & Harlow, 1955）、チンパンジー（Nissen & McCulloch, 1937）などで確認されており、ミツバチ（Giurfa et al., 2001; Muszynski & Couvillon, 2015）での報告もある。しかし、孤立した事物は目立つため、異物課題の正答は視覚的注意によっても説明できる。このため、この課題の成績から動物が抽象的な関係概念を把握していると結論するのは難しい。

(b) 卓越した同異概念

　プレマック（→ p.247）は、同異概念を持つのは霊長類だけだとの立場から、ゼントールらを筆頭とするハトでの同異概念研究を批判した（Premack, 1978, 1983）。彼の批判は前項で述べた同異概念研究のうち1980年代半ば以降のものには必ずしも当てはまらないが、それは研究者らが彼の批判を克服すべく実験方法を洗練させたためである。プレマックは言語訓練を行ったチンパンジーのサラ（→ p.247）を対象に［同じ］や［違う］を意味する彩片の使い方

を教えている。サラは目の前に置かれた2つの品物を同異判断して、どちらか適切な彩片を間に置くよう訓練された（図8-12）。この彩片は訓練に用いなかった品物の場合にも正しく使用することができた（Premack, 1970）。さらにサラは、刺激ペアの関係そのものが同じか違うか（図8-13）や、「ネジとネジ回しの関係と同じものは、釘と何か」といった問いに「金づち」と正しく答えることもできた（Gillan et al., 1981）。これは、関係性の関係を問う2次的関係性課題である。

2次的関係性の理解は、**関係性見本合わせ** relational matching-to-sample という課題でも調べられる。例えば、「◆◆」が見本として呈示されたら「●■」ではなく「▲▲」を選び、「※☆」が見本として呈示されたら「◎◎」でなく「▽■」を選ぶと正解である。つまり、刺激ペアの関係（同じか違うか）が同じものを選ぶ課題である。学習後、新しい刺激セットでテストしたときにも正しく選択できれば、2次的関係性の理解があると結論する。チンパンジー（Thompson et al., 1997）、ゴリラやオランウータン（Vonk, 2003）、フサオマキザル（Truppa et al., 2010）、ギニアヒヒ（Fagot & Parron, 2010）、ハト（Cook

図8-12　チンパンジーのサラに教えた同異概念を意味する彩片　Premack & Premack（1972）

2つのリンゴの間に「同じ」を意味する彩片を置き、リンゴとバナナの間には「違う」を意味する彩片を置くと正解である。こうした訓練をさまざまな事例で繰り返すことで、この2つの彩片の意味を教えた。

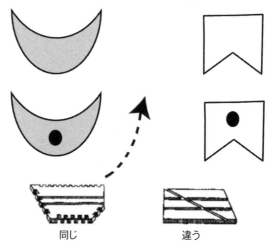

図8-13　左のペアと右のペアの関係が同じかどうかを判断させる課題　Gillan et al.（1981）を改変

& Wasserman, 2007）などはこのテストを通過するいっぽうで、アカゲザル（Flemming et al., 2008）は不合格であった。

これとは違った側面の抽象化能力ではあるが、卓越した同異概念は言語訓練を行ったオウムのアレックス（→ p.250）で報告されている。アレックスに2つの品物を並べて見せ、それらはどの点（色・形・材質）で同じか、違うかを答えるよう訓練した（Pepperberg, 1987）。例えば、赤い木製の三角形と青い革製の四角形であれば「何が同じ」と訊かれれば［shape（形）］と発声し、赤い木製の四角形と青い木製の四角形であれば「何が違う」と訊かれれば［color（色）］と発声するといった訓練である。さまざまな品物で約1年にわたって訓練した結果、訓練していない品物についても正しく答えられるようになった。2つの品物が同じかどうかだけではなく、どの点で同じかを理解しているというのはアレックスの示した同意概念の抽象度の高さを示すものである。

(c) 移調

動物は刺激AとBが与えられると、物理的属性の同異関係（A＝BやA≠B）だけでなく、物理的属性の強弱関係（A＜BやA＞B）も見て取ることができる。ケーラーは、チンパンジーとニワトリを被験体として、濃淡の異なる2枚の灰色カード（AとB）のうち、より明るいほう（B）を選ぶと餌を与えた。動物が確実にカードBを選ぶようになった後、カードBとさらに明るい灰色カードCを同時呈示したところ、カードCを選択した（Köhler, 1918）。つまり、動物の反応は、刺激そのものの絶対的な性質（明度）ではなく、他の刺激との相対的な強度関係によって決まる性質（「より明るい」）を手がかりとしていたのである。このように、同一の刺激次元上の2刺激間の相対的関係にもとづいて新たな課題にも反応することを**移調** transposition という。

移調は灰色濃淡だけでなく、図形の大きさ関係などでも見られる。また、多くの動物種で確認されており、例えば、アカゲザル（Pasnak & Kurtz, 1987）、マーモセット（Yamazaki et al., 2014）、ゾウ（Nissani et al., 2005）、ラット（Lawrence & Derivera, 1954; 岡野, 1957）、コウモリ（von Helversen, 2004）、ハチドリ（Henderson et al., 2006)、ペンギン（Manabe et al., 2009）、ハコガメ（Leighty et al., 2013）、カワスズメ（Mark & Maxwell, 1969）、ハナバチ（Wiegmann et al., 2000）などでの報告がある。

なお、弁別学習における興奮傾向と制止傾向の相互作用として、移調現象を説明することもできる（Spence, 1937：図8-14）。この立場では、動物が反応の手がかりにするのは刺激の絶対的性質であり、刺激間の相対的関係にもとづいて反応しているように見えるに過ぎない。この理論では、同時呈示された3つの刺激のうち中位の刺激を選ぶ**中間サイズ問題** intermediate-size problem では移調が見られないはずである。実際、3つの正方形$100cm^2$、$160cm^2$、$256cm^2$から、中間サイズの$160cm^2$を選ぶ訓練を受けたチンパンジーは、3つの正方形$160cm^2$、$256cm^2$、$409cm^2$を与えられると、$160cm^2$を選んだ（Spence, 1942）。アカゲザルやネコ（Warren & Ebel, 1967）、イヌ（Ebel & Werboff, 1967）、ラット（Laverty et al., 1969）、ハト（Zeiler, 1965）でも中間サイズ問題では移調が見られない。ただし、訓練やテストの方法によっては、チ

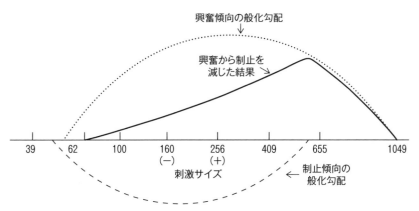

図8-14　刺激の絶対的性質の弁別で移調現象を説明する理論　Spence（1937）を改変
サイズの異なる2枚のカード（160と256）のうち、カード160を選んでも餌はないが、カード256では餌がもらえるという同時弁別訓練を行うと、カード160のサイズ値を頂点とする制止（マイナス）の般化勾配とカード256のサイズ値を頂点とする興奮（プラス）の般化勾配が形成される。選択反応は興奮強度から制止強度を減じた正味の反応強度によって決定される。このため、カード160よりもカード256が選ばれるだけでなく、移調のテスト（例えば、カード256とカード409の選択テスト）でも大きなカードを選ぶことになる（ただし、あまりに大きいカードを用いた場合は移調現象は生じない）。この理論は頂点移動（→ p.168）もうまく説明できる。

ンパンジー（Gonzalez et al., 1954）やアカゲザル（Brown et al., 1959; Gentry et al., 1959）において中間サイズ問題で移調が見られるとの報告がある。これらは、刺激の強弱（大小）関係が概念化されていたことを示唆する。

（3）機能的関係概念
(a) 刺激等価性

「はな」や「花」という字はともに実物の花を指し示す。このように、ヒトは異なる事物を機能的に同じものだと見なすことができる。スキナー派の心理学者シドマン（M. Sidman, 1923-）は、数学における等価関係の概念をもとに、**刺激等価性** stimulus equivalence という考えを提唱している（Sidman & Tailby, 1982）。刺激等価性の研究では、象徴見本合わせ課題の訓練後に派生的関係が生じるかを転移テストで検討する（図8-15）。

反射性 reflexivity は、A→B訓練後にA→AテストやB→Bテストに合格することである（矢印の前が見本刺激、矢印の後が正しい比較刺激）。**対称性** symmetry は、A→B訓練後にB→Aテストに合格することである。**推移性** transitivity は、A→B訓練とB→C訓練の後にA→Cテストに合格することである。

シドマンの研究では、ヒヒやアカゲザルは対称性テストに合格しなかった（Sidman et al., 1982）。ハト（Lipkens et al., 1988）・フサオマキザル（D'Amato et al., 1985）・シロイルカ（村山・鳥羽, 1997）などでも対称性の成立が困難である。このため、対称性の理解はヒトに特有であるとされたが（Sidman, 1990）、チンパンジーで成功報告がある（Tomonaga et al., 1991）。また、複数の刺激セットで訓練を繰り返し行うとチンパンジーやアシカで対称性が見られるとの研究がある（Yamamoto & Asano, 1995; Schusterman & Kastak, 1993）。つまり、A→B課題習得後にB→Aをテストして、できなければB→Aを訓練し、次はC→D課題習得後にD→Cをテストして、できなければD→Cを訓練する、のように、訓練とテストを繰り返し行なえば、そのうち対称性テストに合格するという。しかし、ハトではこの方法でも対称性は生じない（Bujedo et al., 2014; Yamazaki, 2004）。

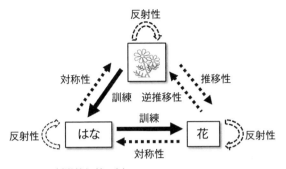

図 8-15　刺激等価性の例
花の絵カードが呈示されたときは文字カード［はな］と［むし］から前者を選び、虫の絵カードが呈示されたときは後者を選ぶことを訓練する。また、文字カード［はな］が呈示されたときは漢字カード［花］［虫］から前者を選び、［むし］が呈示されたときは後者を選ぶことを訓練する。ヒトでは、こうした訓練によって［花の絵］＝［はな］＝［花］の刺激等価性（上図）と、［虫の絵］＝［むし］＝［虫］の刺激等価性が成立する。等価性の成立は訓練されていない派生的関係（図中の点線矢印）をテストすることで確認できる。なお、逆推移性は、論理的には反射性・対称性・推移性のすべてを満たさないと不可能だと考えられるので、逆推移性テスト合格は刺激等価性の成立を意味する。このため、逆推移性テストは等価性テストとも呼ばれる（Sidman et al., 1989）。

　推移性は、アカゲザルで見られないとされたが（Sidman et al., 1982）、その後、フサオマキザル（D'Amato et al., 1985）・チンパンジー（Yamamoto & Asano, 1995）・アシカ（Lindemann-Biols & Reichmuth, 2014; Schusterman & Kastak, 1993）・シロイルカ（村山・鳥羽，1997）・ヨウム（Pepperberg, 2006b）で報告確認されている。ハトについては成功報告（Kuno et al., 1994）があるものの、否定的結果もあって（D'Amato et al., 1985; 久能・岩本，1995）、さらに検討が必要である。

　なお、ヒトでは花の絵カードを見て「はな」と発声してから文字カードを選ばせるといった命名手続きを行うと、見本合わせ成績が向上することが多いが、こうした命名反応も等価関係に組み込まれるという報告がヒト（Sidman, 1990）だけでなく、セキセイインコ（Manabe et al., 1995）でもある。

　刺激間の等価関係は、シドマンの刺激等価性の枠組以外でも研究されている。ある実験（Sawa & Nakajima, 2001）では、バニラ香の甘味水（AX）とスト

第8章❖思考　283

ロベリー香の甘味水（BX）をラットに与える事前訓練の後、バニラ香の無味水（A）を飲ませて毒物を注射すると、ラットはバニラ香の無味水（A）だけでなく、ストロベリー香の無味水（B）も避けるようになった（つまり、ラッ

トピック

排他的推論

　第7章で紹介したボーダーコリーのリコやチェイサーは、新しい単語と新しい品物を即座に対応づけできた（→ p.243）。これは、新単語は既知の品物の名前ではないという規則にもとづく推理ができることを示している。こうした「消去法」にもとづく推理を**排他的推論** inference by exclusion という。排他的推論はさまざまな状況下でテストできる。「これまで選んだり探したりしていない物や場所に正解がある」という状況を設定すればよいので、さまざまな動物種を対象に調べられてきた。その結果、イヌ（Erdohegyi et al., 2007; Zaine et al., 2014, 2016）だけでなく、ハト（Clement & Zentall, 2000, 2003）、カケス（Shaw et al., 2013）、ハイイロホシガラス（Tornick & Gibson, 2013）、カレドニアカラス（Jelbert et al., 2015）、ヨウム（Mikolasch et al., 2011; Pepperberg et al., 2013）、ミヤマオウム（O'Hara et al., 2016）、アカオクロオウム（Subias et al, 2019）、ラット（Felipe de Souza & Schmidt, 2014）、ゾウ（Plotnik et al., 2014）、イルカ（Herman et al., 1984）、アシカ（Kastak & Schusterman, 2002; Schusterman & Krieger 1984）、フサオマキザル（Paukner et al., 2009; Sabbatini & Visalberghi, 2008）、マントヒヒ（Schmitt & Fischer, 2009）、チンパンジー（Beran, 2010; Beran & Washburn, 2002; Call, 2006; Cerutti & Rumbaugh, 1993; Premack & Premack, 1994; Tomonaga, 1993）、ボノボ（Call, 2006）などにおいて排他的推論が確認されている。

　また、同一ないしは類似状況で、種間比較も行われている。例えば、ワタリガラスがミヤマガラスより優れ（Schloegl et al., 2009）、ヤギがヒツジより優れ（Nawroth et al., 2014）、シシオザルやマントヒヒはフサオマキザルやリスザルより優れ（Marsh et al., 2015）、フクロテナガザルとジェフロイクモザルは同程度であり（Hill et al., 2011）、ゴリラがチンパンジーよりも優れて、オランウータンは劣る（Call, 2004）、ヒトがイヌより優れて、ハトは劣る（Aust et al., 2008）との報告がある。

トはAとBが等価だと判断した)。これに対して、事前訓練でバニラ香の甘味水(AX)とストロベリー香の塩味水(BY)を与えていたラットでは、バニラ香の無味水(A)を飲ませて毒物を注射しても、ストロベリー香の無味水(B)をあまり避けなかった(ラットはAとBは違うものだと判断した)。つまり、動物に[AX]試行と[BX]試行を与えると、共通要素X(甘味)を介在してAとBの類似性が増し、[AX]試行と[BY]試行を与えると、相違要素X(甘味)とY(塩味)のためにAとBの差異性が顕著になるといえる(Hall, 1996)。

(b) 推移的推論

刺激等価性研究では、「A = BかつB = CであればA = C」という関係を推移性として扱っていた。しかし、出来事の推移的性質は等価関係以外にもある。例えば、「A > BかつB > CであればA > C」という強弱関係の推移性がそれである。**推移的推論** transitive inference という言葉は、等価関係であれ強弱関係であれ、関係の推移性に関する推論を指す用語であるが、動物心理学では、後者の場合にこの言葉が用いられることが多い。そうした研究は、複数の同時弁別課題をリスザルに訓練した実験(McGonigle & Chalmers, 1977)を契機に大きく発展した。この実験では、5色の容器(A, B, C, D, E)からなる4組の同時弁別課題(A+/B−, B+/C−, C+/D−, D+/E−)を行っている。ここで+は正項目、−は誤項目を表している。つまり、AとBが与えられたときはAを選べば容器内に餌があり、BとCではBに、CとDではCに、DとEではDに餌がある。これら4課題の訓練後、BとDの選択テストでBが選ばれたことから、推移的推論の能力があるとされた。

なお、推移的推論を確かめるには、3つの項目(A〜C)からなる2つの課題(A+/B−, B+/C−)を訓練した後、AとCのどちらを選ぶかをテストするのが最も簡便な方法である。しかし、この場合、テストでAを選んだ(Cを避けた)のは、「Aは常に餌がある(Cは常に餌がない)」という「項目と餌」の単純な連合学習によるものかもしれない。このため、上記のように5つの項目(A〜E)からなる4課題で訓練し、両端項目(AとE)以外の初めて経験する項目のペア(BとD)でテストする方法が用いられている。BとDはいずれも訓練全体では餌が得られる確率が同じ(50%)だからである。具

体的には、B選択はA/Bペアのときは絶対に餌で強化されないが、B/Cペアのときは必ず強化されるので50％、D選択もC/Dペアのときは絶対に餌で強化されないが、D/Eペアのときは必ず強化されるので50％である。餌が得られる確率が同じ50％であるBとDのペアでBが選択されることをもって、推移的推論の成功と見なす。

その後、同様の手続きを用いた実験により、チンパンジー、アカゲザル、リスザル、ラット、ハト、カケス、カラスなど、哺乳類・鳥類の多くの種が推移的推論を示すことが確認された（展望論文として、Guez & Audley, 2013; Vasconcelos, 2008）。ミツバチでは不首尾であったが、その理由としてミツバチにそもそも複数の弁別課題を学習・保持するだけの記憶力がないからだと結論されている（Benard & Giurfa, 2004）。

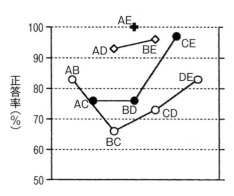

図8-16　ハトの推移的推論実験（田中・佐藤，1981）の成績　Nakajima（1998）

まず5つの同時弁別課題（A+/B-, B+/C-, C+/D-, C+/D-, D+/E-）を訓練した。同時呈示された2つの図形のうち正しいほうをつつけば餌を与えた。学習後に、すべての刺激ペアでテストした。テスト時には餌は与えないが、A＞B＞C＞D＞Eの順序系列に沿う選択が正答（例えば、AとCならAを選べば正答）である。すべてのペアで偶然水準（50％）よりも高い正答が得られた。総じて、訓練ペア（○）よりもテストペア（●◇＋）で成績がよい。なお、実際に用いた図形は7セグメントLEDディスプレイに表示された数字記号である。

図8-16はハトにA〜Eの5項目で訓練を行った後のテスト結果である。両端項目（AとE）を含む課題の成績が良く（末端項目効果 end-anchor effect）、訓練課題の成績は記憶課題におけるU字型の系列位置曲線に似た形状を示している。さらに、実験者が設定した項目順序の軸上で距離が離れている項目ペアほど成績が良い（象徴距離効果 symbolic distance effect）。この事実は、新しいペアでの成績は訓練課題からの単純な般化ではなく、A＞B＞C＞D＞Eという順序関係の心的表象が形成されていることを示唆してい

る。

　しかし、そうした心的表象を必要としない説明も可能である。例えば、**価値転移説** value transfer theory（von Fersen et al., 1991）では、訓練時に2つの項目がペアで呈示される際、項目間で誘因の価値（**誘因価** incentive value）の転移が生じると考える。100%餌をもたらすAの誘因価は100であり、まったく餌が得られないEの誘因価は0である。B～Dはそれぞれ50%の確率で餌をもたらすので誘因価はすべて50であるが、BはAとペアで示されているのでAの誘因価がいくらか転移する。DもCとペアで示されているのでCの誘因価がいくらか転移する。しかしCはそもそも誘因価がAよりも小さい、AからBへ転移する誘因価と比べて、CからDへ転移する誘因価はわずかである。このため、BとDのペアでBが選択されることになる。価値転移説は末端項目効果や象徴距離効果も説明できる。

　推移的推論の能力は順位制（→ p.311）を持つ群れで暮らす動物にとって重要である。例えば、群れの新入り個体Aが、群れで最強の個体Bを打ち負かす現場を目撃した個体Cは、Aに挑戦しないほうが賢明だろう。「A＞BかつB＞CであればA＞C」だからである。同種他個体間のやりとりを眺めて、自分自身の社会的地位を間接的に判断できることは、霊長類（ベルベットモンキー：Cheney & Seyfarth, 1986、キツネザル：Tromp et al., 2015）、鳥類（ニシコクマルガラス：Mikolasch et al., 2013、ハイイロガン：Weiß et al., 2010、マツカケス：Paz-y-Miño-C et al., 2004、ニワトリ：Hogue et al., 1996）や魚類（ティラピア：Grosenick et al., 2007、ジュリドクロミス：Hotta et al., 2015）などで確認されている。

　こうした事実をもとに、推移的推論能力は複雑な社会構造への適応として進化したとの仮説が多くの研究者によって提唱されており、それを支持する結果もある。例えば、同じキツネザル科の動物でも、複数の雌雄が含まれる十数頭の群れ社会で生きるワオキツネザルは、ペア型社会（単雄単雌型）で暮らすマングースキツネザルよりも、実験室で行われた刺激間の推移的推論課題で良い成績をおさめた（MacLean et al., 2008）。カラス科でも、50～500羽の群れ社会で生きるマツカケスのほうが、ペア型社会で暮らすアメリカカケスよりも、成績がよい（Bond et al., 2003）。さらに、中程度の群れを構成する

ハイイロホシガラスやオナガを加えたカラス科4種の比較でも、群れのサイズが大きい種ほど成績が良いことも報告されている（Bond et al., 2010）。

（4）数概念
(a) ケーラーの実験

　動物が数の概念を持つかどうかは、クレバー・ハンスの事例（→ p.50）でも明らかなように大衆からも大きな関心が寄せられてきたが、本格的な研究はドイツの動物行動学者ケーラー（O. Koehler, 1889-1974：ゲシュタルト心理学者ケーラーとは別人）が率いる研究チームによって始められた（Rilling, 1993）。ケーラーは鳥類（ワタリガラス、コクマルガラス、カササギ、オウム、ヨウム、インコ、ハトなど）を対象に、数概念に関するさまざまな実験を行っている（Koehler, 1941, 1943, 1950）。それらの実験は、いちどきに呈示される刺激の数を判断する同時課題、次々と呈示される刺激の数を判断する継時課題に大別できる。

　同時課題の代表例は、蓋に3つの点が記された容器と4つの点が記された容器を見比べて、前者を選ぶと正解（蓋を開けると中に餌がある）というものである。ケーラーの残した動画には、この課題で正しく答えるよう訓練された1羽のコクマルガラスが、印のない蓋にミールワームを3匹置いた容器と4匹置いた容器を初めて見せられた際に前者を選ぶようすが収められている。これは、カラスが学習したのは点の配置パターンではなく「3」の概念であることを示唆している。継時課題の代表例は、決められた数の穀物粒を食べる訓練である。ランダムな時間間隔で転がり出てくる豆を3粒食べたら好みの餌がもらえるという方法でハトに、3粒だけ食べさせる訓練に成功している。また、実験者が「デュオデュオデュオ‥‥」と唱えているときは2粒、「トロワトロワトロワ‥‥」と唱えているときは3粒の穀物を食べるようになったセキセイインコの例をケーラーは報告している。なお、「デュオ」はフランス語で「2」、「トロワ」は「3」の意味である。

　数概念の実験において留意すべき点は、数以外の手がかりによって正しく答えている可能性を排除することである（Wesley, 1961）。ケーラーは実験者

が意識的・無意識的に鳥に合図してしまわないよう、無人環境で鳥の行動を動画撮影した。これによって、クレバー・ハンスの錯誤を避けることができた。また、同時課題では、刺激の大きさ・形・明るさ・配置パターンなどが正答の手がかりにならないよう配慮し、継時課題では刺激の呈示間隔をランダムにして、所要時間や運動リズムが手がかりにならないようにした。しかし、すべての実験で数以外の要因を排除できていたわけではない。所定の回数だけ反応させる実験では、身体の疲労度を手がかりにしていた可能性もある。

(b) 4つの数的能力

「数」の特性の1つは**基数性** cardinality で、対象の数と数を表す記号（**数符** number tag）が、「・」は「1」、「‥」は「2」、のように対応していることをいう。なお、対象が何であっても同じ個数であれば同じ数符が用いられる。つまり、「・」も「*」も「1」であり、「‥」も「＊＊」も「2」であるというように、数は抽象化された概念である。なお、数符は数字「1」「2」といった数字だけでなく、「いち」「に」のような発声などでもよい。「数」のもう1つの特性は、**序数性** ordinality で、「1」よりも「2」が、「2」よりも「3」が大きい、といった順序関係をいう。

カナダの動物心理学者**デイビス**（H. Davis, 1941-）らは、数に関する動物の認知能力（**数的能力** numerical competence）に関する研究を展望した上で、数的能力を以下の4つに分類している（Davis & Pérusse, 1988）。まず、対象の数の多少を判別する**相対的数性判断** relative numerousness judgments で、これは基数性・序数性とも理解していなくても可能である。第2と第3の数的能力は、少ない数を一瞬で認識する**即座認知**（**直感的把握** subitizing）と数を大雑把に推し量る**推量** estimation で、この2つは基数性を理解していればできる。最後に、対象を数え上げる**計数** counting で、基数性・序数性の理解に加えて、最後の数詞がそのグループの数であることを理解している必要がある。

図8-17は、相対的数性判断の実験例である。ハトが左右キーのうち白点の多いほうをつつくと餌が与えられた。白円1つと2つの区別は容易（80%以上の成績）だが、白円の数が多くなると、1つの差が判別しにくくなって

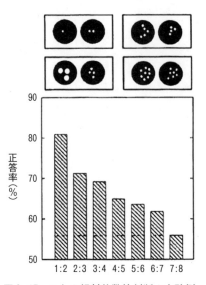

図8-17 ハトの相対的数性判断の実験例
Emmerton & Delius (1993)
左右のキーに映し出された刺激の例（上パネル）と成績（下パネル）

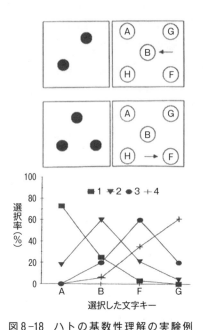

図8-18 ハトの基数性理解の実験例
Xia et al. (2001)
画面に映し出された刺激と正しい文字キーの例（上パネル）と成績（下パネル）

いることがわかる。白円の大きさは同じではないので、白い部分の合計面積は手がかりにならない。白円以外の刺激に変更したり、キー全体の明るさを変化させても成績には影響がなかった。相対的数性判断は、チンパンジー (Tomonaga, 2008)、アカゲザル (Nieder & Miller, 2003)、リスザル (Thomas et al., 1980)、イルカ (Kilian et al., 2003)、ヒヨコ (Rugani et al., 2008)、カダヤシ (アメリカメダカ：Agrillo et al., 2009, 2010) など多くの動物種で確認されている。ミツバチの実験 (Howard et al., 2018) では、2つの白スクリーンに示された黒円の数（例えば、1と3）を比較し、少ないほうのスクリーンに飛来すれば正答として砂糖水を与えた。この実験では0から6までの数が用いられており、差が大きくなると正答率が高くなるという象徴距離効果が認められた。

相対的数性判断には「数」の基数性の理解は必須ではないが、基数性の理解を示す実験も少なからずある。例えば、画面に映写された点の数に対応す

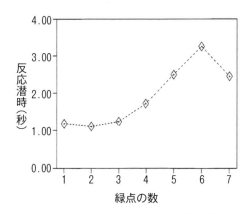

図8-19 チンパンジーにおける直観的把握
Murofushi (1997) を改変

緑点7個で再び反応潜時が短くなっているのは、この段階で学習していた最大の数が7であったため、6個よりも多ければ「7」つまり「たくさん」というキーをすぐに押したことを意味している。

る文字キーを押すようハトを訓練できる（図8-18）。この実験では、文字キーが数符に当たる。

図8-19はチンパンジーのアイ（→ p.250）が、画面上に映し出された緑点の数に対応した数字キーをどれだけ迅速に押したかを示している。緑点3個までは直ちに反応しているが、4個以上では反応が遅い。これは、即座認知能力が3個で、4個以上は推量ないしは計数を行っていることを示唆している。なお、この実験が行われたときアイは7まで学習していたが、9まで学習させてから行ったテストでは即座認知能力は4個であり、ヒトと等しい（Tomonaga & Matzuzawa, 2002）。アイは画面上に点がないときには「ゼロ」のキーを押すことができる（Biro & Matsuzawa, 2001）。また、点だけでなく窓に呈示されたさまざまな物の数を数字キーを使って回答することもできる（Matsuzawa, 1985）。こうした事実から、特定の物体の属性ではなく、抽象化された数の基数性をアイは理解しているといえる。アイは画面上に複数の数字が映し出されると、小さい数字から順にタッチすることもできた（友永ら，1993）。これは序数性を示すものである。序数性の理解は、アカゲザルでも報告されており、1〜4個の図形が描かれた4枚のパネルを1→2→3→4の順に押す訓練を受けると、5〜9個の図形が描かれたパネルについて多少を判断できた（Brannon & Terrace, 2000）。

こうした数的能力は霊長類に限ったことではない。ヨウムのアレックス（→ p.250）は盆の上に載せられた複数の品物の中から指示された物品の数を「one」「two」「three」「four」「five」「six」と発声したり（基数性の理解：

Pepperberg, 1994a)、それがないときには「none」と答えた（ゼロ概念の理解：Peppererg & Gordon, 2005）。色のついた数字カードを「one」～「six」の発声で読み上げるよう訓練すると、「何色の数字が大きい？」という質問に正しく回答できた（序数性の理解：Pepperberg, 2006b）。

(c) 計数

対象を数え上げる計数能力を調べる方法の１つは、呈示される刺激の回数に応じて異なった反応を行うよう訓練することである。例えば、音が２回鳴ったら右レバー、４回であれば左レバーを押すようラットに訓練できる（Fernandes & Church, 1982）。この研究では、回数以外の反応手がかり（刺激１回あたりの呈示時間、刺激間の時間、各試行での刺激の総呈示時間など）は用いられていないことが確認されている。

計数能力を調べる方法としては、ラットを対象にデイビスら（Davis & Bradford, 1986）が考案し、後の研究者（Suzuki & Kobayashi, 2000）が発展させた探訪課題が、ヒヨコ（Rugani et al., 2007）、グッピー（Petrazzini et al., 2015）、ミツバチ（Dacke & Srinivasan, 2008）などにも適用され、一定の成果を上げている。探訪課題では、動物は一列に並んだ複数の物体を順次訪問し、出発点から n 番目の物体を選ぶことが求められる（正答には餌が得られる）。出発点から n 番目の物体までの距離が変わっても正しく選択できれば、n 番までの計数ができたと見なす。ラットでは、訓練した物体以外の物体が並ぶテスト場面でも３番目のものを正しく選択できた（Taniuchi et al., 2016）。つまり、特定の物体に限定した**原始的計数** protocounting（Davis & Pérusse, 1988）でなく、抽象的な数概念を有した計数であることを意味している。

表 8-4 Gelman & Gallistel (1978) の計数原理

１対１原理 one-to-one principle	対象の数と数符は１対１の関係で対応している（基数性）。
順序固定原理 stable-order principle	数符は常に同じ大小関係にある（序数性）。
基数原理 cardinal principle	最後の数符がグループの数を示す。
抽象化原理 abstraction principle	どの対象も同じように数えられる（本３冊も虫３匹もパンチ３発も同じ「３」）。
順序無関係原理 order-irrelevance principle	対象はどの順番で数えても同じ結果になる。

上述の諸研究は、動物に計数能力の芽生えがあることを強く示しているが、ヒトの計数能力との開きは大きい。米国の心理学者**ゲルマン**（R. Gelman, 1946-）と**ガリステル**（C. R. Galistell, 1941-）は、ヒト幼児の数的能力の発達研究から、計数には5つの原理の理解が必要であるとしている（表8-4）。これらすべてを動物が理解しているかどうかについてさらなる研究が望まれる。

(d) 計算

2枚の板のそれぞれに2つの凹みを設け、凹みにチョコレート粒を0～5個入れる。例えば、左の板の左凹みに2個、右凹みに1個、右の板の左凹みに2個、右凹みに2個であるとき、チンパンジーは右の板を選ぶ（図8-20）。ランバウ（→ p.248）は、これは「2＋1」と「2＋2」の比較課題であり、こうした課題の解決は加算（足し算）能力を意味していると論じた。この結果は、その後の研究によっても確認されている（Pérusse & Rumbaugh, 1990）。また、ゴリラ（Anderson et al., 2005）・オランウータン（Anderson et al., 2007）・アカゲザル（Livingstone et al., 2014）・リスザル（Olthof et al., 1997）でも類似課題で成功が報告されている。

これらの実験では数えるべき餌が同時に呈示されているため、即座認知、つまり全体量を一目で見て、より多い板を選択している可能性を完全に排除できない。しかし、2回に分けて呈示した場合でも合計の多い板を選択できることがチンパンジー（Beran, 2001）で報告されている。また、アカゲザルが、画面上に連続して呈示された点の数を加算して正解を選ぶ（例えば、画面に点がまず3つ呈示された後、5つ呈示されたら、点8つのカードパネルを押せば正解）との報告もある（Cantlon & Brannon, 2007）。さらに、物の個数と数字カード（0～4）を正しく対応させる訓練を行ったチンパンジーは、数字カードの足し算テストに合格した（図8-21）。また、ジュースの滴数（0～25）に応じた記号を憶えさせたアカゲザルは、それらの記号2つを加算できた（Livingstone et al., 2014）。

加算ができるのは霊長類だけではない。ヨウムのアレックス（→ p.250）は、2回に分けて見せられたお菓子について「合計は？」という質問に正しく音声で答えたり（Pepperberg, 2006a）、正しい数字の書かれたカードの色を答え

図8-20 チンパンジーの加算能力を調べる実験 Rumbaugh et al.(1987)

図8-21 チンパンジーの加算能力を調べる実験 Boysen & Berntson(1989)
3か所の隠し場所のうち実験者が決めた2か所に0～2の数字カードを隠しておく。チンパンジーは隠し場所で数字カードを確認した後、台の上に並べられた1～4の数字カードから正しいものを選択しなくてはならない。具体的には、「0＋1＝1」「0＋2＝2」「1＋1＝2」「0＋3＝3」「1＋2＝3」「1＋3＝4」「2＋2＝4」の計算が求められ、8割以上正答できた。

る（Pepperberg, 2012）ことができた。

　動物の注意をひくもの（例えば、餌）を、動物の眼の前で遮蔽物の背後に隠す課題も加算能力を調べるテストとして、しばしば用いられる。例えば、動物の眼の前で遮蔽物の背後に餌をまず1個隠し、次いでもう1個隠し、遮蔽物を取り去ったとき、そこに餌が2個ある場合（1＋1＝2）、アカゲザルは驚かないが、餌が1個ある場合（1＋1＝1）は驚いてそれを凝視する（Hauser et al. 1996; Hauser & Carey, 2003）。同じ結果は、キツネザル（Santos et al., 2005）・ワタボウシタマリン（Uller et al., 2001）・イヌ（West & Young, 2002）でも確認されている。これらは予想とのずれ（**期待相反 violation of expectancy**）があった際に動物が驚愕反応を示すことを加算能力としている。

　動物の減算（引き算）能力についても、遮蔽物を用いて研究されている。例えば、動物の眼の前で遮蔽物の背後に餌を2個隠し、次いで1個取り出し、遮蔽物を取り去ったとき、そこに餌が1個ある場合（2－1＝1）、アカゲザルは驚かないが、餌が2個ある場合（2－1＝2）は驚いてそれを凝視す

図 8-22　ベルベットモンキーに与えた減算課題の例　Tsutsumi et al.（2011）を改変
2個から1個を取りさらに1個を取り去る「2-1-1」課題の実験手順。パン片2個を不透明のカップに隠す。カップを回してサルに中を見せた後、回し戻してカップ内が見えないようにする。この状態でサルの目の前で1個を取り出し、さらに1個取り出す。カップ内には餌がなくなったことを推理できれば、カップに近づかないはずである。

る（Hauser et al., 1996）。ベルベットモンキーの実験では、遮蔽物（カップ）から餌を取り出した際に近づくかどうかで減算能力を実証している（図8-22）。アカゲザルが2つの遮蔽物のうち餌を取り出した側を避けるかどうかを指標として、減算能力を示した研究もある（Sulkowski & Hauser, 2001）。また、ヒヨコの実験（Rugani et al., 2009）では、加算能力と減算能力を同時に実証している。例えば、遮蔽物Aが［1＋2］（1個隠してから2個追加する）で遮蔽物Bが［4－2］（4個隠してから2個取り除く）のときには遮蔽物Aを選び、遮蔽物Aが［0＋2］（0個隠してから2個追加する）で遮蔽物Bが［5－2］（5個隠してから2個取り除く）のときには遮蔽物Bを選ぶ。

　このように計算能力を示する研究がある一方で、チンパンジー（Beran, 2004）やオランウータン（Call, 2000）は減算能力を欠くとの報告もあり、さらなる検討が必要である。

コラム 動物の知能に関する素朴心理学

　素朴心理学 folk psychology とは、心理現象や心理過程について、専門家ではない人々（一般人）が持つ考えをいう。下図は日本人大学生に「人間の知能を100とした場合、動物の知能はどのくらいになると思うか」とたずねた結果をまとめたものである。ほぼ大進化（→ p.16）にそった順位になっているが、おしゃべり鳥（キュウカンチョウ・オウム）や社会性昆虫（ミツバチ・アリ）の値が高いなど興味深い点も見られる。なお、米国人大学生を対象にした調査でもよく似た結果が得られている（Nakajima et al., 2002）。

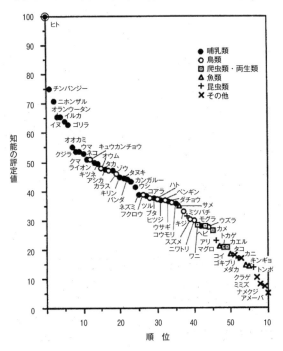

図8-23　60種類の動物の知能の大学生による推定値の平均と順位　中島（1992）

コラム 条件づけと因果推論

　第5章で、条件づけによる学習は連合の形成によるものだと紹介した。しかし、条件づけは、単純な神経系を持つ動物では連合形成だが、複雑な神経系を有する動物では因果推論にもとづく**命題** proposition の形成だと主張する研究者もいる（De Hauwer, 2009）。この立場では、古典的条件づけは「手がかりが結果をもたらす」、オペラント条件づけは「反応は結果をもたらす」という命題を、経験から推理して導く高次認知過程となる。

　下表に示す実験は因果推論説を支持する研究の1つで、ラットを被験体とした恐怖条件づけ事態で行われたものである。まず、阻止群と統制群の比較から、阻止（→ p.188）の現象が確認できる。因果推論説によれば、これは阻止群において［A→電撃］訓練によって形成された命題「刺激Aが電撃をもたらす」にもとづき、［AX→電撃］訓練によって「刺激Xは冗長である」との結論を生んだためである（統制群の要素訓練は［B→電撃］なので、刺激Xは冗長ではない）。この推論の背景には、「呈示された刺激の合計で結果の大きさが決まる」という加算規則が働いている。つまり、刺激Aが十分に電撃を予測するから刺激Xは冗長なのである。因果推論説では、加算規則を崩すことができれば、阻止現象は生じなくなるとする。実際に、加算規則に違反する事前訓練（刺激Cと刺激Dを同時呈示してもその後に生じる電撃強度は等しい）を行った群では、阻止現象は生じず、テスト期に刺激Xが喚起する反応は大きかった。

表8-5　条件づけが推論過程であることを示す実験の例 Beckers et al. (2006) の実験

群名	事前訓練期	要素訓練期	複合訓練期	テスト期	反応
阻止群	C→電撃、D→電撃、E→電撃	A→電撃	AX→電撃	X？	小
統制群	C→電撃、D→電撃、E→電撃	B→電撃	AX→電撃	X？	中
加算規則違反経験群	C→電撃、D→電撃、CD→電撃	A→電撃	AX→電撃	X？	中

各刺激はさまざまな音や光で、刺激の物理的性質が実験結果に影響しないように選ばれている。阻止群と統制群には事前訓練は不要だが、電撃経験数を群間でそろえるために、刺激C～Eを電撃と対呈示する試行を行っている。なお、実際の実験は6群構成であるが、ここでは重要な3群のみ示す。

コラム　カラスと水差

　イソップ寓話に、のどが渇いたカラスが水差の水を飲もうとする話がある。くちばしが水面に届かないことを知ったカラスは小石を水差に入れて水位を上げ、水を飲むのに成功した（図8-24）。カラスは物理的因果関係を理解していたのだろうか？　それを確かめるための実験が、ミヤマガラス（Bird & Emery, 2009）、カレドニアガラス（Jelbert et al., 2014; Logan et al., 2014; Miller et al., 2016; Taylor et al., 2011）、カケス（Cheke et al., 2011）、アライグマ（Stranton et al., 2017）などで行われている。ここではカレドニアガラスでの実験の一部を紹介しよう。

図8-24　カラスと水差　Rackham（1912）

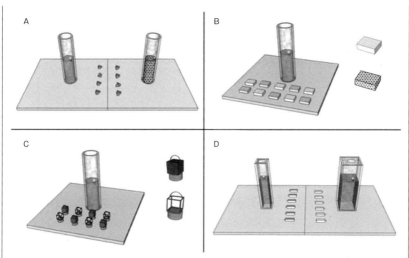

図 8-25 水差問題 Jelbert et al. (2014)
4種類のテスト条件を示す。実際にはもう2種類テストを行っている。

　あらかじめ、小石を落として餌を得る行動を6羽のカラスに訓練した後、さまざまなテストを実施した（図8-25）。テストAでは2本の透明円柱のうち、一方には水を、もう一方には砂を入れて、いずれも表面に餌を浮かべた。カラスは水の入った円柱のほうに多くの石を入れた（それによって水位が上がり、餌を食べることができた）。テストBやCでは円柱が1本で、カラスが2種類の物体のどちらを円柱に入れるか調べた。テストBでは、プラスチック製（浮く）よりもゴム製（沈む）を多く選び、テストCでは、中空の立方体（ほとんど水位は上がらない）よりも中空でない立方体（水位が上がる）を多く選んだ。これらのテストから、カラスは落下物と水位の物理的因果関係をある程度は把握しているようである。しかし、細い角柱と太い角柱のどちらに物体を落とすか調べたところ（テストD）選択に差がなく、細い角柱のほうが水位が上がりやすいことは理解できていないようだった。

コラム 多様性の検出

ワッサーマン（→ p.43）らは、画面上に数多くの図形を呈示して、ハト（Wasserman et al., 1995; Young & Wasserman, 1997; Young et al., 1997; Young & Wasserman, 2001b）やギニアヒヒ（Fagot et al., 2001; Wasserman et al., 2001a）に同異課題を訓練している。アイコンがすべて同じ場合は左キー、すべて異なる場合は右キーに反応するよう訓練すると、新しい図形にも転移した。また、図形のうちいくつかが同じで残りが異なるような場合に、動物がどのように判断するかは、図形の種類の乱雑さについて**情報量 entropy** を計算式すると予測できた。ここでいう乱雑さは呈示される図形の多様性であって、図形配置の非規則性のような知覚要因ではない。ヒトでも同様の結果（Castro et al., 2006; Young & Wasserman, 2001a）が得られたため、ワッサーマンらはヒトを含む動物の生存にとって事物の多様性検出は重要で、これが異同概念の起源ではないかと論じている（Wasserman et al., 2004; Wasserman & Young, 2010）。

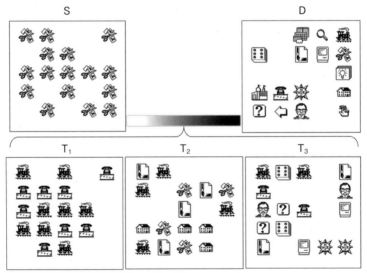

図 8-26　16個の刺激を用いた同異課題と転移テスト。ワッサーマンらが行った数多くの実験のうちの1つ（Young & Wasserman, 1997, 実験2）である。
1種類×16個の場合（パネルS）に「同じ」、16種類×1個の場合（パネルD）に「違う」と反応するよう訓練したハトを、2種類×8個（パネルT_1）、4種類×4個（パネルT_2）、8種類×2個（パネルT_3）でテストしたところ、S＞T_1＞T_2＞T_3＞Dの順に「同じ」反応が多かった。

参考図書

○矢田部達郎『思考心理学3—動物の思考』培風館　1953
○ドゥ・ヴァール『動物の賢さがわかるほど人間は賢いのか』紀伊國屋書店　2017
○ケーラー『類人猿の知恵試験』岩波書店　1962
○岡野恒也『チンパンジーの知能』ブレーン出版　1978
○グドール『森の隣人—チンパンジーと私』朝日選書　1996
○北原隆・乗越皓司『道具の起源—類人猿から初期人類への道具行動の発展』
　東海大学出版会　1986
○バーン『考えるサル—知能の進化論』大月書店　1998
○渡辺茂『ピカソを見わけるハト—ヒトの認知，動物の認知』NHKブックス　1995
○渡辺茂『ハトがわかればヒトがみえる—比較認知科学への招待』共立出版　1997
○渡辺茂『ヒト型脳とハト型脳』文春新書　2001
○渡辺茂『鳥脳力—小さな頭に秘められた驚異の能力』化学同人　2010
○細川博昭『鳥の脳力を探る—道具を自作し持ち歩くカラス、シャガールとゴッホを見分
　けるハト』サイエンス・アイ新書　2008
○アッカーマン『鳥！驚異の知能—道具をつくり、心を読み、確率を理解する』
　講談社ブルーバックス　2018
○マーズラフ＆エンジェル『世界一賢い鳥、カラスの科学』河出書房新社　2013
○ターナー『道具を使うカラスの物語—生物界随一の頭脳をもつ鳥カレドニアガラス』
　緑書房　2018
○村山司『イルカが知りたい—どう考えどう伝えているのか』講談社選書メチエ　2003
○宮田裕光『動物の計画能力—「思考」の進化を探る』京都大学学術出版会　2014
○カレッジ『タコの才能—いちばん賢い無脊椎動物』太田出版　2014
○ゴドフリー＝スミス『タコの心身問題—頭足類から考える意識の起源』
　みすず書房　2018
○池田譲『イカの心を探る—知の世界に生きる海の霊長類』NHK出版　2011
○バルコム『魚たちの愛すべき知的生活—何を感じ、何を考え、どう行動するか』
　白揚社　2018

第9章 ❖ 自己と社会

ケーラー（→ p.36）は「独りのチンパンジーは真のチンパンジーではない」と述べ、社会的な行動を研究する意義を指摘した（Köhler, 1921）。チンパンジーに限らず、生涯を通じて他個体と関わりを持たずに生きる動物はほとんどいない。平時は単独で暮らす動物種であっても、生涯のある時期（例えば、繁殖期）には他個体と何らかの交渉を持つ。この章では個体間の関係を取り扱った研究を紹介する。

1．自己意識

イソップ寓話のイヌは、川面に映った自らの姿を他者だと勘違いして吠えかかったために、くわえていた肉を落としてしまう。自分を他者と区別するには、「自分」という存在に気づいていること（自己意識 self-awareness）が必要である。

（1）鏡像自己認知

鏡に映った姿を自分だと認識することを鏡像自己認知 mirror self-recognition という（図9-1）。米国の動物心理学者ギャラップ（G. G. Gallup, Jr., 1941-）は、4頭のチンパンジーの檻の前に大きな鏡を設置して10日間にわたって観察した（Gallup, 1970）。その結果、社会的反応（例：鏡像に対し威嚇する）は日を追うにつれ減少し、自己指向反応（例：歯間の食べかすを鏡を見ながら取る）が増えた。こうした行動変化は、チンパンジーが鏡像を自分だと認識するようになったことを示唆している。さらにギャ

図9-1 鏡を見ながら顔を調べるチンパンジーのこども Povinelli et al. (1993)

ラップはこの4頭のチンパンジーに麻酔をかけ、眉や耳といった直接見えない部位に赤い染料を塗布した。覚醒後、鏡のない状況では塗布部位に触れたりしないことを確認してから鏡を再設置したところ、鏡を見ながら塗布部位を触る行動が頻繁に出現した。このような実験を**マークテスト** mark test という。いっぽう、マカク属のサル3種（アカゲザル、カブオザル、カニクイザル）はこのテストに合格しなかった。その後、ギャラップの研究チームを含む複数の研究チームがさまざまな動物種にマークテストを実施したが、合格したのはチンパンジーなど大型類人猿だけであった。こうした研究から、自己意識はヒトと大型類人猿だけが持つ心の働きで、自分がどのような存在である

トピック

ミラーニューロン

　1996年、イタリアの神経生理学者**リッツォラッティ**（G. Rizzolatti, 1937-）らは、ブタオザルの脳の運動前野腹側部前方（F5野）に奇妙な神経細胞群を発見した（Gallese et al.,1996; Rizzolatti et al., 1996）。これらの神経細胞は、サル自身が餌を手でつかもうとしたときだけでなく、実験者が同様の手の動きをした際にも活動したのである。リッツォラッティはこうした神経細胞を**ミラーニューロン** mirror neuron と名づけ、運動の理解に関与しているとした。ミラーニューロンはアカゲザルなど他のマカク属でも確認されるが、ヒトにおいてもミラーニューロンの存在を示唆する脳活動が見られる（Iacoboni et al., 1999）。また、鳴禽類のヌマウタスズメでも自分のさえずりに似た他個体のさえずりに活動するミラーニューロンが発見されている（Prather et al., 2009）。

　自らの行為だけでなく、他個体の類似行為によっても活動するという性質から、ミラーニューロンは模倣と関連すると考えられている（Rizzolatti & Craighero, 2004）。さらに、ヒトでは質問紙検査によって測定された共感性の程度とミラーニューロンの活動に正の相関が見られることから、共感機能に関わるとされている（Gazzola et al., 2006）。ただし、ヒトにおけるミラーニューロンの存在は不確実で、ミラーニューロンの活動は模倣や共感の原因ではなく、古典的条件づけによって生じる知覚と運動の連合学習の結果に過ぎないとの指摘もある（Heyes, 2010）。

かという自己概念にもとづくとギャラップは論じた（Gallup, 1982）。

　しかし、チンパンジーでもすべての個体がマークテストに合格するわけではなく、例えば、最も成績のよい青年期の個体（7～15歳）でも合格率は75％に過ぎない（Povinelli et al., 1993）。いっぽう、鏡を使う行動を積極的に訓練すると、大型類人猿以外でもマークテストに合格するとの報告もある。エプスタイン（→ p.254）らはハトに、①背後の壁に瞬間的に呈示された青丸刺激の位置を鏡を使って知り、振り返ってそこをつつく行動と、②身体に貼られた青丸シールをつつく行動の2つを事前に訓練した。その後のテストで、ハトは直接見えない身体部位に貼られた青丸シールを鏡映像を参照してつついた（図9-2）。この結果は他の研究者らによっても再現されている（Uchino & Watanabe, 2014）。また、マカク属のニホンザルに鏡を使って物の位置を探る訓練をすると、マークテストに類似した課題をこなす（鏡を参照しながら、後頭部の上の造花を触る）という報告（Itakura, 1987）もある。

　1990年代には、鏡像自己認知を中心に、動物の自己意識研究が盛んとなり（Parker et al., 1994）、そうした中でワタボウシタマリンがマークテストに合格するという研究（Hauser et al., 1995）も発表されたが、他の研究者から疑念が提起され（Anderson & Gallup, 1997）、元研究の著者らも結果再現に失敗したと発表した（Hauser et al., 2001）。

　21世紀になってから、イルカ（Reiss & Marino, 2001）、シャチ（Delfour et al., 2001）、ゾウ（Plotnik et al., 2006）など、大型類人猿以外の動物でも

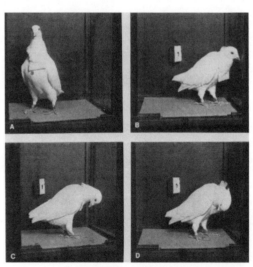

図9-2　ハトの鏡映像自己認知のテスト Epstein et al.（1981）
「よだれかけ」によって直接見えない部位にある青丸シールを、鏡映像を参照してつつくようす（A～D）。

マークテストに合格するとの報告が続出している（イルカやシャチはマークした部位が鏡でよく見えるよう体をねじり、ゾウは鼻でマーク位置に触れた）。特に、鳥類のカササギ（Prior et al., 2008）での成功報告は大きな話題となった。ただし、鳥類でもハイイロホシガラス（Clary & Kelly, 2016）やシジュウカラ（Kraft et al., 2017）はマークテストに失敗している。

　近年の特筆すべき研究として、鏡に対面しているアカゲザルの顔に痒みを引き起こす光点をレーザー照射したものがある（Chang et al., 2015）。アカゲザルは痒みの生じた部位をこするが、痒みのない光点が照射されたときにも鏡を見ながら光点の位置をこするようになった。さらに、飼育室で鏡を見ながら自分の体（直接見えない性器部分）を自発的に調べる行動も出現したという。この実験結果が、鏡の使用とその般化に過ぎないのか、それとも自己意識の存在を示すものかは議論が分かれるところであろう。

　また、掃除魚として知られるホンソメワケベラがマークテストに合格したとの衝撃的な実験報告もある（Kohda et al., 2019）。印をつけた身体部位が鏡の前でよく見える姿勢をとったり、鏡を見て確認した印をこすり落とす行動を示したという。魚にも自己意識があるのか、あるいはマークテストが自己意識の確認法として妥当でないのか、今後の議論が期待される。

　マークテストは鏡像の理解を前提としているため、視覚の弱い動物には適応できず、結果が鏡のサイズなどにも影響されるなど、動物の自己意識の存在を確認する方法としては問題が少なくない（草山ら, 2012）。しかし、これに代わる有力な方法はまだ開発されていない。

（2）自己の身体認識

　鏡像自己認知は、自己の身体の形や動きと鏡像の動きとの対応関係の理解だと捉えることができる（Povinelli, 1995）。動物が自分の身体を認識していることは、身振り言語理解の研究（→ p.245）からもうかがえる。イルカは訓練者がハンドサインで示した、自分の身体部位（吻先や背びれ、尾など9か所）の名前を理解して、正しく行動できる（Herman et al., 2001）。例えば、「ball rostrum touch（ボールに吻先で触れ）」というハンドサインに正しく反応する。

これは自分の身体を認識している証拠といえるかもしれない。しかし、「自分」という存在に気づいていること（自己意識）と同じではないだろう。

2．社会集団

野生動物の生活集団の大きさは種によって大きく異なる。哺乳類を例にあげれば、アライグマやトラのように繁殖期以外は単独で暮らす種から、ナキウサギやアナグマのように雌雄ペア（つがい）で暮らす種、タイリクオオカミやライオンのように数頭の雌雄で暮らす種、ミナミゾウアザラシのように1頭の雄が数十〜数百頭の雌をハレム支配する種とさまざまで、配偶形態も種によって、一夫一妻・一夫多妻・一妻多夫・多夫多妻・乱婚と多様である（徳永ら，2002a）。集団生活を営む動物種では役割分担（分業）や序列が生じやすく、高度に組織化された社会集団が形成されることもある。こうした**社会性動物** social animal には、一生のほとんどを集団生活する（常集団性）、1か所に複雑な巣を造って定住する（定住造巣性）、保育制の発達、集団による食物の計画的獲得と貯蔵、コミュニケーション手段の発達、徹底した分業制、協働性を可能にする指導・追随制といった特徴がある（伊藤，1973）。

社会性動物には、繁殖に関する分業がある（繁殖個体と不妊の労働個体がいる）もの（**真社会性** eusocial）と、そうでないもの（**亜社会性** subsocial）に区分される。哺乳類や鳥類のほとんどは亜社会性であるが、ハダカデバネズミは真社会性であり、昆虫では、オオゴキブリ・コオロギ・タガメなどが亜社会性で、シロアリやミツバチの全種、アリもほとんどの種が真社会性とされる（伊藤，2002）。

（1）群れ

同種個体が集まって、統一された行動をするとき、その集合を**群れ** group という。動物が群れになると、狩りなどの共同作業によって食物獲得に有利であるだけでなく、生殖機会も増える。また、幼若個体の保護や寒地での体温維持にも有効である。さらに、捕食者を発見しやすく、個体あたりの警戒のコストが小さくなり、捕食者からの攻撃などのリスクも分散できる（**希釈効果**

dilution effect：Bertram, 1978）。その一方で、群れの内部で食物や配偶相手をめぐる競合が生じたり、感染症の罹患可能性が高まったり、天災で大量死したり、捕食者の狩猟戦略によっては大量捕獲されてしまうといったデメリットもある。群れの個体数は少なすぎても多すぎても生存に適さない。生息場所が限られている場合には最適密度がある（図9-3）。**個体群生態学** population ecology に大きく貢献した米国の生物学者アリー（W. C. Allee, 1885-1955）にちなみ、この事実を**アリーの原理** Allee's principle という。最適密度は動物種や環境（餌の豊富さなど）

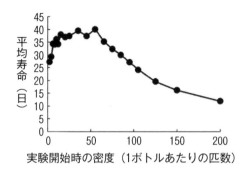

図9-3　ショウジョウバエの平均寿命と個体密度の関係　Pearl et al.（1927）

1オンス（約28g）のボトル内に雌雄のショウジョウバエを入れて、毎日生存数を数えた。1ボトルあたり10〜55匹程度が最適密度で、これより少なくても（過疎）、多くても（過密）でも、寿命は短くなる。なお、この実験では毎日新しい餌を十分に与えているため、寿命は餌の多寡によるものではない。

トピック

動物種によって違う「群れ」の英語

　英語で「XXXの群れ」というとき「a group of XXX」が一般的であるが、動物種によっては、「group」の代わりに別の英単語が使用されることがあるので、野生動物に関する英語論文を読む際には気をつけたい。以下にいくつか例をあげておく。泳ぐ魚は「school」や「shoal」、群れ飛ぶ虫は「swarm」である。飛ぶ鳥の群れは一般的に「flock」だが、雲のように大群で飛ぶ場合はやはり「swarm」が使われる。地面にいるペンギンやアホウドリは「rookery」、ライチョウやヤマウズラは「covey」が用いられる。多くの哺乳類では「herd」だが、追い立てられている集団なら「drove」である。そのほか、野犬やオオカミは「pack」、キツネは「skulk」、ライオンは「pride」、チンパンジーやゴリラは「band」、イルカやクジラは「pod」が用いられる。

によって異なる。

　動物の群れが集団として1つの生き物のようにふるまうとき、これを機能的生命体あるいは**超個体** superorganism という。女王蜂が新しい巣作りのために多く働きバチを引き連れて古い巣を離れるときやワタリバッタの集団移動（→ p.136）などがそうした例である。このような**群行動** swarm behavior は、渦を巻くように泳ぐイワシの大群や旋回して飛翔するムクドリの大群などでも見られる。群行動の背後に**群知能** swarm intelligence を想定し、個体間の情報交換を数理モデル化して理解しようとする試みが人工知能研究で盛んであるが、群知能の実体を捉えるには至っていない（Ioannou, 2017）。

（2）個体分布

　餌が豊富な地域には多くの個体が生息し、乏しい地域に生息する個体は少ない。各個体が常に最適な餌場を知っており（理想）、速やかにそこに移動できるなら（自由）、最終的にすべての餌場の価値（適応度）が同じになるよう個体分布する。これを、**理想自由分布** ideal free distribution という（Fretwell & Lucas, 1970）。このため、隣接する生息地Aと生息地Bがあるとき、生息地Aで暮らす個体の割合は、生息地Aで得られる餌の割合とほぼ一致するという**生息地マッチング** habitat matching が生じる（Pulliam & Caraco, 1984）。

　理想自由分布が成立するのは、①個体は生息地に関する完全な情報を得ている、②個体はコストや制限なしに生息地間を移動可能である、という前述の2条件に加えて、③個体は適応度を最大化するように餌場を選択する、④生息地の個体数が増加するにつれ、その生息地での個体あたりの餌摂取量は少なくなる、⑤個体間の競争能力は常に一定である、という条件がそろっているときである（Fretwell & Lucas, 1970）。

　生息地マッチングは各個体が示す反応選択の対応法則（→ p.192）と形式的に似ている。このため、個々の動物が対応法則にしたがって行動することが、結果的に生息地マッチングをもたらすように思われる。しかし、数理論的分析によって、この考えは間違いであるとされている（Baum & Kraft, 1988）。

（3）なわばりと行動圏

　動物が他個体（群れで生活する種では他の群れの個体）を排除して占有する区域・空間を**なわばり** territory という。なわばりは、音声や身振りによる威嚇、フェロモンの放出、身体的攻撃などで防衛される。なわばりは占有利益がその防衛コストを上回る場合に形成され、さまざまな動物種で見られる。採食・交尾・繁殖（営巣）のための全地域をなわばりとする種では、個体や群れの通常の行動範囲である**行動圏** home range となわばりが一致するが、多くの種では採食はなわばり以外でも見られるので行動圏のほうが広い。例えば、シロサイ雄のなわばりは平均1.6km^2、行動圏はその10倍の平均16km^2、タイリクオオカミの群れのなわばりは平均111 km^2、行動圏はその3.5倍の平均392km^{2}である（徳永ら，2002b）。ただし、なわばりや行動圏の広さは生息場所の諸条件（生息密度や餌の分布）や季節などによって異なるので、これらの値は絶対的なものではない。

　なわばりが確立すると、なわばりの境界の隣の個体（群れ）には寛容になりがちである（**隣人効果** dear enemy effect）。これは、隣接者に威嚇や攻撃を繰り返すことの負担の大きさ（時間・労力の消費や負傷リスク）を学習した結果だと考えられる（Temeles, 1994）。しかし、なわばりを通り過ぎるだけの未知個体は隣接者よりも脅威でない。このため、未知個体よりも隣接者に攻撃的になることもある（**隣人嫌悪効果** nasty neighbor effect）。例えば、シママングースの群れは、隣接する群れの個体の匂いに対して、より盛んに警戒音声を発する（Müller & Manser, 2007）。食料などの資源をめぐって隣接者と競合関係にある場合は、隣接者は未知個体よりも脅威となるため、隣人効果より隣人嫌悪効果のほうが生じやすい。

（4）順位制

　ノルウェーの動物学者**シェルデラップ＝エッベ**（T. Schjelderup-Ebbe, 1894-1976）は、ニワトリを小集団で飼育すると、特定の個体が他の個体をいつも一方的につつき攻撃することを発見し、攻撃の優劣に階層序列があると主張した（Schjelderup-Ebbe, 1922）。この現象はその後、**つつきの順位** pecking order

と呼ばれるようになった。同様の順位制 dominance hierarchy は、コクマルガラスなど他の鳥類や、群れで暮らす多くの哺乳類、一部の昆虫（アシナガバチなど）でも確認されている。順位制には、群れの秩序を保つ機能があるとされている。なお、群れの最優位個体を**アルファ個体** alpha individual という。

順位制の厳格さは動物種や生息地域、飼育環境などによりさまざまである。ニホンザル集団については他個体を圧倒する強大なアルファ個体は「ボスザル」と呼ばれ、人間社会に引きつけて論じられたこともあったが、これは一種の「神話」である（佐渡友ら，1998）。「ボスザル」は動物園での飼育下という特殊環境によって生じたもので、餌づけした野生ニホンザルでは順位制は比較的緩やかで、餌づけもしていない完全な野生環境では明瞭な順位制は見られないとの報告がある（伊沢，1982）。

3．他者とのかかわり
（1）共生

自然界で生物は他種との間に、捕食や競争など多様な関係を持ちながら暮らしている。そうした関係のうち、種間で共存して生活する様式を**共生** symbiosis という。例えば、ホンソメワケベラはクロハタなどの魚の体についた寄生虫を食べるが、掃除される魚はそれによって健康が保たれる。共生にはこのように両種が利益を得る**相利共生** mutualism のほか、片方の種だけが利益を得る**片利**

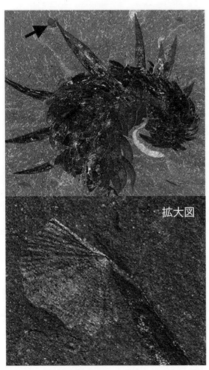

図9-4　軟体動物ウィワクシアの棘に付着した腕足動物の化石　Topper et al (2014)
ほかにも同様の標本が見つかっており、偶然に重なったものではない。腕足動物（写真の扇形のもの）がウィワクシアを移動用の乗り物とした片利共生だと考えられる。

共生 commensalism、片方の種だけが害を被る**片害共生** amensalism、片方の種が利益を得て相手の種が害を被る**寄生** parasitism がある。共生は動物種間だけでなく、植物間や動物と植物の間にも見られる。動物間での共生の例は古生代カンブリア紀にさかのぼる（Vinn, 2017：図 9-4）。

（2）協力

同種の複数の個体が**協力** cooperation して狩りや子育てをしたり、群れを防衛することは多くの野生動物の観察報告から明らかである。しかし、動物が協力の意味をどれだけ理解しているかは不明な点も多い。このため、実験環境で動物に協力課題を与える試みが種々なされている。例えば、紐引き協力課題（図 9-5）を与えられた動物は試行錯誤で、紐に加える力やタイミングを合わせられるようになる。しかし、ギニアヒヒ（Fady, 1972）・マカク属のサル（Petit et al., 1992）・カワウソ（Schmelz et al., 2017）・ミヤマガラス（Seed et al., 2008）・ヨウム（Péron et al., 2011）は、単独でいるときにも紐を引いてしまい（これによって餌は得られなくなる）、相方の到着を待てない。いっぽう、チンパンジー（Hirata & Fuwa, 2007）・オランウータン（Chalmeau et al., 1997）・ワタボウシタマリン（Cronin et al., 2005）・ブチハイエナ（Drea & Cater, 2005）・アジアゾウ（Plotnik et al., 2011）・オオカミ（Marshall-Pescini et al., 2017）・ワタリガラス（Massen et al., 2015）・スジアラ（ハタ科の魚：Vail et al., 2014）では相方の到着を待つことができる。したがって、これらの種では道具の物理的因果関係（→ p.269）を含む作業の性質を正しく理解し、また自分の衝動を制御できると思われる。なお、

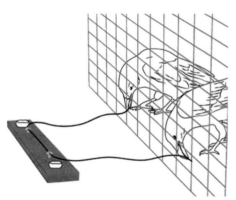

図 9-5　紐引き協力課題に取り組むワタリガラス　Massen et al. (2015)
板上には左右に餌皿があり、紐を同時に引くと板が手前に移動して餌が得られる。2 羽の間で力加減やタイミングがずれると、紐が外れたり板が傾いたりして餌が得られなくなる。

第 9 章 ❖ 自己と社会　313

フサオマキザルでは失敗報告（Chalmeau et al., 1997; Visalberghi et al., 2000）と成功報告（Mendres & de Waal, 2000）がある。イヌについても成功報告（Ostojić, L. & Clayton, 2014）と失敗報告（Marshall-Pescini et al., 2017）がある。実験方法の細かい違いや動機づけの程度、相手との関係などが課題の成否に影響するのであろう。

（3）不公平忌避

ところで、紐引き協力課題では、板上に載せる餌を片方だけ多くすると、公平感の研究に使用できる。例えば、フサオマキザルは餌量が個体間で異なっても協力行動を拒否しないものの、餌量の多い方と少ない方を交互に行える場合にはより積極的に協力行動を行う（Brosnan et al., 2006）。動物が公平 fairness という考えを持つかどうかは、紐引き協力課題以外にもさまざまな

トピック

子殺し

ハヌマンラングールの野生観察をインドで行っていた霊長類学者の杉山幸丸（1935-）は、群れを乗っ取った雄が子ザルを次々に殺したという子殺し infanticide の報告を行った（Sugiyama, 1965）。この報告は当初、偶発的行動に過ぎないと等閑視されたが、米国の動物学者シャラー（G. Schaller, 1933-）がライオンでも同様の事実を発表（Schaller, 1973）して以降、霊長類を中心に多くの動物種で報告されるようになった。霊長類の他にも、哺乳類（ジリスやヒグマなど）・鳥類（カモメやツバメなど）・昆虫（タガメやアシナガバチなど）・両生類（アマガエルなど）・魚類（ナマズやグッピーなど）で、子殺しが見られる（伊藤ら，2002）。子殺しの原因としては、異常行動説のほかに、密度調節説（群れにとって適切な個体数を保つ）・栄養補給説（殺して食べる）・選抜説（優秀な子どもだけ残す）などがあるが、社会生物学（→ p.330）の誕生とともに、他の雄の遺伝子を持つ子を殺して自分の遺伝子を持つ子を残すという説が有力となった。ただし、チンパンジーなどでは無関係な群れの子を殺す事例もおり、餌として子を殺す場合もあるとされる（長谷川，1992）。

状況で研究されている（Brosnan & de Waal, 2016）。例えば、小石1個を実験者に渡す報酬としてキュウリ1片をもらっていたフサオマキザルは、他個体がブドウ1粒を報酬としてもらっているのを見ると、キュウリ片の受け取りを拒否する（Brosnan & de Waal, 2003）。フサオマキザルはキュウリよりブドウが好物なのである。このように公平でない状況を嫌うことを**不公平忌避** inequity aversion という。

　不公平忌避に関する研究の大多数は霊長類を対象にしたものだが（Bräuer & Hanus, 2012）、イヌ（Range et al., 2009, 2012）、ラット（Oberliessen et al., 2016）、カラス（Wascher & Bugnyar, 2013）も不公平状況を拒否することが報告されている。また、マウスでは、相手のチーズが自分よりも大きいと体温が上昇するため（ストレスによる情動熱：→ p.127）、不公平状況を不快に感じている可能性が示唆されている（Watanabe, 2017）。なお、魚類ではホンソメワケベラで否定的な結果が得られている（Raihani & McAuliffe, 2012; Raihani et al., 2012）。

（4）向社会行動

　相手にとって利益となる行為を**向社会行動** prosocial behavior といい、向社会行動を行う性質を**向社会性** prosociality と呼ぶ（Cronin, 2012; 瀧本, 2015）。前述の協力行動は共同作業を行う他者の利益にもなるため、広義の向社会行動である。しかし、向社会行動として注目されるのは、自分に利益がない場合である。餌を得るための道具（棒）を取ろうとしているチンパンジーを見た仲間のチンパンジーは、無償でその道具を取って手渡す（Yamamoto et al., 2009）。

　向社会行動の代表は、苦境にある他個体を助ける**援助行動** helping behavior であり、上の例はそれにあたる。チンパンジーは、相手が餌を取ろうと盛んに試みていない場合には援助行動を示さない（Melis et al., 2010）。また、金網にさえぎられて手が届かないところにある物を取ろうとしているヒトを見たチンパンジーは、それを取ってヒトに手渡すが、この行為もお礼に餌をもらえるかどうかとは無関係であるだけでなく、ヒトが助けを求めない場合はチンパンジーが物を取って手渡す頻度は少なかった（Warneken et al., 2007）。こ

うした例は、援助行動を引き起こすのは他者の苦境であることを示している。

いっぽう、ラットでは、吊り下げられ悲鳴を発している他個体をレバー押しによって下に降ろすという報告がある（Rice & Gainer, 1962）。しかし、悲鳴でなくても大きな音がすれば興奮してレバー押しをするため、これは援助行動であるとはいい難い（Lavery & Foley, 1963）。飼い犬も、補助犬として訓練されていなければ、苦境（心臓麻痺や本棚の下敷きになって動けない）にある飼い主を助けようとしない（Macpherson & Roberts, 2006）。ただしこの実験は飼い主に苦境を演技してもらっており、飼い主が本当に苦境にある場合は援助するかもしれない。難病で伏している患者がてんかん発作を起こした際、飼い犬が吠えて周囲に異変を知らせ、患者の脚や耳を軽く噛んで意識を元に戻そうとした例が報告されている（Di Vito et al., 2010）。

向社会性の研究でしばしば用いられるのが**向社会性選択テスト** prosocial choice test である。このテストでは、自分と相手がともに報酬を得る相利的選択肢と自分だけ報酬を得る利己的選択肢のどちらかを選択するかを調べる（いずれの選択肢でも自分が得られる報酬は変わらない）。相利的選択肢を選ぶと向社会性があると判断する。霊長類を対象とした研究が少なからずあるが、利己的選択肢を選んだ場合には向社会性がないのか、それとも課題構造（相手の餌の量など）を把握できないのか判別できないという欠点がある（Marshall-Pescini et al., 2016）。

（5）利他行動

向社会行動のうち、その場では自分に損となるにもかかわらず相手に利するものを**利他行動** altruistic behavior といい、利他行動を行う性質を**利他性** altruism と呼ぶ。これに対して、相手の損益を無視して、自分に利する行為を**利己的行動** selfish behavior といい、利己的行動を行う性質を**利己主義** selfishness と呼ぶ。利他行動の代表は、限られた食物の分配であり、霊長類や鳥類（カラスやカケス）で研究されている（Marshall-Pescini et al., 2016）。利他行動のうち、後で相手から見返りがあるものを**互恵的利他行動** reciprocal altruism という。ニホンザルなど多くの霊長類が互いに毛づくろいをするな

どがこれに当たる（上野，2016）。ラットでも、餌をもらった相手に対して餌を与えるとの実験報告がある（Dolivo & Taborsky, 2015; Rutte & Taborsky, 2008）。この実験では、餌の乗った板を手前に引いて隣のケージにいる他個体に餌を与えることを事前に教えておく。そのように餌をもらう経験をした個体は、自分が餌を与える立場になったとき、餌をくれた相手が隣のケージにいれば頻繁に板を手前に引いた。この行動は古典的条件づけ（→ p.160）でも容易に説明できる（Zentall, 2016）。つまり、餌をくれる相手（条件刺激）と餌（無条件刺激）の連合学習によって、相手が魅力的になる。このため、その相手がいるときは興奮して板を手前に引くと解釈できる。

　順番に交代して利益を得るようなタイプの協力行動は、互恵的利他行動である。しかし、利他行動の恩恵に浴しながら、返礼をしない**ただ乗り**（フリーライダー）個体もいる。このような場合には、初めは親切で、裏切りには報復し、再び協力したら許すという**しっぺ返し戦略** tit-for-tat strategy が最も有効であり、動物がこの戦略にしたがう限り、利他行動は進化する。なお、先に紹介した相利共生は異なる種間での互恵的利他行動として捉えることもできる。互恵的でない（つまり、見返りのない）利他行動も社会性動物ではしばしば確認される。霊長類では、親以外の個体が子どもの世話をする共同保育（→ p.351）の程度が利他行動と関連しているとの研究がある（Burkart et al., 2014）。この研究では、餌の乗った板を手前に引き続ける（労力がかかる）と他個体が餌を得られるという共通のテストで、霊長類15種を比較したところ、共同保育が見られる種ほど、頻繁にこの行動を行ったという。

　利他行動は、それによって利益を得る相手からではなく、周囲の他個体（群れの仲間）から「あいつはいい奴だ」と高く評価される（厚遇を受ける）ことによっても、維持されているのかもしれない。こうした**間接互恵性** indirect reciprocity（Nowak & Sigmund, 1998）も利他行動の進化的基盤の1つとして考えられる（山本, 2010）。

4．他者の影響
（1）模倣

他個体の行動に接して、それと類似の行動を示すことを**模倣** imitation という。模倣には生得的なものと習得的なものがある。習得的模倣のしくみを**模倣学習** imitation learning といい、これは他者の行動を観察して新しい行動を身につける**観察学習** observational learning の1つである。また、どのような刺激様相を介して他個体の行動に触れるかによって、音声模倣と視覚的模倣に分類できる。なお、他個体が発するフェロモンと同じフェロモンを発するなど、視聴覚以外の刺激様相における類似行動を模倣と呼ぶことはまれである。音声の模倣つまり聴覚的模倣は、鳴禽類のさえずりの学習（→ p.240）に代表されるが、オウムやインコのような**物まね鳥** mimicking birds（おしゃべり鳥 talking bird）などのように、他種の音声や機械音まで模倣する種もいる。

動物心理学で最も注目されてきたのは、視覚的模倣である。これはわれわれヒトが視覚的模倣をしばしば行う動物種であることが理由であろう。ソープ（→ p.240）は、動物が他個体の行動から学ぶしくみとして、以下の3つをあげている（Thorpe, 1956）。（1）**社会的促進** social facilitation：1羽の鳥が逃げ出すと他の鳥もつられて逃げるように、個体が既に持っている行動が他個体の同じ行動を引き金として出現することで、学習によらない場合（生得的模倣である場合）もある。（2）**刺激強調** stimulus enhancement（局所強調 local enhancement）：他個体の行動によって特定の物体や場所に注意がひきつけられた結果、類似した行動が生じることで、ネコが毛糸玉にじゃれて転がしたために、他のネコも毛糸玉にじゃれるといった例がこれに当たる。（3）**真の模倣** true imitation：他個体の行動を見ただけで、それと同じ行動を試行錯誤なしに初めて実行することをいう。ヒトや大型類人猿、イルカ、イヌなど一部の種を除き、動物では一般に真の模倣は困難だとされている。なお、米国の心理学者**トマセロ**（M. Tomasello, 1950-）は、大型類人猿であっても、他者の行動を試行錯誤なしに模倣することは少ないとして、**エミュレーション** emulation という用語を提唱した（Tomasello, 1990）。これは、行動の目的（その行動によってどのような結果がもたらされるか）は他者観察によって理解で

きているが、具体的な動作は試行錯誤を通じて獲得するというものであり、これも観察学習の一形態である。しかし、その後の研究により、野生チンパンジーに複雑な箱を開けさせる課題（Horner & Whiten, 2005）や実験室でアカゲザルにボタン押し系列を学習させる場面（Subiaul et al., 2004）などで、具体的操作も模倣できるという例が報告されている。

図9-6　ラットの2行為手続きテストで用いられた装置　Heyes & Dawson（1990）

　米国の動物心理学者ゼントール（→ p.44）は、模倣学習と呼べるのは、それが行動の伝染（ソープの「社会的促進」に相当）や、単なる刺激の存在（「刺激強調」に相当）によるものではないことに加え、学習するのが他個体の行動である場合に限られると指摘した（Zentall, 2003）。例えば、他者がペンのキャップを外すようすを観察した結果、同じ行動をとる場合、キャップは外れるという対象物の理解（これをアフォーダンス affordance 学習という）によってなされたのであれば、模倣学習とは呼べない。こうした可能性を排除する方法として、**2行為手続き** two-action procedure がある。これは、同一物体に対してなし得る2種類の行為のうち、被観察個体（手本）と同じ行為を観察個体（被験体）がなすかどうかをテストするもので、例えば、図9-6では、被観察個体が棒を左右どちらかに押すようすを観察個体が「見学」する。その後、観察個体が棒のある部屋に入った際、棒を押す方向が以前に見たものと同じであれば真の模倣だと判定する。ラットはこうした実験で真の模倣学習を示した（Heyes & Dawson, 1990; Heyes et al., 1992, 1994）。ハト・ウズラ・ホシムクドリなどでも2行為手続きを用いたテストで真の模倣が確認されている（Akins & Zentall, 1996, 1998; Campbell et al., 1999; Nguyen et al. 2005; Zentall et al., 1996）。
　なお、他個体の行動を観察してから、実際に模倣行動を行うまでに時間が

ある場合、これを**延滞模倣** deferred imitation という。ヒトでは生後半年の乳児で24時間後の延滞模倣ができる（Barr et al., 1996）。24時間後の延滞模倣はハトでも可能だとの実験もあるが（Epstein, 1984）、刺激強調やアフォーダンス学習の可能性が排除されていない。これらの要因を2行為手続きで排除したイヌの実験では延滞模倣に成功しているが、その延滞時間は10分である（Fugazza & Miklósi, 2014）。

（2）行動の伝播

個体Aの行動を個体Bが模倣し、個体Bの行動をさらに個体Cが模倣するといった繰り返しによって、同じ行動が個体間で伝播することがある。行動伝播の結果として生じた一時的状態を流行といい、それが長く続くと**文化** culture とよばれることがある。野生動物では、小鳥の牛乳瓶フタ開け行動やニホンザルのイモ洗い行動がよく知られている。

1921年に英国の小さな町で、一羽のシジュウカラが牛乳瓶のフタを破いて中の牛乳を飲んでいるようすが目撃された。その後、近隣の町村でも同様の報告が続き、この行動はしだいに英国中に広まった（Fisher & Hinde, 1949; Hinde & Fisher, 1951：図9-7）。これが実際に行動伝播であるかどうかは議論がある。破れた牛乳瓶のフタは目立つため、刺激強調効果により他の鳥がフ

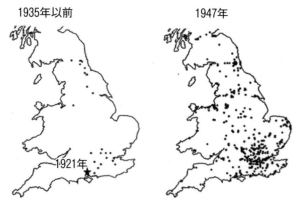

図9-7　英国本島におけるシジュウカラ・アオガラのフタ開け行動の目撃地点　Fisher & Hinde（1949）を改変

タをいじる行動が増え、破り開ける行動を学習しやすくなったのかもしれない。同じ科に属するアメリカコガラを用いて実験室で行った研究はこの可能性を支持している（Sherry & Galef, 1984, 1990）。しかし、刺激強調の要因を2行為手続きで排除した実験でアオガラが真の模倣を示すとの報告（Aplin et al., 2013）もあり、真の模倣の繰り返しによって行動伝播が生じた可能性も否定できない。

　砂のついた芋をニホンザルが海水で洗って食べる行動が群れの中に広まっているという最初の報告は川村（1954）によってなされたが、**河合雅雄**（1924-）の英文論文（Kawai, 1965）で国際的に有名となった。イモ洗い行動が真の模倣学習によって生じた行動伝播であるかは疑問視する研究者も少なくない（Hirata et al., 2008）。ニホンザルと同じマカク属のカニクイザルでの野外観察では、刺激強調によって説明できると結論されている（Visalberghi & Fragaszy, 1990）。

（3）無意識的物真似と相互同期

　ヒトでは、交わりのある二者間で、表情・動作・音声などが意図せずに似ることがある。こうした**無意識的物真似** unconscious mimicry（Duffy & Chartrand, 2015）を、社会心理学では**カメレオン効果** chameleon effect（Chartrand Bargh, 1999）という。動物における無意識的物真似は、表情の模倣を中心に研究されており、チンパンジー（Davila Ross et al., 2011）、オランウータン（Davila Ross et al., 2008）、ゲラダヒヒ（Mancini et al., 2013）、マカク属のサル（Scopa & Palagi, 2016）などのほか、イヌ（Palagi et al., 2015）でも表情模倣が見られるという。表情は感情を反映する（→p.231）ことから、表情模倣は情動伝染（→p.327）の一種としても扱われる。無意識的物真似のユニークな研究として、動物園のチンパンジーが来園者の動作を真似た行動をしているという観察報告がある（Persson et al., 2018）。なお、二者間で動作のタイミングが似ることを**相互同期（同調）** interactional synchrony というが、飼育下のチンパンジーに画面の2か所を一定のテンポでタップさせると、親子関係にある他のチンパンジーが同様のテンポで画面をタップしたとの報告がある（Yu & Tomonaga, 2015）。

(4) 社会緩衝作用

多くの動物種で、同種他個体、特に仲間の存在はストレス反応を緩和する。これを**社会緩衝作用** social buffering という。例えば、身体拘束されたマウスの体温は上昇するが、仲間と一緒なら体温上昇は小さい(図9-8)。同種他個体の存在は、マウスの味覚嫌悪学習(Hishimura, 2015)や電撃を用いた恐怖反応の学習(Guzmán et al., 2009)を和らげる。ラットでも恐怖反応の学習は他個体がいると緩和し(Kiyokawa et al., 2013)、その消去を促進する(Mikami et al., 2016)。リスザルにヘビを見せたときに示す恐れは、仲間がいるときのほうが小さい(Coe et al., 1982)。水槽に警報物質を溶かすとゼブラフィッシュは不動状態になるが、他個体(7匹)と一緒だとそれほど不活発ではない(Faustino et al., 2017)。

社会緩衝作用に関する行動研究では、一緒にされた相手の既知性やその関係(配偶・親子・兄弟関係など)が結果にどのように影響するか、相手の姿・発声・身体接触・匂い(フェロモンを含む)のどれが作用を喚起するかといった点が検討される。図9-8の例であれば未知個体では緩衝作用は見られない。なお、この実験では四囲を鏡にして自己鏡像を見られるようにした場合にも緩衝作用が見られており、視覚刺激の重要性が示唆される。なお、社会緩衝作用については神経内分泌研究も盛んである(Hennessy et al., 2009; 菊水,

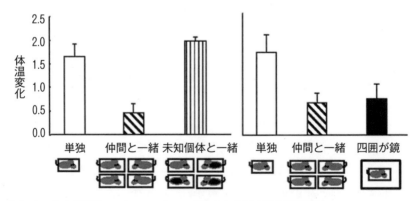

図9-8 拘束状況下のマウスのストレス反応におよぼす社会緩衝作用
Watanabe (2016)
この実験では透明の筒内に固定されたマウスの情動熱(→ p.129)をストレス反応の指標としている。

2018; Kikusui et al. 2006)。

5．他者の心の理解

本書冒頭に紹介した「知魚楽」の話では他者の心の了解可能性が問われていた。こうした問いを哲学では**他我問題** problem of other mind という。では、動物は他者の心を理解できるだろうか？　ソーンダイク（→ p.29）は、人間の知能に関する論究で、相手の心を理解して上手に扱う能力、つまり他者との関係で賢くふるまう能力を**社会的知性** social intelligence と名づけた（Thorndike, 1920）。動物心理学の領域では、米国の霊長類学者ジョリー（A, Jolly, 1937-2014）や英国の心理学者ハンフリー（N.K. Hunphrey, 1943-）が野生霊長類の行動研究から社会的知性の重要性を論じ（Jolly, 1966; Humphrey, 1976）、オランダの霊長類学者ドゥ・ヴァール（F. B. M. de Waal, 1948-）によるチンパンジーの群れにおける政治的駆け引きを克明に記述した著作（de Waal, 1982, 1989）がベストセラーになるや、動物の社会的知性に大きな関心が寄せられるようになった。これによって、**物理的知性** physical intelligence（第8章で紹介した時空間把握能力や物理的因果関係の理解力）だけでなく、社会的知性の研究に焦点が当てられるようになった。

物理的知性は**技術的知性** technical intelligence とも表現されるが、社会的知性は、権謀術数による政治を主張したイタリアの思想家マキャベリ（N. Machiavelli, 1469-1527）の名を取って、**マキャベリ的知性** Machiavellian intelligence といわれる（Whiten & Byrne, 1988）。さらに、複雑な社会関係への適応が脳の複雑化や大型化をもたらしたとする**社会脳化説** social brain hypothesis（Barton & Dunbar, 1997）も生まれている。以下に、社会的知性に関する諸研究を紹介する。

（1）欺き

地上に営巣するシギ・チドリ・カモ・キジなどは、天敵が巣に近づいてくると怪我で飛べない振りをして天敵を引きつけ、巣から十分離れた地点で飛んで逃げる。これによって巣内の卵や雛は守られる。こうした行動を**擬傷**

injury feigning という（Grimes et al., 1936; Swarth, 1935）。これは生得的行動としての欺き（だまし）deception であるが（Ristau, 1991）、経験によっても欺き行動は生じる（他者を欺いて危機を避けたり、報酬を独り占めしたりできると、欺き行動が学習される）。ベルベットモンキーは天敵襲来を知らせる警戒音声（→ p.235）を故意に発しなかったり、天敵がいないのに警戒音声を発して、群れの仲間や他の群れの個体をだますことがある（Cheney & Seyfarth, 1990）。また、チンパンジー（de Waal, 1982; Goodall, 1986; Hare et al., 2001; Hirata & Matsuzawa, 2001）、クモザル・カニクイザル・オマキザル（Amici et al., 2009）、マンガベイ（Coussi-Korbel, 1994）は、自分よりも強い他個体が餌に気づいていないときには餌のありかに直接近づかない。直接、餌に近づくと奪われてしまうからである。アメリカカケス（Dally et al., 2009）やハイイロリス（Steele et al., 2008）は、他個体が見ていると餌の隠し方を変える。これらは、おそらく過去経験の結果、学習した欺き戦略である。モーガンの公準（→ p.29）にしたがって解釈すれば、他個体の有無によって異なった行動をとるのは、オペラント条件づけの弁別学習に過ぎない。しかし、チンパンジーは過去に経験したことのない状況下でも餌を他者（ゲームの競合相手である実験者）から隠すような振る舞いを見せるとの実験結果もあり（Hare et al., 2006）、単純な弁別学習として片づけにくい研究報告もある。新しい場面で相手を欺くには、相手の心を読み取らねばならない。つまり、他者の知識や意図を理解する必要がある。

（２）他者の知識や意図の理解

プレマック（→ p.247）は言語訓練を行ったチンパンジーのサラを対象に、動物心理学史に残る有名な実験を行った。ヒトが問題状況で困っているようすを映した動画を見せると、正しい答えの映った写真を選んだのである（Premack & Woodruff, 1978a）。例えば、天井にバナナが吊るされている動画では箱に登っている写真を、檻の外にバナナがある動画では棒を突き出している写真を選択するなど、8課題中7課題に正答した。このことから、プレマックは、チンパンジーは困っている人の気持ちを読み取ったのだと論じて、そ

のように他者の心を推測する能力を**心の理論** theory of mind と呼んだ（Premack & Woodruff, 1978b）。新奇状況での欺きも「心の理論」という観点で考察できる。

「心の理論」という発想は児童心理学分野に大きな影響を与え、他者の心を推測する能力の測定法として**誤信念テスト** false-belief test が考案された（Baron-Cohen et al., 1985; Wimmer & Perner, 1983）。これは、主人公の不在時に、物品（お菓子やボール）の隠し場所を誰かが変更したという物語を児童に見せた後、戻ってきた主人公がどこを探すかを児童に訊ねるというテストである。期待される答えは「最初の場所を探す」であるが、4歳未満の児童の多くは「変更後の場所を探す」と回答する。これは、他者が自分とは違う信念（そこに実際には物品がないから誤った信念である）を持つという事実を理解できないためである。また自閉症児はこのテストに失敗しがちであることから、自閉症は心の理論の障害だとの学説もある（Baron-Cohen et al., 1993）。このように、「心の理論」という発想は動物心理学領域から誕生し、児童の知的発達や自閉症の研究に大きく貢献している（Mitchell, 1997）。

ところが、チンパンジーは誤信念課題に失敗する（Hare et al., 2001; Kaminski et al., 2008; Krachun et al., 2009）。具体的には、相手が餌の正しい位置を見ているかどうかにかかわらず、チンパンジーは同様に行動する。そもそもチンパンジーは「見る」が「知る」を意味することすらわからないと思われる実験結果（例えば、頭にバケツを被っている人物と、バケツを肩に抱えた人物のどちらにも同程度、餌をねだる）も報告された（Povinelli & Eddy, 1996）。このため、チンパンジーにおける心の理論の存在は疑問視されるようになった（Call & Tomasello, 2008）。しかし、誤信念課題で最初の隠し場所に視線を向けていることが近年明らかにされた（Krupenye et al., 2016）。チンパンジーには「心の理論」があるかもしれない。なお、アカゲザルでは視線データでも誤信念課題に失敗している（Marticorena et al., 2011; Martin & Santos, 2014）。

いっぽう、イヌは「見る」が「知る」を意味することがわかっているようである。例えば、目隠しをした人よりもしていない人から餌をねだる（Gácsi et al., 2004; Virányi et al., 2004）。また、また、イヌに「待て」や「伏せ」の命令をした後、イヌが命令を破るかどうかを調べると、実験者がイヌから目をそ

らしたり、目をつぶったり、犬と飼い主の間に衝立があったりした場合に命令を破りやすかった (Bräuer et al., 2004; Call et al., 2003; Schwab et al., 2006; Virányi et al., 2004)。イヌは飼い主に隠された物のありかを正しく知らせるが (Hare et al., 1998; Polgárdi et al. 2000)、この行動は、物を隠す現場に飼い主がいなかったと見ている場合に激しい (Virányi et al., 2006)。こうした結果は、イヌがヒトの「心」を推察できる可能性を示したものであり、家畜化の過程でヒトの知識や意図を理解する能力が人為的に選択された結果だと結論されている (Cooper et al. 2003; Hare & Tomasello 2005; Miklósi et al. 2004, 2006; Miklói & Soproni 2006)。

(3) 他者の感情の理解

第7章で述べたように、動物の表情は感情の発露 (自然表情) であり、多くの動物は表情によってコミュニケーションを行う。情報の送り手が持つ「メッセージ」と、受け手にとっての「意味」が一致するとき、動物は他者の感情を理解しているといえる。例えば、ヒトは他者が悲しむようすを目に

トピック

あくびの伝染

ヒトだけでなく、チンパンジー (Amici et al., 2014; Anderson et al., 2004; Madsen et al., 2013)、カブオザル (Paukner & Anderson, 2006)、ゲラダヒヒ (Palagi et al., 2009) など霊長類では、他者のあくびを見た個体がつられてあくびをする。こうした**あくび伝染** contagious yawning はイヌにも生じるとの研究 (Joly-Mascheroni et al., 2008; Madsen & Persson, 2013; Romero et al., 2013) があるものの、否定的報告 (Harr et al., 2009; O'Hara & Reeve, 2011) もある。哺乳類以外では、セキセイインコ (Miller et al., 2012) で確認されているが、アカアシガメでは見られない (Wilkinson et al. 2011)。あくび伝染は情動伝染の一種で、共感にもつながる高次の心的能力だとする意見がある (Anserson & Matsuzawa, 2006)。しかし、生得的な模倣に過ぎず、他者の情動状態の把握を意味するものではないとの批判もある (Yoon & Tennie, 2010)。

すると自然と哀しくなり、喜ぶ姿には自ずと嬉しくなる。このように、個体が発する情動の信号がそれに接した他個体に類似の情動を喚起することを**情動伝染** emotional contagion という。

　動物における他者の感情の理解に関する研究は、単純な情動伝染に留まらず、他個体の負の情動（特に苦悩）をどれだけ把握でき、苦境からの脱出に助力するかという問題を中心に発展してきた。ダーウィン（→ p.25）が「多くの動物が他個体の苦悩や危機に同情する」と述べているように（Darwin 1871）、苦境にある他個体に接した動物の反応には「**同情** sympathy」や「**共感** empathy」と呼べそうなものもある。最近出版された展望論文（藤田・菊水, 2015; Pérez-Manrique & Gomila, 2018）によれば、例えば、同種の 2 個体間でケンカが生じた際、その敗者に第三者が近寄って慰める行動を示すことが、チンパンジー・ボノボ・ゴリラ・マンドリル・マカク属のサル・イヌ・オオカミ・イルカ・カラス・カケス・セキセイインコなどで見られる。具体的な苦境は異なるものの、ゾウ・ラット・ハタネズミなどでも他個体の苦悩に同情していると思われる事例が報告されている。さらに、苦境にある他個体をより具体的に援助しようとする行動も、チンパンジー・ボノボ・オランウータン・クモザル・マカク属のサル・ゾウ・イルカ・クジラなどで確認されている。

　これらはすべて野生あるいは飼育下の動物の自然観察によって得られた研究成果だが、人工的に状況を設定して、動物が他個体の感情にどのように反応するか調べた実験もある。例えば、イヌはヒトが泣くふりをすると近づいて慰めようとする（Custance & Mayer, 2012）。

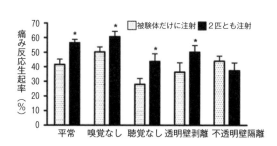

図 9-9　酢酸を注射したマウスの痛み反応　Langford et al. (2006)

薬物処置により嗅覚や聴覚をきかなくしても、透明壁で他個体と接触できないようにしても、痛み反応の亢進は生じる（図中 *）、不透明壁で遮ると反応亢進は見られないことから、この実験では視覚が重要だと結論できる。

表9-1 他者の負の情動の理解に関連する用語 Preston & de Waal（2002）を一部改変

用語	定義	自他の区別	自他の情動状態の対応	相手を援助するか
情動伝染	他者の情動を把握して類似情動が喚起されること	なし	あり	援助行動は見られない
同情	他者の苦悩を把握して「気の毒」に感じること	あり	なし	状況による
共感	他者の状況を把握して類似情動が喚起されること	あり	あり	相手との親しさや類似性、苦境強度に応じて援助
認知的共感	他者視点で情動状態をイメージすること	あり	なし	状況による
向社会行動	他者を助けて苦悩を軽減すること	状況による	必要なし	援助する（定義に含まれている）

「認知的共感 cognitive empathy」から明瞭に区別するため、「共感」を「情動的共感 emotional empathy」と称することがある（Smith, 2006）。また、これらの用語は正の情動に関しても適用できるが、ここでは負の情動に限定している。

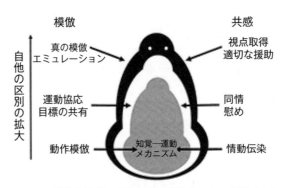

図9-10 模倣と共感に関する重層構造をロシア人形（マトリョーシカ）に擬えたもの de Waal（2008）

レバーを押して餌を得ることを学習したラットは、他個体の悲鳴が聞こえると、レバー押しを中断する（Church, 1959; 青山・岡市, 1996b）、アカゲザルのチェーン引き反応（Masserman et al., 1964; Wechkin et al. 1964）やハトのキーつつき反応（Watanabe & Ono, 1986）でもそうである。ラットは悲鳴のする部屋は

避けるが、ジアゼパム（抗不安薬）を投与するとこの傾向は弱まる（青山・岡市，1996a）。また、電撃を受ける他個体が近くにいると、ラットはストレス性の生理反応（脳内ノルアドレナリン放出）を示し、それはジアゼパム投与によって緩和される（Tanaka et al., 1991）。2匹のマウスの腹部に酢酸を注射すると、1匹だけで注射したときよりも痛み反応が大きく、これは苦しむ他個体の姿を見ることによる（図9-9）。こうした実験報告は、少なくとも情動伝染が動物に生じる可能性を強く示唆している。

　筒に閉じ込められた他個体や溺れている他個体がいると、ラットは自発的に扉を開けて救出するが、この行為を同情あるいは共感の反映だとする研究もある（Ben-Amil Bartal et al., 2011; Sato et al., 2015）。しかし、これは他個体と社会的交渉を持つことが報酬となった学習行動に過ぎず、同情や共感といった心の働きを仮定する必要はないとの批判がある（Hachiga et al., 2018; Silberberg et al., 2014; Schwartz et al., 2017）。最近、マウスでも筒から他個体を救出するとの報告がなされたが（Ueno et al., 2019）、これについても同じである。

　動物が他個体の苦悩に同情・共感して援助すると結論するには、適切な統制条件を設定して、それ以外の説明を排除する必要があるが、そもそも「同情」や「共感」といった言葉の定義も研究者間で一致させておかねばならない。表9-1は他者が経験している負の情動の理解に関する用語をまとめたもので、自分と相手が区別できているかどうか、相手と同様の感情を抱くかどうかによって4つに分類されている。ただし、これらの用語が指し示している心理過程は互いに無関係ではない。ドゥ・ヴァール（→ p.323）は、共感は模倣と同じく、生得的な知覚―運動メカニズムを核とした重層構造として捉えるべきだとして、**ロシア人形モデル** Russian doll model を提唱している（図9-10）。**孟子**（BC372-BC289：古代中国の儒学者）が「惻隠の心は仁の端なり」と述べているように、他者の不幸を憐れむ気持ちは道徳の始まりである。

コラム 包括適応度

英国の動物行動学者ウィン＝エドワーズ（V. C. Wynne-Edwards, 1906-1997）は、群れの他個体の利益となる利他行動を行う個体が多い群れは、そうでない群れよりも生き残りやすいとして、自然選択は個体ではなく群れなどの集団に強く作用すると考えた（**群選択** group selection）。利他行動の顕著な例は、アリなどの社会性昆虫に見て取ることができる。

しかし、働きアリは女王アリのために生涯をささげ、自らの遺伝子を残さない。このため、働きアリが女王アリに対して行う利他行動は進化できないように思える。だが、働きアリは女王アリと遺伝子の多くを共有しているため、自らが死んでも、女王アリが兄弟姉妹をたくさん産めば、自分の遺伝子の多くを残せる。この場合、自然選択は単なる群れではなく、近縁者集団に作用していることになる（**血縁選択** kin selection）。

他個体が自分と同じ遺伝子を増やす場合に利他行動が進化するという考えを理論化したのが英国の進化生物学者ハミルトン（W. D. Hamilton, 1936-2000）である。遺伝的適応度（遺伝子が広まる程度）は、その個体自身の直接的適応度と、他個体を通じての間接的適応度の合計だと彼は考え、それを**包括適応度** inclusive fitness と呼んだ。利他行動の進化は、以下の式（ハミルトン則 Hamilton's rule）で表せる。

$$rB > C$$

ここで、間接的適応度（rB）は、相手との血縁度（relatedness, r：遺伝子の共有率）と利他行動によって相手が得る利益（benefit, B）の掛け算である。この値が利他行動を行うことによるコスト（cost, C）、つまり自分自身の子孫が残せないデメリットを上回る場合に、利他行動が進化する。

なお、社会行動の進化を探る研究分野を**社会生物学** social biology といい、米国の昆虫学者ウィルソン（E. O. Wilson, 1929-）によって唱道された（Wilson, 1975）。社会生物学は遺伝子中心の視点に立つ。これをさらに推し進めたのが、英国の進化生物学者ドーキンス（R. Dawkins, 1941-）で、個体は遺伝子の乗物にすぎないとする**利己的遺伝子** selfish gene 論を発表した（Dawkins, 1976）。利他行動も遺伝子レベルで考えれば利己的だというのである。

コラム 指さしテスト

　目の前に2つの不透明な容器があって、実験者がその一方を無言で指さしているとしよう。この状況では、多くの人がそちらを選ぶであろう。相手の心を読み、「選んで欲しがっている」と理解するからである。動物に「心の理論」があるかどうかを調べる簡単な方法として、こうした**指さしpointing**テストが多くの動物種を対象に行われている。最近の展望論文（Krause et al., 2018）によれば、哺乳類では、霊長類（チンパンジー・ボノボ・ゴリラ・オランウータン・シロテナガザル・アカゲザル・カニクイザル・ニホンザル・フサオマキザル・ワタボウシタマリン）や食肉類（イヌ・タイリクオオカミ・アカギツネ・ディンゴ・コヨーテ・ハイイロアザラシ・ミナミアフリカオットセイ・カリフォルニアアシカ・ネコ）での研究が多く、このほかにウマ・ヤギ・ブタ・フェレット・アフリカゾウ・アジアゾウ・オオコウモリ・ハンドウイルカでも調べられている。鳥類ではワタリガラス・ニシコクマルダラス・ハイイロホシガラス・ヨウムが対象になっている。このうち、下線を引いた3種を除けば、半数以上の個体がテストに合格したとする論文が少なくとも1篇あった。

　特筆すべきはイヌである。発表された53篇の論文すべてが成功報告で、正答率も高い。チンパンジーなどの類人猿よりも成績がよいため、この能力は家畜化の過程で強められてきた社会的知性だと論じられている（Bräuer et al., 2006; Hare et al., 2002; Hare & Tomasello, 2005; Kubinyi et al., 2007; Miklósi & Soporoni, 2006; Miklósi et al., 2004, 2006）。しかし、家畜化されていない動物でも一定の成績をおさめることから、イヌが示す好成績は日常生活でヒトと接している間に学習したスキルを反映しているだけかもしれない。特に、イヌは社会的場面での学習能力が高い（Bentosela et al., 2008; Elgier et al., 2009）。家畜化によって進化したのは社会的知性そのものではなく、社会的手がかりに対する学習の準備性であるかもしれない（Reid, 2009）。また、飼い犬は幼少期から飼い主と親密な関係にあるため、ヒトに懐き、豊富な対人経験を持つ。これが指さしテストでの好成績をもたらすのであろう（Udell et al., 2010; Udell & Wynne, 2008, 2010）。

コラム 捕らわれた仲間を救出するアリ

　捕らわれた仲間を救出するのはラットだけではない。アリにも同じような行動が見られる（Nowbahari et al., 2009, 2012）。この研究では、飼育下にあるアリ（南仏に生息するウマアリ属の一種）の群れからテスト1回につき5匹を被験体として用いている。アリ1匹をナイロン紐で薄紙に結わえて巣穴の近くに置き、上から砂粒を掛けておく。この捕らわれたアリに近づいた他のアリたちは、砂粒を掘ったり、動かしたり、肢を引っ張ったり、ナイロン紐に噛みついたりという救出行動を示したが、他種のアリや、同種であっても他のコロニーのアリに対しては救出せず、攻撃した。冷却して不動状態にしたアリに対しては救出行動も攻撃行動も見られなかった。アリは仲間の窮状に共感して救出したのだろうか？　この研究を行った比較心理学者らは、ラットやアリで見られる救出行動は進化と個体経験にもとづいて生み出された適応的行動であって、共感という言葉を用いるのは過度の擬人化だと論じている（Hollis, 2017; Vasconcelos et al., 2012）。

図9-11　仲間を救出するアリ Nowbahari et al. (2012)。

参考図書

○明和政子『霊長類から人類を読み解く―なぜ「まね」をするのか』河出書房新社　2003
○明和政子『心が芽ばえるとき―コミュニケーションの誕生と進化』NTT出版　2006
○板倉昭二『自己の起源―比較認知科学からのアプローチ』金子書房　1999
○大槻久『協力と罰の生物学』岩波書店　2014
○トマセロ『ヒトはなぜ協力するのか』勁草書房　2013
○トマセロ『コミュニケーションの起源を探る』勁草書房　2013
○バーン＆ホワイトゥン（編）『マキャベリ的知性と心の理論の進化論―ヒトはなぜ賢くなったか』ナカニシヤ出版　2004
○バーン＆ホワイトゥン（編）『マキャベリ的知性と心の理論の進化論II―新たなる展開』ナカニシヤ出版　2004
○バーン『洞察の起源―動物からヒトへ、状況を理解し、他者を読む心の進化』新曜社　2018
○プレマック＆プレマック『心の発生と進化―チンパンジー、赤ちゃん、ヒト』新曜社　2005
○ドゥ・ヴァール『チンパンジーの政治学―猿の権力と性』産経新聞出版 2006（『政治をするサル―チンパンジーの権力と性』どうぶつ社　1984の改訂新訳）
○ドゥ・ヴァール『仲直り戦術―霊長類は平和な暮らしをどのように実現しているか』どうぶつ社　1993
○ドゥ・ヴァール『利己的なサル、他人を思いやるサル―モラルはなぜ生まれたのか』草思社　1998
○ドゥ・ヴァール『共感の時代へ―動物行動学が教えてくれること』紀伊國屋書店　2010
○ドゥ・ヴァール『道徳性の起源―ボノボが教えてくれること』紀伊國屋書店　2014
○杉山幸丸『野生チンパンジーの社会―人類進化への道すじ』講談社現代新書　1981
○平田聡『仲間とかかわる心の進化―チンパンジーの社会的知性』岩波書店　2013
○松沢哲郎『分かちあう心の進化』岩波科学ライブラリー　2018
○菊水健史『社会の起源―動物における群れの意味』共立出版　2019
○菊水健史・永澤美保『犬のココロを読む―伴侶動物学からわかること』岩波科学ライブラリー　2012
○ミクロシ『犬の動物行動学―行動、進化、認知』東海大学出版部　2014
○渡辺茂・菊水健史（編）『情動の進化―動物から人間へ』朝倉書店　2015
○伊藤嘉昭『新版 動物の社会―社会生物学・行動生態学入門』東海大学出版会　2006
○デイビスほか『行動生態学』共立出版　2015

第10章　発達と個体差

発達 development は、「霊長類は齧歯類より発達した脳を持つ」のように、複雑化・高度化・巨大化を意味する言葉として用いられる場合もあるが、心理学では、心身のさまざまな特徴や機能が、時間経過とともに変化していく過程を指す言葉として使われることが多い。かつて、発達は成長 growth や成熟 maturation とほぼ同義であったが、近年では老化を含めた生涯発達 lifespan development の視点で心身の変化を捉えることが一般的となった。つまり、動物の発達は受胎 conception から老衰 senile decay による死までの過程である。

　発達は動物行動を理解するための視点として、ティンバーゲンが指摘した4つの問い（→ p.40）の1つである。生物学では、動物を含む多細胞生物が受精卵から成体になるまでの過程を**個体発生 ontogeny** といい、系統発生（進化）との関係で動物種の発達を比較考察する試みはヘッケル以来の歴史がある（→ p.358）。今日では遺伝学の進歩に伴い、そうした学問は進化発生生物学 **evolutionary developmental biology**（evo-devo、エボデボ）と呼ばれている。なお、個体発生という用語も近年では成体以降の変化（老化）を含めた生涯全体を指して用いられることがある。

　ところで、動物の行動には同種で同性の動物であっても個体による違いが見られる。遺伝的要因と環境要因がそうした個体差を形づくる。環境要因には、受精後から誕生までの周囲の物理的環境（卵生の場合は周囲の温度など、胎生の場合は母胎内環境）、誕生後の物理的環境、栄養状態、経験などが含まれる。ヒトの行動上の個体差は「性格」の違いと呼ばれるから、動物の個体差についても「性格」という観点で理解しようとする試みもある。本章ではそうした試みについても触れる。

1. 動物の寿命と性成熟

　中国や日本ではツルやカメが古代より長寿のシンボルとされていて、俗に「鶴は千年、亀は万年」という。「ツル」と総称されるツル目ツル科の鳥には15種が含まれるが、絵画や美術工芸で多く描かれるタンチョウ（丹頂鶴）の場合、その寿命は野生で推定20〜40年、飼育下では50〜70年である（San

Diego Zoo Global, 2011）。いっぽう、「カメ」と総称されるカメ目の爬虫類は外来種を含め6科13種が日本に野生で生息しており、アカウミガメ（浦島太郎を竜宮城に運んだカメとされる）を例に取れば、その寿命は47～67年とされている（MarineBio, n.d.）。寿命でいえば、タンチョウもアカウミガメもヒトとあまり変わらない。しかし、動物の中には、ヒトジラミのように1か月で寿命が尽きる種もあれば、コイやチョウザメのように100年以上の長寿種もいる（表10-1）。カメ目でもリクガメ科のアルダブラゾウガメは長寿種であり、200歳近くまで生きる個体がいる。なお、脊椎動物の最長寿記録は北極海にすむニシオンデンザメの約400歳（Nielsen et al., 2016）、すべての動物の最長寿記録はアイスランドガイ（黒ハマグリ）の507歳である（Butler et al., 2013）。

　上述のように、タンチョウもアカウミガメも寿命はほぼ同じであるが、生殖可能な状態すなわち**性成熟** sexual maturity に要する年数は大きく異なり、タンチョウでは3～4年（San Diego Zoo Global, 2011）と早熟で、アカウミガメでは17～33年（MarineBio, n.d.）と晩熟である。表10-1には性成熟までの期間も示している。体の大きな動物種は性成熟までの期間が長い傾向がある（図10-1）。上述のニシオンデンザメは性成熟に約150年を要するという（Nielsen et al., 2016）。

　性成熟の始まりを**春期発動** puberty という。**成体** adult とは完全に性成熟した個体として定義されることが多い。つまり、タンチョウは生涯の約1割を「こども」として過ごし、残り9割を「おとな」として生きるが、アカウミガメでは生涯の半分が「こども時代」である。このように、寿命と性成熟年数、およびそれらの比率は動物種によって大きく異なるため、「イヌの○歳はヒトの△歳に相当する」といった動物種間の年齢比較は容易ではない。動物飼育書などにそうした記述がある場合、性成熟年数と寿命の両者に配慮して示されているようだが、あくまでも目安として捉えるべきである（図10-2）。

　ところで、「寿命」という言葉には注意が必要である。例えば、日本人の平均寿命は男性81歳、女性87歳（2017年度）であるが、ここでいう「寿命」とは生まれたばかりの赤ん坊の平均余命の期待値であり、若くして病気や事

表10-1 性成熟までの期間と記録された最長寿命

動物名	性成熟	最長寿命	動物名	性成熟	最長寿命	動物名	性成熟	最長寿命
[哺乳類]			[鳥類]			[両生類]		
ヒト	11〜16年	122年6ヶ月	ダチョウ	3〜5年	50年	アフリカツメガエル	0.5〜2年	15年
チンパンジー	8〜11年	59年5ヶ月	コブハクチョウ	2〜15年	22年	ウシガエル	1〜3年	15年8ヶ月↑
ゴリラ	5〜8年	60年1ヶ月	ハクガン	2〜4年	28年	アメリカヒキガエル	1.5〜2年	10〜15年
ニホンザル	3〜4年	38年6ヶ月	フクロウ	1〜9年	20年↑	アメリカオオサンショウウオ	4〜6年	28年7ヶ月↑
コモンリスザル	3年	21年	ハト	4〜6ヶ月	35年	ホクダウイシイモリ	4年	4年1ヶ月↑
コモンマーモセット	14ヶ月	12年	ミサゴ	3〜6年	32年			
ネコ	6〜15ヶ月	30年	ハイタカ	1〜4年	10年	[魚類]		
イヌ	6〜8ヶ月	24年	コウノトリ	2〜6年	26年	コイ	3ヶ月〜5年	226年
アライグマ	雄2年、雌1年	20年6ヶ月	ハシボソミズナギドリ	4〜15年	27年↑	ブラウンマス	2年	18年
ミンク	1年	10年	ワタリガラス	3年	69年	タイセイヨウサバ	1年	15年
アジアゾウ	1年	70年	フロリダヤブカケス	1〜7年	13年↑	マイワシ	1年	5年
ウマ	1年	57年	ホシムクドリ	1〜2年	15年10ヶ月↑			
ウシ	6〜10ヶ月	30年	アオガラ	1〜4年	10年	[無脊椎動物]		
ブタ	5〜8ヶ月	27年	マダラヒタキ	1〜5年	8年	アカネアワビ	6年	13年↑
ヒツジ	7〜8ヶ月	22年10ヶ月	ウタスズメ	1年	8年	アメリカケンサキイカ	1〜2年	3〜4年
ヤギ	8ヶ月	20年10ヶ月				キヒトデ	1年	5年↑
カイウサギ	5.5〜8.5ヶ月	13年	[爬虫類]			タラバガニ	7年	33年
ハイイロリス	1〜2年	15年	ミシシッピワニ	5〜10年	83〜88年	アオガニ	13ヶ月	3年
ハツカネズミ	35日	6年	カロリナハコガメ	4〜5年	56年8ヶ月↑	オオミジンコ	75〜86時間	108日
ドブネズミ	40-60日	3年10ヶ月	キスイガメ	5〜6年	21年	ミツバチ	18日	11ヶ月
ゴールデンハムスター	2ヶ月	3年11ヶ月	アメリカヤマムシ	2〜3年	18年6ヶ月	ワモンゴキブリ	285〜616日	4年7ヶ月
カモノハシ	1〜2年	22年7ヶ月	ガーターヘビ	2年	6年	ヒトジラミ	10日	30日

Altman & Dittmer (1972), 伊藤・浦野 (2002), 三浦 (2002) および国立天文台編 (2018)『理科年表一第92冊一』をもとに作成。ただし、[性成熟] の値について、ハトは Tudor (1991)、ワタリガラスは Chmielewski (2016)、コイは Alikunhi (1966) により補った。また、ミツバチの寿命は働き蜂のもので、女王蜂は8年、雄蜂は6か月である。

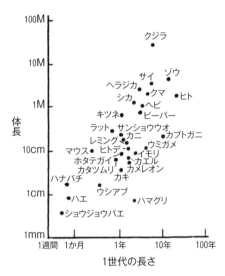

図10-1 動物の体長と1世代の長さ（性成熟までの期間）の関係（両対数軸表示）Dawkins（1996）を改変

故などで亡くなった人を含めて計算されたものである。動物についてヒトと同じように平均寿命を計算すれば、幼生で大量に死ぬ種では極めて低い値になる。例えば、モンシロチョウでは孵化までに14％の個体が死に、孵化した個体もほとんどが生き残れない（図10-3）。成体になるのは卵全体のわずか2％である（矢島，2003）。したがって、ヒトと同じように平均寿命を計算することは無意味である。

そこで、成体になって以降の

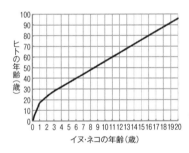

図10-2 イヌ（小型犬・中型犬）やネコの年齢とヒトの年齢の換算目安
獣医師広報版（http://www.vets.ne.jp/age/pc/）掲載のデータから作図

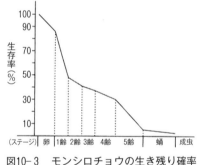

図10-3 モンシロチョウの生き残り確率 矢島（2003）

平均余命と成体になるまでの期間を足し合わせて平均寿命を求めることになる。しかし、動物の寿命は、自然界（野生）と最適な環境下では大きく異なるのが常である。前者での平均寿命を**生態的寿命** ecological longevity、後者での平均寿命を**生理的寿命** physiological longevity という。最適環境を設ける

第10章❖発達と個体差　339

方法としては人工飼育が考えられるが、野生動物の場合はストレスなどで飼育下のほうが早死にする場合もある。このように一口に「寿命」といっても、さまざまな要因によって平均年数は異なる。また、同種の動物でも系統（品種）によって平均寿命は異なる。例えば、実験用マウスの場合、短命のAKR/J系統は雄366日、雌276日であるが、長命のLP/J系統では雄748日、雌799日が平均寿命である（Storer, 1966）。

2．幼生と成体

動物種によっては、誕生時には成体とは形態が大きく異なる。そうした発達段階にある個体を**幼生** larva（複数形 larvae）という。とりわけ昆虫の多くの種などのように**変態** metamorphosis する動物について、変態前の個体をこう呼ぶ。幼生は成体とは形態だけでなく生活環境・様式も異なることが多い。例えば、ボウフラやヤゴは水中生活者であるが、その成体であるカやトンボは空中生活者である。イモムシは這いながら葉を食すが、その成体であるチョウは花から花へ舞い飛びながら蜜を吸う。なお、カニやエビは幼生期においても

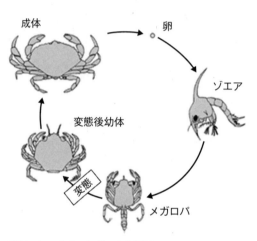

図10-4　イチョウガニの生活環

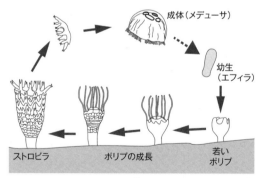

図10-5　ミズクラゲの生活環
通常のクラゲは上図のような生活環を送り、幼生は有性生殖によって雌の体内から誕生する。ただし、ベニクラゲは生殖行動後に自らが再びポリプに戻る「不老不死のクラゲ」（正確には「若返りのクラゲ」）として知られている。

形態を大きく変えるため、それぞれの段階を示す言葉がある（図10-4）。変態によって移動能力を獲得する種も、逆に失う種もある。例えば、幼生時には岩などに固着しているクラゲや（図10-5）、オタマジャクシに似た外形で海中を泳いでいた幼生が岩に固着したパイナップル形の成体になるホヤなどが有名である。

なお、変態から性成熟までの期間が長い種では、その期間の前期個体を**幼体** juvenile、前期個体を**亜成体** subadult と呼ぶ。変態しない動物では、誕生後から性成熟までの段階にある個体を幼体と呼び、性成熟間近の個体を亜生体という。ただし、これらの用語は研究対象の動物種によって、定義が異なることがある。例えば、ニホンザル研究では、**新生児** infant（0歳）、**幼獣**

トピック

行動奇形学

受精した瞬間から発達は始まっている。環境因子は誕生前（卵生の動物では卵の中、胎生の動物では母親の胎内にいるとき）の動物にも影響する。とりわけ、毒物や放射線などは身体の外形的奇形の原因となるに留まらず、神経系や内分泌系へ作用して行動異常を生じさせることがあり、こうした悪因子の影響を行動催奇形性という。**行動奇形学** behavioral teratology とは、このような問題を扱う学問分野である（杉岡ら，2003；田巻，1994）。哺乳類の母親の体内に摂取された物質は胎盤を通じて、胎児に影響を及ぼすことがある。医薬品・嗜好性の合法薬物（アルコール・カフェイン・ニコチン）・麻薬などの非合法薬物・残留農薬・食品添加物・環境汚染物質・糖尿病などの母体疾患、放射線被爆、各種アレルギー物質が胎児に及ぼす影響は、生まれてきた子の一般的活動性、生得的反射や感覚機能の試験（音刺激に対する驚愕反応など）、学習試験を通じて調べることができる。なお、子の行動異常が本当に胎児期に受けた悪影響によるものか、それとも出生後に飲んだ母乳や母親の養育行動上の問題によるものかを明らかにするためには、悪因子に暴露した母親から生まれた子と、暴露していない母親から生まれた子を取り換えて養育させ、行動を観察する方法（養子交換法）が用いられる。

juvenile（1〜4歳）、**亜成獣** subadult：雄5〜9歳、雌5歳）、**成獣** adult：雄10歳以上、雌6歳以上）のように分類する（古市，2000）。

　成体と形態が大きく異なる幼生期を持つ種の場合、その環世界（→ p.59）は変態前後で大きく異なると考えられる。例えば、セミの場合、地上で孵化してすぐ土中に潜ると数年間は真っ暗な環境で草木の根から吸汁して暮らす（このため幼虫は目が退化している）。その後、地上に出て羽化し明るい世界で空を飛び樹液を吸いながら数週間過ごす。セミの幼生と成体では、感じている世界はまるで違うだろう。変態する動物の「心」は変態前後で連続性を持つのか、動物心理学はまだこの問いに正面から答えるすべを持たないが、変態前後で記憶が保持されているかどうかを調べた研究は少ないながらもある。

　例えば、チャイロコメノゴミムシダマシの幼虫（ミールワーム）にT字迷路を用いて明るい場所から逃げる学習を形成したところ、変態して成虫になってもそれを記憶していた（Alloway, 1972）。電撃と対呈示された匂いを忌避する学習も、変態前後で維持されることがショウジョウバエ（Tully et al.,

---

トピック

加齢研究

　発達心理学の分野では老年期を含めた生涯発達という視点が主流となっており、老年期の諸問題が取り上げられることも多い。しかし、動物心理学では**加齢** aging についての研究は少なく、野生や飼育下での日常的観察記録が中心である。ただし、ヒトの認知症の治療に貢献するため、動物モデルの開発とテストが行われている。一例として老化促進モデルマウスを取り上げれば、健康補助食品や食物に含まれる抗酸化物質などが、学習・記憶能力の加齢による低下を改善できるかどうかが、迷路課題や回避課題を用いて調べられている（高橋，2010）。また、老齢ザルの認知機能についても、複雑な刺激弁別課題を用いた研究が行われており（久保，2000）、こうした研究も認知症の理解と治療に役立つことが期待される。家庭犬の高齢化も問題になっている昨今、加齢に関する動物心理学研究は今後ますます必要とされるだろう。

1994）やタバコスズメガ（Blackiston et al., 2008）などで確認されている。両生類では変態後も水中で暮らすアフリカツメガエルを用いた研究がある（Miller & Berk, 1977）。電撃の強い黒色区画を避けて電撃の弱い白色区画に移動するよう学習した個体は、35日後もその記憶を維持していたが、その間に幼生（オタマジャクシ）から成体に変態した場合も、訓練時に既に成体であった場合でも、同程度に記憶成績がよかった。これらの研究は、変態（神経系も大きく変化する）によって、記憶は大きく影響しないことを示唆しているが、今後さらに多くの実験的確認が必要である。

3．縦断的研究と横断的研究

発達的変化を明らかにする研究計画（デザイン）として、特定個体または集団について長期的に観察してその時間的変化を追う**縦断的デザイン** longitudinal design と、異なる年齢個体または集団を同時期に観察して比較する**横断的デザイン** cross-sectional design がある。一般に、縦断的デザインは横断的デザインに比べて要する時間やコストが大きいため、ヒトの発達研究では横断的デザインが用いられがちである。いっぽう、ヒト以外の動物の多くはヒトより発達が早く、飼育下で継続的な観察が容易なため、縦断的デザインもしばしば用いられる。ただし、縦断的であれ横断的であれ発達研究には要する時間やコストが大きく、さまざまな制約によって実施不可能な場合が少なくない。このため、ヒトの発達研究と同じく、単独の論文では特定の年齢個体あるいは集団の観察にとどめ、異なる年齢との比較は先行研究を参照して考察されることもある。

4．行動の諸側面における発達
（1）運動能力の発達

体の成長にともなって運動能力も発達する。例えば、図10-6はラットが生後3週間のうちに示す運動能力を図示したものである。誕生後すぐでも、仰向けに寝かされるとうつぶせになることができる（背面立直り反射）。なお、ヒトの赤ん坊は、寝返りがうてるようになるのは生後早くても3〜4か月、

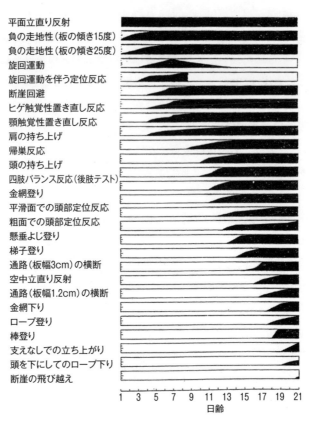

図10-6 ラットの運動機能の発達　Altman & Sudarshan (1975) を改変
合計1,292匹の実験用ラットに対して行ったテスト結果をまとめたもの。

通常は5〜6か月になってからである。ヒトの場合、このように運動機能が未熟な状態で生まれてくるので、ポルトマン（Portmann, 1951）はこれを**生理的早産** physiological prematurity と呼んだ。

ラットでも多くの運動は発達的変化を示す。例えば、棒をよじ登る運動は生後17日目になって初めて一部の個体ができるようになり、全個体ができるようになるのは21日目である。**旋回運動** pivoting は生後7日目を頂点に次第に減少する。

（２）学習能力の発達

成長して体が大きくなると学習能力も変化する。例えば、図10-7の上パネルは、孵化後2.5～5.5か月のイシダイ稚魚に、連続弁別逆転学習（→ p.181）を訓練した結果であるが、体長7 cm前後の個体の成績が最もよく、それ以降はやや低下している。なお、孵化後の日数と成績には直接関係がなかったが、体の成長が早い個体は学習成績もよかった（図10-7の下パネル）。

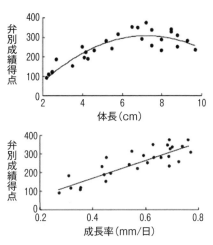

図10-7　イシダイの学習能力の発達　Makino et al. (2006)
右側が赤色、左側が黄色に光る同時弁別装置を用いて行った連続弁別逆転学習の結果。

（３）認知能力の発達

学習能力も認知能力の一種といえるが、「状況を把握する能力」という意味での「認知」の能力についてはどうだろうか。一例として、チンパンジーの鏡像自己認知（→ p.304）の発達研究を紹介しよう。図10-8は生後6か月目から鏡を繰り返し見せた1頭のチンパンジーについて生後76～87週（およそ1歳6～8か月）の縦断的観察記録、図10-9は初めて鏡を見た17頭のチンパンジーを6つの年齢集団に分けて調べた横断的比較である。いずれの図からも、鏡に対する自己指向反応の発達が読み取れる。ただし、鏡像への全般的反応の変化や自己指向反応の出現時期などは両図の間で異なっている。縦断的観察結果については鏡経験の効果（学習）の影響も推測される。なお、ヒトの場合、鏡像への自己指向反応の出現は1歳半頃である（Amsterdam, 1972）。

ヒトの発達心理学研究ではスイスの心理学者ピアジェ（J. Piaget, 1896-1980）の提唱した認知発達段階にもとづいて考察されることがある。例えば、何かが別の物に隠れて一時的に見えなくなっても、消えてしまったわけでなく、存在しているはずである。こうした認識をピアジェは**対象の永続性** object per-

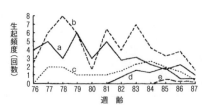

図10-8 チンパンジーの鏡像自己認知の発達（1個体の縦断的記録）井上（1994）

a：社会的反応（鏡面に対して歯をむき出す、キスをするなど、鏡像を他個体と見なしているような反応）、b：探索反応（鏡の裏をのぞき込む、鏡面に手を触れるなど、鏡像を探索する反応）、c：協応反応（身体を動かしながら鏡を見る、など鏡像と自己の運動感覚を結びつけていると思われる反応）、d：自己指向性反応（鏡を見ながら自分の身体を触る、鏡を見て舌を出すなど、自己の身体に向けられた反応）、e：複合反応（鏡面を指さしながら他の手で裏を探るなど、b〜dを2つ以上組み合わせた反応）。

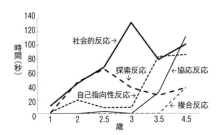

図10-9 チンパンジーの鏡像自己認知の発達（6つの年齢集団間の横断的比較）井上（1994）より作図

各反応については図10-8の説明を参照。

manence とよび、この能力はヒトでは**感覚運動期** sensory motor period（生後2歳まで）に発達する（Piaget, 1954）。子犬を対象とした対象の永続性に関する横断的発達研究（Gagnon & Doré, 1994）では、実験者が目の前で隠したおもちゃの場所を積極的に探すこと（可視移動課題）は8か月齢頃にできるようになるが、実験者がおもちゃを容器で隠してからその容器を隠した場合（不可視移動課題）に、正しく探し出すのは9か月齢のイヌでもできない。なお、2〜3歳の成犬では不可視移動課題を解決できる（Gagnon & Doré, 1992）。ヒトでは可視移動課題は感覚運動期の第5段階（1歳〜1歳半頃）、象徴的心像（イメージ）を必要とする不可視移動課題は感覚運動期第6段階（1歳半〜2歳）になって解決できる。イヌ以外ではチンパンジーやゴリラなどが感覚運動期第6段階に達しているとされている（Doré & Goulet, 1998）。ネコについては第5段階でとどまるとの実験結果（Doré, 1986, 1990; Dumas & Doré, 1989; Goulet et al., 1994; Pasnak et al., 1988）と、第6段階に到達しているとの報告（Triana & Pasnak, 1991; Dumas, 1992）があって、一致していない。

ピアジェ理論にもとづいて動物の認知発達を明らかにしようとする試みは有用であるものの（Doré & Dumas, 1987）、ヒト幼児の認知発達のために構築

されたピアジェ理論が他の動物の認知発達にそのまま当てはまるわけではない。オストハウスら（Osthaus et al., 2005）は子犬に、紐引き課題（紐ひきパタンテスト）を与えて行動を観察している。真っ直ぐに伸びた2本の紐の一方にのみ餌が結びつけられている場合、イヌは餌の結びつけられた紐を正しく選ぶが、2本の紐が交差している場合（例えば、右側に置かれた餌に結びつけられているのは左側の紐であり、右の紐を引いても餌は得られない）には、正しい紐を選べなかった。ネコも同じであった（Whitt et al., 2009）。ピアジェ理論によれば、これらの種は感覚運動期第4段階（8か月〜1歳）にも達していないことになり、対象の永続性テストでの結論とは異なる。

(4) 社会性の発達

他個体と関係して生きる動物では、成長に伴い社会性を身に着けることも重要である。例えば、スコットとフラー（Scott & Fuller, 1965）は13年間にわたり合計470頭のイヌを観察している。表10-2はこの大規模研究をもとに彼らがまとめた犬の社会性の発達段階である。ただし、発達速度には個体差や犬種差がある。例えば、3週齢時に上あごに歯が生えている個体は3週齢ではバセンジーやビーグルでは約8割であったが、シェトランドシープドッグで3割、コッカースパニエルで2割、フォックステリアでは1割に過ぎなかった（2週齢時にはこれらすべての犬種でゼロ、4週齢時にはほぼすべての個体で萌出が認められている）。

スコットとフラーは上述の大規模研究をもとに、子犬を親や同胞から離し、家庭でペットとするのに最適な時期は8〜12週であるとした。これより早いと、子犬は他の犬と正常な社会的関係を築く機会を持てず、人間とは親しい関係を築けても、同種との正常な社会的関係（配偶行動や育児も含む）が難しくなる。逆に、この時期以降に人間と初めて触れ合うと、他犬との社会的関係はよくても、人間に対して臆病な犬になるという。しかし、図10-10の実験に明らかなように生後8週頃は新奇刺激に対して敏感であるため、新しい飼い主に買われていくのに最適な時期とはいいがたい。人間にある程度慣れた子犬の場合、ペットとする最適時期は12〜14週である（Fox, 1972）。

表10-2　犬の発達段階 Scott & Fuller（1965）

新生仔期（生後0～13日）
平衡感覚・痛覚・温度感覚以外は未発達で、はって移動する。
移行期（生後14～20日）
開眼し、よちよち歩きや自発的な排泄が可能になる。
社会化期（生後3週～12・13週）
聴覚機能を獲得し、歯が萌出し、徐々に流動食へ移行して離乳する。子犬どうしでの攻撃的な遊びが始まり、同胞間の優劣関係が徐々に形作られる。
若年期（生後12・13週～6か月）
住処から離れて探索行動を開始する。この時期は性成熟とともに終わる。

注：社会化期を、同種（特に、親および同胞）との社会的関係形成を形成する1次社会化期（3～5週）と、他種（特に、飼い主）との社会的関係を形成する2次社会化期（6～12週）に分ける場合もある（Lindsay, 2001）。また、若年期を、子犬間の階級が確立する時期（13～16週）と、群の中の階級が定まる時期（5～6か月）に分ける研究者もいる（Trumler, 1974）。

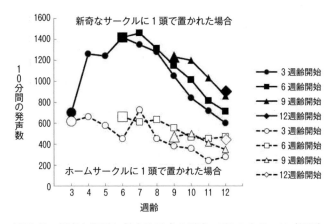

図10-10　新奇な場所に対する子犬の不安　Elliot & Scott（1961）より作図

子犬は新奇なサークル（囲い）に1頭で置かれた場合、ホームサークルのときよりも不安が高い（高頻度で鳴き声を上げる）が、これは6～8週齢で最も顕著である。なお、この実験では縦断デザインと横断デザインが併用されている。例えば3週齢開始（丸で示したデータ）の子犬は12週目まで毎週テストされており、縦断的な観察となっている。いっぽう、3週齢開始群、6週齢開始群、9週齢開始群、12週齢開始群の初日のデータ（大きなシンボルで示したデータ）を横断的に眺めれば、不安テストを初めて受けた際の発声数を比較できる。両デザインでも上記の結論は同じであるが、不安テスト開始の週齢が早いと慣れによる不安の減少がわずかに見られる（例えば、12週齢時の新奇不安は3週齢から毎週テストされた群で最も低い）。

5. 初期学習

アヒルやニワトリなど**離巣性（早成性）の鳥** precocial birds のヒナは、生後すぐの限られた期間（**臨界期** critical period）に見た動く物体をその後、追いかけるようになる（図10-11）。この現象を**刻印づけ** imprinting（**刷り込み**）という。この現象はスポルディングによって報告されたが、半世紀以上を経てローレンツによって詳細に記された（→ p.39）。その後、**ヘス**（E. H. Hess, 1916-1986）らによって統制された実験が数多く行われた。図10-12にその実験例を示す。また、近年の研究から甲状腺ホルモンが刻印づけの生理メカニズムに関わっていることがわかってきた（Yamaguchi et al, 2012）。

臨界期の存在などから、刻印づけには生得的要因が深く関与している

図10-11 カモの母鳥に追従する雛鳥
https://www.flickr.com/photos/31064702@N05/4326206563

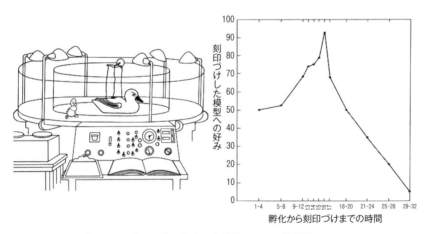

図10-12 刻印づけ実験の装置と臨界期を示す結果　Hess（1958）
人工孵化したマガモは孵化から一定時間後に、模型のカモが円形軌道上を動く装置に10分間入れられた。翌日、刻印づけ時に用いた模型と、用いなかった模型のどちらを好むか選択テストを行った。孵化から十数時間後に刻印づけを行った群が最も強い好みを示し、孵化から1日以上経過すると刻印づけは困難である。なお、この実験では好みがない場合、数値がゼロとなるよう採点されている。

といえる。しかし、どのような対象に刻印づけられるかは経験によるため、刻印づけによって生じた追従反応を全面的に本能に帰すことはできず、むしろ学習の一種として位置づけられる（Hess, 1973; Sluckin, 1964）。刻印づけ対象への追従反応は**仔の刻印づけ** filial imprinting と呼ばれ、親に対する**愛着** attachment の一種だと考えられる（→ p.352）。これに対し、刻印づけ対象と同じ動物種の個体に対して成熟後に求愛行動を行う現象を**性的刻印づけ** sexual imprinting）といい、刻印づけ時に同種認識が形成されていることをうかがわせる。

　刻印づけは初期学習の一種であるが、鳴禽類のさえずりの学習（歌学習 song learning）も臨界期を持つ初期学習である（→ p.240）。なお、「臨界期」という言葉は、その時期を過ぎるとまったく学習されず、事後修正もできないこと（学習の不可逆性）を含意する。しかし、学習可能な時期の境界はそれほど厳密ではないため、近年では**感受期**（**敏感期**）sensitive period という言葉が用いられる。例えば、前述のスコットとフラーは社会化期を「社会化のための臨界期」と呼んだが、彼ら自身も認めているように、この時期以降の経験も成長後の社会的行動に少なからず影響する。したがって、この場合も社会化の感受期と表現したほうが適切であろう。

6．養育行動

　仔に対する母親の養育行動には給餌（哺乳類では授乳）のほかに、抱卵（卵生の場合）、生まれた仔の保温・保護・排泄促進などのための諸行動が含まれる。巣作りも保温・保護機能を持つための養育行動である。ラットやマウスでは、分娩前後に卵巣から多量に分泌される女性ホルモンの一種であるエストロゲンが母親の養育行動を開始させる働きを持つことはよく知られているが、分娩後に脳下垂体後葉から分泌されるホルモンの一種である**オキシトシン** oxytocin（→ p.353）も養育行動を増加させる（Okabe et al., 2017; Pedersen et al., 1982）。また、養育行動の維持には仔との接触経験も大きな役割を果たし、母親の養育行動と仔の成長とは相互促進的である（Rosenblatt & Siegel, 1983）。

　養育行動は母親に限られるわけではない。多くの動物種では巣作りを初め

としてさまざまな養育行動を父親が示す。霊長類ではヨザルやマーモセットのように父親が母親と同等以上に養育行動に関わる種もいる。鳥類ではクジャクの雄は子育てに全く関わらないが、ヒレアシシギやレンカクは父親が卵を温め、雛(ひな)を育てる。コウテイペンギンは父親が4か月間ずっと抱卵する。タツノオトシゴでは雌が雄の体内に卵を産みつけ、雄が出産する。昆虫のタガメなどでは養育行動は父親のみに見られる。養育行動の研究は主として母親について行

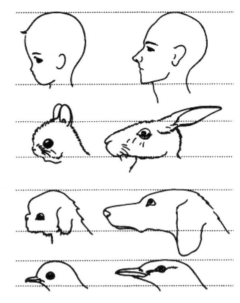

図10-13 幼児図式（左）をもつ頭部の形態 Lorenz（1943）

われてきたが、父親の養育行動を規定する要因についても研究者の関心が向けられ始めている。例えば、雄マウスの養育行動は、雌との交尾、妊娠雌との同居、分娩時の羊水・胎盤の匂いなどによって増加することが明らかにされつつある（児玉, 1996）。また、父母以外の個体が幼体を養育する**共同保育** alloparenting もさまざまな哺乳類や鳥類（Riedman, 1985）、魚類（Wisenden 1999）などで確認されている。

ローレンツ（→ p.39）は、動物の幼体は、（1）身体に比べ大きい頭、（2）高く前に張り出た額(ひたい)、（3）頭部中央より下に位置する大きな眼、（3）短く太い四肢、（4）丸みのある体型、（5）やわらかい体表面、（6）丸い頬(ほほ)、という**幼児図式** baby schema（図10-13）を持ち、こうした特徴が成体の養育行動の解発子（鍵刺激、→ p.121）となると論じている（Lorenz, 1943）。実際に、ヒトについては、幼児図式を持つヒトや動物の画像が「かわいい」という感情を生み、養育行動を喚起しやすいという研究は数多くある（例えば、Glocker et al., 2009; Golle et al., 2013）。ただし、幼児図式がヒト以外の動物の養

育行動にも影響するかは不明である。ニホンザルやキャンベルモンキー（東アフリカにすむオナガザルの一種）が、ニホンザルの成体写真よりも幼体写真を好んで見るといった報告（Sato et al., 2012）はあるものの、幼児図式と養育行動の関連は不明である。幼児図式は捕食動物にとっては、むしろ襲いかかる信号になるかもしれない。

トピック

子ザルの母親への愛着

　子が親に対して示す愛着は、親がただ近くにいるとか、給餌してくれるといったことだけでなく、触れ合いの際の感覚にも依存する。ハーロー（→ p.166）は生後間もない子ザルをケージで1匹ずつ飼育した。各ケージには2体の針金製の人形が**代理母** surrogate mother として置かれており、うち1体は胴部が柔らかい布で覆われていた。半年間にわたって観察したところ、子ザルは1日の大半の時間を布で覆われた代理母の側で過ごしていた（図10-14）。これはミルクの入った哺乳ビンがどちらの代理母に取り付けられていても同じであった（布で覆われていない母親に哺乳ビンが取り付けられていた場合は、飲み終えた子ザルはすぐに布で覆われた代理母のほうに戻った）。この結果からハーローは、布の柔らかい肌感覚がもたらす安らぎが母親への愛情を生むのであって、空腹や飢えの解消が愛情形成の原因ではないと結論している。また、子ザルが代理母から離れているときに新奇な動くおもちゃ（太鼓をたたくクマのぬいぐるみや、箱で作られた頭を左右に振る怪物）で驚かすと、布の代理母に駆け寄ってしがみつくという結果から、母親が心理的な作業基地となっていると論じている。

図10-14　布の代理母にしがみつく子ザル　Harlow（1959）

7．個体差
（1）個体差とパーソナリティ
　われわれは動物の行動をもとにその「性格」を判断することがある。「隣の家の柴犬が郵便配達に吠えている。昨日は通りがかりの小学生に噛みつこうとしてたし、一昨日は飼い主にも突っかかってた。攻撃的なやつだね」というのは、そのイヌの「攻撃的性格」を複数の行動から推測しているのである。「前に飼われてた柴犬はおとなしかったのになぁ」という感想が続けば、イヌという動物種全体の性質ではなく、個体差としての性格に言及しているのである。
　ヒトの心理学では行動面でのこうした個体差（個人差）を表現する言葉と

トピック

オキシトシン

　オキシトシンは仔の行動にも影響する。例えば、仔ラットにオキシトシンを投与すると、母親と引き離された際に救難音声をあまり発しない（Insel & Whinslow, 1991）。母子分離時の不安が低減されるためだと考えられる。また、仔ラットの脳内のオキシトシンは母親との接触が多いと増加する（Kojima et al., 2012）。オキシトシンは母子間の行動だけでなく、性行動にも関わる。例えば、遺伝子操作によりオキシトシンの働きを阻害した雌マウスは発情期にあまり雄を受け入れない（Nakajima et al., 2014）発情期にある野生の雌ヒヒの尿中のオキシトシン濃度を調べたところ、オキシトシン水準が高い個体は雄と過ごす時間が長かった（Moscovice & Ziegler, 2012）。性以外の社会的行動（→第9章）にもオキシトシンは関与する（Crockford et al., 2014）。例えば、チンパンジーの毛づくろい後に採取した尿中のオキシトシン濃度は、毛づくろいした相手が親しいときに高かった（Crockford et al., 2013）。また、毛づくろい後よりも他個体に餌を分配した後にオキシトシンは多かった（Wittig et al., 2014）。オキシトシンを投与したイヌは他犬や飼い主に対して親和的にふるまう（Romero et al., 2014）。イヌと飼い主が見つめ合うと互いにオキシトシンが増えることも報告されている（Nagasawa et al., 2015）。

して、パーソナリティ personality がある（若林, 2009; 渡邊, 2010）。心理学では伝統的に personality には「人格」という訳語が当てられ、「性格」は character の訳語として用いられていた。personality も character もよく似た概念であるが、character という言葉が個人の生得的資質に重きをおく欧州諸国の心理学者に好まれたのに比べ、personality は環境による変容も加味した概念で米国心理学者が好んで用いた。また、personality は、知的側面（知能）をも含む個人の統一的な行動的性質として定義される。ただし、日本語の「人格」には「人格者」のように価値判断が伴うため、最近では personality を「性格」と訳したり、パーソナリティとカタカナ表記することも多い。

動物の場合、「イヌの人格」といった表現はおかしい。英語でもこれは同様で、「人」を意味する person の入った語を動物に適用すると擬人化の誹りを受けかねない。このため、動物心理学では「行動の個体差」として言及するのが普通であった。ただし、状況間で一貫して見られる行動特徴を記述したり、複数の行動特徴を総合的に捉えたりする場合には、「個体差」という言葉では不十分であり、霊長類を対象とした研究などでは personality という語が古くから用いられてきた。例えば、霊長類心理学の創始者ヤーキズ（→ p.36）は、1939年に「チンパンジーの生活史とパーソナリティ」という論文を著している。

（2）パーソナリティ構造

ヒトのパーソナリティ研究では、複数の状況間で共通する行動傾向を**特性因子** trait factor として抽出することがしばしば行われる。例えば、「殴られたら殴り返す」「ちょっとしたことで腹が立つ」「邪魔をする人には文句をいう」といった質問項目への回答は高い相関を示すため、こうした項目から共通因子を抽出して「攻撃性」と名づければ、項目の合計点を攻撃性得点として数量化できる。動物は質問紙に回答できないが、複数の状況下で行動テストを行えば、それらの成績の相関から共通因子を求められる。

こうした考えに立って行われたのが「タコのパーソナリティ」と題する研究であり、『比較心理学雑誌』に掲載されて大きな注目を浴びた（Mather &

Anderson, 1993)。これは、44匹のマダコを異なる状況で観察したもので、さまざまな行動（隠れ場所から出てくる、物体への接触、スミを吐くなど）を記録している。それら行動間の相関から、「活動性」「反応性」「回避性」の3因子がテストした状況すべてに共通して見られることから、この3因子がマダコの性格次元とされた。

　この研究以降、こうしたアプローチを用いた研究が散見されるようになったが、特に、ヒトのパーソナリティ研究分野で活躍していた米国の社会心理学者ゴスリング（S.D. Gosling, 1968-）が、ブチハイエナやイヌを対象とした研究によって参入し（Gosling, 1998; Gosling et al., 2003）、過去に行われていた関連研究を数多く掘り起こして展望した（Gosling, 2001, 2008; Gosling & John, 1999）ことによって、動物のパーソナリティ特性の研究に脚光が当てられるようになった。動物のパーソナリティ研究では、各動物種のパーソナリティ特性の構造の解明と、ヒトとの比較を通じてパーソナリティの進化的起源の探究が目的とされる。研究対象となる動物は主として、飼育下の動物（家畜や実験動物、動物園や捕獲して飼育している動物）であり、動物種では霊長類を対象としたパーソナリティ研究が多い（Freeman & Gosling, 2010）。

　行動観察だけでなく飼い主などから得た質問紙調査の回答で因子を抽出する場合もあるが、抽出される因子数やその種類は、観察する行動や質問紙項目に依存するため、研究者間で意見が異なる。例えば、ゴスリング（Jones & Gosling, 2005; Gosling et al., 2003）は、ヒトで見られる5つのパーソナリティ次元のうち「誠実性（勤勉性）」を除く、「調和性（協調性）」「情緒不安定性（神経症傾向）」「外向性」「開放性（知性）」の4つの次元がイヌにおいても見られるとしていたが、同様の質問紙調査で5次元の特性因子構造を得た研究もある（平芳・中島, 2009; Ley et al., 2008; Svartberg & Forkman, 2002）。

　また、ゴスリングは動物種によりパーソナリティ次元の数が異なると見なしているが、行動生態学（→ p.40）の研究者からは、多くの動物は「大胆さ」「詮索」「活動性」「社交性」「攻撃性」の5つのパーソナリティ次元を持つとの考えが提出されており（Réale et al., 2007）、これはパーソナリティの遺伝的研究に大きな影響を与えている。近年では、さらに多くの次元を想定すべき

だとする研究者もいる（Koski, 2014）。

（3）行動シンドローム

行動生態学者は、**行動シンドローム** behavior syndrome という概念も提出している（Sih et al., 2004）。行動シンドロームは相関する複数の行動のまとまりを意味している。この点ではパーソナリティの特性因子と同じであるが、行動シンドローム研究では、文脈（採食・繁殖・防衛・養育・闘争などの領野）やおかれた状況の間で、行動の強度や頻度が相関するかどうかを検討し、その適応価を明らかにする。例えば、縄張りを積極的に防衛する個体は天敵に対しても大胆な個体であるならば、そうした個体は繁殖には成功するかもしれないが、天敵に捕食されて死ぬ確率も高くなる。行動シンドローム研究では、主として野生動物を対象として、動物種（あるいは個体群）の進化と適応の観点から個体差を理解しようと試みている。図10-15は、動物パーソナリティ研究と行動シンドローム研究の視点の違いを表したものである。

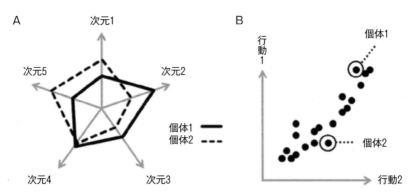

図10-15　動物パーソナリティ研究と行動シンドローム研究の視点の違い　今野ら（2014）
動物パーソナリティ研究（A）では、特性因子として抽出される次元数と種類を明らかにする構造的アプローチであり、各個体は次元ごとに得点を持つプロフィールで示すことができる。行動シンドローム研究（B）では、各個体は行動間の相関関係を示すデータ点として捉えられ、行動の相関関係の適応価の探究が行われる。

（4）個体差と遺伝

　動物のパーソナリティ研究は、心理学や行動生態学だけでなく、生理学・遺伝学など多くの研究分野から特に注目され始めている分野である（Carere & Maestripieri, 2013）。ヒトを含む動物の行動の個体差に関する遺伝的研究を**行動遺伝学** behavior genetics という。性格も行動から推測される構成概念なので、行動遺伝学の研究対象となる。ヒト以外の動物では、選択交配によって遺伝の影響を探究できる（→ p.360）。家畜の系統作出（→ p.364）においても、肉質や乳量など身体的側面だけでなく、人なれしやすくおとなしい、飼育ストレスに強いといった行動的特徴にも配慮して育種が行われており、これは実践的な遺伝研究といえなくもない。

　近年では、分子生物学の発展により、交配以外の方法で、行動に及ぼす遺伝の影響を調べることが可能になった。例えば、遺伝情報を分析・比較して犬種間の違いや犬種内での行動の個体差を調べ、作業犬や伴侶犬としての適性判断につなげる試みがなされている（村山，2012）。

コラム1

ヘッケルの法則

ヘッケル（→ p.3）は、脊椎動物の尾芽胚の個体発生に関する観察から、発達は進化の道筋をなぞるように進むという**反復説** recapitulation theory を提唱した。この説は**ヘッケルの法則** Haeckel's law とも呼ばれ、「個体発生は系統発生を繰り返す」という言葉でよく知られている。現代の比較解剖学でも、ヒトの身体器官は母胎内では系統発生的に古い形状・構造をしていることが少なくないと教えている。

反復説を支持する証拠としてしばしば用いられるのが図10-16である。

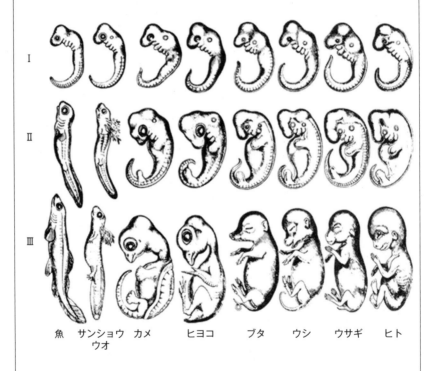

図10-16　脊椎動物の個体発生（上から下へ）と系統発生（左から右へ）　Haeckel（1874）掲載のイラストを Romanes（1892）が線画に描き直したもの

魚類、両生類のサンショウウオ、爬虫類のカメ、鳥類のニワトリ、哺乳類のブタ、ウシ、ウサギ、ヒトのすべてが、尾芽胚の初期にはよく似た形態で、これは脊椎動物の進化における初期段階である魚類の形であるという。しかし、ヘッケルの図には批判も少なくない。例えば、この図は不正確であるとの指摘や、より多くの種で比較検討すると尾芽胚の形はそれほど似ていないといった異議も提出されている（Richardson et al., 1997）。

　反復説に矛盾するものとして、**幼形進化** pedomorphosis と呼ばれる事実がある。例えば、頭索動物（ナメクジウオの仲間）は祖先である尾索動物（ホヤの仲間）の幼生の特徴である自由遊泳するオタマジャクシのような形態を、成体になっても維持している。このように幼年期に特有の特徴が成体に残ることを**幼形成熟**（ネオテニー）neoteny という。ヘッケルの反復説通り、個体発生と系統発生が同じ道筋をたどるのであれば、頭索動物（幼生も成体も自由遊泳）から尾索動物（自由遊泳の幼生→固着生活の成体）へ進化したはずであるが、進化の道筋はこの逆である。

　ヒトの祖先である猿人（アウストラロピテクスなど）や現生の類人猿（チンパンジー）では成体の頭蓋骨は前後に長いが、ヒトの頭蓋骨は長くなく、猿人や類人猿の子どもの頭蓋骨と似ている。これも幼形進化である。幼形進化は行動面でも見られる。例えば、イヌは成体になっても仲間どうしで戯れることがあるが、イヌの祖先であるオオカミが戯れるのは子どものときだけである。

コラム **行動の遺伝研究**

　動物行動の個体差に関する遺伝的研究法の1つとして、行動成績にもとづく選択交配がある。この発想を抱いた初期の研究者の一人がトールマン (→ p.35) である (Innis, 1992)。彼は本能概念の行動主義的再構のため、学習の遺伝を調べる研究を実施した (Tolman, 1924)。具体的には、親世代ラットを図10-17のような迷路の学習成績にもとづいて分け、成績の優れた雌雄、

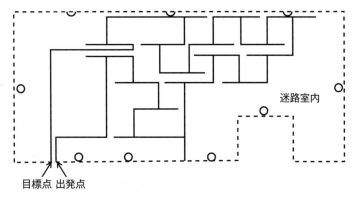

図10-17　実検に用いられた迷路　Tryon (1930) を改変
円と半円は電灯の位置を示す。

あるいは劣った雌雄を交配して、優秀系と劣等系の第1世代を得た。この第1世代では優秀系ラットが劣等系ラットよりも良い成績であった。しかし、第1世代優秀系のうち成績の優れた雌雄を交配して得た第2世代優秀系と、第1世代劣等系のうち成績の劣った雌雄を交配して得た第2世代劣等系をさらに迷路でテストすると群差があまり大きくなかった。そこで、トールマンは飼育方法や実験装置を改善し、弟子の**トライオン** (R. C. Tryon, 1901-1967) をこのテーマに取り組ませた。トライオンの実験は順調に進み、優秀系と劣等系の違いは第7世代でほぼ完全に分離した (図10-18)。なお、トライオンの弟子の一人がショウジョウバエの行動遺伝学の研究で著名な**ハーシュ** (J. Hirsh, 1922-2008) である。

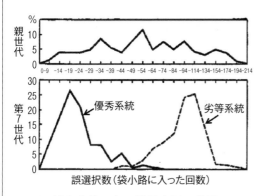

図10-18 迷路成績による選択交配の結果　Tryon (1940)
縦軸は迷路成績にもとづく個体の度数分布(出現割合)である。

その後、さまざまな学習課題を用いてラットの選択交配が行われるようになった。例えば、味覚嫌悪学習（→ p.41）に優れた系統とそうでない系統が作出されている(Elkins, 1986)。また、情動性での系統作出もされており、新奇な開放空間（オープンフィールド装置）に置かれた際の排便数（不安が高いと排便が多い）をもとに英国で作出されたモーズレイラットが著名である（Broadhurst, 1975)。わが国では藤田統(おさむ)(1928-)らによって直線走路での活動性にもとづき Tsukuba 情動系ラットが作出されている。ラットは明所を避ける生得的傾向があることを利用し、明所で活動性の低いものを高情動系、明所でも活動性の高いものを低情動系として選択交配したのである。高情動系は低情動系に比べて実験装置内での排便数が多く、視覚弁別学習の成績が良いなどの特徴がある（藤田ら，1980）。

参考図書

○中尾舜一『セミの自然史―鳴き声に聞く種文化のドラマ』中公新書　1990
○本川達雄『ゾウの時間ネズミの時間―サイズの生物学』中公新書　1992
○オールポート『動物たちの子育て』青土社　1997
○小原嘉明『イヴの乳―動物行動学から見た子育ての進化と変遷』東京書籍　2005
○南徹弘『サルの行動発達』東京大学出版会　1994
○中道正之『ニホンザルの母と子』福村出版　1999
○中道正之『ゴリラの子育て日記―サンディエゴ野生動物公園のやさしい仲間たち』
　　昭和堂　2007
○中道正之『サルの子育て ヒトの子育て』角川新書　2017
○岡野美年子『新版もう一人のわからんちん―心理学者わが子とチンパンジーを育てる』
　　ブレーン出版　1979
○竹下秀子『赤ちゃんの手とまなざし―ことばを生みだす進化の道すじ』
　　岩波科学ライブラリー　2001
○中村徳子『赤ちゃんがヒトになるとき―ヒトとチンパンジーの比較発達心理学』
　　昭和堂　2004
○松沢哲郎『アイとアユム―チンパンジーの子育てと母子関係』講談社文庫　2005
○松沢哲郎『おかあさんになったアイ―チンパンジーの親子と文化』
　　講談社学術文庫　2006
○友永雅己ほか（編）『チンパンジーの認知と行動の発達』京都大学学術出版会　2003
○スラッキン『刻印づけと初期学習―接近・追従と愛着の成長』川島書店　1977
○ホフマン『刻印づけと嗜癖症のアヒルの子―社会的愛着の原因をもとめて』
　　二瓶社　2007
○関口茂久『ラットとマウスを用いた行動発達研究法』誠信書房　1978
○斎藤徹（編）『母性をめぐる生物学―ネズミから学ぶ』アドスリー　2012
○ポルトマン『人間はどこまで動物か』岩波新書　1961
○ブラム『愛を科学で測った男―異端の心理学者ハリー・ハーロウとサル実験の真実』
　　白揚社　2015
○フォックス『イヌの心がわかる本』朝日文庫　1991
○フォックス『ネコの心がわかる本』朝日文庫　1991
○小出剛・山元大輔（編）『行動遺伝学入門―動物とヒトの"こころ"の科学』
　　裳華房　2011

第11章 ❖ 人間と動物の関係

われわれは動物的存在としての「ヒト」であるだけでなく、文化的存在としての「人間」でもあり、その文化の中にはわれわれ以外の動物（以下、単に「動物」とする）との関係も含まれる。本章では、そうした人間と動物の関係について述べる。

　動物は人間との関わりにおいて、人間の飼育下にない**野生動物** wild animal と**飼育動物** rearing animal に大別できる。飼育動物はさまざまに分類できるが、環境省の「動物の飼養及び保管に関する基準」が、**家庭動物**（家庭や学校などで飼われている動物）、**展示動物**（展示・ふれあいのため動物園やペットショップなどで飼われている動物）、**産業動物**（産業利用のために飼われている動物）、**実験動物**（科学的目的のため研究施設などで飼われている動物）のそれぞれに応じて設けられていることから、この4分類がしばしば用いられる。

　このうち家庭動物はいわゆる**愛玩動物**（ペット pet）であり、最近では**伴侶動物**（コンパニオンアニマル companion animal）と呼ばれることも増えてきた。また、産業動物は畜産動物あるいは農用動物ともいわれ、肉・乳・毛・皮革・卵・羽毛などを生む用畜と、農耕牛馬や牧羊犬のように労働力を提供する役畜とに区別することがある。なお、使役動物という言葉は役畜に対して用いられるが、身体障害者補助犬（盲導犬・介助犬・聴導犬）や牧羊犬・狩猟犬・警察犬・タレント動物なども含める場合がある。

1．家畜化

　人間が利用するために品種改良した動物を**家畜** domestic animal, domesticated animal という。「家畜」という言葉は狭義には産業動物を意味するが、広義には家庭動物と実験動物も含む。**選択交配** selective breeding による品種改良は、人間の手によってなされる新しい生物の創出、すなわち**人為選択**（人為淘汰）artificial selection である。野生動物を人間が飼育し始めると、体格の小型化・頭骨の短縮・繁殖能力の増大・種内変異の増大・自己防衛力の低下が生じやすい（正田, 2010）。ただし、体格の大きい品種の作出など、人為選択によってこれらとは逆の育種を行うことができる。ここで野生動物

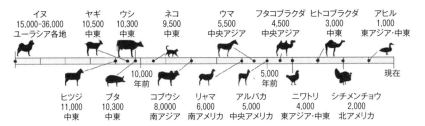

図11-1　さまざまな動物の家畜化時期と場所　Saey（2017）
この図は MacHugh et al.（2017）がまとめた表にもとづいており、ニワトリおよびアヒルの家畜化時期については、本文中で言及した推定年代よりも新しくなっている。

の家畜化 domestication の歴史を、いくつかの動物種について見てみよう（図11-1）。なお、ラット・マウス・イヌ・ネコ・ウマ・ハトなど、動物心理学研究で頻用される動物には家畜として作出されたものが多い。家畜化された動物を対象とする際は「人為的に作られた心」を研究している可能性に留意する必要がある。

（1）イヌとネコ

最古の家畜はイヌである（Clutton-Brock, 1995）。ローレンツは『ソロモンの指輪』（→ p.40）でイヌはオオカミとジャッカルの混血種だとしたが、現在では遺伝子研究によって、イヌはオオカミの子孫であることが明らかにされている（Wayne, 1993; Vilá et al., 1997）。このため、イヌの学名も *Canis familiaris* から *Canis lupus familiaris* となり、独立種ではなくタイリクオオカミ（*Canis lupus*）の家畜化亜種として位置づけられるようになった。オオカミが家畜化されてイヌとなった時期と地域については確定していない。遺伝学者および考古学者によりさまざまな説が提唱されている。時期は1万数千年前から数万年前まで諸説あり、地域も東アジア（中国南部）説、東南アジア説、中央アジア説、中東説、ヨーロッパ説のほか、複数の場所で個別にオオカミから分岐したという説もある（Frantz et al., 2016）。また、分岐後もしばしばオオカミと交雑していたとも考えられている。オオカミから分岐したイヌは、その後、狩猟や番犬、愛玩などを目的とした人為選択によってさまざまな犬種となった。なお、通俗書などには犬種の系統樹が掲載されていることもあるが、

遺伝的に離れた犬種間での交配もしばしば行われてきたため、野生動物の種間系統樹のような単純な系統樹を犬種について描くことは難しい。

イエネコ（*Felis silvestris catus*）は穀物を荒らし盗むネズミの駆除目的で家畜化されたと考えられる。家畜化は4,000〜5,000年前の古代エジプトに始まるとされてきたが（Serpell, 2000）、地中海に浮かぶキプロス島では9,500年前の遺跡から飼育されていたイエネコの化石が発見されている（Vigne et al., 2004）。また、近年の遺伝子研究によって、イエネコの祖先は約13万1,000年前に地中海東部沿岸に住んでいたリビアヤマネコ（*Felis silvestris lybica*）であることがほぼ確定された（Driscoll et al., 2007）。なお、分岐後もヤマネコとの交雑を繰り返していたと見られ、家畜化されたのは1万年前頃と推定されている（O'Brien & Johnson, 2007）。

（2）ウマとウシ

クロマニョン人による野生馬（*Equus ferus*）使用がアルタミラ洞窟（約1万5,000年前）の壁画に描かれているなど、古くからウマは人類に利用されてきたと見られる。家畜化されたウマの学名は *Equus caballus* であるが、野生馬の家畜化亜種として、近年は *Equus ferus caballus* とされることも多い。ウマの家畜化の最古の証拠は約5,500年前、カザフスタン北東部の遺跡に見られる（Outram et al., 2009）。ウマは肉や皮革を利用できるだけでなく、移動交通手段としても、軍事目的（戦車の牽引、戦士の騎乗、情報伝達）にも大活躍した（Budianski, 1997）。品種改良は古代ローマ時代にさかのぼる（楠瀬, 2010）。中世から近世の欧州では王侯貴族の馬術目的で品種改良が行われたが、科学的な取り組みは18世紀イギリスにおける競走馬の育種であった。サラブレッドもこの時期に作出され、19世紀になってその名で世界各地に輸出された。

ウシ（*Bos taurus*）は約1万年前に、西アジア、インド、北アフリカで原牛（オーロックス、*Bos primigenius*）から、食肉および農耕、運搬動物として家畜化されたが、近代的な品種改良は18世紀にイギリスにおいてなされた（松川, 2010）。乳牛の利用は5,000〜6,000年以上前であることが遺跡のモザイク画

などからわかっているが、乳牛種として確立したのは16世紀頃のオランダ（ホルスタイン種）であって、その後18世紀にイギリスでジャージー種など多くの品種が作られた（伊藤，2010）。

（3）ヒツジ・ヤギ・ブタ

ヒツジ（*Ovis aries*）は約1万年前にメソポタミア地方の丘陵地で、野生羊ムフロン（*Ovis orientalis*）から家畜化されたと見られる（角田，2010）。家畜化は肉に加えて被毛の利用が目的であり、4,500年前にはすでに剛毛から柔らかく細かいウールへと品種改良されていた。ヤギ（*Capra hircus*）もメソポタミア地方の丘陵地でほぼ同時期に家畜化されたが、肉・被毛に加え、乳も利用されるようになった（天野，2010）。乳の利用は牛よりも古いとされる。野生ヤギのパサン（*Capra aegagrus*）が原種と見られているが、多種との交雑も見られる。ヤギの学名はパサンの家畜化亜種として *Capra aegagrus hircus* とすることがある。

ブタ（*Sus scrofa domestica*）はイノシシ（*Sus scrofa*）の家畜化亜種である。家畜化は世界各地で進められたが（Larson et al., 2005）、最古の骨は約1万年前のトルコ東部の遺跡に見られる（三上，2010）。狩猟・遊牧民族によって家畜化されたウシ・ウマ・ヒツジ・ヤギと異なり、ブタは農耕民族によって家畜化されたと見られる。ブタは長距離移動が困難で、草だけで飼育できないからである。長年の品種改良が各地で続けられたが、長足の進歩を遂げたのは、ウマやウシの場合と同じく、18世紀イギリスの近代的育種によってである。

（4）家禽

家畜化された鳥類を**家禽** poultry という。ニワトリ（*Gallus gallus domestica*）は約8,000年余り前に東南アジアでセキショクヤケイ（赤色野鶏、*Gallus gallus*）から闘鶏目的で家畜化された（West & Zhou, 1989）。家畜化されてすぐ、東南アジアから中国に入り肉用飼育が始まり、シルクロードを経てローマに広まったころには卵も食されるようになった。世界各地で長年にわたって品種

図11-2　鑑賞用ハトのさまざまな品種　Darwin (1868)

図11-3　ハトが操縦する動物誘導爆弾のコクピット部分　Skinner (1960)

このコクピットは胴体に爆薬を積めたグライダーの先端部に取りつけられる。3羽のハトが個室に搭乗し、目の前のスクリーンに映った映像をつついてグライダーの翼を操縦する（方向決定は多数決である）。機体は推進装置を持たず軍用機から投下されて滑空するので、「ミサイル」ではなく「グライダー爆弾」である（ただし、スキナーは「ミサイル」と記している）。

改良されてきたが、特に第2次大戦中、牛肉難に直面した米国で代用食として短期間に若鶏を肥育する技術が開発され、戦後に健康ブームもあって低脂肪の鶏肉の需要が高まり一大産業に成長した。

アヒル（*Anas platyrhynchos domestica*）はユーラシア大陸に広く分布するマガモ（*Anas platyrhynchos*）から、中国で約3,000年前に肉用に家畜化され、東南アジアを経て、15世紀末以降にヨーロッパに伝播した（田名部, 2010）。

ハト（*Columba livia domestica*）は、断崖や洞窟に巣作りをするカワラバト（*Columba livia*）を家畜化したものである。原種は地中海沿岸からイラン、インドにまたがる広範囲に生息する。通信や食用としての飼育は数千年前にさかのぼる（Levi, 1977）。古代ギリシャではオリンピックの勝者を出身地に伝達するために用いられ、古代イスラエルではハトレースが行われていた（Edwin, 1936）。食用としての

飼育も古代ギリシャやローマ、中近東で一般的であった（Blechman, 2006）。19世紀の英国では観賞用ハトが流行し、数百品種が作出された（図11-2）。ダーウィン（→ p.25）自らも新品種の作出に取り組み、そうした人為選択の事実から自然選択のアイデアを確たるものとした。心理学では古くは迷路学習の実験（Rouse, 1906）などに用いられた例もあるが、スキナー（→ p.35）が第2次大戦時にグライダー爆弾の操縦訓練（図11-3）を課して以降、オペラント条件づけ（→ p.162）の標準的な被験体となった。とりわけ視覚機能に優れていることから、視覚弁別学習・記憶・概念などの研究で最も多用される種である。

（5）マウスとラット

実験用マウス（*Mus musculus domesticus*）はハツカネズミ（house mouse, *Mus musculus*）から作出された。ハツカネズミは北インド原産で（Din et al., 1996）、ヒトの移動に伴って世界に広がった。家畜化の歴史は紀元前にさかのぼり、継代飼育によって生じたと見られる斑入りマウスを意味する漢字が中国最古の類語辞典・語釈辞典『爾雅』に記されているという（Keeler, 1931）。また、アリストテレスの『動物誌』（→ p.24）にはアルビノ albino（メラニン色素欠損による白化個体）のマウスの記述がある。長年にわたって様々な愛玩品種が世界各地で作出されたが、血液循環の研究で有名なハーヴェイ（W. Harvey, 1578-1657）以降、医学研究の実験動物となった。最初の実験専用品種 DBA は1909年に米国で作出された（Guénet & Bonhomme, 2004; Vandenbergh, 2000）。DBA系マウスの被毛は淡褐色であるが、動物心理学では、アルビノのC57BL系やICR系、黒色のBALB/c系が用いられることが多い。1980年代以降、遺伝子改変技術の進歩により、特定の遺伝子を導入したトランスジェニック transgenic、特定の遺伝子を破壊したノックアウト knock-out の操作を施したマウスが数千系統も作出されており、行動試験も盛んである（Crawley, 2007）。

実験用ラット（*Rattus norvegicus domesticus*）はドブネズミ（Norway rat, 別名 brown rat, *Rattus norvegicus*）に由来する。カスピ海周辺の湿原地帯にいたドブ

ネズミは、1727年に発生した大地震により食糧が枯渇すると、ボルガ川を泳ぎ渡りヨーロッパ各都市に向かった（岡田，1954）。なお、英語でノルウェー・ラットというのは、ノルウェー船に潜伏して英国に到来したと誤解されたためである（学名の *norvegicus* もノルウェーを意味するラテン語）。

　ヨーロッパでは19世紀半ば頃から温順なアルビノを医学実験に使うようになった。これがラットの家畜化の始まりである。19世紀末にアメリカに導入されると、1906年に米国ウィスター研究所で最初の実験専用品種が作られた（Lindsey & Baker, 2006）。これが、ウィスター（Wistar）ラットであり、これから多くの系統が作出された。ウィスター系ラットはアルビノのため赤眼で視力が弱く（→ p.71）活動性も低いため、視覚弁別学習や迷路学習には、野生種と交雑して作出したロング＝エバンス（Long-Evans, LE）系ラットがしばしば用いられる。このラットは黒眼で、上半身と背中が黒いため**ズキンネズミ hooded rat** とも呼ばれる。動物心理学ではこれらの系統のラットのほかに、LE系とウィスター系の交雑により作出されたスプラグ＝ドーリー（Sprague-Dawley, SD）系や、回避学習に優れたフィッシャー（Fisher）系などのアルビノラットが使用されることが多い。遺伝子改変ラットの作出はマウスよりも遅れ、トランスジェニックは1990年代、ノックアウトは21世紀に入ってからである（Abott, 2004）。

　なお、兄妹交配を20世代以上継続している系統を**近交系** inbred といい、個体間で遺伝子組成はほとんど同じである。近交系でないものは**雑種** outbred であるが、実験用のマウスやラットでは、そのほとんどが5年以上外部から種個体を導入せずに同一集団内で繁殖を続けている**クローズドコロニー** closed colony である。先にあげた品種でいえば、マウスでは DBA・C57BL・BALB/c が近交系、ICR がクローズドコロニーであり、ラットでは Fisher が近交系、Wistar・LE・SD がクローズドコロニーである。

2．人間と動物の絆

　人間と動物が互いに利益となる関係（相利共生→ p.312）を、人間と動物の絆（ヒューマン＝アニマル・ボンド human-animal bond, HAB）という。ここで利

益とは、健康や福祉の向上を意味している。HAB に関する研究と実践は、1977年に米国で設立されたデルタ協会 Delta Society（2012年に「ペットパートナーズ Pet Partners」に名称変更）を中心に、主として獣医師らによって推進されたが、徐々に他の専門家も関わるようになってきた（Hines, 2003）。動物心理学や臨床心理学など心理学分野からの寄与も少なくないが、心理学はさらに大きな貢献が求められている（Amit & Bastian, 2016）。

1990年には、デルタ協会など米英仏の3団体が中心となって、各国組織を連携「人と動物の関係に関する国際組織（International Association of Human-Animal Interaction Organizations, IAHAIO）」が設立され、翌1991年には学術団体として国際人間動物学会（International Society for Anthrozoology, ISAZ）も発足している。日本では、1978年設立の日本動物病院協会（Japanese Animal Hospital Association, JAHA）が、1986年から「人と動物のふれあい活動（Companion Animal Partnership Program, CAPP）」を推進しており、1994年に IAHAIO に加盟した。また1995年に発足した「ヒトと動物の関係学会（Society for the Study of Human Animal Relationships, HARs）」も2003年に IAHAIO の加盟団体となった。

（1）動物介在介入

HAB 活動の代表例が**動物介在介入**（animal-assisted intervention, AAI）である。AAI は、**動物介在療法**（animal-assisted therapy, AAT）、**動物介在活動**（animal-assisted activity, AAA）、**動物介在教育**（animal-assisted education, AAE）の3つからなる（IAHAIO, 2014）。AAT は、動物の関与によって医学的治療効果をあげることを目的とした計画的取り組みで、健康・福祉の専門家（医師など）によって実施される。AAT の起源は、古代ギリシャの呪術療法で行われていた、神の使いであるイヌやヘビなどに触れさせる施術に求めることができる（Burch et al., 1995）。なお、乗馬による心身機能回復訓練（**乗馬療法** hippotherapy）もこの時期から行われている。しかし今日的意味での AAT は、米国の臨床心理学者レビンソン（B. M. Levinson, 1907-1984）の事例報告に始まる。彼は、児童の面接治療時にイヌがいると安心感を生み、心理療法の効果が促進されると論じた（Levinson, 1962）。なお、精神科入院患者に対して行われた最初

のAATは米国の精神科医コーソン（S. A. Corson, 1909-1998）らによるもので、精神科入院患者50名中、イヌ嫌いであった3名を除く全員に社会性改善効果を報告している（Corson et al., 1977）。

動物介在活動（AAA）は、動物によって得られる励ましや、気晴らし、娯楽など、人間の生活の質の向上を目指した諸活動で、専門家だけでなく一般ボランティアなどによっても実施される。前述の日本動物病院協会によるCAPP活動のように、高齢者や心身障害者など福祉施設にイヌやネコを伴って訪れ、触れ合いの機会を設ける活動が代表的な例である。ほかには、馬に乗ったりイルカと一緒に泳ぐ体験をさせて、気分をリフレッシュさせるといった活動などもAAAである。なお、「アニマルセラピー」という言葉は和製英語で、AATとAAAの総称として用いられることが多い（横山, 1994）。

AATやAAAには、動物と一緒に運動したり興奮するといった生理的効果のほかに、気分転換やストレス解消といった心理的効果がある。また、社会性の低下した人にとっては、動物との触れ合いが社会的関係の基盤となり、その動物を介した他人との付き合いの促進（**社会的潤滑油効果 social lubricant effect**）が期待できる。動物を飼育すると上述の諸効果に加えて、決まった時間の餌やりや散歩には規則正しい生活が必要であるから、これによって健康が保たれる。動物飼育の健康への影響を検討した研究として最も有名なのが、心臓病患者のうちペット飼育者は非飼育者よりも生存率が高いとの米国での疫学調査（Friedmann et al., 1980）である。数多くの追試が行われたが、結論は概ね支持されている（Levin et al., 2013）。スウェーデンで約40万人を対象に実施した大規模研究（Mubanga et al., 2017）でも、犬の飼育者は心臓病のリスクが低いことが示された。

動物介在教育（AAE）は、動物を教育に活かす活動全般をいう。CAPP活動のうち、小学校を訪問して、動物に関する教育指導を行うものはAAEである。動物園見学などもAAEとして位置づけることができる。日本では児童に「命の大切さ」を伝える情操教育や生物に関する知識教育として、ウサギやニワトリを小学校で飼育することが明治期から行われており（松田, 1908, 1909）、AAEに関しては、欧米諸国よりも進んでいるといえる。しかし、

飼育経験が豊富な教員の減少や人獣共通感染症の不安から、動物飼育をやめる学校も増えている。動物について正しい知識を持った教員の養成が望まれる（鳩貝・中川，2003）。

（2）動物福祉

AAI は人間の側に利益をもたらすものであるが、人間と動物の相利共生を目指す HAB の理念からは、動物の側の福祉も無視できない。つまり、AAI では、動物の健康や生活の質に配慮し、慣れない環境で長時間使役すべきではないのはもちろん、それが動物にとっても好ましい経験となることが求められる。

AAI に関わらない動物についても福祉は重要である。産業動物の劣悪な飼育管理を改善することを目的に1965年に英国で提唱された「**5つの自由** five freedoms」は、「直立する」「横になる」「体を一回りする」「身づくろいをする」「四肢を伸ばす」という5つの身体運動の自由に過ぎなかったが、その後、英国農用動物福祉審議会（Farm Animal Welfare Council, FAWC）による数度の改訂を経て、1992年に表11-1に示すものとなった。現在、このリストは、家庭動物・展示動物を含む飼育動物全般に対する福祉の基本として、国際的に認められている。ただし、これらの自由は相互に矛盾する場合もある。例えば、栄養価の高い餌をいつでも食べられる状況では、多くの動物は不健康に

表11-1　英国農用動物福祉審議会の提唱する5つの自由 FAWC（1992）

自由	条項
飢えと渇きからの自由	完全な健康と活力の維持のために、新鮮な水と餌が容易に摂取できること
不快からの自由	隠れ場所と快適な休息場所のある適切な環境が与えられること
痛み・傷害・病気からの自由	これらに対する予防または迅速な診断・処置がなされること
正常な行動を表出する自由	十分なスペース、適切な設備、同種他個体の仲間が与えられること
恐怖と苦悩からの自由	精神的苦痛を回避するための条件と対策が確保されること

なる（D'Eath et al., 2009）。実験用ラット・マウスの寿命は摂食制限を行うと延びる（Roe, 1994; Sprott & Austad, 1996）。この場合、第1の自由と第3の自由が矛盾する。また、5つの自由は問題を負の側面から捉えているため、「良い栄養状態」「良い環境」「良い健康状態」「適切な行動」「ポジティブな心的経験」といった肯定的表現にしたほうが動物福祉を向上させるとの意見もある（Mellor, 2016）。

日本では、『動物の愛護及び管理に関する法律（**動物愛護管理法、動愛法**）』において、愛護動物の殺傷や虐待・遺棄に刑罰を科している。なお、ここで、愛護動物とは「1　牛、馬、豚、めん羊、山羊、犬、猫、いえうさぎ、鶏、いえばと及びあひる；2　その他、人が占有している動物で哺乳類、鳥類又は爬虫類に属するもの」とされている。つまり、飼育下にある哺乳類・鳥類・爬虫類のすべてが、法律上の愛護動物である。

3．動物園と水族館

展示動物の代表は、動物園や水族館にいる動物である。スイスの動物学者**ヘディガー**（C. Hediger, 1908-1992）は、動物園の目的として、娯楽・教育・研究・保護の4つをあげた（Hediger, 1969）。この考えは広く普及し、世界動物園水族館協会（World Association of Zoos and Aquariums, WAZA）も、動物園・水族館の役割としてこの4つをあげている（WAZA, 2006）。日本動物園水族館協会はこの方針を踏襲し、(1)種の保存（希少動物の保護）、(2)教育・環境教育、(3)調査・研究、(4)レクリエーション、を「4つの役割」としてウェブページで紹介している。

動物心理学にとって動物園・水族館は、多様な野生動物の行動を飼育下で調べる基礎研究の舞台であると同時に、心理的ストレスの測定法や問題行動改善技術の提供など動物福祉面で貢献できる応用研究の場でもある（Hosey, 1997; Maple, 2007; Maple & Seguraet, 2015; Maroldo, 1978; Moran, 1987; 田中, 2016）。もちろん研究そのものが展示動物の負担とならないよう配慮すべきである（WAZA, 2005）。動物園での基礎・応用研究のためには、動物園・水族館の発祥と歩みについても知っておきたい。

（1）動物園

　動物園の歴史は、王侯貴族が戦利品として収集したり、貢物として贈られた珍しい動物を自分の庭園で飼育したことに始まる。古くは紀元前1世紀頃から、エジプト・インド・中国などに、そうした施設が存在したという。時代が大きく下って1752年、オーストリア皇帝フランツ一世は皇后マリア・テレジアを喜ばせるためにウィーン郊外のシェーンブルン宮殿の庭園内に動物を集めた。この施設が1765年に市民に公開されたことをもって近代的動物園の始まりとすることが多い。1793年には、パリ植物園の中にも動物展示施設が設けられた。しかし、これらの動物園は見世物的性格を強く持ち、**メナジェリー** menagerie と呼ばれている。

　学術的色彩を帯びた最初の動物園は、ロンドン動物学協会が1828年に開設した**ロンドン動物園**である。同園は世界各地から動物を学術研究資料として収集し、市民教育のために展示した。同園の正式名称は動物学的庭園 Zoological Garden といい、その略称 Zoo が zoo と普通名詞化して動物園の意味に用いられるようになった。ちなみに、日本語の「動物園」は福沢諭吉による翻訳語であり、それ以前は「禽獣園」と呼ばれていた。

　1907年、ハンブルクの動物商ドイツ人**ハーゲンベック**（C. Hagenbeck, 1844-1913）は、柵のない動物園を開園した。ハーゲンベック動物園では、柵の代わりに堀などによって動物と観客を隔てる工夫により、観客にパノラマ景観で動物を見せるとともに、生息環境に近い環境を動物に与えることに成功した。この**無柵放養式展示** bar-less exhibits はその後の動物園の設計に大きな影響を与えた。

　前出のヘディガーは、1942年に**動物園生物学** zoo biology という学問分野を提唱し、「ケージからテリトリーへ（changing cages into territories）」を合言葉に、生息地に近い環境で動物を飼育する**生態展示** ecological exhibits をスイス動物園で推進した。生態的展示は世界に広まり、特に1970〜80年代に米国の複数の動物園で大規模な改修が行われた際に、植栽を凝らし、擬岩を配置して野生環境に近づけるという施策が採られた。これにより、動物本来の習性が最大限に発現可能になり、心理的ストレスが軽減する。単純で単調な飼育

図11-4　ランドスケープ・イマージョンの観点から計画された天王寺動物園の生態的展示の例　若生（2001）

環境に工夫を加え、環境を豊かで充実したものにする動物福祉的取り組みを**環境エンリッチメント** environmental enrichment というが、生態展示は動物福祉的見地から望ましいだけでなく、観客に新しい動物園の形を提供した。そうした流れは、檻の中の動物を観客に見せるのではなく、「動物とともにある景観」の中に入り込んだかのような錯覚を観客に与えるランドスケープ・イマージョン landscape immersion という概念を生んだ（若生，1999）。

　日本の動物園の始まりは、江戸初期の見世物小屋で、クジャク・ロバ・ラクダなど外国の動物が展示された。江戸中期以降には、動植物を専門に見せる施設が、孔雀茶屋・花鳥茶屋・花屋敷などと呼ばれて繁盛した。近代日本最初の公設動物園は1874年（明治7年）、東京の山下町博物館内に設置された動物飼養所である。山下町動物園の動物たちは、1882年、上野公園内に新設された農商務省博物局博物館付属動物園に移動した。この動物園は宮内庁所管となった後、1924年に東京市に下賜されて「恩賜上野動物公園（現在は「恩賜上野動物園」）となった。この際、園内設備の大改造があり、一部に無柵放養式展示が導入されている。大規模な生態的展示は、1990年代半ばから、よこはま動物園ズーラシアや天王寺動物園などで始まり（図11-4）、動物の能力を自然に誘発して見せる**行動展示** activity-based exhibits も旭山動物園の成功で有名になった。

（2）水族館

　人間が魚を食用や観賞のために飼育した記録は、紀元前の中国やメソポタミアにさかのぼる。水族館の英語 aquarium の語源は、古代ローマで鑑賞と食用のためウツボを飼育した池や石造りの水槽「アクアリオ」aquario に由来するという。しかし、ガラス水槽で観賞魚を飼育し始めたのは、19世紀以降のことである。世界初の水族館は、1830年にフランスのボルドーに設けられた淡水の展示施設であった。その後、1853年にロンドン動物園内に海水産動物を含めた展示館（魚館）が設けられ、これをきっかけに類似施設が欧州に次々作られたため、ロンドン動物園内魚館を世界初の水族館とすることもある。

　初期の水族館は室内に水槽を並べただけのものであったが、1871年に大型の壁水槽を備えたクリスタル・パレス水族館がロンドンに誕生した。今日の水族館で一般的な、壁に埋め込まれた複数の水槽を順次眺めるという展示方法は**汽車窓式展示** train-window exhibits と呼ばれる。水族館における生態展示は、米国フロリダに1938年に建てられたマリンスタジオ Marin Studios（後に、マリンランド Marinland に改称）から始まった。同館は、広大な敷地内に自然を模した展示施設を備え、大型プールではイルカショーを観客に見せる手法で大成功した。

　日本では、江戸時代にキンギョをガラス水槽で飼育することが流行したが、最初の水族館は、1882年（明治15年）、上野の動物園内に設けられた観魚室（うをのぞき）である。これは淡水の水槽を並べたものだった。1897年に神戸市で開催された第2回大日本水産博覧会の際に設営された和田岬水族館は、「水族館」という名称を冠した最初の施設であり、海水産動物も展示する本格的な水族館の本邦第1号である。第2次大戦後の1957年、須磨水族館（現在の須磨海浜水族園）が大規模な生態展示や電気ウナギの実験水槽といった意欲的試みを開始し、江の島水族館マリンランドは大型プールで本格的なイルカショーを開始した。

4．動物実験の倫理

動物の実験利用は、紀元前の古代ギリシャにおいて行われた動物の解剖にまでさかのぼることができる（Guerrini, 2003）。実験動物学では、実験に利用する動物であれば飼育動物であっても野生動物であっても「実験用動物」といい、そのうち実験目的で繁殖生産した飼育動物に限って「実験動物」と呼ぶ（日本実験動物協会, 2004）。ただし、2006年の文部科学省告示『研究機関等における動物実験等の実施に関する基本指針』には、「実験動物」は「動物実験等のため、研究機関等における施設で飼養し、又は保管している哺乳類、鳥類及び爬虫類に属する動物をいう」と定義されており、これは実験動物学でいう「実験用動物」に該当する。なお、この指針で両生類・魚類・無脊椎動物が除外されているのは、動愛法において、これらが愛護動物ではないためである。

動物実験については、（1）代替法の使用（replacement）、（2）使用動物数の削減（reduction）、（3）実験改善（refinement）による苦痛軽減、が提唱されている（Russell & Burch, 1959）。これらは3Rの原理と呼ばれ、1999年にイタリアのボローニャで開催された「第3回生命科学における代替法と動物使用に関する世界会議」をきっかけに各国に広まった。日本でも2005年の動愛法改正

表11-2　SCAWによる動物の苦痛分類　松田（2007）を参考に作成

カテゴリー	概要 （国動協の解説の一部を加味して編集したもの）
A	脊椎動物以外の生物やその組織などを用いた実験。
B	脊椎動物に対してほとんど不快感を与えない実験。保定や身体検査、採血、無害な薬物の注射、2～3時間の絶食絶水、安楽死を含む。
C	脊椎動物に対して軽微なストレスや短時間持続する痛みを与える実験。50～70℃でのホットプレート疼痛試験などの逃避可能な苦痛処置を含む。
D	脊椎動物に逃避回避不可能な重度のストレスや痛みを与える実験。強制走行・水泳、数時間以上の拘束、個体間での攻撃、腫瘍細胞移植、毒性試験、感染実験を含む。
E	脊椎動物が耐え得る最大（またはそれ以上）の痛みを与える実験。禁止されている。

時に努力義務として導入され、前出の文部科学省指針に明記されている。

　日本では、大学等の研究機関で動物実験を実施する場合は、前出の文部科学省指針のほか『実験動物の飼養及び保管並びに苦痛の軽減に関する基準』（2006年環境省告示）や日本学術会議『動物実験の適正な実施に向けたガイドライン』（2006年）などにしたがい、機関内の動物実験委員会で事前に実験計画の承認を受ける必要がある。研究成果は国際誌で発表する場合も多いため、動物実験委員会では国内の法規・指針だけでなく国際基準も参考にして審査する。例えば、北米の科学者団体「動物福祉のための科学者センター（Scientists Center for Animal Welfare, SCAW）」が作成した苦痛分類表（SCAW, 1987）が審査時に使用される（表11-2）。また、先進国の多くでは、脊椎動物を対象とした実験はすべて規制対象である（重茂, 2006）。このため、日本国内においても両生類や魚類での実験も動物実験委員会で審議している機関が少なくない。

コラム **動物訓練**

　古代ローマの時代から動物の見世物が行われており、中には芸をする動物もいたという。しかし、動物の訓練の多くは20世紀半ばまで、苦痛刺激を用いた正の罰や負の強化（→ p.163）によって行われていた。例えば、ロシアのサーカスでは、焚火の燃え盛る穴にクマを落とし、熱さに跳ね回らせてダンス芸を仕込むといった虐待的訓練が行われていた（大島, 2015）。
　ブレランド夫妻の始めた動物行動興業社はさまざまな動物を訓練していたが（→ p.41）、そこでは餌などを報酬とした技法を用いていた。しかし、動物が望ましい行動（**標的行動** target behavior）を行ってから訓練者が報酬を与えるまでには遅延（時間的ずれ）が生じる。そこで彼らは、標的行動と報酬をつなぐ刺激として、笛や金属板で短く音を鳴らすようにした（→ p.200）。1960年代にイルカトレーナーとしてこの技法を学んだ**プライアー**（K. Pryor, 1934-）は、1990年代になってイヌの訓練法としてこれを**クリッカートレーニング** clicker training の名で普及させた（Pryor, 1999）。クリッカーを押して「カチッ」という金属音を鳴らして、標的行動を強化する。この訓練法は家庭で飼育するウマやネコのしつけ法としても広まった（Kurland, 1998; Pryor, 2001）。
　クリッカートレーニングを含む正の強化技法は、家庭動物のしつけ訓練やイルカショーやバードショーなどの動物芸に留まらない（McGreevy & Boakes, 2007）。動物園や水族館では、採血・検温・削蹄・身体検査などのために、おとなしく受診する動作を訓練する**ハズバンダリートレーニング** husbandry training が行われている（Ramirez, 1998, 2015）。正の強化技法は、家庭動物だけではなく、軍用犬・警察犬（Department of Defense, 2012; Gerritsen et al., 2013）などの訓練においても標準的な手続きである。アフリカでは、オニネズミに嗅覚による地中の地雷探知（Poling et al., 2011）やヒト血液中の結核菌検出（Poling et al., 2015）を行わせて大きな成果を上げているが、その訓練も正の強化技法による。

参考図書

- ロビンソン（編）『人と動物の関係学』インターズー　1997
- 桜井富士朗・長田久雄（編）『「人と動物の関係」の学び方—ヒューマン・アニマル・ボンド研究って何だろう』インターズー　2003
- キャッチャー＆ベック（編）『コンパニオン・アニマル—人と動物のきずなを求めて』誠信書房　1994
- 奥野卓司・秋篠宮文仁（編）『ヒトと動物の関係学1：動物観と表象』岩波書店　2009
- 秋篠宮文仁・林良博（編）『ヒトと動物の関係学2：家畜の文化』岩波書店　2009
- 森祐司・奥野卓司（編）『ヒトと動物の関係学3：ペットと社会』岩波書店　2008
- 池谷和信・林良博（編）『ヒトと動物の関係学4：野性と環境』岩波書店　2008
- 打越綾子『日本の動物政策』ナカニシヤ出版　2016
- 吉田眞澄（編）『動物愛護六法』誠文堂新光社　2003
- ペット六法編集委員会（編）『ペット六法（第2版）』誠文堂新光社　2006
- 青木人志『日本の動物法（第2版）』東京大学出版会　2016
- 青木人志『動物の比較法文化—動物保護法の日欧比較』有斐閣　2004
- 青木人志『法と動物—ひとつの法学講義』明石書店　2002
- 正田陽一（編）『品種改良の世界史—家畜編』悠書館　2010
- 正田陽一『人間がつくった動物たち—家畜としての進化』東京書籍　1987
- フランシス『家畜化という進化—人間はいかに動物を変えたか』白揚社　2019
- フェイガン『人類と家畜の世界史』河出書房新社　2016
- クラットン＝ブロック『［図説］馬と人の文化史』東洋書林　1997
- 近藤誠司『アニマルサイエンス1：ウマの動物学』東京大学出版会　2001
- 遠藤秀紀『アニマルサイエンス2：ウシの動物学』東京大学出版会　2001
- 猪熊壽『アニマルサイエンス3：イヌの動物学』東京大学出版会　2001
- 田中智夫『アニマルサイエンス4：ブタの動物学』東京大学出版会　2001
- 岡本新『アニマルサイエンス5：トリの動物学』東京大学出版会　2001
- 大石孝雄『ネコの動物学』東京大学出版会　2013
- サーペル編『ドメスティック・ドッグ—その進化・行動・人との関係』チクサン出版社 1999
- ターナー＆ベイトソン（編）『ドメスティック・キャット—その行動の生物学』チクサン出版社　2006
- ブラッドショー『猫的感覚—動物行動学が教えるネコの心理』早川書房　2014
- ドロール『動物の歴史』みすず書房　1998
- 江口保暢『動物と人間の歴史』築地書館　2003
- 三浦慎悟『動物と人間—関係史の生物学』東京大学出版会　2018
- リトヴォ『階級としての動物—ヴィクトリア時代の英国人と動物たち』国文社　2001

○野本寛一『生きもの民俗誌』昭和堂　2019
○石田おさむ他『日本の動物観―人と動物の関係史』東京大学出版会　2013
○西本豊弘（編）『人と動物の日本史1：動物の考古学』吉川弘文館　2008
○中澤克昭（編）『人と動物の日本史2：歴史の中の動物たち』吉川弘文館　2009
○菅豊（編）『人と動物の日本史3：動物と現代社会』吉川弘文館　2009
○中村生雄・三浦佑之（編）『人と動物の日本史4：信仰の中の動物たち』
　　吉川弘文館　2009
○横山章光『アニマル・セラピーとは何か』NHKブックス　1996
○林良博『検証アニマルセラピー―ペットで心と体が癒せるか』
　　講談社ブルーバックス　1999
○岩本隆茂・福井至（編）『アニマル・セラピーの理論と実際』培風館　2001
○ファイン『アニマルアシステッドセラピー―実践のための理論的基盤とガイドライン』
　　インターズー　2007
○佐藤衆介『アニマルウェルフェア』東京大学出版会　2005
○上野吉一・武田庄平『動物福祉の現在―動物とのより良い関係を築くために』
　　農林統計出版　2015
○アップルビーほか『動物福祉の科学―理念・評価・実践』　緑書房　2013
○シンガー『動物の開放（改訂版）』人文書院　2011
○伊勢田哲治『動物からの倫理学入門』名古屋大学出版会　2008
○ドゥグラツィア『1冊でわかる動物の権利』岩波書店　2003
○プリングル『動物に権利はあるか』NHK出版　1995
○サンスティンほか（編）『動物の権利』尚学社　2013
○カヴァリエリ＆シンガー（編）『大型類人猿の権利宣言』昭和堂　2001
○ダイアモンドほか『＜動物のいのち＞と哲学』春秋社　2010
○モリス『動物との契約―人間と自然の共存のために』平凡社　1990
○ベコフ『動物の命は人間より軽いのか』中央公論社　2005
○ホージー『動物園学』文永堂出版　2012
○石田おさむ『日本の動物園』東京大学出版会　2010
○渡辺守雄ほか『動物園というメディア』青弓社　2000
○村田浩一ほか（編）『動物園学入門』朝倉書店　2014
○リース『動物園のつくり方―入門 動物園学』農林統計出版　2016
○溝井裕一『動物園の文化史―ひとと動物の5000年』勉誠出版　2014
○堀由紀子『水族館のはなし』岩波新書　1998
○鈴木克美『水族館』法政大学出版局　2003
○鈴木克美『水族館への招待―魚と人と海』丸善ライブラリー　1994
○ブルンナー『水族館の歴史』白水社　2016
○溝井裕一『水族館の文化史―ひと・動物・モノがおりなす魔術的世界』勉誠出版　2018

ゲラーマン系列（Gellermann, 1933）　Lは左、Rは右を意味する。

1. RRRLLRLRLL		23. LRRRLLRLLR
2. RRRLLRLLRL		24. LRRLRRLLLR
3. RRLRLRRLLL		25. LRRLRLLLRR
4. RRLRLLRRLL		26. LRRLLRRLLR
5. RRLRLLLRRL		27. LRRLLRLLRR
6. RRLLRRLRLL		28. LRRLLLRRLR
7. RRLLRRLLRL		29. LRRLLLRLRR
8. RRLLRLRRLL		30. LRLRRLLLRR
9. RRLLRLLRRL		31. LRLLRRRLLR
10. RRLLLRRLRL		32. LRLLRRLLRR
11. RRLLLRLRRL		33. LRLLRLLRRR
12. RLRRLRRLLL		34. LLRRRLRLLR
13. RLRRLLRRLL		35. LLRRRLLRLR
14. RLRRLLLRRL		36. LLRRLRRLLR
15. RLRLLRRRLL		37. LLRRLRLLRR
16. RLLRRRLRLL		38. LLRRLLRRLR
17. RLLRRRLLRL		39. LLRRLLRLRR
18. RLLRRLRRLL		40. LLRLRRRLLR
19. RLLRRLLRRL		41. LLRLRRLLRR
20. RLLRLRRRLL		42. LLRLRLLRRR
21. RLLRLLRRRL		43. LLLRRLRRLR
22. RLLLRRLRRL		44. LLLRRLRLRR

フェローズ配列（Fellows, 1967）　1は左、2は右を意味する。

1. 121122211122		13. 122211211222
2. 212211122211		14. 211222122111
3. 112221112212		15. 112221221112
4. 221112221121		16. 221112112221
5. 122111222112		17. 111221222112
6. 211222111221		18. 222112111221
7. 112111221222		19. 112122111222
8. 221222112111		20. 221211222111
9. 111211222122		21. 111221211222
10. 222122111211		22. 222112122111
11. 122211211122		23. 111222112122
12. 211122122211		24. 222111221211

　ゲラーマン系列は、左右どちらかへの偏向や、左右交互に反応する交替反応 alternation response や、左左右右左左右右…のような二重交替反応 double-alternation response によって、偶然に正答率が高くなってしまうことを防ぐために考案されたもので、1系列は10試行からなる。二重交替反応への対策はやや不十分であったため、改善策として発表されたのが1系列12試行からなるフェローズ配列である。なお、左右位置が問題にならない弁別学習課題でも、2種類の刺激を疑似ランダムな順序で呈示するために、これらの順列が用いられることがある。

引用文献

Abbott, A.(2004). The Renaissance rat. *Nature, 428*, 464-466.

Abramson, C. I.(1994). *A primer of invertebrate learning: The behavioral perspective.* Washington, DC: American Psychological Association.

Abramson, C. I., & Chicas-Mosier, A. M. (2016). Learning in plants: Lessons from *Mimosa pudica*. *Frontiers in Psychology, 7*, 417.

Adams, A., & Santi, A.(2011). Pigeons exhibit higher accuracy for chosen memory tests than for forced memory tests in duration matching-to-sample. *Learning & Behavior, 39*, 1-11.

Agrillo, C., Dadda, M., Serena, G., & Bisazza, A. (2009). Use of number by fish. *PLoS One, 4*, e4786.

Agrillo, C., Piffer, L., & Bisazza, A.(2010). Large number discrimination by mosquitofish. *PLoS One, 5*, e15232.

Aho, A. C.(1997). The visual acuity of the frog (*Rana pipiens*). *Journal of Comparative Physiology A, 180*, 19-24.

Akins, C. K., & Zentall, T. R.(1996). Imitative learning in male Japanese quail (*Coturnix japonica*) using the two-action method. *Journal of Comparative Psychology, 110*, 316-320.

Akins, C. K., & Zentall, T. R.(1998). Imitation in Japanese quail: The role of reinforcement of demonstrator responding. *Psychonomic Bulletin & Review, 5*, 694-697.

Alem, S., Perry, C. J., Zhu, X., Loukola, O. J., Ingraham, T., Søvik, E., & Chittka, L. (2016). Associative mechanisms allow for social learning and cultural transmission of string pulling in an insect. *PLoS Biology, 14*, e1002564.

Alikunhi, K. H.(1966). Synopsis of biological data on common carp *Cyprinus Carpio* (Linnaeus), 1758 (Asia and the Far East). *FAO Fisheries Synopsis, 31.*

Allan, L. G., & Gibbon, J.(1991). Human bisection at the geometric mean. *Learning and Motivation, 22*, 39-58.

Alloway, T. M.(1972). Retention of learning through metamorphosis in the grain beetle (*Tenebrio molitor*). *American Zoologist, 12*, 471-477.

Altman, J., & Sudarshan, K.(1975). Postnatal development of locomotion in the laboratory rats. *Animal Behaviour, 23*, 896-920.

Altman, P. J., & Dittmer, D. S.(Eds.)(1972). *Biology data book* (2nd ed., Vol. I). Bethesda, MD: Federation of American Societies for Experimental Biology.

Alumets, J., Håkanson, R., Sundler, F., & Thorell, J.(1979). Neuronal localisation of immunoreactive enkephalin and beta-endorphin in the earthworm. *Nature, 279*, 805-806.

Amador-Vargas, S., Dominguez, M., León, G., Maldonado, B., Murillo, J., & Vides, G. L.(2014). Leaf-folding response of a sensitive plant shows context-dependent behavioral plasticity. *Plant Ecology, 215*, 1445-1454.

天野卓(2010). ヤギ 正田陽一(編), 品種改良の世界史—家畜篇—(pp. 293-316) 悠書館

Amici, F., Aureli, F., & Call, J.(2014). Response facilitation in the four great apes: Is there a role for empathy? *Primates, 55*, 113-118.

Amici, F., Call, J., & Aureli, F.(2009). Variation in withholding of information in three monkey species. *Proceedings of the Royal Society of London B: Biological Sciences, 276*, 3311–3318.

Amiot, C. E., & Bastian, B.（2015）. Toward a psychology of human-animal relations. *Psychological Bulletin, 141*, 6–47.

Amsel, A.（1958）. The role of frustrative non-reward in noncontinuous reward situations. *Psychological Bulletin, 55*, 102–119.

Amsterdam, B.（1972）. Mirror self-image reactions before age two. *Developmental Psychobiology, 5*, 297–305.

Anderson, D. J., & Adolphs, R.（2014）. A framework for studying emotions across species. *Cell, 1571*, 187–200.

Anderson, J. R., & Gallup, G. G., Jr.（1997）. Self-recognition in *Saguinus*? A critical essay. *Animal Behaviour, 54*, 1563–1567.

Anderson, J. R, Myowa-Yamakoshi, M., & Matsuzawa, T.（2004）. Contagious yawning in chimpanzees. *Proceedings of the Royal Society B: Biological Sciences, 217*, 468–470.

Anderson, J. R., & Matsuzawa, T.（2006）. Yawning: An opening to empathy? In T. Matsuzawa, M. Tomonaga, & M. Tanaka（Eds.）, *Cognitive development in chimpanzees*（pp. 233–245）. Tokyo: Springer.

Anderson, U. S., Stoinski, T. S., Bloomsmith, M. A., & Maple, T. L.（2007）. Relative numerousness judgment and summation in young, middle-aged, and older adult orangutans（*Pongo pygmaeus abelii* and *Pongo pygmaeus pygmaeus*）. *Journal of Comparative Psychology, 121*, 1–11.

Anderson, U. S., Stoinski, T. S., Bloomsmith, M. A., Marr, M. J., Smith, A. D., & Maple, T. L.（2005）. Relative numerousness judgment and summation in young and old western lowland gorillas. *Journal of Comparative Psychology, 119*, 285–295.

Andersson, M.（1982）. Female choice selects for extreme tail length in a widowbird. *Nature, 299*, 818–820.

Angermeier, W. F.（1984）. *The evolution of operant learning and memory: A comparative etho-psychology.*. New York: Karger.

青山謙二郎・岡市広成（1994a）. ラットの悲鳴逃避／回避行動に及ぼす抗不安薬（ジアゼパム）の効果 動物心理学研究, *44*, 1–7.

青山謙二郎・岡市広成（1994b）. 他個体の情動反応がラットのレバー選択に及ぼす効果 心理学研究, *65*, 286–294.

Aplin, L. M., Sheldon, B. C., & Morand-Ferron, J.（2013）. Milk bottles revisited: Social learning and individual variation in the blue tit, *Cyanistes caeruleus*. *Animal Behaviour, 85*, 1225–1232.

Applewhite, P. B.（1975）. Learning in bacteria, fungi, and plants. In W. C. Corning, J. A., Dyal, & A. O. D. Willows（Eds.）, *Invertebrate learning*（Vol.3, pp. 179–186）. New York: Plenum.

蟻川謙太郎（1998）. チョウ類の尾端光受容系 比較生理生化学, *15*, 3–9.

蟻川謙太郎（2001）. 無脊椎動物の光感覚 ［社］日本動物学会関東支部（編）, 生き物はどのように世界を見ているか—さまざまな視覚とそのメカニズム—（pp. 7–27）学会出版センター

蟻川謙太郎（2004）. 微小脳がつくる感覚の世界 山口恒夫・冨永佳也・桑澤清明（編）, もうひとつの脳—微小脳の研究入門（pp. 233–262）培風館

蟻川謙太郎（2009）. 昆虫の視覚世界を探る—チョウと人間、目がいいのはどちら？— 総合研究大学院大学先導科学研究科生命健康科学研究所紀要, *5*, 45–56.

Aristotélēs (4C BC a). *De anima*. 中畑正志 (訳) (2001). 魂について 京都大学学術出版会

Aristotélēs (4C BC b). *Historia animālium*. 島崎三郎 (訳) (1994). 動物誌 (上) (下) 岩波書店

Armus, H. L. (1970). Conditioning of the sensitive plant *Mimosa pudica*. In M. R. Denny & S. C. Ratner (Eds.), *Comparative psychology: Research in animal behavior* (pp. 597-600). Homewood, IL: Dorsey.

浅見千鶴子 (1954). ネズミの迷路学習行動における個体差 動物心理学研究, *4*, 45-51.

Asano, T. (1994). Tool using behavior and language in primates. In S. C. Hayes, L. J. Hayes, M. Sato, & K. Ono (Eds.), *Behavior analysis of language and cognition* (pp. 145-148). Reno, NV: Context Press.

Asano, T., Kojima, T., Matsuzawa, T., Kubota, K., & Murofushi, K. (1982). Object and color naming in chimpanzees (*Pan troglodytes*). *Proceedings of the Japan Academy, Series B*, *58*, 118-122.

Atema, J. (1971). Structures and functions of the sense of taste in the catfish (*Ictalurus natalis*). *Brain, Behavior and Evolution*, *4*, 273-294.

Atkinson, R. C., & Shiffrin, R. M. (1968). Human memory: A proposed system and its control processes. In K. W. Spence & J. T. Spence (Eds.), *The psychology of learning and motivation* (Vol. 2, pp. 89-195). New York: Academic Press.

Atkinson, R. C., & Shiffrin, R. M. (1971). The control processes of short-term memory. Stanford: Stanford University.

Au, W. W., Carder, D. A., Penner, R. H., & Sconce, B. L. (1985). Demonstration of adaptation in beluga whale echolocation signals. *Journal of the Acoustical Society of America*, *77*, 726-730.

Au, W. W., & Snyder, K. J. (1980). Long-range target detection in open waters by an echolocating Atlantic Bottlenose dolphin (*Tursiops truncatus*). *Journal of the Acoustical Society of America*, *68*, 1077-1084.

Aust, U., & Huber, L. (2001). The role of itemand category-specific information in the discrimination of people versus nonpeople images by pigeons. *Animal Learning & Behavior*, *29*, 107-119.

Aust, U., Range, F., Steurer, M., & Huber, L. (2008). Inferential reasoning by exclusion in pigeons, dogs, and humans. *Animal Cognition*, *11*, 587-597.

Autrum, H. (1958). Electrophysiological analysis of the visual systems in insects. *Experimental Cell Research*, *14*(Suppl. 5), 426-439.

Babb, S. J., & Crystal, J. D. (2005). Discrimination of what, when, and where: Implications for episodic-like memory in rats. *Learning and Motivation*, *36*, 177-189.

Babb, S. J., & Crystal, J. D. (2006). Episodic-like memory in the rat. *Current Biology*, *16*, 1317-1321.

Babcock, L. E. (1993). Trilobite malformations and the fossil record of behavioral asymmetry. *Journal of Paleontology*, *67*, 217-229.

Backster, C. (1968). Evidence of a primary perception in plant life. *International Journal of Parapsychology*, *10*, 329-348.

Backwell, P. R. Y., Christy, J. H., & Passmore, N. I. (1999). Female choice in the synchronously waving fiddler crab *Uca annulipes*. *Ethology*, *105*, 415-421.

Baker, R. A., Gawne, T. J., Loop, M. S., & Pullman, S. (2007). Visual acuity of the midland banded water snake estimated from evoked telencephalic potentials. *Journal of Comparative Physiology A, 193*, 865-870.

Bailey, R. E., & Gillaspy Jr, J. A.（2005）. Operant psychology goes to the fair: Marian and Keller Breland in the popular press, 1947-1966. *The Behavior Analyst, 28*, 143-159.

Bando, T.（1993）. Discrimination of random dot texture patterns in bluegill sunfish, *Lepomis macrochirus. Journal of Comparative Physiology A, 172*, 663-669.

Baron-Cohen, S., Leslie, A. M., & Frith, U.（1985）. Does the autistic child have a "theory of mind"? *Cognition, 21*, 37-46.

Baron-Cohen, S., Tager-Flusberg, H., & Cohen, D. J.（Eds.）（1993）. *Understanding other mind: Perspectives from autism.* Oxford: Oxford University Press. 田原俊司（監訳）（1997）. 心の理論―自閉症の視点から（上）（下） 八千代出版

Barr, R., Dowden, A., & Hayne, H.（1996）. Developmental changes in deferred imitation by 6-to 24-month-old infants. *Infant Behavior and Development, 19*, 159-170.

Bartol, S., Musick, J. A., & Ochs, A. L.（2002）. Visual acuity thresholds of juvenile loggerhead sea turtles（*Caretta caretta*）: An electrophysiological approach. *Journal of Comparative Physiology A, 187*, 953-960.

Barton, R. A., & Dunbar, R. I. M.（1997）. Evolution of the social brain. In A. Whiten & R. W. Byrne（Eds.）, *Machiavellian intelligence II: Extensions and evaluations*（pp. 240-263）. New York: Cambridge University Press. 川合伸幸（訳）（2004）. 社会脳の進化 友永雅己・小田亮・平田聡・藤田和生（監訳） マ

キャベリ的知性と心の理論の進化論 II―新たなる展開―（pp. 223-243） ナカニシヤ出版

Baum, W. M., & Kraft, J. R.（1998）. Group choice: Competition, travel, and the ideal free distribution. *Journal of the Experimental Analysis of Behavior, 69*, 227-245.

Beach, F.A.（1950）. The snark was a boojum. *American Psychologist, 5*, 115-124.

Beach, F. A., & Jordan, L.（1956）. Sexual exhaustion and recovery in the male rat. *Quarterly Journal of Experimental Psychology, 8*, 121-133.

Beauchamp, G. K., Maller, O., & Rogers, J. G.（1977）. Flavor preferences in cats（*Felis catus* and *Panthera* sp.）. *Journal of Comparative and Physiological Psychology, 91*, 1118-1127.

Beckers, T., Miller, R. R., De Houwer, J., & Urushihara, K.（2006）. Reasoning rats: Forward blocking in Pavlovian animal conditioning is sensitive to constraints of causal inference. *Journal of Experimental Psychology: General, 135*, 92-102.

Bekoff, M., & Byers, J. A.（Eds.）（1998）. *Animal play: Evolutionary, comparative, and ecological perspectives*. Cambridge: Cambridge University Press.

Ben-Ami Bartal, I., Decety, J., & Mason, P.（2011）. Empathy and pro-social behavior in rats. *Science, 334*, 1427-1430.

Benard, J., & Giurfa, M.（2004）. A test of transitive inferences in free-flying honeybees: Uunsuccessful performance due to memory constraints. *Learning and Memory 11*, 328-336.

Benjamini, L.（1983）. Studies in the learning abilities of brown-necked ravens and herring gulls I. Oddity learning. *Behaviour, 84*, 173-194.

Bennett, A. T., Cuthill, I. C., Partridge, J. C., & Maier, E. J. (1996). Ultraviolet vision and mate choice in zebra finches. *Nature, 380,* 433–435.

Bentosela, M., Barrera, G., Jakovcevic, A., Elgier, A. M., & Mustaca, A. E. (2008). Effect of reinforcement, reinforcer omission and extinction on a communicative response in domestic dogs (*Canis familiaris*). *Behavioural Processes, 78,* 464–469.

Beran, M. J. (2001). Summation and numerousness judgments of sequentially presented sets of items by chimpanzees (*Pan troglodytes*). *Journal of Comparative Psychology, 115,* 181–191.

Beran, M. J. (2004). Chimpanzees (*Pan troglodytes*) respond to nonvisible sets after one-by-one addition and removal of items. *Journal of Comparative Psychology, 118,* 25–36.

Beran, M. J. (2010). Use of exclusion by a chimpanzee (*Pan troglodytes*) during speech perception and auditory-visual matching-to-sample. *Behavioural processes, 83,* 287–291.

Beran, M. J., Pate, J. L., Richardson, W. K., & Rumbaugh, D. M. (2000). A chimpanzee's (*Pan troglodytes*) long-term retention of lexigrams. *Animal Learning & Behavior, 28,* 201–207.

Beran, M. J., & Washburn, D. A. (2002). Chimpanzee responding during matching to sample: Control by exclusion. *Journal of the Experimental Analysis of Behavior, 78,* 497–508.

Berkhoudt, H. (1977). Taste buds in the bill of the mallard (*Anas platyrhynchos L.*). *Netherlands Journal of Zoology, 27,* 310–331.

Berkhoudt, H., Wilson, P., & Young, B. (2001). Taste buds in the palatal mucosa of snakes. *African Zoology, 36,* 185–188.

Bermant, G. (1976). Sexual behavior: Hard times with the Coolidge Effect. In M. H. Siegel & H. P. Zeigler (Eds.), *Psychological research: The inside story* (pp. 76–103). New York: Harper & Row.

Bernstein, P. L., & Strack, M. (1996). A game of cat and house: Spatial patterns and behavior of 14 domestic cats (*Felis catus*) in the home. *Anthrozoös, 9,* 25–39.

Bertram, B. C. R. (1978). Living in groups: Predators and prey. In J. R. Krebs & N. B. Davies (Eds.), *Behavioural ecology: An evolutionary approach* (pp. 64–96). Oxford: Blackwell.

Bhatt, R. S., & Wright, A. A. (1992). Concept learning by monkeys with video picture images and a touch screen. *Journal of the Experimental Analysis of Behavior, 57,* 219–225.

Bigham, J. (1894). Memory. *Psychological Review, 1,* 453–461.

Bihm, E. M., Gillaspy Jr, J. A., Lammers, W. J., & Huffman, S. P. (2010). IQ Zoo and teaching operant concepts. *The Psychological Record, 60,* 523–536.

Bingham, H. C. (1929). Chimpanzee translocation by means of boxes. *Comparative Psychology Monographs, 5* (3, Serial No. 25).

Birch, H. G. (1945). The relation of previous experience to insightful problem-solving. *Journal of Comparative Psychology, 38,* 367–383.

Bird, C. D., & Emery, N. J. (2009). Rooks use stones to raise the water level to reach a floating worm. *Current Biology, 19,* 1410–1414.

Bird, L. R., Roberts, W. A., Abroms, B., Kit, K. A., & Crupi, C. (2003). Spatial memory for food hidden by rats (*Rattus norvegicus*) on the radial maze: Studies of memory for where, what, and when. *Journal of Comparative Psychology, 117,* 176-187.

Biro, D., & Matsuzawa, T. (2001). Use of numerical symbols by the chimpanzee (*Pan troglodytes*): Cardinals, ordinals, and the introduction of zero. *Animal Cognition, 4,* 193-199.

Bitterman, M. E. (1960). Toward a comparative psychology of learning. *American Psychologist, 15,* 704-712.

Bitterman, M. E. (1965). Phyletic differences in learning. *American Psychologist, 20,* 396-410.

Bitterman, M. E. (1975). The comparative analysis of learning. *Science, 188,* 699-709.

Bitterman, M. E., & Mackintosh, N. J. (1969). Habit-reversal and probability learning: Rats, birds and fish. In R. M. Gilbert & N. S. Sutherland (Eds.) *Animal discrimination learning* (pp.163-185). New York: Academic Press.

Bitterman, M. E., Wodinsky, J., & Candland, D. K. (1958). Some comparative psychology. *American Journal of Psychology, 71,* 94-110.

Bjork, R. A. (1972). Theoretical implications of directed forgetting. In A. W. Melton & E. Martin (Eds.), *Coding processes in human memory* (pp. 217-235). Washington, DC: Winston.

Blackiston, D. J., Casey, E. S., & Weiss, M. R. (2008). Retention of memory through metamorphosis: Can a moth remember what it learned as a caterpillar? *PLoS One, 3,* e1736.

Blaisdell, A. P., & Cook, R. G. (2005). Two-itemsame-different concept learning in pigeons. *Animal Learning & Behavior, 33,* 67-77.

Blechman, A. D. (2006). *Pigeons: The fascinating saga of the world's most revered and reviled bird.* New York: Grove Press

Blinkov, S. M., & Glezer, I. I. (1968). *The human brain in figures and tables: A quantitative handbook.* New York: Basic Books.

Blount, W. P. (1927). Studies of the movement of the eyelids of animals: Blinking. *Quarterly Journal of Experimental Physiology, 18,* 111-125.

Blough, D. S. (1958). A method for obtaining psychophysical thresholds from the pigeon. *Journal of the Experimental Analysis of Behavior, 1,* 31-43.

Blough, D. S. (1959). Delayed matching in the pigeon. *Journal of the Experimental Analysis of Behavior, 2,* 151-160.

Blough, D. S. (1985). Discrimination of letters and random dot patterns by pigeons and humans. *Journal of Experimental Psychology: Animal Behavior Processes, 11,* 261-280.

Boakes, R. A. (1984). *From Darwin to behaviourism: Psychology and the minds of animals.* Cambridge, UK: Cambridge University Press. 宇津木保・宇津木成介（訳）（1990）. 動物心理学史―ダーウィンから行動主義まで― 誠信書房

Bodily, K. D., Katz, J. S., & Wright, A. A. (2008). Matching-to-sample abstract-concept learning by pigeons. *Journal of Experimental Psychology: Animal Behavior Processes, 34,* 178-184.

Bolhuis, J. J., Okanoya, K., & Scharff, C. (2010). Twitter evolution: Converging mechanisms in birdsong and human speech. *Nature Reviews Neuroscience, 11,* 747-759.

Bolles, R. C. (1970). Species-specific defense reactions and avoidance learning. *Psy-*

chological Review, 77, 32-48.

Bond, A. B., Kamil, A. C., & Balda, R. P. (2003). Social complexity and transitive inference in corvids. *Animal Behaviour, 65*, 479-487.

Bond, A. B., Wei, C. A., & Kamil, A. C. (2010). Cognitive representation in transitive inference: a comparison of four corvid species. *Behavioural Processes, 85*, 283-292.

Boughey, M. J., & Thompson, N. S. (1981). Song variety in the brown thrasher (*Toxostoma rufum*). *Zeitschrift für Tierpsychologie, 56*, 47-58.

Bouley, D. M., Alarcon, C. N., Hildebrandt, T., & O'Connell-Rodwell, C. E. (2007). The distribution, density and three-dimensional histomorphology of Pacinian corpuscles in the foot of the Asian elephant (*Elephas maximus*) and their potential role in seismic communication. *Journal of Anatomy, 211*, 428-435.

Bouton, M. E. (2004). Context and behavioral processes in extinction. *Learning and Memory, 11*, 485-494.

Boysen, S. T., & Berntson, G. G. (1989). Numerical competence in a chimpanzee (*Pan troglodytes*). *Journal of Comparative Psychology, 103*, 23-31.

Bradley, R. M., Stedman, H. M., & Mistretta, C. M. (1985). Age does not affect numbers of taste buds and papillae in adult rhesus monkeys. *Anatomical Record, 212*, 246-249.

Bradshaw, J., & Cameron-Beaumont, C. (2000). The signalling repertoire of the domestic cat and its undomesticated relatives. In D. C. Turner & P. Bateson (Eds.), *The domestic cat: The biology of its behavior* (2nd ed., pp. 67-94). Cambridge, UK: Cambridge University Press. 森裕司（監修）・武部正美・加隈良枝（訳）(2006). イエネコとその近縁種が使うさまざまなシグナル ドメスティック・キャット―その行動の生物学― (pp. 101-134) チクサン出版社

Bradshaw, J. W. S., & Nott, H. M. R. (1995). Social and communication behavior of companion dogs. In J. Serpell (Ed.), *The domestic dog: Its evolution, behavior and interactions with people* (pp. 115-130). Cambridge, UK: Cambridge University Press. 森裕司（監修）・武部正美（訳）(1999). コンパニオン・ドッグの社会行動と情報交換行動 ドメスティック・ドッグ―その進化、行動、ヒトとの関係― (pp. 168-188) チクサン出版社

Brannon, E. M., & Terrace, H. S. (2000). Representation of the numerosities 1-9 by rhesus macaques (*Macaca mulatta*). *Journal of Experimental Psychology: Animal Behavior Processes, 26*, 31-49.

Bräuer, J., Kaminski, J., Riedel, J., Call, J., & Tomasello, M. (2006). Making inferences about the location of hidden food: Social dogs, causal apes. *Journal of Comparative Psychology, 120*, 38-47.

Bräuer, J., Call, J., & Tomasello, M. (2004). Visual perspective taking in dogs (*Canis familiaris*) in the presence of barriers. *Applied Animal Behaviour Science, 88*, 299-317.

Bräuer, J., & Hanus, D. (2012). Fairness in non-human primates? *Social Justice Research, 25*, 256-276.

Breland, K., & Breland, M. (1951). A field of applied animal psychology. *American Psychologist, 6*, 202-204.

Breland, K., & Breland, M. (1961). The misbehavior of organisms. *American Psychologist, 16*, 681-684.

Briese, E. (1995). Emotional hyperthermia and

performance in humans. *Physiology & Behavior, 58,* 615−618.

Broadhurst, P. L. (1975). The Maudsley reactive and nonreactive strains of rats: A survey. *Behavior Genetics, 5,* 299−319.

Bron, A., Sumpter, C.E., Foster, M.T. & Temple, W. (2003). Contingency discriminability, matching, and bias in the concurrent-schedule responding of possums (*Trichosurus vulpecula*). *Journal of the Experimental Analysis of Behavior, 79,* 289−306

Brosnan, S. F., & de Waal, F. B. (2003). Monkeys reject unequal pay. *Nature, 425,* 297−299.

Brosnan, S. F., & de Waal, F. B. (2014). Evolution of responses to (un)fairness. *Science, 346,* 1251776.

Brosnan, S. F., Freeman, C., & de Waal, F. B. M. (2006). Partner's behavior, not reward distribution, determines success in an unequal cooperative task in capuchin monkeys. *American Journal of Primatology, 68,* 713−724.

Brown, G. E., Davenport, D. A., & Howe, A. R. (1994). Escape deficits induced by a biologically relevant stressor in the slug (*Limax maximus*). *Psychological Reports, 75,* 1187−1192.

Brown, G. E., Howe, A. R., & Jones, T. E. (1990). Immunization against learned helplessness in the cockroach (*Periplaneta americana*). *Psychological Reports, 67,* 635−640.

Brown, G. E., & Stroup, K. (1988). Learned helplessness in the cockroach (*Periplaneta americana*). *Behavioral and Neural Biology, 50,* 246−250.

Brown, K. A., Buchwald, J. S., Johnson, J. R., & Mikolich, D. J. (1978). Vocalization in the cat and kitten. *Developmental Psychobiology, 11,* 559−570.

Brown, W. L., Overall, J. E., & Gentry, G. V. (1959). 'Absolute' versus 'relational' discrimination of intermediate size in the rhesus monkey. *American Journal of Psychology, 72,* 593−596.

Budiansky, S. (1997). *The nature of horses: Exploring equine evolution, intelligence and behavior.* New York: Free Press.

Budzynski, C. A., Dyer, F. C., & Bingman, V. P. (2000). Partial experience with the arc of the sun is sufficient for all-day sun compass orientation in homing pigeons, Columba livia. *Journal of Experimental Biology, 203,* 2341−2348.

Buhusi, C. V., Sasaki, A.,& Meck, W. H., (2002). Temporal integration as a function of signal and gap intensity in rats (*Rattus norvegicus*) and pigeons (*Columba livia*). *Journal of Comparative Psychology, 116,* 381−390.

Bujedo, J. G., García, A. G., & Fernández, V. P. (2014). Failure to find symmetry in pigeons after multiple exemplar training. *Psicothema, 26,* 435−441.

Burch, M R., Bustad LK., Duncan, SL., Frederickson M., and Tebay, J. (1995). The role of pets in therapeutic programs. In I. Robinson (Ed.), *The Waltham book of human-snimal onteraction: Benefits and responsibilities of pet ownership* (pp. 55−69). Oxford: Pergamon.

Burdick, C. K., & Miller, J. D. (1975). Speech perception by the chinchilla: Discrimination of sustained ‖a‖ and ‖i‖. *Journal of the Acoustical Society of America, 58,* 415−427.

Burkart, J. M., Allon, O., Amici, F., Fichtel, C., Finkenwirth, C., Heschl, A., ... & Meulman, E. J. (2014). The evolutionary origin of human hyper-cooperation. *Nature Communications, 5,* 4747.

Burghardt, G. M. (2005). *The genesis of ani-*

mal play: Testing the limits. Cambridge, MA: MIT Press.

Burkhardt, R. W. (1987). The Journal of Animal Behavior and the early history of animal behavior studies in America. *Journal of Comparative Psychology, 101,* 223-230.

Buriticá, J., Ortega, L. A., Papini, M. R., & Gutiérrez, G. (2013). Extinction of food-reinforced instrumental behavior in Japanese quail (*Coturnix japonica*). *Journal of Comparative Psychology, 127,* 33-39.

Butler, P. G., Wanamaker, A. D., Scourse, J. D., Richardson, C. A., & Reynolds, D. J. (2013). Variability of marine climate on the North Icelandic Shelf in a 1357-year proxy archive based on growth increments in the bivalve *Arctica islandica*. *Palaeogeography, Palaeoclimatology, Palaeoecology, 373,* 141-151.

Byosiere, S. E., Feng, L. C., Woodhead, J. K., Rutter, N. J., Chouinard, P. A., Howell, T. J., & Bennett, P. C. (2016). Visual perception in domestic dogs: susceptibility to the Ebbinghaus-Titchener and Delboeuf illusions. *Animal Cognition, 20,* 435-448.

Cabanac, M. (1999a). Emotion and phylogeny. *Japanese Journal of Physiology, 49,* 1-10.

Cabanac, M. (1999b). Emotion and phylogeny. *Journal of Consciousness Studies, 6,* 176-190.

Cabanac, M., & Aizawa, S. (2000). Fever and tachycardia in a bird (*Gallus domesticus*) after simple handling. *Physiology & Behavior, 69,* 541-545.

Cabanac, M., Cabanac, A. J., & Parent, A. (2009). The emergence of consciousness in phylogeny. *Behavioural Brain Research, 198,* 267-272.

Caeiro, C. C., Waller, B. M., Zimmermann, E., Burrows, A. M., & Davila-Ross, M. (2013). OrangFACS: A muscle-based facial movement coding system for orangutans (*Pongo spp.*). *International Journal of Primatology, 34,* 115-129.

Calder, A. J., Lawrence, A. D., & Young, A. W. (2001). Neuropsychology of fear and loathing. *Nature Reviews Neuroscience, 2,* 352-363.

Call, J. (2000). Estimating and operating on discrete quantities in orangutans (*Pongo pygmaeus*). *Journal of Comparative Psychology, 114,* 136-147.

Call, J. (2004). Inferences about the location of food in the great apes (*Pan paniscus, Pan troglodytes, Gorilla gorilla,* and *Pongo pygmaeus*). *Journal of Comparative Psychology, 118,* 117-128.

Call, J. (2006). Inferences by exclusion in the great apes: The effect of age and species. *Animal Cognition, 9,* 393-403.

Call, J., Bräuer, J., Kaminski, J., & Tomasello, M. (2003). Domestic dogs (*Canis familiaris*) are sensitive to the attentional state of humans. *Journal of Comparative Psychology, 117,* 257-267.

Call, J., & Tomasello, M. (2008). Does the chimpanzee have a theory of mind? 30 years later. *Trends in Cognitive Sciences, 12,* 187-192.

Camhi, J. M. (1980). The escape system of the cockroach. *Scientific American, 243,* 158-172. 久田光彦・高畑雅一 (訳) (1981). ゴキブリの逃避システム 日経サイエンス, 2月号, 82-93.

Campbell, F. M., Heyes, C. M., & Goldsmith, A. R. (1999). Stimulus learning and response learning by observation in the European starling, in a two-object/two-action test. *Animal Behaviour, 58,* 151-158.

Campbell, S. S., & Tobler, I.（1984）. Animal sleep: A review of sleep duration across phylogeny. *Neuroscience & Biobehavioral Reviews, 8*, 269-300.

Cantlon, J. F., & Brannon, E. M.（2007）. Basic math in monkeys and college students. *PLoS Biology, 5*, e328.

Carere, C., & Maestripieri, D.（Eds.）（2013）. *Animal personalities:Behavior, physiology, and evolution*. Chicago: Chicago University Press.

Carew, T. J., Pinsker, H. M., & Kandel, E. R.（1972）. Long-term habituation of a defensive withdrawal reflex in Aplysia. *Science, 175*, 451-454.

Carey, B.（2007, September 10）. Alex, a parrot who had a way with words, dies. *New York Times*. Retrieved August 9, 2016, from http://www.nytimes.com/2007/09/10/science/10cnd-parrot.html.

Carpenter, J. A.（1956）. Species differences in taste preferences. *Journal of Comparative and Physiological Psychology, 49*, 139-144.

Carroll, L.（1876）. *The hunting of the Snark*. London: Macmillan. 高橋康也（訳）（2007）. スナーク狩り　新書館

Carroll, R. T.（2003）. *The skeptic's dictionary: A collection of strange beliefs, amusing deceptions, and dangerous delusions*. New York: Wiley. 小久保温・高橋信夫・長澤裕・福岡洋一（訳）（2008）. 懐疑論者の事典（上）（下）楽工社.

Carter, D. E., & Werner, T. J.（1978）. Complex learning and information processing by pigeons: A critical analysis. *Journal of the Experimental Analysis of Behavior, 29*, 565-601.

Cartwright, B. A., & Collett, T. S.（1983）. Landmark learning in bees. *Journal of Comparative Physiology, 151*, 521-543.

Castro, L., Young, M. E., & Wasserman, E. A.（2006）. Effects of number of items and visual display variability onsame-different discrimination behavior. *Memory & Cognition, 34*, 1689-1703.

Catania, K. C.（2002）. The nose takes a starring role. *Scientific American, 287*, 54-59. 日経サイエンス編集部（訳）（2002）. ホシバナモグラの驚異の鼻　日経サイエンス10月号. 日経サイエンス編集部（編）（2007）感覚と錯覚のミステリー——五感はなぜだまされる——（pp. 136-141）　日本経済新聞社［再録］

Catania, K. C.（2005）. Evolution of sensory specializations in insectivores. *Anatomical Record, 287A*, 1038-1050.

Cattell, J. M.（1886）. The time taken up by cerebral operations. *Mind, 11*, 220-242.

Cerella, J.（1980）. The pigeon's analysis of pictures. *Pattern Recognition, 12*, 1-6.

Cerutti, D. T., & Rumbaugh, D. M.（1993）. Stimulus relations in comparative primate perspective. *The Psychological Record, 43*, 811-821.

Chalmeau, R., Lardeux, K., Brandibas, P., & Gallo, A.（1997）. Cooperative problem solving by orangutans（*Pongo pygmaeus*）. *International Journal of Primatology, 18*, 23-32.

Chalmeau, R., Visalberghi, E., & Gallo, A.（1997）. Capuchin monkeys, *Cebus paella*, fail to understand a cooperative task. *Animal Behaviour, 54*, 1215-1225.

Chamorro, C. A., Fernández, J. G., & Anel, L.（1993）. Fungiform papillae of the pig and the wild boar analyzed by scanning electron microscopy. *Scanning Microscopy, 7*, 313-320.

Chang, L., Fang, Q., Zhang, S., Poo, M. M., & Gong, N.（2015）. Mirror-induced self-directed behaviors in rhesus monkeys after visual-somatosensory training. *Current Biology, 25,* 212–217.

Changizi, M. A., Zhang, Q., & Shimojo, S. (2006). Bare skin, blood and the evolution of primate colour vision. *Biology Letters, 2,* 217–221.

Chapuis, N. (1987). Detour and shortcut abilities in several species of mammals. In P. Ellen & C. Thinus-Blanc (Eds.), *Cognitive processes and spatial orientation in animal and man* (Vol. 1, pp. 97–106). Dordrecht, Netherlands: Martinus Nijhoff.

Chartrand, T. L., & Bargh, J. A. (1999). The chameleon effect: The perception-behavior link and social interaction. *Journal of Personality and Social Psychology,76,* 893–910.

Chausseil, M. (1991) Visual same-different learning, and transfer of the sameness concept by coatis (*Nasua,* Storr, 1780). *Ethology, 87,* 28–36.

Cheke, L. G., Bird, C. D., & Clayton, N. S. (2011). Tool-use and instrumental learning in the Eurasian jay (*Garrulus glandarius*). *Animal Cognition, 14,* 441–455.

Cheney, D. L., & Seyfarth, R. M. (1986). The recognition of social relations by monkeys. *Cognition 37,* 67–196.

Cheney, D. L., & Seyfarth, R. M (1986). The recognition of social relations by monkeys. *Cognition, 37,* 67–196

Cheney, D. L., & Seyfarth, R. M. (1988). Assessment of meaning and the detection of unreliable signals by vervet monkeys. *Animal Behaviour, 36,* 477–486.

Cheney, D. L., & Seyfarth, R. M. (1990). *How monkeys see the world: Inside the mind of another species.* Chicago: University of Chicago Press.

Cheng, K. (1986). A purely geometric module in the rat's spatial representation. *Cognition, 23,* 149–178.

Cheng, K. (1988). Some psychophysics of the pigeon's use of landmarks. *Journal of Comparative Physiology A, 162,* 815–826.

Chevalier-Skolnikoff, S. (1989). Spontaneous tool use and sensorimotor intelligence in *Cebus* compared with other monkeys and apes. *Behavioral and Brain Sciences, 12,* 561–627.

Chmielewskierry, J. G. (2016). *A guide to common animals of western North America.* Bloomington, IN: Authour House.

Church, R. M. (1959). Emotional reactions of rats to the pain of others. *Journal of Comparative and Physiological Psychology, 52,* 132–134.

Church, R. M., & Deluty, M. Z. (1977). Bisection of temporal intervals. *Journal of Experimental Psychology: Animal Behavior Processes, 3,* 216–228.

Clary, D., & Kelly, D. M. (2016). Graded mirror self-recognition by Clark's nutcrackers. *Scientific Reports, 6,* 36459.

Clayton, N. S., & Dickinson, A. (1998). Episodic-like memory during cache recovery by scrub jays. *Nature, 395,* 272–274.

Clayton, N. S., & Dickinson, A. (1999a). Memory for the content of caches by scrub jays (*Aphelocoma coerulescens*). *Journal of Experimental Psychology: Animal Behavior Processes, 25,* 82–91.

Clayton, N. S., & Dickinson, A. (1999b). Scrub jays (*Aphelocoma coerulescens*) remember the relative time of caching as well as the location and content of their caches. *Journal of Comparative Psychology, 113,* 403–416.

Clement, T. S., & Zentall, T. R. (2000). Development of a single-code/default coding strategy in pigeons. *Psychological Science, 11*, 261-264.

Clement, T. S., & Zentall, T. R. (2003). Choice based on exclusion in pigeons. *Psychonomic Bulletin & Review, 10*, 959964.

Clerici, C. A., & Veneroni, L. (Eds.) (2011). *The impossible escape: Studies on the tonic immobility in animals from a comparative psychology perspective.* New York: Nova.

Clifton, R. K., & Nelson, M. N. (1976). Developmental study of habituation in infants: The importance of paradigm, response system, and state. In T. J. Tighe & R. N. Leaton (Eds.), *Habituation: Perspectives from child development, animal behavior, and neurophysiology* (pp. 159-205). Hillsdale, NJ: Erlbaum.

Clutton-Brock J (1995) Origin of the dog: Domestication and early history. In J. Serpell (Ed.), *The domestic dog: Its evolution, behaviour and interaction with people* (pp. 7-20). Cambridge: Cambridge University Press. 森裕司 (監修)・武部正美 (訳) (1999). 犬の起源：家畜化と初期の歴史 ドメスティック・ドッグ—その進化、行動、ヒトとの関係— (pp. 31-47) チクサン出版社

Coe, C. L., Franklin, D., Smith, E. R., & Levine, S. (1982). Hormonal responses accompanying fear and agitation in the squirrel monkey. *Physiology & Behavior, 29*, 1051-1057.

Colwill, R. M. (1994). Associative representations of instrumental contingencies. In D. L. Medin (Ed.), *The psychology of learning and motivation* (Vol. 31, pp. 1-72). New York: Academic Press.

Colwill, R. M., & Rescorla, R. A. (1990). Evidence for the hierarchical structure of instrumental learning. *Animal Learning & Behavior, 18*, 71-82.

Cook, P., & Wilson, M. (2010). Do young chimpanzees have extraordinary working memory? *Psychonomic Bulletin & Review, 17*, 599-600.

Cook, R. G., Brown, M. F., & Riley, D. A. (1985). Flexible memory processing by rats: Use of prospective and retrospective information in the radial maze. *Journal of Experimental Psychology: Animal Behavior Processes, 11*, 453-469.

Cook, R. G., Levison, D. G., Gillett, S. R., & Blaisdell, A. P. (2005). Capacity and limits of associative memory in pigeons. *Psychonomic Bulletin & Review, 12*, 350-358.

Cook, R. G., & Wasserman, E. A. (2007). Learning and transfer of relational matching-to-sample by pigeons. *Psychonomic Bulletin & Review, 14*, 1107-1114.

Cooper, J. J., Ashton, C., Bishop, S., West, R., Mills, D. S., & Young, R. J. (2003). Clever hounds: Social cognition in the domestic dog (*Canis familiaris*). *Applied Animal Behaviour Science, 81*, 229-244.

Corson, S. A., Arnold, L. E., Gwynne, P. H., & Corson, E. O. L. (1977). Pet dogs as nonverbal communication links in hospital psychiatry. *Comprehensive Psychiatry, 18*, 61-72.

Coussi-Korbel, S. (1994). Learning to outwit a competitor in mangabeys (*Cercocebus torquatus torquatus*). *Journal of Comparative Psychology, 108*, 164-171.

Cowan, N. (2005). *Working memory capacity.* New York: Psychology Press.

Craig, W. (1917). Appetites and aversions as constituents of instincts. *Proceedings of* the National Academy of Sciences, 3, 685-688.

Crawley, J. N. (2007). What's wrong with my mouse? Behavioral phenotyping of transgenic and knockout mice (2nd ed.). Hoboken, NJ: Wiley. 高瀬堅吉・柳井修一（訳）(2012). トランスジェニック・ノックアウトマウスの行動解析 西村書店

Crespi, L. P. (1942). Quantitative variation of incentive and performance in the white rat. American Journal of Psychology, 55, 467-517.

Crockford, C., Deschner, T., Ziegler, T. E., & Wittig, R. M. (2014). Endogenous peripheral oxytocin measures can give insight into the dynamics of social relationships: A review. Frontiers in Behavioral Neuroscience, 8, 68.

Crockford, C., Wittig, R. M., Langergraber, K., Ziegler, T. E., Zuberbühler, K., & Deschner, T. (2013). Urinary oxytocin and social bonding in related and unrelated wild chimpanzees. Proceedings of the Royal Society of London B: Biological Sciences, 280, 20122765.

Cronin, K. A. (2012). Prosocial behaviour in animals: The influence of social relationships, communication and rewards. Animal Behaviour, 84, 1085-1093.

Cronin, K. A., Kurian, A. V., & Snowdon, C. T. (2005). Cooperative problem solving in a cooperatively breeding primate (Saguinus oedipus). Animal Behaviour, 69, 133-142.

Crystal, J. D. (2010). Episodic-like memory in animals. Behavioural Brain Research, 215, 235-243.

Cumming, W. W., & Berryman, R. (1961). Some data on matching behavior in the pigeon. Journal of the Experimental Analysis of Behavior, 4, 281-284.

Cumming, W. & Berryman, R. (1965). The complex discriminated operant: Studies of matching to sample and related problems. D. I. Mostofsky (Ed.), Stimulus generalization (pp. 284-330). Stanford, CA: Stanford University Press.

Cumming, W. W., Berryman, R., & Cohen, L. R. (1965). Acquisition and transfer of zero-delay matching. Psychological Reports, 17, 435-445.

Custance, D., & Mayer, J. (2012). Empathic-like responding by domestic dogs (Canis familiaris) to distress in humans: An exploratory study. Animal Cognition, 15, 851-859.

Dacke, M., Baird, E., Byrne, M., Scholtz, C. H., & Warrant, E. J. (2013). Dung beetles use the milky way for orientation. Current Biology, 23, 298-300.

Dacke, M., & Srinivasan, M. V. (2008). Evidence for counting in insects. Animal Cognition, 11, 683-689.

Dally, J. M., Emery, N. J., & Clayton, N. S. (2010). Avian Theory of Mind and counter espionage by food-caching western scrub-jays (Aphelocoma californica). European Journal of Developmental Psychology, 7, 17-37.

D'Amato, M. R., & Colombo, M. (1989). On the limits of the matching concept in monkeys (Cebus apella). Journal of the Experimental Analysis of Behavior, 52, 225-236.

D'Amato, M. R., Salmon, D. P., & Colombo, M. (1985). Extent and limits of the matching concept in monkeys (Cebus apella). Journal of Experimental Psychology: Animal Behavior Processes, 11, 35-51.

D'Amato, M. R., Salmon, D. P., Loukas, E., & Tomie, A. (1985). Symmetry and transitivity of conditional relations in monkeys (*Cebus apella*) and pigeons (*Columba livia*). *Journal of the Experimental Analysis of Behavior*, 44, 35-47.

Danziger, K.(1997). *Naming the mind: How psychology found its language.* London: Sage. 河野哲也（監訳）（2005）. 心を名づけること—心理学の社会的構成—（上）（下） 勁草書房

Darwin, C. R.(1845). *Journal of researches into the natural history and geology of the countries visited during the voyage of H.M.S. Beagle round the world, under the Command of Capt. Fitz Roy, R.N* (2nd ed.). London: Murray. 荒俣宏（訳）（2013）. 新訳ビーグル号航海記（上）（下）平凡社

Darwin, C.(1859). *On the origin of species by means of natural selection, or the preservation of favoured races in the struggle for life.* London: Murray. 渡辺政隆（訳）（2009）. 種の起源（上）（下）光文社

Darwin, C. R.(1868). *The variation of animals and plants under domestication.* London: Murray. 永野為武・篠遠嘉人（訳）（1938-1939）. 家畜・栽培植物の変異（上）（下）白揚社

Darwin, C. R.(1871). *The descent of man, and selection in relation to sex.* London: Murray. 長谷川眞理子（訳）（1999-2000）. 人間の進化と性淘汰（I）（II） 文一総合出版 再刊：（2016年）. 人間の由来（上）（下） 講談社

Darwin, C. R.(1872). *The expression of the emotions in man and animals.* London: John Murray. 浜中太郎（訳）（1931）. 人及び動物の表情について 岩波書店

Darwin, C. R.(1873). Origin of certain instincts. *Nature, 7*, 417-418.

Davila Ross, M., Allcock, B., Thomas, C., Bard, K. A.(2011). Aping expressions? Chimpanzees produce distinct laugh types when responding to laughter of others. *Emotion, 11*, 1528-3542.

Davila Ross, M., Menzler, S., & Zimmermann, E.(2008). Rapid facial mimicry in orangutan play. *Biology Letters, 4*, 27-30.

Davies, R. O., Kare, M. R., & Cagan, R. H.(1979). Distribution of taste buds on fungiform and circumvallate papillae of bovine tongue. *Anatomical Record, 195*, 443-446.

Davis, H., & Bradford, S. A.(1986). Counting behavior by rats in a simulated natural environment. *Ethology, 73*, 265-280.

Davis, H., & Pérusse, R.(1988). Numerical competence in animals: Definitional issues, current evidence, and a new research agenda. *Behavioral and Brain Sciences, 11*, 561-579.

Davis, M.(1970). Effects of interstimulus interval length and variability on startle-response habituation in the rat. *Journal of Comparative and Physiological Psychology, 72*, 177-192.

Davis, M., & Wagner, A. R.(1968). Startle responsiveness after habituation to different intensities of tone. *Psychonomic Science, 12*, 337-338.

Dawkins, R.(1976). *The selfish gene.* Oxford: Oxford University Press. 日高敏隆他（訳）（1980）. 生物=生存機械論—利己主義と利他主義の生物学— 紀伊國屋書店

Dawkins, R.(1996). *Climbing mount improbable.* New York: Norton.

Deaner, R. O., Isler, K., Burkart, J., & Van Schaik, C.(2007). Overall brain size, and not encephalization quotient, best predicts cognitive ability across non-human primates. *Brain, behavior and* evolution, 70, 115-124.

Deaner, R. O., Nunn, C. L., & van Schaik, C. P. (2000). Comparative tests of primate cognition: Different scaling methods produce different results. *Brain, Behavior and Evolution, 55*, 44-52.

D'Eath, R. B., Tolkamp, B. J., Kyriazakis, I., & Lawrence, A. B. (2009). 'Freedom from hunger' and preventing obesity: The animal welfare implications of reducing food quantity or quality. *Animal Behaviour, 77*, 275-288.

DeCoursey, P. J. (1973). Free-running rhythms and patterns of circadian entrainment in three species of diurnal rodents. *Biological Rhythm Research, 4*, 67-77.

Defensor, E. B., Corley, M. J., Blanchard, R. J., & Blanchard, D. C. (2012). Facial expressions of mice in aggressive and fearful contexts. *Physiology & Behavior, 107*, 680-685.

De Houwer, J. (2009). The propositional approach to associative learning as an alternative for association formation models. *Learning & Behavior, 37*, 1-20.

de la Mettrie, J. (1747). *L'homme plus que machine*. Leiden: Elie Luzac. 杉捷夫（訳）(1932). 人間機械論 岩波書店

Delfour, F., & Aulagnier, S. (1997). Bubble-blow in beluga whales (*Delphinapterus leucas*): A play activity?. *Behavioural Processes, 40*, 183-186.

Delfour, F., & Marten, K. (2001). Mirror image processing in three marine mammal species: Killer whales (*Orcinus orca*), false killer whales (*Pseudorca crassidens*) and California sea lions (*Zalophus californianus*). *Behavioural Processes, 53*, 181-190.

Dement, W., & Kleitman, N. (1957). The relation of eye movements during sleep to dream activity: An objective method for the study of dreaming. *Journal of Experimental Psychology, 53*, 339-346.

Dennet, D. C. (1996). *Kinds of minds: Towards an understanding of consciousness*. New York: Basic Books. 土屋俊（訳）(1997). 心はどこにあるのか 草思社

Department of Defense (2012). *U.S. military working dog training handbook*. Guilford, CT: Lyons Press.

Dere, E., Huston, J. P., & Silva, M. A. D. S. (2005). Episodic-like memory in mice: simultaneous assessment of object, place and temporal order memory. *Brain Research Protocols, 16*, 10-19.

Descartes, R. (1637). *Discours de la méthode pour bien conduire sa raison, et chercher la vérité dans les sciences*. Leiden, Nederland: Ian Maire. 谷川多佳子（訳）(1997). 方法序説 岩波書店

de Waal, F. B. M. (1982). *Chimpanzee politics: Power and sex among apes*. London: Jonathan Cape. 西田利貞（訳）(1984). 政治をするサル—チンパンジーの権力と性— どうぶつ社

de Waal, F. B. M. (1989). *Peace making primates*. Cambridge, MA: Harvard University Press. 西田利貞（訳）(1993). 仲直り戦術—霊長類は平和な暮らしをどのように実現しているか— どうぶつ社

de Waal, F. B. M. (2008). Putting the altruism back into altruism: The evolution of empathy. *Annual Review of Psychology, 59*, 279-300

Dewsbury, D. A. (1981). Effects of novelty of copulatory behavior: The Coolidge effect and related phenomena. *Psychological Bulletin, 89*, 464-482.

Dickinson, A., Watt, A., & Griffiths, W. J. H. (1992). Free-operant acquisition with delayed reinforcement. *Quarterly Jour-*

nal of Experimental Psychology, 45, 241-258.
Din, W., Anand, R., Boursot, P., Darviche, D., Dod, B., Jouvin‐Marche, E., ... & Bonhomme, F. (1996). Origin and radiation of the house mouse: Clues from nuclear genes. *Journal of Evolutionary Biology, 9,* 519-539.
Dinges, C. W., Varnon, C. A., Cota, L. D., Slykerman, S., & Abramson, C. I. (2017). Studies of learned helplessness in honey bees (*Apis mellifera ligustica*). *Journal of Experimental Psychology: Animal Learning and Cognition, 43,* 147-158.
Di Vito, L., Naldi, I., Mostacci, B., Licchetta, L., Bisulli, F., Tinuper, P. (2010). A seizure response dog: Video recording of reacting behaviour during repetitive prolonged seizures. *Epileptic Disorders 12,* 142-145.
Dolivo, V., & Taborsky, M. (2015). Norway rats reciprocate help according to the quality of help they received. *Biology Letters, 11,* 20140959.
Dooling, R. J., Best, C. T., & Brown, S. D. (1995). Discrimination of synthetic full‐formant and sinewave/ra-la/continua by budgerigars (*Melopsittacus undulatus*) and zebra finches (*Taeniopygia guttata*). *Journal of the Acoustical Society of America, 97,* 1839-1846.
Doré, F. Y. (1986). Object permanence in adult cats (*Felis catus*). *Journal of Comparative Psychology, 100,* 340-347.
Doré, F. Y. (1990). Search behaviour of cats (*Felis catus*) in an invisible displacement test: Cognition and experience. *Canadian Journal of Psychology, 44,* 359-370.
Doré, F. Y., & Dumas, C. (1987). The psychology of animal cognition: Piagetian studies. *Psychological Bulletin, 102,* 219-233
Doré, F. Y., & Goulet, S. (1998). The comparative analysis of object knowledge. In J. Langer & M. Killen (Eds.,) *Piaget, evolution, and development* (pp. 55-72). Hillsdale, NJ: Erlbaum.
Dougherty, D. M., & Lewis, P. (1991). Stimulus generalization, discrimination learning, and peak shift in horses. *Journal of the Experimental Analysis of Behavior, 56,* 97-104.
Drea, C. M., & Carter, A. N. (2009). Cooperative problem solving in a social carnivore. *Animal Behaviour, 78,* 967-977.
Driscoll, C. A., Menotti-Raymond, M., Roca, A. L., Hupe, K., Johnson, W. E., Geffen, E., ... Yamaguchi, N. (2007). The Near Eastern origin of cat domestication. *Science, 317,* 519-523.
Drumm, P. (2009). Applied animal psychology at an American roadside attraction: Animal behavior enterprises and the IQ zoo of Hot Springs, Arkansas. *American Journal of Psychology, 122,* 537-545.
Duffy, K. A., & Chartrand, T. L. (2015). Mimicry: Causes and consequences. *Current Opinion in Behavioral Sciences, 3,* 112-116.
Duke-Elder, S. (1958). *System of ophthalmology, Vol.1: The eye in evolution.* London: Henry Kimption.
Dumas, C. (1992). Object permanence in cats (*Felis catus*): An ecological approach to the study of invisible displacements. *Journal of Comparative Psychology, 106,* 404-410.
Dumas, C., & Doré, F. Y. (1989). Cognitive development in kittens (*Felis catus*): A cross-sectional study of object permanence. *Journal of Comparative Psychology, 103,* 191-200.

Duncan, C. J. (1960). The sense of taste in birds. *Annals of Applied Biology, 48*, 409–414.

Eacott, M. J., Easton, A., & Zinkivskay, A. (2005). Recollection in an episodic-like memory task in the rat. *Learning & Memory, 12*, 221–223.

Ebbinghaus, H. (1885). *Über das Gedchtnis: Untersuchungen zur experimentellen Psychologie.* Leipzig: Duncker & Humblot. 宇津木保・望月衛（訳）(1978). 記憶について　誠信書房

Ebel, H. C., & Werboff, J. (1967). Transposition in dogs: Successive reversals of the intermediate size problem. *Perceptual and Motor Skills, 24*, 507–511.

海老原史樹文・後藤麻木 (2002). 日周リズム　石原勝敏・金井龍二・河野重行・能村哲郎（編）, 生物学データ大百科事典［下］(pp. 2323–2332) 朝倉書店

Ekman, P., & Friesen, W. (1978). *Facial Action Coding System: A technique for the measurement of facial movement.* Palo Alto, CA: Consulting Psychologists Press.

Ekman, P., Friesen, W. V., & Hager, J. C. (2002). *Facial Action Coding System: The manual on CD ROM.* Salt Lake City, UT: A Human Face.

Edwards, C. A., Jagielo, J. A., & Zentall, T. R. (1983). "Same/different" symbol use by pigeons. *Animal Learning & Behavior, 11*, 349–355.

Edwin, T. (1936). Mile-a-minute pigeons. *Popular Science Monthly, 128* (6), 25–28, 122.

Eisenstein, E. M., & Carlson, A. D. (1997). A comparative approach to the behavior called 'learned helplessness'. *Behavioural Brain Research, 86*, 149–160.

Elkins, R. L. (1986). Separation of taste-aversion-prone and taste-aversion-resistant rats through selective breeding: Implications for individual differences in conditionability and aversion-therapy alcoholism treatment. *Behavioral Neuroscience, 100*, 121–126.

Elgier, A. M., Jakovcevic, A., Barrera, G., Mustaca, A. E., & Bentosela, M. (2009). Communication between domestic dogs (*Canis familiaris*) and humans: Dogs are good learners. *Behavioural Processes, 81*, 402–408.

Elliot, B. (1937). Total distribution of taste buds on the tongue of the kitten at birth. *Journal of Comparative Neurology, 66*, 361–373.

Emlen, S. T., & Emlen, J. T. (1966). A technique for recording migratory orientation of captive birds. *Auk, 83*, 361–367.

Emmerton, J., & Delius, J. D. (1993). Beyond sensation: Visual cognition in pigeons. In H. P. Zeigler & H.-J. Bischof (Eds.), *Vision, brain, and behaviour in birds* (pp. 377–390). Cambridge, MA: MIT Press.

Epstein, R. (1984). Spontaneous and deferred imitation in the pigeon. *Behavioural Processes, 9*, 347–354.

Epstein, R., Kirshnit, C. E., Lanza, R. P., & Rubin, L. C. (1984). 'Insight' in the pigeon: Antecedents and determinants of an intelligent performance. *Nature, 308*, 61–62.

Epstein, R., Lanza, R. P., & Skinner, B. F. (1980). Symbolic communication between two pigeons (*Columba livia domestica*). *Science, 207*, 543–545.

Epstein, R., Lanza, R. P., & Skinner, B. F. (1981). Self-awareness in the pigeon. *Science, 212*, 695–696.

Epstein, R., & Medalie, S. D. (1983). The spontaneous use of a tool by a pigeon. *Be-

haviour Analysis Letters, 3, 241-247.
Epstein, R., & Skinner, B. F.（1981）. The spontaneous use of memoranda by pigeons. Behaviour Analysis Letters, 1, 241-246

Erdohegyi, A., Topal, J., Viranyi, Z., & Miklosi, A.（2007）. Inferential reasoning in a two-way choice task and its restricted use. Animal Behaviour, 74, 725-737.

Fabre, J-H.（1891-1909）. Souvenirs entomologiques（Séries 1—10）. Paris: Librairie Ch. Delagrave. 山田吉彦・林達夫（訳）（1989）. 完訳ファーブル昆虫記（全10巻新版）岩波書店

Fady, J. C.（1972）. Absence of cooperation of the instrumental type under natural conditions in Papio papio. Behaviour, 43, 157-164.

Fagot, J., & Parron, C.（2010）. Relational matching in baboons（Papio papio）with reduced grouping requirements. Journal of Experimental Psychology: Animal Behavior Processes, 36, 184-193.

Fagot, J., Wasserman, E. A., & Young, M. E.（2001）. Discriminating the relation between relations: The role of entropy in abstract conceptualization by baboons（Papio papio）and humans（Homo sapiens）. Journal of Experimental Psychology: Animal Behavior Processes, 27, 316-328.

Falk, J. L.,（1961）. Production of polydipsia in normal rats by an intermittent food schedule. Science, 133, 195-196.

Fanselow, M. S., & Poulos, A. M.（2005）. The neuroscience of mammalian associative learning. Annual Review of Psychology, 56, 207-234.

Farthing, G. W., & Opuda, M. J.（1974）. Transfer of matching-to-sample in pigeons. Journal of the Experimental Analysis of Behavior, 21, 199-213.

Faustino, A. I., Tacão-Monteiro, A., & Oliveira, R. F.（2017）. Mechanisms of social buffering of fear in zebrafish. Scientific Reports, 7, 44329.

FAWC（1992）. FAWC updates the five freedoms. Veterinary Record, 17, 357.

Feeney, M. C., Roberts, W. A., & Sherry, D. F.（2009）. Memory for what, where, and when in the black-capped chickadee（Poecile atricapillus）. Animal Cognition, 12, 767-777.

Feinbergm T. E., & Mallatt, J. M（2016）. The ancient origins of consciousness: How the brain created experience. Cambridge, MA: MIT Press. 鈴木大地（訳）（2017）. 意識の進化的起源—カンブリア爆発で心は生まれた— 勁草書房

Felipe de Souza, M., & Schmidt, A.（2014）. Responding by exclusion in Wistar rats in a simultaneous visual discrimination task. Journal of the Experimental Analysis of Behavior, 102, 346-352.

Fellows, B. J.（1967）. Change Stimulus sequences for discrimination tasks. Psychological Bulletin, 67, 87-92.

Feng, L. C., Chouinard, P. A., Howell, T. J., & Bennett, P. C.（2017）. Why do animals differ in their susceptibility to geometrical illusions? Psychonomic Bulletin & Review, 24, 262-276.

Feng, L. C., Howell, T. J., & Bennett, P. C.（2016）. How clicker training works: Comparing reinforcing, marking, and bridging hypotheses. Applied Animal Behaviour Science, 181, 34-40.

Fernald, D.（1984）. The Hans legacy: A story of science. Hillsdale, NJ: Erlbaum.

Fernandes, D. M., & Church, R. M.（1982）. Discrimination of the number of sequential events by rats. Animal Learning & Behavior, 10, 171-176.

Ferster, C. B., & Skinner, B.F. (1957). *Schedules of reinforcement.* New York: Appleton.

Finch, G., & Culler, E. (1934). Higher order conditioning with constant motivation. *American Journal of Psychology, 46,* 596−602.

Finlayson, K., Lampe, J. F., Hintze, S., Würbel, H., & Melotti, L. (2016). Facial indicators of positive emotions in rats. *PLoS One, 11,* e0166446.

Fishelson, L., Delarea, Y., & Zverdling, A. (2004). Taste bud form and distribution on lips and in the oropharyngeal cavity of cardinal fish species (*Apogonidae, Teleostei*), with remarks on their dentition. *Journal of Morphology, 259,* 316−327.

Fisher, J., & Hinde, R. A. (1949). The opening of milk bottles by birds. *British Birds, 42,* 347−357.

Flavell, J. H. (1979). Metacognition and cognitive monitoring: A new area of cognitive-developmental inquiry. *American Psychologist, 34,* 906−911.

Flavell, J. H., & Wellman, H. M. (1977). Metamemory. In R. V. Kail, Jr. & J. W. Hagen (Eds.), *Perspectives on the development of memory and cognition* (pp. 3−33). Hillsdale, NJ: Erlbaum.

Fleishman, L. J., Loew, E. R. & Leal, M. 1993. Ultraviolet vision in lizards. *Nature, 365,* 397.

Flemming, T. M., Beran, M. J., Thompson, R. K., Kleider, H. M., & Washburn, D. A. (2008). What meaning means for same and different: Analogical reasoning in humans (*Homo sapiens*), chimpanzees (*Pan troglodytes*), and rhesus monkeys (*Macaca mulatta*). *Journal of Comparative Psychology, 122,* 176−185.

Flourens, P. (1864). *Psychologie compareé.* Paris: Camier Freres.

Foster, J. B. (1964). Evolution of mammals on islands. *Nature, 202,* 234−235.

Foster, T. M., Temple, W., Robertson, B., Nair, V., & Poling, A. (1996). Concurrent-schedule performance in dairy cows: Persistent undermatching. *Journal of the Experimental Analysis of Behavior, 65,* 57−80.

Fountain, S. B., Henne, D .R., & Hulse, S. H. (1984). Phrasing cues and hierarchical organization in serial pattern learning by rats. *Journal of Experimental Psychology: Animal Behavior Processes, 10,* 30−45.

Fox, M. W. (1972). *Understanding your dog.* New York: Coward. 平方文男・平方直美・奥野卓司・新妻昭夫（訳）(1991). イヌのこころがわかる本 朝日文庫

Fox, M. W. (1974). *Understanding your cat.* New York: Coward. 平方文男・平方直美・奥野卓司・新妻昭夫（訳）(1991). ネコのこころがわかる本 朝日文庫

Fraenkel, G. S., & Gunn, D. L. (1940). *The orientation of animals: Kineses, taxes and compass reactions.* Oxford: Clarendon.

Frantz, L. A., Mullin, V. E., Pionnier-Capitan, M., Lebrasseur, O., Ollivier, M., Perri, A., ... Tresset, A. (2016). Genomic and archaeological evidence suggest a dual origin of domestic dogs. *Science, 352,* 1228−1231.

Freeman, H. D., & Gosling, S. D. (2010). Personality in nonhuman primates: A review and evaluation of past research. *American Journal of Primatology, 72,* 653−671.

Fretwell, S. D., & Lucas, H. L., Jr. (1970). On territorial behavior and other factors influencing habitat distribution in birds: I.

Theoretical development. *Acta Biotheoretica, 19,* 16-36.
Friedmann, E., Katcher, A. H., Lynch, J. J., & Thomas, S. A. (1980). Animal companions and one-year survival of patients after discharge from a coronary care unit. *Public Health Reports, 95,* 307-312.
Fugazza, C., & Miklósi, Á. (2014). Deferred imitation and declarative memory in domestic dogs. *Animal Cognition, 17,* 237-247.
藤井義晴 (1995). 植物のなわばり争い 言語, 24 (8), 46-53.
藤田一郎 (1992). 耳のずれたフクロウ—聴覚空間認識の脳内機構— 生物物理, 32, 45-51.
Fujita, K. (1982). An analysis of stimulus control in two-color matching-to-sample behaviors of Japanese monkeys (*Macaca fuscata fuscata*). *Japanese Psychological Research, 24,* 124-135.
Fujita, K. (1996). Linear perspective and the Ponzo illusion: A comparison between rhesus monkeys and humans. *Japanese Psychological Research, 38,* 136-145.
Fujita, K. (1997). Perception of the Ponzo illusion by rhesus monkeys, chimpanzees, and humans: Similarity and difference in the three primate species. *Attention, Perception, & Psychophysics, 59,* 284-292.
藤田和生 (1998). 比較認知科学への招待—「こころ」の進化学— ナカニシヤ出版
藤田和生 (2005). 動物の錯視 後藤棹男・田中平八 (編), 錯視の科学ハンドブック (pp. 284-296) 東京大学出版会
Fujita, K. (2009). Metamemory in tufted capuchin monkeys (*Cebus apella*). *Animal Cognition, 12,* 575-585.
藤田和生 (2010). 比較メタ認知研究の動向 心理学評論, 53, 270-294.
藤田和生 (2016). イヌはヒトの行動に何を見ているのか？動物心理学研究, 66, 11-21.
Fujita, K., Blough, D. S., & Blough, P. M. (1991). Pigeons see the Ponzo illusion. *Animal Learning & Behavior, 19,* 283-293.
Fujita, K., Blough, D. S., & Blough, P. M. (1993). Effects of the inclination of context lines on perception of the Ponzo illusion by pigeons. *Animal Learning & Behavior, 21,* 29-34.
藤田和生・泉明宏・上野吉一 (2007). 動物の感覚・知覚 大山正・今井省吾・和氣典二・菊池正 (編), 新編感覚・知覚ハンドブック Part 2 (pp. 21-47) 誠信書房
藤田和生・菊水健史 (編) (2015). 特集：共感性の進化と発達 心理学評論, 58, 351-421.
Fujita, K., Kuroshima, H., & Asai, S. (2003). How do tufted capuchin monkeys (*Cebus apella*) understand causality involved in tool use? *Journal of Experimental Psychology: Animal Behavior Processes, 29,* 233-242.
Fujita, K., Sato, Y., & Kuroshima, H. (2011). Learning and generalization of tool use by tufted capuchin monkeys (*Cebus apella*) in tasks involving three factors: Reward, tool, and hindrance. *Journal of Experimental Psychology: Animal Behavior Processes, 37,* 10-19.
藤田統・中村則雄・宮本邦雄・片山尊文・鎌塚正雄・加藤宏 (1980). 選択交配により作られた高・低情動反応性系ラットの行動比較 筑波大学心理学研究, 2, 19-31.
Fukuzawa, M., Mills, D. S., & Cooper, J. J. (2005). The effect of human command

phonetic characteristics on auditory cognition in dogs (Canis familiaris). *Journal of Comparative Psychology, 119*, 117-120.

古市剛史 (2000). 雄と雌の生活史. 高畑由起夫・山極寿一 (編), ニホンザルの自然社会—エコミュージアムとしての屋久島—(pp. 97-127) 京都大学学術出版会

Gácsi, M., Miklósi, Á., Varga, O., Topál, J., & Csányi, V. (2004). Are readers of our face readers of our minds? Dogs (*Canis familiaris*) show situation-dependent recognition of human's attention. *Animal Cognition, 7*, 144-153.

Gadzichowski, K. M., Kapalka, K., & Pasnak, R. (2016). Response to stimulus relations by a dog (*Canis lupus familiaris*). *Learning & Behavior, 44*, 295-302.

Gagliano, M., Renton, M., Depczynski, M., & Mancuso, S. (2014). Experience teaches plants to learn faster and forget slower in environments where it matters. *Oecologia, 175*, 63-72.

Gagliano, M., Vyazovskiy, V. V., Borbély, A. A., Grimonprez, M., Depczynski, M. (2016). Learning by association in plants. *Scientific Reports, 6*, 38427.

Gagnon, S., & Doré, F. Y. (1992). Search behavior in various breeds of adult dogs (*Canis familiaris*): Object permanence and olfactory cues. *Journal of Comparative Psychology, 106*, 58-68.

Gagnon, S., & Doré, F. Y. (1994). Cross-sectional study of object permanence in domestic puppies (*Canis familiaris*). *Journal of Comparative Psychology, 108*, 220-232.

Gallese, V., Fadiga, L., Fogassi, L., & Rizzolatti, G. (1996). Action recognition in the premotor cortex. *Brain, 119*, 593-609.

Gallup, G. G. (1970). Chimpanzees: Self-recognition. *Science, 167*, 86-87.

Gallup Jr, G. G. (1974). Animal hypnosis: Factual status of a fictional concept. *Psychological Bulletin, 81*, 836-853.

Gallup, G. G. (1977). Tonic immobility: The role of fear and predation. *The Psychological Record, 27*, 41-61.

Gallup, G. G. (1982). Self-awareness and the emergence of mind in primates. *American Journal of Primatology, 2*, 237-248.

Galton, F (1883). *Inquiries into human faculty and its development*. London: Dent.

Gamow, R. I., & Harris, J. F. (1973). The infrared perceptord of snakes. *Scientific American, 228*, 94-101. 玉置三男・鈴木教世 (訳) (1975). ヘビの赤外線知覚 日高敏隆 (編), 別冊日経サイエンス「特集動物の行動—超能力の秘密—(pp. 56-63). 日本経済新聞社

Ganchrow, D., & Ganchrow, J. R. (1985). Number and distribution of taste buds in the oral cavity of hatchling chicks. *Physiology & Behavior, 34*, 889-894.

Garcia, J., Buchwald, N. A., Feder, B. H., & Koelling, R. A. (1962). Immediate detection of X-rays by the rat. *Nature, 196*, 1014-1015.

Garcia, J., Ervin, F. R. & Koelling, R. A. (1966). Learning with prolonged delay of reinforcement. *Psychonomic Science, 5*, 121-122.

Garcia, J., & Koelling, R. A. (1966). Relation of cue to consequence in avoidance learning. *Psychonomic Science, 4*, 123-124.

Gardner, R. A., & Gardner, B. T. (1969). Teaching sign language to a chimpanzee. *Science, 165*, 664-672.

Gardner, R. A., Gardner, B. T., & Van Cantfort, T. (Eds.) (1989). *Teaching sign language to chimpanzees*. Albany, NY:

State University of New York Press.

Gazzola, V., Aziz-Zadeh, L., & Keysers, C. (2006). Empathy and the somatotopic auditory mirror system in humans. *Current Biology, 16*, 1824–1829.

Geiger, G., & Poggio, T. (1975). The Müller-Lyer figure and the fly. *Science, 190*, 479–480.

Gelman, R. & Gallistel, C. (1978). *The child's understanding of number.* Cambridge, MA: Harvard University Press.

Gellermann, L. W. (1933). Chance orders of alternating stimuli in visual discrimination experiments. *Pedagogical Seminary and Journal of Genetic Psychology, 42*, 206–208.

Gentry, G. V., Overall, J. E., & Brown, W. L. (1959). Transpositional responses of rhesus monkeys to stimulus-objects of intermediate size. *American Journal of Psychology, 72*, 453–455.

Gerritsen, R., Haak, R., & Prins, S. (2013). *K9 behavior basics: A manual for proven success in operational service dog training* (2nd ed.). Edmonton, Canada: Dog Training Press.

Geva-Sagiv, M., Las, L., Yovel, Y., & Ulanovsky, N. (2015). Spatial cognition in bats and rats: From sensory acquisition to multiscale maps and navigation. *Nature Reviews Neuroscience, 16*, 94–108.

Gibson, K. R., Rumbaugh, D., & Beran, M. (2001) Bigger is better: Primate brain size in relationship to cognition. In D. Falk & K. R. Gibson (Eds.) *Evolutionary anatomy of the primate cerebral cortex* (pp. 79–97). Cambridge, MA: Cambridge University Press.

Gilbert-Norton, L. B., Shahan, T. A., & Shivik, J. A. (2009). Coyotes (*Canis latrans*) and the matching law. *Behavioural Processes, 82*, 178–183.

Gill, R. E., Jr., Tibbitts, T. L., Douglas, D. C., Handel, C. M., Mulcahy, D. M., Gottschalck, J. C., ... Piersma, T. (2009). Extreme endurance flights by landbirds crossing the Pacific Ocean: Ecological corridor rather than barrier? *Proceedings of the Royal Society of London B: Biological Sciences, 276*, 447–457.

Gillan, D. J., Premack, D., & Woodruff, G. (1981). Reasoning in the chimpanzee: I. Analogical reasoning. *Journal of Experimental Psychology: Animal Behavior Processes, 7*, 1–17.

Ginsburg, S., & Jablonka, E. (2009). Epigenetic learning in non-neural organisms. *Journal of Biosciences, 34*, 633–646.

Ginsburg, S., & Jablonka, E. (2010). The evolution of associative learning: A factor in the Cambrian explosion. *Journal of Theoretical Biology, 266*, 11–20.

Gisiner, R., & Schusterman, R. J. (1992). Sequence, syntax, and semantics: Responses of a language-trained sea lion (*Zalophus californianus*) to novel sign combinations. *Journal of Comparative Psychology, 106*, 78–91.

Giurfa, M., Zhang, S., Jenett, A., Menzel, R., & Srinivasan, M. V. (2001). The concepts of 'sameness' and 'difference'in an insect. *Nature, 410*, 930–933.

Gleitman, H., Wilson Jr, W. A., Herman, M. M., & Rescorla, R. A. (1963). Massing and within-delay position as factors in delayed-response performance. *Journal of Comparative and Physiological Psychology, 56*, 445–451.

Glickman, S. E., & Sroges, R. W. (1966). Curiosity in zoo animals. *Behaviour, 26*, 151–187.

Glocker, M. L., Langleben, D. D., Ruparel, K., Loughead, J. W., Gur, R. C., & Sachser, N. (2009). Baby schema in infant faces induces cuteness perception and motivation for caretaking in adults. *Ethology, 115*, 257-263.

Goldsmith, T. H. (2006). What birds see. *Scientific American, 295*, 168-175. 川村正二（訳）(2006). 鳥たちが見るあさやかな世界 日経サイエンス10月号 日経サイエンス編集部（編）(2007) 感覚と錯覚のミステリー――五感はなぜだまされる――(pp. 18-26) 日本経済新聞社 ［再録］

Golle, J., Lisibach, S., Mast, F. W., & Lobmaier, J. S. (2013). Sweet puppies and cute babies: perceptual adaptation to baby-facedness transfers across species. *PLoS One, 8*, e58248.

Gonzalez, R. C., Gentry, G. V., & Bitterman, M. E. (1954). Relational discrimination of intermediate size in the chimpanzee. *Journal of Comparative and Physiological Psychology, 47*, 385-388.

González-Gómez, P. L., Bozinovic, F., & Vásquez, R. A. (2011). Elements of episodic-like memory in free-living hummingbirds, energetic consequences. *Animal Behaviour, 81*, 1257-1262.

Goodall, J. (1964). Tool-using and aimed throwing in a community of free-living chimpanzees. *Nature, 201*, 1264-1266.

Goodall, J. (1986). *The chimpanzees of gombe*. Cambridge: Belknap Cambridge. 杉山幸丸・松沢哲郎（監訳）(2017). 野生チンパンジーの世界［新装版］ミネルヴァ書房

Gosling, S. D. (1998). Personality dimensions in spotted hyenas (*Crocuta crocuta*). *Journal of Comparative Psychology, 11*, 107-118.

Gosling, S. D. (2001). From mice to men: What can we learn about personality from animal research? *Psychological Bulletin, 127*, 45-86.

Gosling, S. D. (2008). Personality in non-human animals. *Social and Personality Psychology Compass, 2*, 985-1001.

Gosling, S. D., & John, O. P. (1999). Personality dimensions in nonhuman animals: A cross-species review. *Current Directions in Psychological Science, 8*, 69-75.

Gosling, S. D., Kwan, V. S., & John, O. P. (2003). A dog's got personality: A cross-species comparative approach to personality judgments in dogs and humans. *Journal of Personality and Social Psychology, 85*, 1161-1169.

後藤和宏 (2009). 視覚認知における全体処理と部分処理―比較認知科学からの提言― 心理学研究, *80*, 352-367.

後藤和宏・牛谷智一 (2008). 動物心理学における「比較」論争の整理と展望 動物心理学研究, *58*, 77-85.

Goto, K., & Watanabe, S. (2012). Large-billed crows (*Corvus macrorhynchos*) have retrospective but not prospective metamemory. *Animal Cognition, 15*, 27-35.

Goulet, S., Doré, F. Y., & Rousseau, R. (1994). Object permanence and working memory in cats (*Felis catus*). *Journal of Experimental Psychology: Animal Behavior Processes, 20*, 347-365.

Grahame, F. K. (1973). Habituation and dishabituation of responses innervated by the autonomic nervous system. In H. V. S. Peeke & M. J. Herz (Eds.), *Habituation: Vol. I. Behavioral studies* (pp. 163-218). New York: Academic Press.

Grant, D. S. (1976). Effect of sample presentation time on long-delay matching in the pigeon. *Learning and Motivation, 7*, 580-590.

Grant, D. S. (1981). Stimulus control of information processing in pigeon short-term memory. *Learning and Motivation, 12*, 19–39.

Grant, D. S. (1982). Stimulus control of information processing in rat short-term memory. *Journal of Experimental Psychology: Animal Behavior Processes, 8*, 154–164.

Grant, D. S. (1993). Coding processes in pigeons. In T. R. Zentall (Ed.), *Animal cognition: A tribute to Donald A. Riley* (pp. 193–216). Hillsdale, NJ: Erlbaum.

Grant, D. S., & Spetch, M. L. (1991). Pigeons' memory for event duration: Differences between choice and successive matching tasks. *Learning and Motivation, 22*, 180–199.

Grant, P. R. (1991). Natural selection and Darwin's finches. *Scientific American, 265*, 82–87.

Green, P. L., & Rashotte, M. E. (1984). Demonstration of basic concurrent-schedules effects with dogs: Choice between different amounts of food. *Neuroscience & Biobehavioral Reviews, 8*, 217–224.

Greenberg, G. (2012). Comparative psychology and ethology: A short history. In N. M. Seele (Ed.). *Encyclopedia of the sciences of learning* (pp. 658–661). New York: Springer

Griffin, D. R. (1976). *The question of animal awareness: Evolutionary continuity of mental experience*. New York: Rockefeller University Press. 桑原万寿太郎 (1979). 動物に心があるか―心的体験の進化的連続性― 岩波書店

Griffin, D. R. (1978). Prospects for a cognitive ethology. *Behavioral and Brain Sciences, 4*, 527–538.

Grimes, S. A., Cruickshank, A. D., Rutter, R. J., Cottam, C., Laskey, A. R., & Roads, M. K. (1936). "Injury feigning" by birds. *Auk, 53*, 478–482.

Grosenick, L., Clement, T. S., & Fernald, R. D. (2007). Fish can infer social rank by observation alone. *Nature, 445*, 429–432.

Groves, P. M., & Thompson, R. F. (1970). Habituation: A dual-process theory. *Psychological Review, 77*, 419–450.

Guénet, J-L., & Bonhomme, F. (2004). Origin of the laboratory mouse and related subspecies. In H. Hendrich (Ed.), *The laboratory mouse* (pp. 3–13). London: Elsevier.

Guerrini, A. (2003). *Experimenting with humans and animals: From Galen to animal rights*. Baltimore, MD: Johns Hopkins University Press.

Guez, D., & Audley, C. (2013). Transitive or not: A critical appraisal of transitive inference in animals. *Ethology, 119*, 703–726.

Guilford, T., & Taylor, G. K. (2014). The sun compass revisited. *Animal Behaviour, 97*, 135–143.

Gunn, D. L. (1937). The humidity reactions of the wood-louse, *Porcellio scaber* (Latreille). *Journal of Experimental Biology, 14*, 178–186.

Güven, S. C., & Laska, M. (2012). Olfactory sensitivity and odor structure-activity relationships for aliphatic carboxylic acids in CD-1 mice. *PLoS One, 7*, e34301.

Guzmán, Y. F., Tronson, N. C., Guedea, A., Huh, K. H., Gao, C., & Radulovic, J. (2009). Social modeling of conditioned fear in mice by non-fearful conspecifics. *Behavioural Brain Research, 201*, 173–178.

Hachiga, Y., Schwartz, L. P., Silberberg, A., Kearns, D. N., Gomez, M., & Slotnick, B. (2018). Does a rat free a trapped rat due to empathy or for sociality? *Jour-*

nal of the Experimental Analysis of Behavior, 110, 267–274.
Haeckel E (1874). Anthropogenie oder Entwickelungsgeschichte des Menschen. Leipzig: Engelmann.
Hall, G. (1996). Learning about associatively activated stimulus representations: Implications for acquired equivalence and perceptual learning. Animal Learning & Behavior, 24, 233–255.
Hamilton, T. J., Myggland, A., Duperreault, E., May, Z., Gallup, J., Powell, R. A., ... & Digweed, S. M. (2016). Episodic-like memory in zebrafish. Animal Cognition, 19, 1071–1079.
Hampton, R. R. (2001). Rhesus monkeys know when they remember. Proceedings of the National Academy of Sciences, 98, 5359–5362.
Hampton, R. R., Hampstead, B. M., & Murray, E. A. (2005). Rhesus monkeys (Macaca mulatta) demonstrate robust memory for what and where, but not when, in an open-field test of memory. Learning and motivation, 36, 245–259.
Hanken, J., & Sherman, P. W. (1981). Multiple paternity in Belding's ground squirrel litters. Science, 212, 351–353.
Hannum, R. D., Rosellini, R. A., & Seligman, M. E. (1976). Learned helplessness in the rat: Retention and immunization. Developmental Psychology, 12, 449–454.
Hanson, H. M. (1959). Effects of discrimination training on stimulus generalization. Journal of Experimental Psychology, 58, 321–334.
Harada, Y. (2002). Experimental analysis of behavior of homing pigeons as a result of functional disorders of their lagena. Acta oto-laryngologica, 122, 132–137.
Haralson, J. V., Groff, C. I., & Haralson, S. J. (1975). Classical conditioning in the sea anemone, Cribrina xanthogrammica. Physiology & Behavior, 15, 455–460.
Hare, B., Brown, M., Williamson, C., & Tomasello, M. (2002). The domestication of social cognition in dogs. Science, 298, 1634–1636.
Hare, B., Call, J., & Tomasello, M. (1998). Communication of food location between human and dog (Canis familiaris). Evolution of Communication, 2, 137–159.
Hare, B., Call, J., & Tomasello, M. (2001). Do chimpanzees know what conspecifics know? Animal Behaviour, 61, 771–785.
Hare, B., Call, J., & Tomasello, M. (2006). Chimpanzees deceive a human competitor by hiding. Cognition, 101, 495–514.
Hare, B., & Tomasello, M. (2005). Human-like social skills in dogs? Trends in Cognitive Science, 9, 39–444.
Harlow, H. F. (1949). The formation of learning sets. Psychological Review, 56, 51–65.
Harlow, H. (1959). Love in infant monkeys. Scientific American, 200, 68–74.「子ザルの愛情」サイエンティフィックアメリカン（編）・太田次郎（監訳）(1971).子ザルの愛情―動物の行動をさぐる―（pp.5-23）日本経済新聞社
Harlow, H. F., Uehling, H., & Maslow, A. H. (1932). Comparative behavior of primates. I. Delayed reaction tests on primates from the lemur to the orang-outan. Journal of Comparative Psychology, 13, 313–343.
Harmening, W. M., Nikolay, P., Orlowski, J., & Wagner, H. (2009). Spatial contrast sensitivity and grating acuity of barn owls. Journal of Vision, 9 (7):13, 1–12.

Harr, A. L., Gilbert, V. R., & Phillips, K. A. (2009). Do dogs (*Canis familiaris*) show contagious yawning? *Animal Cognition, 12*, 833–837.

Harvey, P. H., & Pagel, M. D. (1988). The allometric approach to species differences in brain size. *Human Evolution, 3*, 461–472.

長谷川眞理子（1992）．霊長類の子殺しをめぐる諸問題 伊藤嘉昭（編），動物社会における共同と攻撃（pp. 185–222）．東海大学出版会

鳩貝太郎・中川美穂子（編）（2003）．学校飼育動物と生命尊重の指導 教育開発研究所

Hauser, M. D. (1997). Artifactual kinds and functional design features: What a primate understands without language. *Cognition, 64*, 285–308.

Hauser, M. D. (2000). *Wild minds: What animals really think.* New York: Holt.

Hauser, M. D., & Carey, S. (2003). Spontaneous representations of small numbers of objects by rhesus macaques: Examinations of content and format. *Cognitive Psychology, 47*, 367–401.

Hauser, M. D., Kralik, J., Botto-Mahan, C., Garrett, M., & Oser, J. (1995). Self-recognition in primates: Phylogeny and the salience of species-typical features. *Proceedings of the National Academy of Sciences, 92*, 10811–10814.

Hauser, M. D., MacNeilage, P., & Ware, M. (1996). Numerical representations in primates. *Proceedings of the National Academy of Sciences, 93*, 1514–1517.

Hauser, M. D., Miller, C. T., Liu, K., & Gupta, R. (2001). Cotton-top tamarins (*Saguinus oedipus*) fail to show mirror-guided self-exploration. *American Journal of Primatology, 53*, 131–137.

Hawkins, R. D., & Kandel, E. R. (1984). Is there a cell-biological alphabet for simple forms of learning? *Psychological Review, 91*, 375–391.

Hayes, C. (1951). *The ape in our house.* New York: Harper. 林寿郎（訳）（1953）．密林から来た養女―チンパンジーを育てる― 法政大学出版局

Healy, K., McNally, L., Ruxton, G. D., Cooper, N., & Jackson, A. L. (2013). Metabolic rate and body size are linked with perception of temporal information. *Animal Behaviour, 86*, 685–696.

Healy, S. D., & Krebs, J. R. (1992). Food storing and the hippocampus in Corvids amount and volume are correlated. *Proceedings of the Royal Society of London B: Biological Sciences, 248*, 241–245.

Hediger, H. (1942). *Wildtiere in Gefangenschaft.* Basel: Benno Schwabe. 今泉吉晴・今泉みね子（訳）（1983）．文明に囚われた動物たち―動物園のエソロジー 思索社

Hediger, H. (1969). *Man and animal in the zoo* (G. Vevers & W. Reade, Trans). London: Routledge & Kegan Paul.

Heffner, H. E., & Heffner, R. S. (1998). Hearing. In G. Greenberg & M. M. Haraway (Eds.), *Comparative psychology: A handbook* (pp. 290–303). New York: Garland.

Heffner, H. E., & Heffner, R. S. (2007). Hearing ranges of laboratory animals. *Journal of the American Association for Laboratory Animal* Science, 46, 20–22.

Heffner, R. S. (2004). Primate hearing from a mammalian perspective. *Anatomical Record, 281A*, 1111–1122.

Heffner, R., & Heffner, H. (1980). Hearing in the elephant (*Elephas maximus*). *Science, 208*, 518–520.

Heldmaier, G., & Steinlechner, S. (1981). Seasonal control of energy requirements for thermoregulation in the Djungarian hamster (*Phodopus sungorus*), living in natural photoperiod. *Journal of Comparative Physiology, 142,* 429–437.

Henderson, J., Hurly, T. A., & Healy, S. D. (2006). Spatial relational learning in rufous hummingbirds (*Selasphorus rufus*). *Animal Cognition, 9,* 201–205.

Hennessy, M. B., Kaiser, S., & Sachser, N. (2009). Social buffering of the stress response: Diversity, mechanisms, and functions. *Frontiers in Neuroendocrinology, 30,* 470–482.

Henton, W. W. (1969). Conditioned suppression to odorous stimuli in pigeons. *Journal of the Experimental Analysis of Behavior, 12,* 175–185.

Herman, L. M., & Gordon, J. A. (1974). Auditory delayed matching in the bottlenose dolphin. *Journal of the Experimental Analysis of Behavior, 21,* 19–26.

Herman, L. M., Hovancik, J. R., Gory, J. D., & Bradshaw, G. L. (1989). Generalization of visual matching by a bottlenosed dolphin (*Tursiops truncatus*): Evidence for invariance of cognitive performance with visual and auditory materials. *Journal of Experimental Psychology: Animal Behavior Processes, 15,* 124–136.

Herman, L. M., Kuczaj, S. A., & Holder, M. D. (1993). Responses to anomalous gestural sequences by a language-trained dolphin: Evidence for processing of semantic relations and syntactic information. *Journal of Experimental Psychology: General, 122,* 184–192.

Herman, L. M., Matus, D. S., Herman, E. Y., Ivancic, M., & Pack, A. A. (2001). The bottlenosed dolphin's (*Tursiops truncatus*) understanding of gestures as symbolic representations of its body parts. *Animal Learning & Behavior, 29,* 250–264.

Herman, L. M., Richards, D. G. & Wolz, J. P. (1984). Comprehension of sentences by bottlenosed dolphins. *Cognition, 16,* 129–219.

Herrnstein, R. J. (1961). Relative and absolute strength of response as a function of frequency of reinforcement. *Journal of the Experimental Analysis of Behavior, 4,* 267–272.

Herrnstein, R. J. (1979). Acquisition, generalization, and discrimination reversal of a natural concept. *Journal of Experimental Psychology: Animal Behavior Processes, 5,* 116–129.

Herrnstein, R. J., & de Villiers, P. A. (1980). Fish as a natural category for people and pigeons. In. G. H. Bower (Ed.), *The psychology of learning and motivation* (Vol., 14, pp. 59–95). New York: Academic Press.

Herrnstein, R. J., & Loveland, D. H. (1964). Complex visual concept in the pigeon. *Science, 146,* 549–551.

Herrnstein, R. J., Loveland, D. H., & Cable, C. (1976). Natural concepts in pigeons. *Journal of Experimental Psychology: Animal Behavior Processes, 2,* 285–292.

Herzog, H. L., Grant, D. S., & Roberts, W. A. (1977). Effects of sample duration and spaced repetition upon delayed matching-to-sample in monkeys (*Macaca arctoides* and *Saimiri sciureus*). *Animal Learning & Behavior, 5,* 347–354.

Hess, E.H. (1958). Imprinting in animals. *Scientific American, 198,* 81–90. ガチョウの原体験　サイエンティフィックアメリカン（編）・太田次郎（監訳）子ザルの愛情—動物の行動をさぐる—（pp. 25-39）日本経済新聞社

Hess, E. H. (1973). *Imprinting: Early experience and the developmental psychobiology of attachment.* New York: D. Van Nostrand.

Heyes, C. (2010). Where do mirror neurons come from? *Neuroscience & Biobehavioral Reviews, 34,* 575-583.

Heyes, C. M., & Dawson, G. R. (1990). A demonstration of observational learning in rats using a bidirectional control. *Quarterly Journal of Experimental Psychology, 42B,* 59-71.

Heyes, C. M., Dawson, G. R. & Nokes, T. (1992). Imitation in rats: Initial responding and transfer evidence. *Quarterly Journal of Experimental Psychology, 45B,* 229-240.

Heyes, C. M., Jaldow, E. & Dawson, G. R. (1994). Imitation in rats: Conditions of occurrence in a bidirectional control procedure. *Learning and Motivation, 25,* 276-287.

Hienz, R. D., Sachs, M. B., & Sinnott, J. M. (1981). Discrimination of steady-state vowels by blackbirds and pigeons. *Journal of the Acoustical Society of America, 70,* 699-706.

Hill, A., Collier-Baker, E., & Suddendorf, T. (2011). Inferential reasoning by exclusion in great apes, lesser apes, and spider monkeys. *Journal of Comparative Psychology, 125,* 91-103.

Hill, K. G., & Boyan, G. S. (1976). Directional hearing in crickets. *Nature, 262,* 390-391.

Hille, P., Dehnhardt, G., & Mauck, B. (2006). An analysis of visual oddity concept learning in a California sea lion (*Zalophus californianus*). *Learning & Behavior, 34,* 144-153.

Himstedt, W. (1967). Experimentelle Analyse der optischen Sinnesleistungen im Beutefangverhalten der einheimischen Urodelen. *Zoologische Jahrbücher (Physiologie), 73,* 281-320.

Hinde, R. A., & Fisher, J. (1951). Further observations on the opening of milk bottles by birds. *British Birds, 44,* 393-396.

Hinde, R. A., & Stevenson-Hinde, J. (Eds.) (1973). *Constraints on learning: Limitations and predispositions.* London: Academic Press.

Hines, L. M. (2003). Historical perspectives on the human-animal bond. *American Behavioral Scientist, 47,* 7-15.

Hiramatsu, C., Melin, A. D., Allen, W. L., Dubuc, C., & Higham, J. P. (2017). Experimental evidence that primate trichromacy is well suited for detecting primate social colour signals. *Proceedings of the Royal Society of London B: Biological Sciences,* 20162458.

Hirata, S., & Fuwa, K. (2007). Chimpanzees (*Pan troglodytes*) learn to act with other individuals in a cooperative task. *Primates, 48,* 13-21.

Hirata, S., & Matsuzawa, T. (2001). Tactics to obtain a hidden food item in chimpanzee pairs (*Pan troglodytes*). *Animal Cognition, 4,* 285-295.

Hirata, S., Watanabe, K., & Masao, K. (2008). "Sweet-potato washing" revisited. In T. Matsuzawa (Ed.), *Primate origins of human cognition and behavior* (pp. 487-508). Tokyo: Springer.

平芳幸子・中島定彦 (2009). 性格表現語を用いたイヌの性格特性構造の分析 動物心理学研究, *59,* 57-75.

弘中満太郎・針山孝彦 (2014). 昆虫が光に集まる多様なメカニズム 日本応用動物昆虫学会誌, *58,* 93-109.

Hishimura, Y. (2015). Interactions with conspecific attenuate conditioned taste aversions in mice. *Behavioural Pro-*

cesses, *111*, 34-36.

Hiyama, Y., Taniuchi, T., Suyama, K., Ishioka, K., Sato, R., Kajihara, T., & Maiwa, T. (1967). A preliminary experiment on the return of tagged chum salmon to the Otsuchi River, Japan. *Bulletin of the Japanese Society of Scientific Fisheries*, *33*, 18-19.

Hobhouse, L. T. (1901). *Mind in evolution*. London: Macmillan.

Hockett, C. (1969). The problem of universals in language. In J. Greenberg (Ed.), *Universals of language* (pp. 1-29). Cambridge, MA: MIT Press.

Hodos, W., & Campbell, C. B. G. (1969). Scala naturae: Why there is no theory in comparative psychology. *Psychological Review*, *76*, 337-350.

Hogue, M. E., Beaugrand, J. P., & Laguë, P. C. (1996). Coherent use of information by hens observing their former dominant defeating or being defeated by a stranger. *Behavioural Processes*, *38*, 241-252.

Hollis, K. L. (2017). Ants and antlions: The impact of ecology, coevolution and learning on an insect predator-prey relationship. *Behavioural Processes*, *139*, 4-11.

Holmes, S. J. (1911). *The evolution of animal intelligence*. New York: Holt 増田惟茂 (訳) (1914). 動物心理学 (智能の進化) 不老閣書房

Honig, W. K. (1965). Discrimination, generalization, and transfer on the basis of stimulus differences.In D. I. Mostofsky (Ed.), *Stimulus generalization* (pp. 218-254). Stanford: Stanford University Press.

Honig, W. K. (1978). Studies of working memory in the pigeon. In S. Hulse, H. Fowler, & W. K. Honig (Eds.), *Cognitive processes in animal behavior* (pp. 211-248). Hillsdale, NJ: Erlbaum.

Honig, W. K. (1981). Working memory and the temporal map. In N. E. Spear & R. R. Miller (Eds.), *Information processing in animals: Memory mechanisms* (pp. 167-197). Hillsdale, NJ: Erlbaum.

Honig, W. K., & James, P. H. R. (Eds.). (1971). *Animal memory*. New York: Academic Press.

Honig, W. K., & Thompson, R. K. R. (1982). Retrospective and prospective processing in animal working memory. In G. H. Bower, (Ed.), *The psychology of learning and motivation* (Vol. 16, pp. 239-283). New York: Academic Press.

Horner, V., & Whiten, A. (2005). Causal knowledge and imitation/emulation switching in chimpanzees (*Pan troglodytes*) and children (*Homo sapiens*). *Animal Cognition*, *8*, 164-181.

Horowitz, K. A., Lewis, D. C., & Gasteiger, E. L. (1975). Plant "primary perception": Electrophysiological unresponsiveness to brine shrimp killing. *Science*, *189*, 478-480.

Hosey, G. R. (1997). Behavioural research in zoos: Academic perspectives. *Applied Animal Behaviour Science*, *51*, 199-207.

Hotta, T., Jordan, L. A., Takeyama, T., & Kohda, M. (2015). Order effects in transitive inference: Does the presentation order of social information affect transitive inference in social animals? *Frontiers in Ecology and Evolution*, *3*, 59.

Howard, S. R., Avarguès-Weber, A., Garcia, J. E., Stuart-Fox, D., Dyer, A. G. (2017). Perception of contextual size illusions by honeybees in restricted and unrestricted viewing conditions. *Proceedings of the Royal Society B*, *284*, 20172278.

Howard, S. R., Avarguès-Weber, A., Garcia, J. E., Greentree, A. D., & Dyer, A. G. (2018). Numerical ordering of zero in honey bees. *Science, 360*, 1124-1126.

Hughes, R. N. (2008). An intra-species demonstration of the independence of distance and time in turn alternation of the terrestrial isopod, *Porcellio scaber*. *Behavioural Processes, 78*, 38-43.

Hull, C. L. (1943). *Principles of behavior: An introduction to behavior theory*. New York: Appleton. 能見義博・岡本栄一 (1960). 行動の原理　誠信書房

Hull, C. L. (1952). *A behavior system: An introduction to behavior theory concerning the individual organism*. New Haven, CT: Yale University Press. 能見義博・岡本栄一 (1971). 行動の体系　誠信書房

Hulse, S. H., & Dorsky, N. P. (1977). Structural complexity as a determinant of serial pattern learning. *Learning and Motivation, 8*, 488-506.

Hulse, S. H., Fowler, H. & Honig, W. K. (Eds.) (1978). *Cognitive processes in animal behavior*. Hillsdale, NJ: Erlbaum.

Humphrey N. K (1976). The social function of intellect. In P. Bateson & R. Hinde (Eds.), *Growing points in ethology* (pp. 303-317). Cambridge: Cambridge University Press.

Humphrey, N. (1977). Review of Griffin 1976. *Animal Behaviour, 25*, 521-522.

Hunter. W. S. (1913). The delayed reaction in animals and children. *Behavior Monographs, 2* (Whole No. 1).

Iacoboni, M., Woods, R. P., Brass, M., Bekkering, H., Mazziotta, J. C., & Rizzolatti, G. (1999). Cortical mechanisms of human imitation. *Science, 286*, 2526-2528.

IAHAIO (2014). *The IAHAIO definitions for animal assisted interventions and guidelines for wellness of animals involved:White Paper*. http://iahaio.org/wp/wp-content/uploads/2017/05/iahaio-white-paper-final-nov-24-2014.pdf

i de Lanuza, G. P., & Font, E. (2014). Ultraviolet vision in lacertid lizards: Evidence from retinal structure, eye transmittance, SWS1 visual pigment genes and behaviour. *Journal of Experimental Biology, 217*, 2899-2909.

Ikeshoji, T. (1981). Acoustic attraction of male mosquitos in a cage. 衛生動物, *32*, 7-15.

Ioannou, C. C. (2017). Swarm intelligence in fish? The difficulty in demonstrating distributed and self-organised collective intelligence in (some) animal groups. *Behavioural Processes, 141*, 141-151.

Imada, H., & Imada, S. (1983). Thorndike's (1898) puzzle-box experiments revisited. *Kwansei Gakuin University Annual Studies, 32*, 167-184.

今田恵 (1962). 心理学史 岩波書店

今福道雄 (2002). 捕食行動の型　石原勝敏・金井龍二・河野重行・能村哲郎 (編), 生物学データ大百科事典［下］ (pp. 2385-2386) 朝倉書店

井上徳子 (1994). チンパンジー幼児における自己鏡映像認知—縦断的研究と横断的研究— 発達心理学研究, *5*, 51-60.

Inoue, S., & Matsuzawa, T. (2007). Working memory of numerals in chimpanzees. *Current Biology, 17*, R1004-R1005.

Inoue, S., & Matsuzawa, T. (2009). Acquisition and memory of sequence order in young and adult chimpanzees (*Pan troglodytes*). *Animal Cognition, 12*, 59-69.

Inman, A., & Shettleworth, S. J. (1999). Detecting metamemory in nonverbal subjects: A test with pigeons. *Journal of Experi-*

mental Psychology: Animal Behavior Processes, 25, 389-395.

Innis, N. K.（1992）. Tolman and Tryon: Early research on the inheritance of the ability to learn. *American Psychologist, 47*, 190-197.

Innis, N. K.（2000）. The International Society for Comparative Psychology: The first 15 years. *International Journal of Comparative Psychology, 13*, 53-68..

Insel, T. R., & Winslow, J. T.（1991）. Central administration of oxytocin modulates the infant rats response to social isolation. *European Journal of Pharmacology, 203*, 149-152.

Itakura, S.（1987）. Use of a mirror to direct their responses in Japanese monkeys (*Macaca fuscata fuscata*). *Primates, 28*, 343-352.

伊藤晃（2010）．ウシ（乳牛）．正田陽一（編），品種改良の世界史―家畜篇―（pp. 105-200） 悠書館

伊藤正春（1973）．動物はなぜ集まるか―人間社会を見直すために― 講談社

伊藤嘉昭（2002）．動物における真社会性および昆虫の亜社会性 石原勝敏・金井龍二・河野重行・能村哲郎（編），生物学データ大百科事典［下］（pp. 2442-2445）朝倉書店

伊藤嘉昭・浦野栄一郎（2002）．動物の繁殖年齢、それまでの生存率およびその後の期待余命 石原勝敏・金井龍二・河野重行・能村哲郎（編），生物学データ大百科事典［下］（pp. 2410-2412）朝倉書店

伊藤嘉昭・浦野栄一郎・斎藤隆・栗田博之・杉山幸丸（2002）．子殺し 石原勝敏・金井龍二・河野重行・能村哲郎（編），生物学データ大百科事典［下］（pp. 2456-2461）朝倉書店

IUCN（2018）. *Numbers of threatened species by major groups of organisms (1996—2018)*. International Union for Conservation of Nature and Natural Resources. Retrieved October 3, 2018, fromhttp://cmsdocs.s3.amazonaws.com/summarystats/2018-1_Summary_Stats_Page_Documents/2018_1_RL_Stats_Table_1.pdf

岩堀修明（2011）．図解・感覚器の進化―原始動物からヒトへ、水中から陸上へ― 講談社

伊沢紘生（1982）．ニホンザルの生態―豪雪の白山に野生を問う― どうぶつ社

Jackson, T. A.（1942）. Use of the stick as a tool by young chimpanzees. *Journal of Comparative Psychology, 34*, 223-235.

Jackson, W. J., & Pegram, G. V.（1970a）. Acquisition, transfer, and retention of matching by rhesus monkeys. *Psychological Reports, 27*, 839-846.

Jackson, W. J., & Pegram, G. V.（1970b）. Comparison of intra- vs. extradimensional transfer of matching by rhesus monkeys. *Psychonomic Science, 19*, 162-163.

Jacobs, G. H.（1992）. Ultraviolet vision in vertebrates. *American Zoologist, 32*, 544-554.

Jacobs, G. H.（2009）. Evolution of colour vision in mammals. *Philosophical Transactions of the Royal Society B: Biological Sciences, 364*, 2957-2967.

Jacobs, G. H., Fenwick, J. A., & Williams, G. A.（2001）. Cone-based vision of rats for ultraviolet and visible lights. *Journal of Experimental Biology, 204*, 2439-2446.

Jacobs, I. F., & Osvath, M.（2015）. The string-pulling paradigm in comparative psychology. *Journal of Comparative Psychology, 129*, 89-120.

James, W.（1890）. *The principles of psychology* (2 vols.). New York: Holt.

Jaynes, J.（1969）. The historical origins of

'ethology' and 'comparative psychology'. *Animal Behaviour, 17*, 601-606.

Jeffrey, B. G., McGill, T. J., Haley, T. L., Morgans, C. W., & Duvoisin, R. M. (2011). Anatomical, physiological, and behavioral analysis of rodent vision. In J. Raber (Ed.), *Animal models of behavioral analysis* (pp. 29-54). London : Humana Press (Springer).

Jelbert, S. A., Taylor, A. H., Cheke, L. G., Clayton, N. S., & Gray, R. D. (2014). Using the Aesop's Fable paradigm to investigate causal understanding of water displacement by New Caledonian crows. *PLoS One, 9*, e92895.

Jelbert, S. A., Taylor, A. H., & Gray, R. D. (2015). Reasoning by exclusion in New Caledonian crows (*Corvus moneduloides*) cannot be explained by avoidance of empty containers. *Journal of Comparative Psychology, 129*, 283-290.

Jerison, H. J. (1969). Brain evolution and dinosaur brains. *American Naturalist, 103*, 575-588.

Jerison, H. J. (1973). *Evolution of the brain and intelligence.* New York: Academic Press

Jiang, P., Josue, J., Li, X., Glaser, D., Li, W., Brand, J. G., ... Beauchamp, G. K. (2012). Major taste loss in carnivorous mammals. *Proceedings of the National Academy of Sciences, 109*, 4956-4961.

実森正子 (1978). 最近の動物心理物理学 (Animal Psychophysics) 的研究―視覚研究を中心として― 心理学研究, *48*, 348-365.

Jolly, A. (1966). Lemur social behavior and primate intelligence. *Science, 153*, 501-506.

Joly-Mascheroni, R. M., Senju, A., & Shepherd, A. J. (2008). Dogs catch human yawns. *Biology Letters, 4*, 446-448.

Jones, A. C., & Gosling, S. D. (2005). Temperament and personality in dogs (*Canis familiaris*): A review and evaluation of past research. *Applied Animal Behaviour Science, 95*, 1-53.

Jones, R. B. (1986). The tonic immobility reaction of the domestic fowl: A review. *World's Poultry Science Journal, 42*, 82-96.

Jozefowiez, J. (2014). The many faces of Pavlovian conditioning. *International Journal of Comparative Psychology, 27*, 526-536.

Jozet-Alves, C., Bertin, M., & Clayton, N. S. (2013). Evidence of episodic-like memory in cuttlefish. *Current Biology, 23*, R1033-R1035.

Kabadayi, C., Bobrowicz, K., & Osvath, M. (2017). The detour paradigm in animal cognition. *Animal Cognition,* 21, 1-15.

貝瀬宏 (1969). 犬の匂条件反射による嗅覚の研究 北関東医学, *19*, 396-408.

鎌田柳泓 (1822). 心学―奥の栈―

Kamin, L. J. (1968). "Attention-like" processes in classical conditioning. In M. R. Jones (Ed.), *Miami symposium on the prediction of behavior: Aversive stimulation* (pp. 9-31). Coral Gables, FL: University of Miami Press.

Kaminski, J., Call, J., & Fischer, J. (2004). Word learning in a domestic dog: Evidence for "fast mapping." *Science, 304*, 1682-1683.

Kaminski, J., Call, J., & Tomasello, M. (2008). Chimpanzees know what others know, but not what they believe. *Cognition, 109*, 224-234.

Kaplan, P. S., Hearst, E. (1982). Bridging temporal gaps between the CS and US in autoshaping: Insertion of other stimuli before, during, and after CS. *Journal of*

Experimental Psychology: Animal Behavior Processes, 8, 187-203.

Karlson, P., & Lüscher M. (1959). 'Pheromones': A new term for a class of biologically active substances. *Nature, 183,* 55-56.

Kart-Teke, E., Silva, M. A. D. S., Huston, J. P., & Dere, E. (2006). Wistar rats show episodic-like memory for unique experiences. *Neurobiology of Learning and Memory, 85,* 173-182.

Kastak, D., & Schusterman, R. J. (1994). Transfer of visual identity matching-to-sample in two California sea lions (*Zalophus californianus*). *Animal Learning & Behavior, 22,* 427-435.

Kastak, C. R., & Schusterman, R. J. (2002). Sea lions and equivalence: Expanding classes by exclusion. *Journal of the Experimental Analysis of Behavior, 78,* 449-465.

Katz, J. S., & Wright, A. A. (2006). Same/different abstract-concept learning by pigeons. *Journal of Experimental Psychology: Animal Behavior Processes, 32,* 80-86.

河原純一郎・横澤一彦(2015). 注意―選択と統合― 勁草書房

Kawai, M. (1965). Newly-acquired pre-cultural behavior of the natural troop of Japanese monkeys on Koshima Islet. *Primates, 6,* 1-30.

川合伸幸(2000). 日本動物心理学会の動向：この10年間の大会発表からわかること 動物心理学研究, *50,* 195-197.

Kawai, N., Kubo, K., Masataka, N., & Hayakawa, S. (2016). Conserved evolutionary history for quick detection of threatening faces. *Animal Cognition, 19,* 655-660.

Kawai, N. & Matsuzawa, T. (2000). Numerical memory span in a chimpanzee. *Nature, 403,* 39-40.

川合隆嗣(2011). 無脊椎動物における交替性転向反応研究の展開と問題点について 動物心理学研究, *61,* 83-93.

川村軍司(2010). 魚との知恵比べ―魚の感覚と行動の科学―(3訂版) 成山堂書店

川村軍司(2011). 魚の行動習性を利用する釣り入門―科学が明かした「水面下の生態」のすべて― 講談社

川村俊蔵(1954). ニホンザルの食餌行動にあらわれた新しい行動型 生物進化, *2,* 11-13

川村多実二(1974). 鳥の歌の科学(改訂新版) 中央公論社

Keating, S. C., Thomas, A. A., Flecknell, P. A., & Leach, M. C. (2012). Evaluation of EMLA cream for preventing pain during tattooing of rabbits: Changes in physiological, behavioural and facial expression responses. *PLoS One, 7,* e44437.

Keeler, C. E. (1931). *The laboratory mouse: Its origin, heredity, and culture.* Boston, MA: Harvard University Press.

Kellogg, W. N., & Kellogg, L. A. (1933). *The ape and the child: A study of environmental influence upon early behavior.* Oxford, UK: Whittlesey House.

Kendrick, D. F., Rilling, M., & Stonebraker, T. B. (1981). Stimulus control of delayed matching in pigeons: Directed forgetting. *Journal of the Experimental Analysis of Behavior, 36,* 241-251.

Kennedy, J. S. (1937). The humidity reactions of the African migratory locust, *Locusta migratoria migratorioides* R. & F., gregarious phase. *Journal of Experimental Biology, 14,* 187-197.

Kesner, R. (2017). Parallel processing of spatial and temporal information in rodents and humans: Roles of the hippocampus. In J. Call (Eds.), *APA handbook of comparative psychology* (Vol.1., pp. 517-538). Washington, DC: American Psychological Association.

Kick, S. A. (1982). Target-detection by the echolocating bat, *Eptesicus fuscus*. *Journal of Comparative Physiology, 145*, 431-435.

菊水健史 (2012). ヒトとイヌを絆ぐ―行動からみた2者の関係― 動物心理学研究, *62*, 101-110.

菊水健史 (2018). 群れの機能と「安心」の神経内分泌学 動物心理学研究, *68*, 67-75.

Kikusui, T., Winslow, J. T., & Mori, Y. (2006). Social buffering: Relief from stress and anxiety. *Philosophical Transactions of the Royal Society of London B: Biological Sciences, 361*, 2215-2228.

Kilian, A., Yaman, S., von Fersen, L., & Güntürkün, O. (2003). A bottlenose dolphin discriminates visual stimuli differing in numerosity. *Animal Learning & Behavior, 31*, 133-142.

Kiley-Worthington, M. (1976). The tail movements of ungulates, canids and felids with particular reference to their causation and function as displays. *Behaviour, 56*, 69-114.

木村誠・石坂憲寿・谷内通 (2009). 同時連鎖法を用いた系列学習研究の動向 人間社会環境研究（金沢大学）, *17*, 51-67.

Kiriazis, J., & Slobodchikoff, C. N. (2006). Perceptual specificity in the alarm calls of Gunnison's prairie dogs. *Behavioural Processes, 73*, 29-35.

Kirschfeld, K. (1976). The resolution of lens and compound eyes. In F. Zetter & R. Weiler (Eds.), *Neural principles of vision* (pp. 354-69). Berlin: Springer.

Kirschvink, J. L. (1982). Birds, bees and magnetism: A new look at the old problem of magnetoreception. *Trends in Neurosciences, 5*, 160-167.

Kish, G. B. (1955). Learning when the onset of illumination is used as the reinforcing stimulus. *Journal of Comparative and Physiological Psychology, 48*, 261-264.

Kitamura, S., Hida, A., Enomoto, M., Watanabe, M., Katayose, Y., Nozaki, K., ... Mishima, K. (2013). Intrinsic circadian period of sighted patients with circadian rhythm sleep disorder, free-running type. *Biological Psychiatry, 73*, 63-69.

Kiyohara, S., Yamashita, S., & Kitoh, J. (1980). Distribution of taste buds on the lips and inside the mouth in the minnow, *Pseudorasbora parva*. *Physiology & Behavior, 24*, 1143-1147.

Kiyokawa, Y., Hiroshima, S., Takeuchi, Y., & Mori, Y. (2014). Social buffering reduces male rats' behavioral and corticosterone responses to a conditioned stimulus. *Hormones and Behavior, 65*, 114-118.

Kmetz, J. M. (1977). A study of primary perception in plants and animal life. *Journal of the American Society for Psychical Research, 71*, 157-170.

Knudsen, E. I. (1981). The hearing of the barn owl. *Scientific American, 245*, 112-125. 青木清（訳）(1982). フクロウの鋭い聴覚 日経サイエンス, 2月号, 58-69.

Kobayashi, H., & Hashiya, K. (2011). The gaze that grooms: Contribution of social factors to the evolution of primate eye morphology. *Evolution and Human Behavior, 32*, 157-165.

児玉典子 (1996). マウスの父親の養育メカニズム 動物心理学研究, *45*, 87-93.

Koehler, O. (1941). Vom erlernen unbenannter

anzahlen bei vögeln. *Naturwissenschaften, 29*, 201-218.

Koehler, O.（1943）. „Zahl"-Versuche an einem Kolkraben und Vergleichsversuchean Menschen. *Zeitschrift für Tierpsychologie, 5*, 575-712

Koehler, O.（1950）. The ability of birds to "count." *Bulletin of Animal Behaviour*, 9, 41-45.

Kohda M, Hotta T, Takeyama T, Awata S, Tanaka H, Asai J., & Jordan, A.L.（2019）. If a fish can pass the mark test, what are the implications for consciousness and self-awareness testing in animals? *PLoS Biology, 17*（2）: e3000021.

Köhler, W.（1917）. *Intelligenzprüfungen an Menschenaffen.* Berlin: Springer. 宮孝一（訳）（1962）. 類人猿の知恵試験 岩波書店

Köhler, W.（1918）. Nachweis einfacher Strukturfunktionen beim Schimpansen und beim Haushuhn. *Abhandlungen der Königlich Preussischen Akademie der Wissenschaften, physikalisch-mathematische Klasse, 2*, 1-101.

Köhler, W.（1921）. Zur Psychologie des Schimpansen. *Psychologische Forschung, 1*, 2-46. 下記書に付録として和訳あり：宮孝一（訳）（1962）. 類人猿の知恵試験 岩波書店

国立天文台（編）（2017）. 理科年表—（第91冊）— 丸善

国立天文台（編）（2018）. 理科年表—（第92冊）— 丸善

Kojima, S., Stewart, R. A., Demas, G. E., & Alberts, J. R.（2012）. Maternal contact differentially modulates central and peripheral oxytocin in rat pups during a brief regime of mother-pup interaction that induces a filial huddling preference. *Journal of Neuroendocrinology, 24*, 831-840.

Kojima, T.（1982）. Discriminative stimulus context in matching-to-sample of Japanese monkeys: A firther examination. *Japanese Psychological Research, 24*, 155-160.

Komada, N.（1993）. Distribution of taste buds in the oropharyngeal cavity of fry and fingerling amago salmon, Oncorhynchus rhdurus. 魚類学雑誌, *40*, 110-116.

小西正一（1993）. メンフクロウの両耳による聴覚情報処理 日経サイエンス, *23*（6）, 90-99. 日経サイエンス編集部（編）（2007）感覚と錯覚のミステリー—五感はなぜだまされる—（pp. 118-127） 日本経済新聞社［改訂再掲］

今野晃嗣・長谷川壽一・村山美穂（2014）. 動物パーソナリティ心理学と行動シンドローム研究における動物の性格概念の統合的理解 動物心理学研究, *64*, 19-35.

Konorski, J.（1959）. A new method of physiological investigation of recent memory in animals. *Bulletin de L'Académie Polonaise des Sciences, 7*, 115-117.

Konorski, J.（1967）. *Integrative activity of the brain: An interdisciplinary approach.* Chicago: University of Chicago Press.

Koski, S. E.（2014）. Broader horizons for animal personality research. *Frontiers in Ecology and Evolution, 2*, 70.

Kouwenberg, A. L., Walsh, C. J., Morgan, B. E., & Martin, G. M.（2009）. Episodic-like memory in crossbred Yucatan minipigs (*Sus scrofa*). *Applied Animal Behaviour Science, 117*, 165-172.

Krachun, C., Carpenter, M., Call, J., & Tomasello, M.（2009）. A competitive nonverbal false belief task for children and apes. *Developmental Science, 12*, 521-535.

Kramer G.（1950）. Weitere Analyse der Faktoren, welche die Zugaktivität des gekäfigten Vogels orientieren. *Naturwissenschaften,37*, 377-378.

Kraemer, P. J., & Roberts, W. A.（1984）. Short-term memory for visual and auditory stimuli in pigeons. *Animal Learning & Behavior, 12*, 275-284.

Kraft, F. L., Forštová, T., Urhan, A. U., Exnerová, A., & Brodin, A.（2017）. No evidence for self-recognition in a small passerine, the great tit（*Parus major*）judged from the mark/mirror test. *Animal Cognition, 20*, 1049-1057.

Krause, M. A., Udell, M. A., Leavens, D. A., & Skopos, L.（2018）. Animal pointing: Changing trends and findings from 30 years of research. *Journal of Comparative Psychology, 132*, 326-345.

Krebs, J. R., Sherry, D. F., Healy, S. D., Perry, V. H., & Vaccarino, A. L.（1989）. Hippocampal specialization of food-storing birds. *Proceedings of the National Academy of Sciences, 86*, 1388-1392.

Kremer, E. F.（1978）. The Rescorla-Wagner model: Losses in associative strength in compound conditioned stimuli. *Journal of Experimental Psychology: Animal Behavior Processes, 4*, 22-36.

Krstic, K.（1964）. Marko Marulic: The author of the term "psychology" *Acta Instituti Psychologici Universitatis Zagrabiensis, 36*, 7-13.

Krupa, D. J., Matell, M. S., Brisben, A. J., Oliveira, L. M., & Nicolelis, M. A.（2001）. Behavioral properties of the trigeminal somatosensory system in rats performing whisker-dependent tactile discriminations. *Journal of Neuroscience, 21*, 5752-5763.

Krupenye, C., Kano, F., Hirata, S., Call, J., & Tomasello, M.（2016）. Great apes anticipate that other individuals will act according to false beliefs. *Science, 354*, 110-114.

Kubinyi, E., Virányi, Z., & Miklósi, A.（2007）. Comparative social cognition: From wolf and dog to humans. *Comparative Cognition & Behavior Reviews,2*, 26-46.

久保南海子（2000）. 老齢ザルを用いた認知機能研究の動向と方向性 動物心理学研究, *50*, 131-140.

Kuhl, P. K., & Miller, J. D.（1975）. Speech perception by the chinchilla: Voiced-voiceless distinction in alveolar plosive consonants. *Science, 190*, 69-72.

久野弘道・岩本隆茂（1995）. 見本刺激提示位置のランダム化によるハトの等価性成立再考　動物心理学研究, *45*, 121.

Kuno, H., Kitadate, T., & Iwamoto, T.（1994）. Formation of transitivity in conditional matching to sample by pigeons. *Journal of the Experimental Analysis of Behavior, 62*, 399-408.

Kuo, Z. Y.（1921）. Giving up instincts in psychology. *Journal of Philosophy,18*, 645-664.

Kuo, Z. Y.（1924）. A psychology without heredity. *Psychological Review, 31*, 427-448.

Kuo, Z. Y.（1930）. The genesis of the cat's responses to the rat. *Journal of Comparative Psychology, 11*, 1-35.

Kuo, Z.Y.（1938）. Further study on the behavior of the cat toward the rat. *Journal of Comparative Psychology, 25*, 1-8.

黒田亮　（1936）. 動物心理学 三省堂.

Kurland, A.（1998）. *Clicker training for your horse*. Waltham, MA: Sunshine Books.

草山太一・池田譲・入江尚子・陳香純・坪川達也・武野純一・酒井麻衣（2012）. 自己鏡映像認知への温故知

新　動物心理学研究, 62, 111-124.

櫛橋康博（1995）. 植物に耳はあるか 言語, 24（8）, 70-77.

楠瀬良（2010）. ウマ 正田陽一（編）, 品種改良の世界史—家畜篇—（pp. 200-256）悠書館

Kuterbach, D. A., Walcott, B. R., Reeder, J., & Frankel, R. B.（1982）Iron-containing cells in the honey bee (Apis mellifera). Science, 218, 695-697.

桑原万寿太郎（1967）. 生体時計 化学と生物, 5, 642-646.

LaBerge, S., Levitan, L., & Dement, W. C.（1986）. Lucid dreaming: Physiological correlates of consciousness during REM sleep. Journal of Mind and Behavior, 7, 251-258.

Lacour, J. P., Dubois, D., Pisani, A., & Ortonne, J. P.（1991）. Anatomical mapping of Merkel cells in normal human adult epidermis. British Journal of Dermatology, 125, 535-542.

Lamarck, J-B.（1809）. Philosophie zoologique, ou Exposition des considérations relatives à l'histoire naturelle des animaux. Paris: Dentu.

La Mettri, J. O.（1748）. L'Homme machine. 杉捷夫（訳）（1957）. 人間機械論 岩波書店

Land, M. F.（1981）Optics and vision in invertebrates. In H-J. Autrum（Ed.）, Handbook of sensory physiology VII/6B（pp. 471-592）. Berlin: Springer.

Land, M. F.（1997）. Visual acuity in insects. Annual Review of Entomology, 42, 147-177.

Landenberger, D. E.（1966）. Learning in the Pacific starfish Pisaster giganteus. Animal Behaviour, 14, 414-418.

Langford, D. J., Bailey, A. L., Chanda, M. L., Clarke, S. E., Drummond, T. E., Echols, S., ... & Matsumiya, L.（2010）. Coding of facial expressions of pain in the laboratory mouse. Nature Methods, 7, 447-449.

Langford, D. J., Crager, S. E., Shehzad, Z., Smith, S. B., Sotocinal, S. G., Levenstadt, J. S., ... & Mogil, J. S.（2006）. Social modulation of pain as evidence for empathy in mice. Science, 312, 1967-1970.

Lanza, R. P., Starr, J., & Skinner, B. F.（1982）. "Lying" in the pigeon. Journal of the Experimental Analysis of Behavior, 38, 201-203.

Larson, G., Dobney, K., Albarella, U., Fang, M., Matisoo-Smith, E., Robins, J., ... & Rowley-Conwy, P.（2005）. Worldwide phylogeography of wild boar reveals multiple centers of pig domestication. Science, 307, 1618-1621.

Lashley, K. S.（1930）The mechanism of vision I: A method for the rapid analysis of pattern vision in the rat. Pedagogical Seminary and Journal of Genetic Psychology, 37, 453-460.

Lattal, K. A., & Gleeson, S.（1990）. Response acquisition with delayed reinforcement. Journal of Experimental Psychology: Animal Behavior Processes, 16, 27-39.

Lavery, J. J., & Foley, P. J.（1963）Altruism or arousal in the rat? Science, 140, 172-173.

Laverty, J. J., Werboff, J., & Frey, R. B.（1969）. Solution of intermediate-size problem and discrimination transfer by rats. Journal of Comparative and Physiological Psychology, 68, 262-267.

Lawrence, D. H., & Derivera, J.（1954）. Evidence for relational transposition. Journal of Comparative and Physiological Psychology, 47, 465-471.

Lehrman. D. S.（1953）. A critique of Konrad Lorenz's theory of instinctive behavior.

Quarterly Review of Biology, 28, 337-363.

Lei, W., Ravoninjohary, A., Li, X., Margolskee, R. F., Reed, D. R., Beauchamp, G. K., & Jiang, P. (2015). Functional analyses of bitter taste receptors in domestic cats (*Felis catus*). *PLoS One, 10,* e0139670.

Leibetseder , J. (1980). *Die Ernährung des Hundes.* Basel, Switzerland : Roche Informationsdienst.

Leighty, K. A., Grand, A. P., Pittman Courte, V. L., Maloney, M. A., & Bettinger, T. L. (2013). Relational responding by eastern box turtles (*Terrapene carolina*) in a series of color discrimination tasks. *Journal of Comparative Psychology, 127,* 256-264.

Leonard, T. (2014, June 6). He can cook, play music, use a computer - and make sarcastic jokes chatting with his 3,000-word vocabulary: My lunch with the world's cleverest chimp (who Skyped me later for another chat). *MailOnline.* Retrieved August 31, 2016, from http://www.dailymail.co.uk/news/article-2651004.html

Lesku, J. A., Rattenborg, N. C., & Amlaner, C. J., Jr. (2006). The evolution of sleep: A phylogenetic approach. In T. Lee-Chiong (Ed.), *Sleep: A comprehensive handbook* (pp. 49-61). Hoboken, NJ: Wiley.

Levi, W. (1977). *The pigeon.* Sumter SC: Levi Publishing.

Levine, G. N., Allen, K., Braun, L. T., Christian, H. E., Friedmann, E., Taubert, K. A., ... & Lange, R. A. (2013). Pet ownership and cardiovascular risk: A scientific statement from the American Heart Association. *Circulation, 127,* 2353-2363.

Levine, M. (1959). A model of hypothesis behavior in discrimination learning set. *Psychological Review, 66,* 353-366.

Levinson, B. M. (1962) The dog as a "co-therapist". *Mental Hygiene, 179,* 46-59.

Ley, J., Bennett, P., & Coleman, G. (2008). Personality dimensions that emerge in companion canines. *Applied Animal Behaviour Science, 110,* 305-317.

Leyhausen. P. (1956). *Verhaltensstudien an Katzen.* Berlin: Paul Parey. 今泉吉晴・今泉みね子（訳）(1998). ネコの行動学 どうぶつ社

刘利・杉田昭栄 (2013). ハシブトガラスにおける味蕾の形態とその分布について 日本鳥学会誌, *62,* 1-8.

Li, X., Glaser, D., Li, W., Johnson, W. E., O'Brien, S. J., Beauchamp, G. K., & Brand, J. G. (2009). Analyses of sweet receptor gene (Tas1r2) and preference for sweet stimuli in species of Carnivora. *Journal of Heredity,100* (Suppl 1), S90-S100.

Li, X., Li, W., Wang, H., Cao, J., Maehashi, K., Huang, L., ... & Brand, J. G. (2005). Pseudogenization of a sweet-receptor gene accounts for cats' indifference toward sugar. *PLoS Genetics, 1,* e3.

Li, X., Li, W., Wang, H., Bayley, D. L., Cao, J., Reed, D. R., ... & Brand, J. G. (2006). Cats lack a sweet taste receptor. *Journal of Nutrition, 136,* 1932S-1934S.

Lieberman, P. (1968). Primate vocalizations and human linguistic ability. *Journal of the Acoustical Society of America, 44,* 1157-1164.

Lihoreau, M., Chittka, L., & Raine, N. E. (2010). Travel optimization by foraging bumblebees through readjustments of traplines after discovery of new feeding locations. *American Naturalist, 176,* 744-757.

Lilly, J. C. (1965). Vocal mimicry in *Tursiops*: Ability to match numbers and durations of human vocal bursts. *Science, 147,* 300-301.

Limongelli, L., Boysen, S. T., & Visalberghi, E. (1995). Comprehension of cause-effect relations in a tool-using task by chimpanzees (*Pan troglodytes*). *Journal of Comparative Psychology, 109,* 18-26.

Lindemann-Biolsi, K. L., & Reichmuth, C. (2014). Cross-modal transitivity in a California sea lion (*Zalophus californianus*). *Animal Cognition, 17,* 879-890.

Lindenmaier, P., & Kare, M. R. (1959). The taste end-organs of the chicken. *Poultry Science, 38,* 545-550.

Lindsay, S. R. (2000). *Handbook of applied dog behavior and training. Vol. 1: Adaptation and learning.* Ames, IA: Iowa State University Press.

Lindsey, J. R., & Baker, H. J. (2006). Historical foundations. In M. A. Suckow, S. H., Weisbroth, C. L. & Franklin (Eds.), *The laboratory rat* (2nd ed., pp. 1-52). Amsterdam: Elsevier.

Lipkens, R., Kop, P. F., & Matthijs, W. (1988). A test of symmetry and transitivity in the conditional discrimination performances of pigeons. *Journal of the Experimental Analysis of Behavior, 49,* 395-409.

Livingstone, M. S., Pettine, W. W., Srihasam, K., Moore, B., Morocz, I. A., & Lee, D. (2014). Symbol addition by monkeys provides evidence for normalized quantity coding. *Proceedings of the National Academy of Sciences, 111,* 6822-6827.

Locke, J. (1700). *An essay concerning human understanding* (4th ed.). London: Awnsham and John Churchill. 大槻春彦 (訳) (1972). 人間知性論 岩波書店

Logan, C. J., Jelbert, S. A., Breen, A. J., Gray, R. D., & Taylor, A. H. (2014). Modifications to the Aesop's Fable paradigm change New Caledonian crow performances. *PLoS One, 9,* e103049.

Lombardi, C. M. (2008). Matching and oddity relational learning by pigeons (*Columba livia*): transfer from color to shape. *Animal Cognition, 11,* 67-74.

Lombardi, C. M., Fachinelli, C. C., & Delius, J. D. (1984). Oddity of visual patterns conceptualized by pigeons. *Animal Learning & Behavior, 12,* 2-6.

Lorenz, K. (1943). Die angeborenen Formen möglicher Erfahrung. *Zeitschrift für Tierpsychologie, 5,* 235-409.

Lorenz, K. (1949). *Er redete mit dem Vieh, den Vögeln und den Fischen.* Wien: Borotha-Schoeler. 日高敏隆 (訳) (1987). ソロモンの指環―動物行動学入門― 早川書房

Lorenz, K. (1950). *So kam der Mensch auf den Hund.* Wien: Borotha-Schoeler. 小原秀雄 (訳) (1972). 人イヌにあう 至誠堂

Lorenz, K. (1963). *Das sogenannte Böse: Zur Naturgeschichte der Aggression.* Wien: Borotha-Schoeler. 日高敏隆 (訳) (1970). 攻撃―悪の自然誌― みすず書房

Lovejoy, E. (1966). Analysis of the overlearning reversal effect. *Psychological Review, 73,* 87-103.

Loy, I., Fernández, V., & Acebes, F. (2006). Conditioning of tentacle lowering in the snail (*Helix aspersa*): Acquisition, latent inhibition, overshadowing, second-order conditioning, and sensory preconditioning. *Learning & Behavior, 34,* 305-314.

Lubinski, D., & MacCorquodale, K. (1984). "Symbolic communication" between two pigeons (*Columba livia*) without unconditioned reinforcement. *Journal of Comparative Psychology, 98*, 372-380.

Lubinski, D., & Thompson, T. (1987). An animal model of the interpersonal communication of interoceptive (private) states. *Journal of the Experimental Analysis of Behavior, 48*, 1-15.

Lubinski, D., & Thompson, T. (1993). Species and individual differences in communication based on private states. *Behavioral and Brain Sciences, 16*, 627-642.

Louie, K., & Wilson, M. A. (2001). Temporally structured replay of awake hippocampal ensemble activity during rapid eye movement sleep. *Neuron, 29*, 145-156.

Ma, X., Hou, X., Edgecombe, G. D., & Strausfeld, N. J. (2012). Complex brain and optic lobes in an early Cambrian arthropod. *Nature, 490*, 258-261.

Mackintosh, N. J. (1965). Selective attention in animal discrimination learning. *Psychological Bulletin, 64*, 124-150.

Mackintosh, N. J. (1971). Reward and aftereffects of reward in the learning of goldfish. *Journal of Comparative and Physiological Psychology, 76*, 225-232.

Mackintosh, N. J. (1973). Stimulus selection: Learning to ignore stimuli that predict no change in reinforcement. In R. A. Hinde & J. Stevenson-Hinde (Eds.), *Constraints on learning: Limitations and predispositions* (pp. 75-100). New York: Academic Press.

Mackintosh, N. J. (1974). *Psychology of animal learning*. London: Academic Press.

Mackintosh, N. J., & Cauty, A. (1971). Spatial reversal learning in rats, pigeons, and goldfish. *Psychonomic Science, 22*, 281-282.

Mackintosh, N. J., Wilson, B. & Boakes, R. A. (1985). Differences in mechanisms of intelligence among vertebrates. *Philosophical Transactions of the Royal Society, London, 308B*, 53-66.

Macpherson, K., & Roberts, W. A. (2006). Do dogs (*Canis familiaris*) seek help in an emergency? *Journal of Comparative Psychology, 120*, 113-119.

MacHugh, D. E., Larson, G., & Orlando, L. (2017). Taming the past: ancient DNA and the study of animal domestication. *Annual Review of Animal Biosciences, 5*, 329-351.

MacLean, E. L., Hare, B., Nunn, C. L., Addessi, E., Amici, F., Anderson, R. C., ... & Boogert, N. J. (2014). The evolution of self-control. *Proceedings of the National Academy of Sciences, 111*, E2140-E2148.

MacLean, E. L., Merritt, D. J., & Brannon, E. M. (2008). Social complexity predicts transitive reasoning in prosimian primates. *Animal Behaviour, 76*, 479-486.

Macphail, E. M. (1982). *Brain and intelligence in vertebrates*. Oxford: Clarendon.

Macphail, E. M. (1985). Vertebrate intelligence: The null hypothesis. In L. Weiskrantz (Ed.), *Animal intelligence* (pp. 37-51). Oxford: Clarendon.

Macphail, E. M. (1987). The comparative psychology of intelligence. *Behavioral and Brain Sciences, 10*, 645-695.

Madsen, E. A., & Persson, T. (2013). Contagious yawning in domestic dog puppies (*Canis lupus familiaris*): The effect of ontogeny and emotional closeness on low-level imitation in dogs. *Animal Cognition, 16*, 233-240.

Madsen EA, Persson T, Sayehli S, Lenninger S, Sonesson G (2013). Chimpanzees show a developmental increase in susceptibility to contagious yawning: A test of the effect of ontogeny and emotional closeness on yawn contagion. *PLoS One, 8,* e76266

Magnotti, J. F., Katz, J. S., Wright, A. A., & Kelly, D. M. (2015). Superior abstract-concept learning by Clark's nutcrackers (*Nucifraga columbiana*). *Biology Letters, 11* (5), 20150148.

Maki, W. S., Jr., Riley, D. A., & Leith, C. R. (1976). The role of test stimuli in matching to compound samples by pigeons. *Animal Learning & Behavior, 4,* 13–21.

Maki, W. S., Jr., & Hegvik, D. K. (1980). Directed forgetting in pigeons. *Animal Learning & Behavior, 8,* 567–574.

Maki, W. S., Olson, D., & Rego, S. (1981). Directed forgetting in pigeons: Analysis of cue functions. *Animal Learning & Behavior, 9,* 189–195.

Makino, H., Masuda, R., & Tanaka, M. (2006). Ontogenetic changes of learning capability under reward conditioning in striped knifejaw *Oplegnathus fasciatus* juveniles. *Fisheries Science, 72,* 1177–1182.

Malott, R. W., Malott, K., Svinicki, J. G., Kladder, F., & Ponicki, E. (1971). An analysis of matching and non-matching behavior using a single key, free operant procedure. *The Psychological Record, 21,* 545–564.

Manabe, K., Kawashima, T., & Staddon, J. E. R. (1995). Differential vocalization in budgerigars: Towards an experimental analysis of naming. *Journal of the Experimental Analysis of Behavior, 63,* 111–126.

Manabe, K., Murata, M., Kawashima, T., Asahina, K., & Okutsu, K. (2009). Transposition of line-length discrimination in African penguins (*Spheniscus demersus*). *Japanese Psychological Research, 51,* 115–121.

Mancini, G., Ferrari, P. F., & Palagi, E. (2013). Rapid facial mimicry in geladas. *Scientific Reports, 3,* 1527.

Maple, T. L. (2007). Toward a science of welfare for animals in the zoo. *Journal of Applied Animal Welfare Science, 10,* 63–70.

Maple, T. L., & Segura, V. D. (2015). Advancing behavior analysis in zoos and aquariums. *The Behavior Analyst, 38,* 77–91.

Mark, R. F., & Maxwell, A. (1969). Circle size discrimination and transposition behaviour in cichlid fish. *Animal Behaviour, 17,* 155–158.

MarineBio Conservation Society (n.d.). Loggerhead sea turtles, *Caretta caretta.* Retrieved August 31, 2016, from http://marinebio.org/species.asp?id=163

Mariti, C., Falaschi, C., Zilocchi, M., Carlone, B., & Gazzano, A. (2014). Analysis of calming signals in domestic dogs: Are they signals and are they calming? *Journal of Veterinary Behavior: Clinical Applications and Research, 9,* e1-e2.

Marler, P., & Peters, S. (1982). Structural changes in song ontogeny in the swamp sparrow *Melospiza georgiana. Auk, 99,* 446–458.

Maroldo, G. K. (1978). Zoos worldwide as settings for psychological research: A survey. *American Psychologist, 33,* 1000–1004.

Marsh, H. L., Vining, A. Q., Levendoski, E. K., & Judge, P. G. (2015). Inference by exclusion in lion-tailed macaques (*Macaca silenus*), a hamadryas baboon (*Papio hamadryas*), capuchins (*Sapajus apella*), and squirrel monkeys (*Saimiri sciureus*). *Journal of Comparative Psychology, 129,* 256–267.

Marshall, D. A., & Moulton, D. G. (1981). Olfactory sensitivity to α-ionone in humans and dogs. *Chemical Senses, 6*, 53-61.

Marshall-Pescini, S., Dale, R., Quervel-Chaumette, M., & Range, F. (2016). Critical issues in experimental studies of prosociality in non-human species. *Animal Cognition, 19*, 679-705.

Marshall-Pescini, S., Schwarz, J. F., Kostelnik, I., Virányi, Z., & Range, F. (2017). Importance of a species' socioecology: Wolves outperform dogs in a conspecific cooperation task. *Proceedings of the National Academy of Sciences, 114*, 11793-11798.

Marticorena, D. C., Ruiz, A. M., Mukerji, C., Goddu, A., & Santos, L. R. (2011). Monkeys represent others' knowledge but not their beliefs. *Developmental Science, 14*, 1406-1416.

Martin, A., & Santos, L. R. (2014). The origins of belief representation: Monkeys fail to automatically represent others' beliefs. *Cognition, 130*, 300-308.

Marx, B. P., Forsyth, J. P., Gallup, G. G., Fusé, T., & Lexington, J. M. (2008). Tonic immobility as an evolved predator defense: Implications for sexual assault survivors. *Clinical Psychology: Science and Practice, 15*, 74-90.

Marx, M. H., Henderson, R. L., & Roberts, C. L. (1955). Positive reinforcement of the barpressing response by a light stimulus following dark operant pretests with no aftereffect. *Journal of Comparative and Physiological Psychology, 48*, 73-76.

柾木隆寿・巽香菜子・中島定彦. (2007). ラットとヒトにおける「茶 (tea)」の弁別について 動物心理学研究, *57*, 81-88.

Massen, J. J., Ritter, C., & Bugnyar, T. (2015). Tolerance and reward equity predict cooperation in ravens (*Corvus corax*). *Scientific Reports, 6*, 15021.

Masserman, J. H., Wechkin, S., & Terris, W. (1964). "Altruistic" behavior in rhesus monkeys. *American Journal of Psychiatry, 121*, 584-585.

Maslow, A. H., & Harlow, H. F. (1932). Comparative behavior of primates. II. Delayed reaction tests on primates at Bronx Park Zoo. *Journal of Comparative Psychology, 14*, 97-107.

Mason, J. R., & Clark, L. (2000). The chemical senses in birds. In G. C. Whittow (Ed.), *Sturkie's avian physiology* (5th ed., pp. 39-56). San Diego: Academic Press.

増田惟茂 (1908-09). 意志作用の比較心理学的研究 哲学研究, *23*, 950-970, 1029-1070, 1139-1176, 1270-1302; *24*, 30-60, 239-262, 352-374, 552-588.

増田惟茂 (1915). 魚類の「学習」の実験心理研究, *7*, 160-170, 336-343, 544-556, 771-778; *8*, 454-461.

Mather, J. A., & Anderson, R. C. (1993). Personalities of octopuses (*Octopus rubescens*). *Journal of Comparative Psychology, 107*, 336-340.

松田良蔵 (1908). 動物の飼育 教育研究 (初等教育研究会), *52*, 41-46.

松田良蔵 (1909). 文部省開催の師範学校教育科講習会の実地事業報告 第一部 尋常第五学年理科教授, *64*, 35-41

松田幸久 (2007). 痛み・苦痛・安楽死の評価と基準 日本薬理学雑誌, *129*, 19-23.

松川正 (2010). ウシ (肉牛) 正田陽一 (編), 品種改良の世界史―家畜篇― (pp. 23-104) 悠書館

Matsumoto, Y., & Mizunami, M. (2002). Lifetime olfactory memory in the cricket *Gryllus bimaculatus*. *Journal of Comparative Physiology A, 188*, 295-299.

Matsumoto, Y., Unoki, S., Aonuma, H., & Mizunami, M. (2006). Critical role of nitric oxide-cGMP cascade in the formation of cAMP-dependent long-term memory. *Learning & Memory, 13*, 35-44.

Matsuzawa, T. (1985). Use of numbers by a chimpanzee. *Nature, 315*, 57-59.

Matsuzawa, T. (1990). Form perception and visual acuity in a chimpanzee. *Folia Primatologica, 55*, 24-32.

Matsuzawa, T. (1991). Nesting cups and meta-tools in chimpanzees. *Behavioral and Brain Sciences, 14*, 570-571.

松沢哲郎 (1991). チンパンジー・マインド―心と認識の世界― 岩波書店

Matsuzawa, T. (2003). The Ai project: Historical and ecological contexts. *Animal Cognition, 6*, 199-211.

McClintock, J. B., & Lawrence, J. M. (1982). Photoresponse and associative learning in *Luidia clathrata* Say (Echinodermata: Asteroidea). *Marine & Freshwater Behaviour & Physiology, 9*, 13-21.

McDougall, W. (1908). *An introduction to social psychology*. London: Methuen

McDougall, W. (1930) The hormic psychology. In C. Murchison (Ed.), *Psychologies of 1930* (pp. 3-36). Worcester, MA: Clark University Press.

McGann, J. P. (2017). Poor human olfaction is a 19th-century myth. *Science, 356*, 543-546.

McGonigle, B. O., & Chalmers, M. (1977). Are monkeys logical? *Nature, 267*, 694-696.

McGreevy, P., & Boakes, R. (2007). *Carrots and sticks: Principles of animal training*. Cambridge: Cambridge University Press.

Medin, D. L., Roberts, W. A., & Davis, R. T. (Eds.) (1976). *Processes of animal memory*. Hillsdale, NJ: Erlbaum.

Melis, A. P., Warneken, F., Jensen, K., Schneider, A. C., Call, J., & Tomasello, M. (2010). Chimpanzees help conspecifics obtain food and non-food items. *Proceedings of the Royal Society of London B: Biological Sciences*, rspb20101735.

Mell, R. (1922) *Biologie und Systematik der chinesichen Sphingiden*. Berlin: Friedländer.

Mellor, D. J. (2016). Moving beyond the "five freedoms" by updating the "five provisions" and introducing aligned "animal welfare aims". *Animals, 6*, 59.

Mendel, G. J. (1865). *Versuche über Pflanzenhybriden*. Papers presented at the Meeetings of the Natural History Society of Brno in Moravia on 8 February and 8 March.

Mendres, K. A., & de Waal, F. B. (2000). Capuchins do cooperate: The advantage of an intuitive task. *Animal Behaviour, 60*, 523-529.

Menzel, E. W. (1973). Chimpanzee spatial memory organization. *Science, 182*, 943-945.

Menzel, R. (1993). Associative learning in honey bees. *Apidologie, 24*, 157-157.

Menzel, R., & Müller, U. (1996). Learning and memory in honeybees: From behavior to neural substrates. *Annual Review of Neuroscience, 19*, 379-404.

Mercado, E., III, Killebrew, D. A., Pack, A. A., Mácha, I. V., & Herman, L. M. (2000). Generalization of 'same-different' classification abilities in bottlenosed dolphins. *Behavioural Processes, 50*, 79-94.

Mercado, E., III, Murray, S. O., Uyeyama, R. K., Pack, A. A., & Herman, L. M. (1998). Memory for recent actions in the bottlenosed dolphin (*Tursiops truncatus*): Repetition of arbitrary behaviors using an abstract rule. *Animal Learning &*

Behavior, 26, 210-218.

Mescher, M. C., & De Moraes, C. M. (2014). The role of plant sensory perception in plant-animal interactions. *Journal of Experimental Botany, 66*, 425-433.

三上仁志 (2010). ブタ 正田陽一（編）, 品種改良の世界史―家畜篇― (pp. 317-366) 悠書館

Mikami, K., Kiyokawa, Y., Takeuchi, Y., & Mori, Y. (2016). Social buffering enhances extinction of conditioned fear responses in male rats. *Physiology & Behavior, 163*, 123-128.

Miklósi, Á., & Soproni, K. (2006). A comparative analysis of animals' understanding of the human pointing gesture. *Animal Cognition, 9*, 81-93.

Miklosi, A., Topal, J., & Csanyi, V. (2004). Comparative social cognition: What can dogs teach us? *Animal Behaviour, 67*, 995-1004.

Miklosi, A., Topal, J., Gácsi, M., & Csányi, V. (2006). Social cognition in dogs: Integrating homology and convergence. In K. Fujita & S. Itakura (Eds.), *Diversity of cognition: Evolution, development, domestication, and pathology* (pp. 119-143.). Kyoto: Kyoto University Press.

Mikolasch, S., Kotrschal, K., & Schloegl, C. (2011). African grey parrots (*Psittacus erithacus*) use inference by exclusion to find hidden food. *Biology Letters, 7*, 875-877.

Mikolasch, S., Kotrschal, K., & Schloegl, C. (2013). Transitive inference in jackdaws (*Corvus monedula*). *Behavioural Processes, 92*, 113-117.

Miles, H. L. (1980). Acquisition of gestural signs by an infant orangutan (*Pongo pygmaeus*). *American Journal of Physical Anthropology, 52*, 256-257. [AAPA meeting abstract]

Miles, R. C. (1957). Delayed-response learning in the marmoset and the macaque. *Journal of Comparative and Physiological Psychology, 50*, 352-355.

Millien, V. (2011). Mammals evolve faster on smaller islands. *Evolution, 65*, 1935-1944.

Miller, I. J., Jr., & Bartoshuk, I. (1991). Taste perception, taste bud distribution, and spatial relationships. In T. V. Getchell, R. L. Doty, L. M. Bartoshuk, & J. B. Snow (Eds.), *Smell and taste in health and disease* (pp. 205-233). New York: Raven Press.

Miller, I. J., Jr., & Smith, D. V. (1984). Quantitative taste bud distribution in the hamster. *Physiology & Behavior, 32*, 275-285.

Miller, M. L., Gallup, A. C., Vogel, A. R., Vicario, S. M., & Clark, A. B. (2012). Evidence for contagious behaviors in budgerigars (*Melopsittacus undulatus*): An observational study of yawning and stretching. *Behavioural Processes, 89*, 264-270.

Miller, R., Jelbert, S. A., Taylor, A. H., Cheke, L. G., Gray, R. D., Loissel, E., & Clayton, N. S. (2016). Performance in object-choice Aesop's fable tasks are influenced by object biases in New Caledonian crows but not in human children. *PLoS One, 11*, e0168056.

Miller, R. R., & Berk, A. M. (1977). Retention over metamorphosis in the African claw-toed frog. *Journal of Experimental Psychology: Animal Behavior Processes, 3*, 343-356.

Milner, R. N., Jennions, M. D., & Backwell, P. R. (2012). Keeping up appearances: Male fiddler crabs wave faster in a crowd. *Biology Letters, 8*, 176-178.

南徹弘 (1975). 比較心理懇話会の活動状況

心理学評論, *18*, 125-126.

Mitchell, P. (1997). *Introduction to theory of mind: Children, autism and apes*. London, England: Edward Arnold Publishers. 菊野春雄・橋本祐子（訳）(2000). 心の理論への招待 ミネルヴァ書房

三井誠 (2005). 人類進化の700万年―書き換えられる「ヒトの起源」― 講談社

三浦慎悟 (2002). 哺乳類の飼育下での最長寿命（生理的寿命）と野外での寿命 石原勝敏・金井龍二・河野重行・能村哲郎（編), 生物学データ大百科事典［下］(pp. 2412-2413) 朝倉書店

Miyata, H., & Fujita, K. (2010). Route selection by pigeons (*Columba livia*) in "traveling salesperson" navigation tasks presented on an LCD screen. *Journal of Comparative Psychology, 124*, 433-446.

Miyata, H., & Fujita, K. (2011). Flexible route selection by pigeons (*Columba livia*) on a computerized multi-goal navigation task with and without an "obstacle". *Journal of Comparative Psychology, 125*, 431-435.

Miyata, H., Ushitani, T., Adachi, I., & Fujita, K. (2006). Performance of pigeons (*Columba livia*) on maze problems presented on the LCD screen: In search for preplanning ability in an avian species. *Journal of Comparative Psychology, 120*, 358-366.

Moelk, M. (1944). Vocalizing in the house-cat: A phonetic and functional study. *American Journal of Psychology, 37*, 184-205.

Molnár, C., Kaplan, F., Roy, P., Pachet, F., Pongrácz, P., Dóka, A., & Miklósi, Á. (2008). Classification of dog barks: A machine learning approach. *Animal Cognition, 11*, 389-400.

Moncrieff, R. W. (1951). *The chemical senses* (2nd ed.).London: Leonard Hill.

Moon, L. E., & Harlow, H. F. (1955). Analysis of oddity learning by rhesus monkeys. *Journal of Comparative and Physiological Psychology, 48*, 188-194.

Moore, C. A., & Elliott, R. (1946). Numerical and regional distribution of taste buds on the tongue of the bird. *Journal of Comparative Neurology, 84*, 119-131.

Moos, A. (2009). Theories of emotion causation: A review. *Cognition and Emotion, 23*, 625-662.

Mora, C., Tittensor, D. P., Adl, S., Simpson, A. G. B., Worm, B. (2011). How many species are there on earth and in the ocean? *PLoS Biology, 9*, e1001127.

Moran, G. (1987). Applied dimensions of comparative psychology. *Journal of Comparative Psychology, 101*, 277-281.

Morgan, C. L. (1890) *Animal life and intelligence*. London: Edward Arnold

Morgan, C. L. (1894). *An introduction to comparative psychology*. London: Walter Scott. 大鳥弊三（訳）(1914). 比較心理学 大日本文明協会

Morris, R. G. M. (1981). Spatial localization does not require the presence of local cues. *Learning and Motivation, 12*, 239-260.

Morris, R. (1984). Developments of a water-maze procedure for studying spatial learning in the rat. *Journal of Neuroscience Methods, 11*, 47-60.

Moscovice, L. R., & Ziegler, T. E. (2012). Peripheral oxytocin in female baboons relates to estrous state and maintenance of sexual consortships. *Hormones and Behavior, 62*, 592-597.

Moss, C. F., & Schnitzler, H. U. (1989). Accuracy of target ranging in echolocating bats: Acoustic information processing.

Journal of Comparative Physiology A, 165, 383-393.

Motz, B. A., & Alberts, J. R. (2005). The validity and utility of geotaxis in young rodents. Neurotoxicology and Teratology, 27, 529-533.

Moulton, D. G., Ashton, D. H., & Eayrs, J. T. (1960). Studies in olfactory acuity. 4: Relative detectability of n-aliphatic acids by the dog. Animal Behaviour, 8. 117-128.

孟子（4C BC）．孟子 小林勝人（訳）（1968, 1972）．孟子（上）（下） 岩波書店

Mowrer, O. H. (1950). On the psychology of "talking birds"—A contribution to language and personality theory. In O. H. Mowrer (Ed.), Learning theory and personality dynamics: Selected papers (pp. 688-726). New York: Ronald.

Mubanga, M., Byberg, L., Nowak, C., Egenvall, A., Magnusson, P. K., Ingelsson, E., & Fall, T. (2017). Dog ownership and the risk of cardiovascular disease and death-a nationwide cohort study. Scientific Reports, 7, 15821.

Mulcahy, N. J., & Call, J. (2006). How great apes perform on a modified trap-tube task. Animal Cognition, 9, 193-199.

Mulcahy, N. J., Call, J., & Dunbar, R. I. (2005). Gorillas (Gorilla gorilla) and orangutans (Pongo pygmaeus) encode relevant problem features in a tool-using task. Journal of Comparative Psychology, 119, 23-32.

Müller, C. A., & Manser, M. B. (2007). 'Nasty neighbours' rather than 'dear enemies' in a social carnivore. Proceedings of the Royal Society of London B: Biological Sciences, 274, 959-965.

Müller, M., & Wehner, R. (1988). Path integration in desert ants, Cataglyphis fortis. Proceedings of the National Academy of Sciences, 85, 5287-5290.

Munn, N. L. (1950). Handbook of psychological research on the rat: An introduction to animal psychology. Boston, Houghton Mifflin.

Munn, N. L. (1957). The evolution of mind. Scientific American, 196, 140-152.

村山美穂（2012）．イヌの性格を遺伝子から探る 動物心理学研究, 62, 91-99.

村山司（1996）．イルカ類の視覚による認知．添田秀男（編），イルカ類の感覚と行動（pp. 9-20） 恒星社厚生閣

村山司・鳥羽山照夫．（1997）．シロイルカにおける刺激等価性に関する予備的研究．動物心理学研究, 47, 79-89.

Murdock, B. B., Jr. (1963). The serial position effect of free recall. Journal of Experimental Psychology, 64, 482-488.

Murdock, B. B. (1967). Recent developments in short-term memory. British Journal of Psychology, 58, 421-433.

Murofushi, K. (1997). Numerical matching behavior by a chimpanzee (Pan troglodytes): Subitizing and analogue magnitude estimation. Japanese Psychological Research, 39, 140-153.

Muszynski, N. M., & Couvillon, P. A. (2015). Relational learning in honeybees (Apis mellifera): Oddity and nonoddity discrimination. Behavioural Processes, 115, 81-93.

Nachtigall, P. E., Yuen, M. M. L., Mooney, T. A., & Taylor, K. A. (2005). Hearing measurements from a stranded infant Risso's dolphin, Grampus griseus. Journal of Experimental Biology, 208, 4181-4188.

Nagano, A., & Aoyama, K. (2016). Tool-use by rats (Rattus norvegicus): Tool-choice based on tool features. Animal Cognition, 20, 199-213.

Nagasawa, M., Mitsui, S., En, S., Ohtani, N.,

Ohta, M., Sakuma, Y., ... & Kikusui, T. (2015). Oxytocin-gaze positive loop and the coevolution of human-dog bonds. *Science, 348,* 333-336.

Nagel, T. (1979). What is it like to be a bat? In T. Nagel, *Mortal questions* (pp. 165-180). Cambridge: Cambridge University Press. 永井均訳 (1989). コウモリであるとはどのようなことか 勁草書房

Nakagaki, T., Yamada, H., & Tóth, Á. (2000). Intelligence: Maze-solving by an amoeboid organism. *Nature, 407,* 470.

中原史生 (2012). イルカの社会とコミュニケーション. 村山司・森阪匡通（編）, ケトスの知恵—イルカとクジラのサイエンス—(pp. 149-171) 東海大学出版会

Nakahara, F., Takemura, A., Koido, T., & Hiruda, H. (1997). Target discrimination by an echolocating finless porpoise, *Neophocaena phocaenoides*. *Marine Mammal Science, 13,* 639-649.

Nakajima, M., Görlich, A., & Heintz, N. (2014). Oxytocin modulates female sociosexual behavior through a specific class of prefrontal cortical interneurons. *Cell, 159,* 295-305.

Nakajima, M., Nakajima, S., & Imada, H. (1999). General learned irrelevance and its prevention. *Learning and Motivation, 30,* 265-280.

中島定彦 (1992). 動物の「知能」に対する一般学生の評定 基礎心理学研究, *11,* 27-30.

中島定彦 (1995). 見本合わせ法による動物の行動と認知の分析—岩本ら (1993) の論文に関する5つの問題— 心理学評論, *38,* 62-82.

中島定彦 (1995). 見本合わせ手続きとその変法 行動分析学研究, *8,* 160-176.

Nakajima, S. (1998). Revaluation of Tanaka and Sato (1981): The first demonstration of transitive inference in the pigeon. *Kwansei Gakuin University Humanities Review, 3,* 83-87.

中島定彦 (2001). 動物における系列位置効果の諸研究 人文論究（関西学院大学）, *51* (2), 1-22.

中島定彦 (2003).「洞察的」問題解決行動に関する行動分析学的視点—動物学習研究の古典と過去経験の役割について— 人文論究（関西学院大学）, *52* (4), 28-42.

中島定彦 (2007). イヌの認知能力に関する心理学研究—歴史と現状— 生物科学, *58,* 166-176.

中島定彦 (2011). レバー押す魚もありけり 強化効く 行動分析学研究, *26,* 13-27.

中島定彦 (2012). 動物における事象の持続時間の記憶—短選択効果の30年（前篇）— 人文論究（関西学院大学）, *62* (1), 109-138

中島定彦 (2013). 本能 藤永保（監修）, 最新 心理学事典（pp. 699-700）. 平凡社

中島定彦 (2014).「つばきとひきつり」から情報処理へ 基礎心理学研究, *33,* 36-47.

中島定彦 (2017). 連合学習の5億年 心理学ワールド, *78,* 3-8.

Nakajima, S., Arimitsu, K., & Lattal, K. M. (2002). Estimation of animal intelligence by university students in Japan and the United States. *Anthrozoös, 15,* 194-205.

Nakajima, S., Takamatsu, Y., Fukuoka, T., & Omori, Y. (2011). Spontaneous blink rates of domestic dogs: A preliminary report. *Journal of Veterinary Behavior: Clinical Applications and Research, 6,* 95.

中島泰蔵 (1915). 個性心理及比較心理 冨山

房

Nakamura, N., Fujita, K., Ushitani, T., & Miyata, H.(2006). Perception of the standard and the reversed Müller-Lyer figures in pigeons (*Columba livia*) and humans (*Homo sapiens*). *Journal of Comparative Psychology, 120*, 252-261.

Nakamura, N., Watanabe, S., & Fujita, K. (2008). Pigeons perceive the Ebbinghaus-Titchener circles as an assimilation illusion. *Journal of Experimental Psychology: Animal Behavior Processes, 34*, 375-387.

Nakamura, N., Watanabe, S., & Fujita, K. (2014). A reversed Ebbinghaus-Titchener illusion in bantams (*Gallus gallus domesticus*). *Animal Cognition, 17*, 471-481.

中村哲之（2016）."違う"視えから見える世界―比較錯視研究の意義― 基礎心理学研究, *35*, 36-42.

中村司（2002）.渡り 石原勝敏・金井龍二・河野重行・能村哲郎（編）,生物学データ大百科事典［下］(pp. 2343-2356) 朝倉書店

中村（2012）.渡り鳥の世界―渡りの科学入門― 山梨日日新聞社

中尾央・後藤和宏（2015）.メタ認知研究の方法論的課題 動物心理学研究, *65*, 45-58.

Naoi, N., Watanabe, S., Maekawa, K., & Hibiya, J.(2012). Prosody discrimination by songbirds (*Padda oryzivora*). *PLoS One, 7*, e47446.

Naqshbandi, M., Feeney, M. C., McKenzie, T. L., & Roberts, W. A.(2007). Testing for episodic-like memory in rats in the absence of time of day cues: Replication of Babb and Crystal. *Behavioural Processes, 74*, 217-225.

National Research Council (2003) *Ocean noise and marine mamma*ls. Washington, DC: National Academy Press.

Nawroth, C., von Borell, E., & Langbein, J. (2014). Exclusion performance in dwarf goats (*Capra aegagrus hircus*) and sheep (*Ovis orientalis aries*). *PLoS One, 9*, e93534.

Neisser, U (1967) *Cognitive psychology*. New York: Appleton. 大羽蓁（訳）（1981）. 認知心理学 誠信書房

Neuhaus, W.(1953). Über die Riechschärfe des Hundes für Fettsäuren. *Zeitschrif tfür Vergleichende Physiologie, 35*, 527-552.

Neves Filho, H. B., de Carvalho Neto, M. B., Taytelbaum, G. P. T., dos Santos Malheiros, R., & Knaus, Y. C.(2016). Effects of different training histories upon manufacturing a tool to solve a problem: insight in capuchin monkeys (*Sapajus spp.*). *Animal Cognition, 19*, 1151-1164.

Nguyen, N. H., Klein, E. D., & Zentall, T. R. (2005). Imitation of a two-action sequence by pigeons. *Psychonomic Bulletin & Review, 12*, 514-518.

Nieder, A., & Miller, E. K.(2003). Coding of cognitive magnitude: Compressed scaling of numerical information in the primate prefrontal cortex. *Neuron, 37*, 149-157.

Nielsen, J. Hedeholm, R. B., Heinemeier, J., Bushnell, P. G., Christiansen, J. S., Olsen, J., ... Steffensen, J. F.(2016). Eye lens radiocarbon reveals centuries of longevity in the Greenland shark (*Somniosus microcephalus*). *Science, 353*, 702-704.

日本実験動物協会（編）（2004）.実験動物の技術と応用―入門編― アドスリー

Nissani, M., Hoefler-Nissani, D., Lay, U. T. I. N.,

& Htun, U. W. (2005). Simultaneous visual discrimination in Asian elephants. *Journal of the Experimental Analysis of Behavior, 83*, 15-29.

Nissen, H. W., & McCulloch, T. L. (1937). Equated and non-equated stimulus situations in discrimination learning by chimpanzees. I. Comparison with unlimited response. *Journal of Comparative Psychology, 23*, 165-189.

Nissen, H. W., Blum, J. S., & Blum, R. A. (1948). Analysis of matching behavior in chimpanzee. *Journal of Comparative and Physiological Psychology, 41*, 62-74.

Nowak, M. A., & Sigmund, K. (1998). Evolution of indirect reciprocity by image scoring. *Nature, 393*, 573-577.

Nowbahari, E., Scohier, A., Durand, J. L., & Hollis, K. L. (2009). Ants, *Cataglyphis cursor*, use precisely directed rescue behavior to free entrapped relatives. *PLoS One, 4*, e6573.

Nowbahari, E., Hollis, K. L., & Durand, J. L. (2012). Division of labor regulates precision rescue behavior in sand-dwelling *Cataglyph*is cursor ants: To give is to receive. *PLoS One, 7*, e48516.

Oberliessen, L., Hernandez-Lallement, J., Schäble, S., van Wingerden, M., Seinstra, M., & Kalenscher, T. (2016). Inequity aversion in rats, *Rattus norvegicus. Animal Behaviour, 115*, 157-166.

O'Brien, S. J., & Johnson, W. E. (2007). The evolution of cats. *Scientific American, 297*, 68-75. 古川奈々子（訳）ネコがたどってきた1000万年の道 日経サイエンス , *37*（*10*）, 48-56.

O'Connell-Rodwell, C. E. (2007). Keeping an "ear" to the ground: seismic communication in elephants. *Physiology, 22*, 287-294.

O'Connell-Rodwell, C. E., Arnason, B. T., & Hart, L. A. (2000). Seismic properties of Asian elephant (*Elephas maximus*) vocalizations and locomotion. *Journal of the Acoustical Society of America, 108*, 3066-3072.

Oda, R., & Masataka, N. (1996). Interspecific responses of ringtailed lemurs to playback of antipredator alarm calls given by Verreaux's sifakas. *Ethology, 102*, 441-453.

Oden, D. L., Thompson, R. K., & Premack, D. (1988). Spontaneous transfer of matching by infant chimpanzees (*Pan troglodytes*). *Journal of Experimental Psychology: Animal Behavior Processes, 14*, 140-145.

Odom, J. V., Bromberg, N. M., & Dawson, W. W. (1983). Canine visual acuity: retinal and cortical field potentials evoked by pattern stimulation. *American Journal of Physiology-Regulatory, Integrative and Comparative Physiology, 245*, R637-R641.

小原嘉明（2003）．モンシロチョウ―キャベツ畑の動物行動学― 中央公論社

O'Hara, M., Schwing, R., Federspiel, I., Gajdon, G. K., & Huber, L. (2016). Reasoning by exclusion in the kea (*Nestor notabilis*). *Animal Cognition, 19*, 965-975.

O'Hara, S. J., & Reeve, A. V. (2011). A test of the yawning contagion and emotional connectedness hypothesis in dogs, *Canis familiaris. Animal Behaviour, 81*, 335-340.

Okabe, S., Tsuneoka, Y., Takahashi, A., Ooyama, R., Watarai, A., Maeda, S., ... & Kuroda, M. (2017). Pup exposure facilitates retrieving behavior via the oxytocin neural system in female mice. *Psychoneuroendocrinology, 79*, 20-30.

岡田要（1954）．ネズミの知恵 法政大学出

版局

岡市広成（1996）．海馬の心理学的機能の研究―空間認知と場所学習― ソフィア社

岡野恒也（1957）．関係把握における Spence 理論の検討―関係把握の研究 I― 心理学研究, 27, 285-295.

岡ノ谷一夫（2010）．さえずり言語起源論―新版 小鳥の歌からヒトの言葉へ― 岩波書店

Okanoya, K. (2017). Sexual communication and domestication may give rise to the signal complexity necessary for the emergence of language: An indication from songbird studies. *Psychonomic Bulletin & Review, 24*, 106-110.

Okanoya, K., Tokimoto, N., Kumazawa, N., Hihara, S., & Iriki, A. (2008). Tool-use training in a species of rodent: The emergence of an optimal motor strategy and functional understanding. *PLoS One, 3*, e1860.

Okanoya, K., & Yamaguchi, A. (1997). Adult Bengalese finches (*Lonchura striata* var. *domestica*) require real-time auditory feedback to produce normal song syntax. *Journal of Neurobiology, 33*, 343-356.

O'Keefe, J., & Dostrovsky, J. (1971). The hippocampus as a spatial map: Preliminary evidence from unit activity in the freely-moving rat. *Brain Research, 34*, 171-175.

O'Keefe, J., & Nadel, L. (1978). *The hippocampus as a cognitive map*. Oxford: Clarendon.

Olthof, A., Iden, C. M., & Roberts, W. A. (1997). Judgments of ordinality and summation of number symbols by squirrel monkeys (*Saimiri sciureus*). *Journal of Experimental Psychology: Animal Behavior Processes, 23*, 325-339.

Olton, D. S. (1978). Characteristics of spatial memory. In S. H., Hulse,H., Fowler,W. K. Honig, (Eds.), *Cognitive processes in animal behavior* (pp. 341-373). Hillsdale, NJ: Erlbaum.

Olton, D. S. (1979). Mazes, maps, and memory. *American Psychologist, 34*, 583-596.

Olton, D. S., Becker, J. T., & Handelmann, G. E. (1979). Hippocampus, space, and memory. *Behavioral and Brain Sciences,2*, 313-322.

Olton, D. S., & Collison, C. (1979). Intramaze cues and "odor trails" fail to direct choice behavior on an elevated maze. *Animal Learning & Behavior, 7*, 221-223.

Olton, D. S., & Samuelson, R. J. (1976). Remembrance of places passed: Spatial memory in rats. *Journal of Experimental Psychology: Animal Behavior Processes, 2*, 97-116.

重茂浩美（2006）．動物実験に関する近年の動向―動物愛護管理法の改正・施行を迎えて― 科学技術動向, 62, 10-21.

OrthoMaM (2015). *A database of orthologous genomic markers.* Retrieved August 31, 2016, from http://www.orthomam.univ-montp2.fr/orthomam/html/index.php

Osorio, D., & Vorobyev, M. (1996). Colour vision as an adaptation to frugivory in primates. *Proceedings of the Royal Society of London B: Biological Sciences, 263*, 593-599.

Osthaus, B., Lea, S. E., & Slater, A. M. (2005). Dogs (*Canis lupus familiaris*) fail to show understanding of means-end connections in a string-pulling task. *Animal Cognition, 8*, 37-47.

Ostojić, L., & Clayton, N. S. (2014). Behavioural coordination of dogs in a cooperative problem-solving task with a conspecific and a human partner. *Animal Cognition, 17*, 445-459.

太田恵子（1997）.「心理学」と 'psychology' 佐藤達哉・佐藤達哉（編）通史 日本の心理学（pp. 17-40）北大路書房

大島幹雄（2015）.＜サーカス学＞誕生—曲芸・クラウン・動物芸の文化誌—せりか書房

大槻快尊（1914a）. 計算能力ありと云はるゝ馬の話（一）心理研究, *6*, 108-126.

大槻快尊（1914b）. 計算能力ありと云はるゝ馬の話（二）心理研究, *6*, 244-257.

Oudiette, D., Dealberto, M. J., Uguccioni, G., Golmard, J. L., Merino-Andreu, M., Tafti, M., ... & Arnulf, I. (2012). Dreaming without REM sleep. *Consciousness and Cognition, 21*, 1129-1140.

Outram, A. K., Stear, N. A., Bendrey, R., Olsen, S., Kasparov, A., Zaibert, V., ... & Evershed, R. P. (2009). The earliest horse harnessing and milking. *Science, 323*, 1332-1335.

Pack, A. A., Herman, L. M., & Roitblat, H. L. (1991). Generalization of visual matching and delayed matching by a California sea lion (*Zalophus californianus*). *Animal Learning & Behavior, 19*, 37-48.

Palagi, E., Leone, A., Mancini, G., & Ferrari, P. F. (2009). Contagious yawning in gelada baboons as a possible expression of empathy. *Proceedings of the National Academy of Science, 106*, 19262-19267.

Palagi, E., Nicotra, V., & Cordoni, G. (2015). Rapid mimicry and emotional contagion in domestic dogs. *Royal Society Open Science, 2*, 150505.

Panksepp, J. (2011). Cross-species affective neuroscience decoding of the primal affective experiences of humans and related animals. *PLoS One, 6*, e21236.

Papini, M. R. (1997). Role of reinforcement in spaced-trial operant learning in pigeons (*Columba livia*). *Journal of Comparative Psychology, 111*, 275-285.

Papini, M. R. (2002). Pattern and process in the evolution of learning. *Psychological Review, 109*, 186-201.

Papini, M. R. (2003). Comparative psychology of surprising nonreward. *Brain, Behavior and Evolution, 62*, 83-95.

Papini, M. R. (2006). Role of surprising nonreward in associative learning. 動物心理学研究, *56*, 35-54.

Papini, M. R. (2014). Diversity of adjustments to reward downshifts in vertebrates. *International Journal of Comparative Psychology, 27*, 420-445.

Papini, M. R., Muzio, R. N., & Segura, E. T. (1995). Instrumental learning in toads (*Bufo arenarum*): Reinforcer magnitude and the medial pallium. *Brain, Behavior and Evolution, 46*, 61-71.

Parker, A. (2003). *In the blink of an eye: How vision sparked the big bang of evolution.* Cambridge, MA: Perseus. 渡辺政隆・今西康子（訳）（2006）. 眼の誕生—カンブリア紀大進化の謎を解く— 草思社

Parker, S. T., Mitchell, R. W., & Boccia, M. L. (Eds.) (1994). *Self-awareness in animals and humans: Developmental perspectives.* New York: Cambridge University Press.

Parr, L. A., Waller, B. M., Burrows, A. M., Gothard, K. M., & Vick, S. J. (2010). MaqFACS: A muscle-based facial movement coding system for the rhesus macaque. *American Journal of Physical Anthropology, 143*, 625-630.

Pasnak, R., Kurkjian, M., & Triana, E. (1988). Assessment of Stage 6 object permanence. *Bulletin of the Psychonomic Society, 26*, 368-370.

Pasnak, R., & Kurtz, S. L. (1987). Brightness and size transposition by rhesus monkeys. *Bulletin of the Psychonomic Society, 25*, 109-112.

Patterson, F. G. (1978). Linguistic capabilities of a young lowland gorilla. In F. C. C. Peng (Ed.), S*ign language and language acquisition in man and ape: New dimensions in comparative pedolinguistics* (pp. 161-201). Boulder, CO: Westview Press. 神田和幸（訳）（1981）. 手話と文化—類人猿の言語と人間言語の起源— 文化評論出版

Paukner, A., & Anderson, J. R. (2006). Video-induced yawning in stumptail macaques Macaca arctoides. *Biology Letters, 2*, 36-38.

Paukner, A., Huntsberry, M. E., & Suomi, S. J. (2009). Tufted capuchin monkeys (*Cebus apella*) spontaneously use visual but not acoustic information to find hidden food items. *Journal of Comparative Psychology, 123*, 26-33.

Paulos, R. D., Trone, M., Kuczaj, I. I., & Stan, A. (2010). Play in wild and captive cetaceans. *International Journal of Comparative Psychology, 23*, 701-722..

Pavlov, I.P. (1903) Eksperimental'naya psikhologiya i psikhopatologiya na zhivotnykh (Experimental psychology and psychopathology on animals). *Izv. VoyennoMeditsinskoy Akademii* (*Bulletin of the Military Medical Academy*), 7 (2), 109-121.

Pavlov, I. P. (1927). *Conditioned reflexes: An investigation of the physiological activity of the cerebral cortex* (G. V. Anrep Trans.). London: Oxford University Press. 川村浩（訳）（1975）. 大脳半球の働きについて—条件反射学—（上）（下）岩波著店［ロシア語原典からの翻訳］

Pavlov, I. P. (1928). *Lectures on conditioned reflex*es (W. H. Gantt Trans.). New York: Liveright. 岡田靖雄・横山恒子（訳）（1979）. 高次神経活動の客観的研究 岩崎学術出版社［ロシア語原典からの翻訳］

Payne, K. B., Langbauer Jr, W. R., & Thomas, E. M. (1986). Infrasonic calls of the Asian elephant (*Elephas maximus*). *Behavioral Ecology and Sociobiology, 18*, 297-301.

Paz, B., & Escobedo, R. (2011). Happy tail wagging: A laboratory artifact? Lateral tail wagging in the field. *Journal of Veterinary Behavior: Clinical Applications and Research, 6*, 94-95.

Paz-y-Miño-C, G., Bond, A.B., Kamil, A.C., & Balda, R.P. (2004). Pinyon jays use transitive inference to predict social dominance. *Nature 430*, 778-781.

Pearce, J. M. (1987). *An introduction to animal cognition*. Hillsdale, NJ: Erlbaum. 石田雅人・平岡恭一・中谷隆・石井澄・長谷川芳典・矢沢久史（訳）（1990）. 動物の認知学習心理学 北大路書房

Pearl, R., Miner, J. R., & Parker, S. L. (1927). Experimental studies on the duration of life. XI. Density of population and life duration in *Drosophila*. *American Naturalist, 61*, 289-318.

Pedersen, C. A., Ascher, J. A., Monroe, Y. L., & Plange, A. J., Jr. (1982). Oxytocin induces maternal behavior in virgin female rats. *Science, 216*, 648-650.

Pepperberg, I. M. (1981). Functional vocalizations by an African grey parrot (*Psittacus erithacus*). *Zeitschrift für Tierpsychologie, 55*, 139-160.

Pepperberg, I. M. (1987). Acquisition of the same/different concept by an African grey parrot (*Psittacus erithacus*): Learning with respect to categories of color, shape, and material. *Animal Learning & Behavior, 15*, 423–432.

Pepperberg, I. M. (1994a). Numerical competence in an African grey parrot (*Psittacus erithacus*). *Journal of Comparative Psychology, 108*, 36–44

Pepperberg, I. M. (1994b). Vocal learning in grey parrots (*Psittacus erithacus*): Effects of social interaction, reference, and context. *Auk, 111*, 300–313.

Pepperberg, I. M. (2006a). Grey parrot (*Psittacus erithacus*) numerical abilities: Addition and further experiments on a zero-like concept. *Journal of Comparative Psychology, 120*, 1–11.

Pepperberg, I. M. (2006b). Ordinality and inferential abilities of a grey parrot (*Psittacus erithacus*). *Journal of Comparative Psychology, 120*, 205–215.

Pepperberg, I. M. (2012). Further evidence for addition and numerical competence by a grey parrot (*Psittacus erithacus*). *Animal Cognition, 15*, 711–717.

Pepperberg, I. M., & Gordon, J. D. (2005). Number comprehension by a grey parrot (*Psittacus erithacus*), including a zero-like concept. *Journal of Comparative Psychology, 119*, 197–209.

Pepperberg, I. M., Koepke, A., Livingston, P., Girard, M., & Hartsfield, L. A. (2013). Reasoning by inference: Further studies on exclusion in grey parrots (*Psittacus erithacus*). *Journal of Comparative Psychology, 127*, 272–281.

Pérez-Manrique, A., & Gomila, A. (2018). The comparative study of empathy: Sympathetic concern and empathic perspective-taking in non-human animals. *Biological Reviews, 93*, 248–269.

Péron, F., Rat-Fischer, L., Lalot, M., Nagle, L., & Bovet, D. (2011). Cooperative problem solving in African grey parrots (*Psittacus erithacus*). *Animal Cognition, 14*, 545–553.

Perrone, M., Jr. (1981). Adaptive significance of ear tufts in owls. *Condor, 83*, 383–384.

Persson, T., Sauciuc, G. A., & Madsen, E. A. (2018). Spontaneous cross-species imitation in interactions between chimpanzees and zoo visitors. *Primates, 59*, 19–29.

Perry, C. J., Barron, A. B., & Cheng, K. (2013). Invertebrate learning and cognition: Relating phenomena to neural substrate. *Wiley Interdisciplinary Reviews: Cognitive Science, 4*, 561–582.

Pert, A., & Bitterman, M. E. (1970). Reward and learning in the turtle. *Learning and Motivation, 1*, 121–128.

Pérusse, R., & Rumbaugh, D. M. (1990). Summation in chimpanzees (*Pan troglodytes*): Effects of amounts, number of wells, and finer ratios. *International Journal of Primatology, 11*, 425–437.

Petit, O., Desportes, C., & Thierry, B. (1992). Differential probability of "coproduction" in two species of macaque (*Macaca tonkeana, M. mulatta*). *Ethology, 90*, 107–120.

Petrazzini, M. E. M., Lucon-Xiccato, T., Agrillo, C., & Bisazza, A. (2015). Use of ordinal information by fish. *Scientific Reports, 5*, 15497.

Petrazzini, M. E. M., Bisazza, A., & Agrillo, C. (2017). Do domestic dogs (*Canis lupus familiaris*) perceive the Delboeuf illusion? *Animal Cognition, 20*, 427–434.

Pfungst, O. (1907). *Das Pferd des Herr von*

Osten (*der Kluge Hans*), eine Beitrag zur experimentellen Tierund Menschpsychologie. Leipzig. Barth. 秦 和子 (訳) (2007). ウマはなぜ「計算」できたのか─「りこうなハンス効果」の発見─ 現代人文社

Piaget, J. (1954). *The construction of reality in the child* (M. Cook, Trans.). New York: Basic Books.

Picq, J. L., Villain, N., Gary, C., Pifferi, F., & Dhenain, M. (2015). Jumping sand apparatus reveals rapidly specific age-related cognitive impairments in mouse lemur primates. *PLoS One, 10*, e0146238.

Pietrewicz, A. T., & Kamil, A. C. (1979). Search image formation in the blue jay (*Cyanocitta cristata*). *Science, 204*, 1332-1333.

Pilley, J., & Reid, A. (2011). Border collie comprehends object names as verbal referents. *Behavioral Processes, 86*, 184-195.

Pisacreta, R. (1996). Transfer of oddity-from-compound samples in the pigeon: Some assembly required. *Behavioural Processes, 37*, 103-124.

Pisacreta, R., Gough, D., Kramer, J., & Schultz, W. (1989). Some factors that influence transfer of oddity performance in the pigeon. *The Psychological Record, 39*, 221-246.

Pisacreta, R., Lefave, P., Lesneski, T., & Potter, C. (1985). Transfer of oddity learning in the pigeon. *Animal Learning & Behavior, 13*, 403-414.

Pisagreta, R., Redwood, E., & Witt, K. (1984). Transfer of matching-to-figure samples in the pigeon. *Journal of the Experimental Analysis of Behavior, 42*, 223-237.

Plotnik, J. M., De Waal, F. B., & Reiss, D. (2006). Self-recognition in an Asian elephant. *Proceedings of the National Academy of Sciences, 103*, 17053-17057.

Plotnik, J. M., Lair, R., Suphachoksahakun, W., & De Waal, F. B. (2011). Elephants know when they need a helping trunk in a cooperative task. *Proceedings of the National Academy of Sciences, 108*, 5116-5121.

Plotnik, J. M., Shaw, R. C., Brubaker, D. L., Tiller, L. N., & Clayton, N. S. (2014). Thinking with their trunks: Elephants use smell but not sound to locate food and exclude nonrewarding alternatives. *Animal Behaviour, 88*, 91-98.

Polgárdi, R., Topál, J., & Csányi, V. (2000). Intentional behaviour in dog-human communication: An experimental analysis of "showing" behaviour in the dog. *Animal Cognition, 3*, 159-166.

Poling, A., Mahoney, A., Beyene, N., Mgode, G., Weetjens, B., Cox, C., & Durgin, A. (2015). Using giant african pouched rats to detect human tuberculosis: A review. *Pan African Medical Journal, 21*, 333.

Poling, A., Weetjens, B., Cox, C., Beyene, N. W., Bach, H., & Sully, A. (2011). Using trained pouched rats to detect land mines: Another victory for operant conditioning. *Journal of Applied Behavior Analysis, 44*, 351-355.

Poole, J. H., Payne, K., Langbauer Jr, W. R., & Moss, C. J. (1988). The social contexts of some very low frequency calls of African elephants. *Behavioral Ecology and Sociobiology, 22*, 385-392.

Portmann, A. (1951). *Biologische Fragmente zu einer Lehre vom Menschen*. Basel: Schwabe. 高木正孝 (訳). (1961). 人間はどこまで動物か 岩波書店

Povinelli, D. J. (1995). The unduplicated self. In P. Rochat (Ed.), *The self in infancy: Theory and research* (pp. 161-192). Amsterdam: Elsevier.

Povinelli D. J. (2000). *Folk physics for apes*. New York: Oxford University Press.

Povinelli, D. J., & Eddy, T. J. (1996). What young chimpanzees know about seeing. *Monographs of the Society for Research in Child Development, 61* (3: Serial No. 243).

Povinelli, D. J., Rulf, A. B., Landau, K. R., & Bierschwale, D. T. (1993). Self-recognition in chimpanzees (*Pan troglodytes*): Distribution, ontogeny, and patterns of emergence. *Journal of Comparative Psychology, 107*, 347-372.

Prados, J., Alvarez, B., Howarth, J., Stewart, K., Gibson, C. L., Hutchinson, C. V., ... & Davidson, C. (2013). Cue competition effects in the planarians. *Animal Cognition, 16*, 177-186.

Prather, J. F., Peters, S., Nowicki, S., & Mooney, R. (2008). Precise auditory-vocal mirroring in neurons for learned vocal communication. *Nature, 451*, 305-310.

Premack, A. J., & Premack, D. (1972). Teaching language to an ape. *Scientific American, 227*, 92-99. 岡野恒也（訳）（1972）．チンパンジーに言葉を教える　日経サイエンス, 12月号, 2-12.

Premack, D. (1970). A functional analysis of language. *Journal of the Experimental Analysis of Behavior, 14*, 107-125.

Premack, D. (1978). On the abstractness of human concepts: Why it would be difficult to talk to a pigeon. In S. H. Hulse, H. Fowler, & W. K. Honig. (Eds.), *Cognitive processes in animal behavior* (pp. 423-451). Hillsdale, NJ: Erlbaum.

Premack, D. (1983). The codes of man and beasts. *Behavioral and Brain Sciences, 6*, 125-136.

Premack, D., & Premack, A. J. (1994). Levels of causal understanding in chimpanzees and children. *Cognition, 50*, 347-362.

Premack, D., & Woodruff, G. (1978a). Chimpanzee problem-solving: A test for comprehension. *Science, 202*, 532-535.

Premack, D., & Woodruff, G. (1978b). Does the chimpanzee have a theory of mind? *Behavioral and Brain Sciences, 1*, 515-526.

Preston, S. D., & De Waal, F. B. (2002). Empathy: Its ultimate and proximate bases. *Behavioral and Brain Sciences, 25*, 1-20.

Pribram, K. H., Miller, G. A., & Galanter, E. (1960). *Plans and the structure of behavior*. New York: Holt. 十島雍蔵・佐久間章・黒田輝彦・江頭幸晴（訳）（1980）．プランと行動の構造　誠信書房

Prior, H., Schwarz, A., & Güntürkün, O. (2008). Mirror-induced behavior in the magpie (*Pica pica*): Evidence of self-recognition. *PLoS Biology, 6*, e202.

Prusky, G. T., & Douglas, R. M. (2005). Vision. In: I. Q. Whishaw & B. Kolb (Eds.), *The behavior of the laboratory rat* (pp. 49-59). New York: Oxford University Press. 古田都（訳）（2015）．視覚　高瀬堅吉・柳井修一・山口哲生（監訳）ラットの行動解析ハンドブック（pp. 41-48）　西村書店

Pryor, K. (1984). *Don't shoot the dog: The new art of teaching and training*. New York: Bantam. 河嶋孝・杉山尚子（訳）うまくやるための強化の原理—飼いネコから配偶者まで—　二瓶社

Pryor. K. (1999). *Getting started: Clicker training for dogs*. Waltham, MA: Sunshine Books. 河嶋孝（監訳）（2002）．

犬のクリッカー・トレーニング 二瓶社
Pryor, K. (2001). *Getting started: Clicker training for cats*. Waltham, MA: Sunshine Books. 杉山尚子・鉾立久美子（訳）(2006). ネコのクリッカー・トレーニング 二瓶社
Pulliam, H. R., & Caraco, T. (1984). Living in groups: Is there an optimal group size? In J. R. Krebs & N. B. Davies (Eds.), *Behavioural ecology: An evolutionary approach* (2nd ed., pp. 122–147). Oxford: Blackwell.
Purtle, R. B. (1973). Peak shift: A review. *Psychological Bulletin, 80*, 408–421.
Quaranta, A., Siniscalchi, M., and Vallortigara, G. (2007). Asymmetric tail-wagging responses by dogs to different emotive stimuli. *Current Biology, 17*, R199-R201.
Rackham, A. (1912). *Aesop's fables*. London: Heineman.
Raihani, N. J., & McAuliffe, K. (2012). Does inequity aversion motivate punishment? Cleaner fish as a model system. *Social Justice Research, 25*, 213–231.
Raihani, N. J., McAuliffe, K., Brosnan, S. F., & Bshary, R. (2012). Are cleaner fish, *Labroides dimidiatus*, inequity averse? *Animal Behaviour, 84*, 665–674.
Ramírez, G. A., Rodríguez, F., Quesada, Ó., Herráez, P., Fernández, A., & Espinosa-de-los-Monteros, A. (2016). Anatomical mapping and density of Merkel cells in skin and mucosae of the dog. *Anatomical Record, 299*, 1157–1164.
Ramirez, K. (Ed.) (1998). *Animal training: Successful animal management through positive reinforcement*. Chicago: Shedd Aquarium.
Ramirez, K. R. (2013). Husbandry training. In M. Irwin, J. Stoner, & A. Cobaugh, (Eds.), *Zookeping: An introduction to the science and technology* (pp. 424–434). Chicago: University of Chicago Press
Ramus, F., Hauser, M. D., Miller, C., Morris, D., & Mehler, J. (2000). Language discrimination by human newborns and by cotton-top tamarin monkeys. *Science, 288*, 349–351.
Range, F., Horn, L., Viranyi, Z., & Huber, L. (2009). The absence of reward induces inequity aversion in dogs. *Proceedings of the National Academy of Sciences, 106*, 340–345.
Range, F., Leitner, K., & Viranyi, Z. (2012). The influence of the relationship and motivation on inequity aversion in dogs. *Social Justice Research, 25*, 170–194.
Rankin, C. H., Abrams, T., Barry, R. J., Bhatnagar, S., Clayton, D. F., Colombo, J., ... & McSweeney, F. K. (2009). Habituation revisited: An updated and revised description of the behavioral characteristics of habituation. *Neurobiology of Learning and Memory, 92*, 135–138.
Rattenborg, N. C., Amlaner, C. J., & Lima, S. L. (2000). Behavioral, neurophysiological and evolutionary perspectives on unihemispheric sleep. *Neuroscience & Biobehavioral Reviews, 24*, 817–842.
Rattenborg, N. C., Voirin, B., Cruz, S. M., Tisdale, R., Dell'Omo, G., Lipp, H-P. et al. (2016). Evidence that birds sleep in mid-flight. *Nature Communications, 7*, 12468 doi:10.1038/ncomms12468
Réale, D., Reader, S. M., Sol, D., McDougall, P. T., & Dingemanse, N. J. (2007). Integrating animal temperament within ecology and evolution. *Biological Reviews, 82*, 291–318.
Reed, P. (2000). Rats' memory for serially presented flavors: Effects of interstimulus

interval and generalization decrement. *Animal Learning & Behavior, 28*, 136–146.

Reed, P., Howell, P., Sackin, S., Pizzimenti, L., & Rosen, S. (2003). Speech perception in rats: use of duration and rise time cues in labeling of affricate/fricative sounds. *Journal of the Experimental Analysis of Behavior, 80*, 205–215.

Reid, P. J. (2009). Adapting to the human world: Dogs' responsiveness to our social cues. *Behavioural Processes, 80*, 325–333.

Reiss, D., & Marino, L. (2001). Mirror self-recognition in the bottlenose dolphin: A case of cognitive convergence. *Proceedings of the National Academy of Sciences, 98*, 5937–5942.

Renbourn, E. T. (1960). Body temperature and pulse rate in boys and young men prior to sporting contests. A study of emotional hyperthermia: With a review of the literature. *Journal of Psychosomatic Research, 4*, 149–175.

Rescorla, R. A. (1967). Pavlovian conditioning and its proper control procedures. *Psychological Review, 74*, 71–80.

Rescorla, R. A. (1972). Informational variables in Pavlovian conditioning. In G. H. Bower (Ed.), *The psychology of learning and motivation* (Vol. 6, pp. 1–46.) New York: Academic Press.

Rescorla, R. A. (1982). Effect of a stimulus intervening between CS and US in autoshaping. *Journal of Experimental Psychology: Animal Behavior Processes, 8*, 131–141.

Rescorla, R. A., & Wagner, A. R. (1972). A theory of Pavlovian conditioning: Variations in the effectiveness of reinforcement and non-reinforcement. In A. H. Black & W. F. Prokasy (Eds.), *Classical conditioning II: Current research and theory* (pp. 64–99). New York: Appleton.

Restle, F. (1957). Discrimination of cues in mazes: A resolution of the "place-vs.-response" question. *Psychological Review, 64*, 217–228.

Rey, S., Huntingford, F. A., Boltana, S., Vargas, R., Knowles, T. G., & Mackenzie, S. (2015). Fish can show emotional fever: Stress-induced hyperthermia in zebrafish. *Proceedings of the Royal Society B: Biological Sciences, 282*, 2015–2266.

Riccio, D. C., Ackil, J. K., & Burch-Vernon, A. (1992). Forgetting of stimulus attributes: Methodological implications for assessing associative phenomena. *Psychological Bulletin, 112*, 433–445.

Rice, G. E. J., & Gainer, P. (1962) "Altruism" in the albino rat. *Journal of Comparative and Physiological Psychology, 55*, 123–125.

Richter, C. P. (1927). Animal behavior and internal drives. *Quarterly Review of Biology, 2*, 307–343.

Richardson, M. K., Hanken, J., Gooneratne, M. L., Pieau, C., Raynaud, A., Selwood, L., & Wright, G. M. (1997). There is no highly conserved embryonic stage in the vertebrates: Implications for current theories of evolution and development. *Anatomy and Embryology, 196*, 91–106.

Riedman, M. L. (1982). The evolution of alloparental care and adoption in mammals and birds. *Quarterly Review of Biology, 57*, 405–435.

Rieger, G., & Turner, D. C. (1999). How depressive moods affect the behavior of singly living persons toward their cats. *Anthrozoös, 12*, 224–233.

Riesen, A. H., & Nissen, H. W. (1942). Nonspatial delayed response by the matching technique. *Journal of Comparative Psychology, 34*, 307-313.

Rilling, M. (1993). Invisible counting animals: A history of contributions from comparative psychology, ethology, and learning theory. In S. T. Boysen & E. J. Capaldi (Eds.), *The development of numerical competence: Animal and human models* (pp. 3-37). Hillsdale, NJ: Erlbaum.

Rilling, M.E., & Neiworth, J.I. (1986). Comparative cognition: A general processes approach. In D. F. Kendricks, M. E. Rilling, & M. R. Denny (Eds.), *Theories of animal memory* (pp. 19-33). Hillsdale, NJ: Erlbaum.

力丸裕・菅乃武男 (1990). コウモリの生物ソナーの神経機構—聴覚情報イメージ化のための脳内計算図— 科学, *60*, 802-811.

Ristau, C. A. (1991). Aspects of the cognitive ethology of an injury-feigning bird, the piping plover. In C. A. Ristau (Ed.), *Cognitive ethology: The minds of other animals—Essays in honor of Donald R. Griffin* (pp. 91-126). Hillsdale, NJ: Erlbaum.

Rizzolatti, G., & Craighero, L. (2004). The mirror-neuron system. *Annual Review of Neuroscience, 27*, 169-192.

Rizzolatti, G., Fadiga, L., Gallese, V., & Fogassi, L. (1996). Premotor cortex and the recognition of motor actions. *Cognitive Brain Research, 3*, 131-141.

Robbins, T. W., & Everitt, B. J. (1996). Neurobehavioural mechanisms of reward and motivation. *Current Opinion in Neurobiology, 6*, 228-236.

Roberts, S. (1981). Isolation of an internal clock. *Journal of Experimental Psychology: Animal Behavior Processes, 7*, 242-268.

Roberts, W. (1998). *Principles of animal cognition.* New York: McGraw-Hill.

Roberts, W. A., & Mazmanian, D. S. (1988). Concept learning at different levels of abstraction by pigeons, monkeys, and people. *Journal of Experimental Psychology: Animal Behavior Processes, 14*, 247-260.

Roberts, W. A., Mazmanian, D. S., & Kraemer, P. J. (1984). Directed forgetting in monkeys. *Animal Learning & Behavior, 12*, 29-40.

Robinson, P. P., & Winkles, P. A. (1990). Quantitative study of fungiform papillae and taste buds on the cat's tongue. *Anatomical Record, 226*, 108-111.

Roe, F. J. C. (1994). Historical histopathological control data for laboratory rodents: Valuable treasure or worthless trash? *Laboratory Animals, 28*, 148-154.

Rofe, P. C., & Anderson, R. S. (1970). Food preference in domestic pets. *Proceedings of the Nutrition Society, 29*, 330-335.

Roitblat, H. L. (1980). Codes and coding processes in pigeon short-term memory. *Animal Learning & Behavior, 8*, 341-351.

Roitblat, H. L., Bever, T. G., & Terrace, H. S. (Eds). (1984). *Animal cognition.* Hillsdale, NJ: Erlbaum.

Romanes, G. J. (1876). Conscience in animals. *Popular Science Monthly, 9*, 80-90.

Romanes, G. J. (1878). Animal intelligence. *Popular Science Monthly, 14*, 214-231.

Romanes, G. J. (1882). *Animal intelligence.* London: Kegan Paul.

Romanes, G. J. (1884). *Mental evolution in animals.* New York: Appleton.

Romanes, G. J. (1892). *Darwin and after Darwin.* London: Longmans.

Romero, T., Konno, A., & Hasegawa, T. (2013).

Familiarity bias and physiological responses in contagious yawning by dogs support link to empathy. *PLoS One, 8*, e71365.

Romero, T., Nagasawa, M., Mogi, K., Hasegawa, T., & Kikusui, T. (2014). Oxytocin promotes social bonding in dogs. *Proceedings of the National Academy of Sciences, 111*, 9085-9090.

Roper, K. L., Kaiser, D. H., & Zentall, T. R. (1995). True directed forgetting in pigeons may occur only when alternative working memory is required on forget-cue trials. *Animal Learning & Behavior, 23*, 280-285.

Roper, K. L., & Zentall, T. R. (1993). Directed forgetting in animals. *Psychological Bulletin, 113*, 513-532.

Rosas, J. M., & Alonso, G. (1996). Temporal discrimination and forgetting of CS duration in conditioned suppression. *Learning and Motivation, 27*, 43-57.

Rosenblatt, J. S., & Siegel, H. I. (1983). Physiological and behavioural changes during pregnancy and parturition underlying the onset of maternal behaviour in rodents. In R. W. Elwood (Ed.), *Parental behaviour of rodents* (pp. 23-66). Chichester: Wiley.

Rosenthal, R., & Fode, K. L. (1963). The effect of experimenter bias on the performance of the albino rat. *Behavioral Science, 8*, 183-189.

Rosenthal, R., & Lawson, R. (1964). A longitudinal study of the effects of experimenter bias on the operant learning of laboratory rats. *Journal of Psychiatric Research, 2*, 61-72.

Rouse, J. E. (1906). The mental life of the domestic pigeon. *Harvard Psychological Studies, 2*, 581-613.

Ruck, P. (1961). Photoreceptor cell response and flicker fusion frequency in the compound eye of the fly, *Lucilia sericata* (Meigen). *Biological Bulletin, 120*, 375-383.

Rugaas, T. (2006). *On talking terms with dogs: Calming signals* (2nd ed.). Wenatchee, WA: Dogwise Publishing. 石綿美香 (訳) (2009). カーミングシグナル エー・ディー・サマーズ

Rugani, R., Fontanari, L., Simoni, E., Regolin, L., & Vallortigara, G. (2009). Arithmetic in newborn chicks. *Proceedings of the Royal Society of London B: Biological Sciences, 276*, 2451-2460.

Rugani, R., Regolin, L., & Vallortigara, G. (2007). Rudimental numerical competence in 5-day-old domestic chicks (*Gallus gallus*): Identification of ordinal position. *Journal of Experimental Psychology: Animal Behavior Processes, 33*, 21-31.

Rugani, R., Regolin, L., & Vallortigara, G. (2008). Discrimination of small numerosities in young chicks. *Journal of Experimental Psychology: Animal Behavior Processes, 34*, 388-399.

Rumbaugh, D. M., Gill, T. V., Brown, J. V., von Glasersfeld, E. C., Pisani, P., Warner, H., & Bell, C. L. (1973a). A computer-controlled language training system for investigating the language skills of young apes. *Behavior Research Methods & Instrumentation, 5*, 385-392.

Rumbaugh, D. M., Gill, T. V., & von Glasersfeld, E. C. (1973b). Reading and sentence completion by a chimpanzee (*Pan*). *Science, 182*, 731-733.

Rumbaugh, D. M., Savage-Rumbaugh, S., & Hegel, M. T. (1987). Summation in the chimpanzee (*Pan troglodytes*). *Journal of Experimental Psychology: Animal Behavior Processes, 13*, 107-115.

Russell, F., & Burke, D.（2016）. Conditional same/different concept learning in the short-beaked echidna（T*achyglossus aculeatus*）. *Journal of the Experimental Analysis of Behavior, 105,* 133–154.

Russell, I. S.（1979）. Brain size and intelligence: A comparative perspective. In D. A. Oakley & H. C. Plotkin,（Eds.）, *Brain, behaviour and evolutio*n（pp. 126–153）. London: Methuen

Russell, W. M. S., & Burch, R. L.（1959）*The principles of humane experimental technique.* London: Methuen. 笠井憲雪（訳）（2012）．人道的な実験技術の原理―実験動物技術の基本原理3R の原点．アドスリー．

Rutte, C., & Taborsky, M.（2008）. The influence of social experience on cooperative behavior of rats（*Rattus norvegicus*）: Direct vs, generalized reciprocity. *Behavioral Ecology and Sociobiology, 62,* 499–505.

Sabbatini, G., & Visalberghi, E.（2008）. Inferences about the location of food in capuchin monkeys（*Cebus apella*）in two sensory modalities. *Journal of Comparative Psychology, 122,* 156–166.

佐渡友陽一・清野聡子・井内岳士・石田戢（1998）．動物観と科学的知識の相互作用―ボスザル神話の形成過程―ヒトと動物の関係学会誌, *5,* 102–108.

Saey, T. H.（2017）. DNA evidence is rewriting domestication origin stories. *Science News, 191*（13）, 20. https://www.sciencenews.org/article/dna-evidence-rewriting-domestication-origin-stories

齋藤慈子・篠塚一貴（2009）．ネコの社会的知性はいかに研究するべきか 動物心理学研究, *59,* 187–197.

Saito, A., & Shinozuka, K.（2013）. Vocal recognition of owners by domestic cats（*Felis catus*）. *Animal Cognition, 16,* 685–690.

Saito, A., Shinozuka, K., Ito, Y., & Hasegawa, T.（2019）. Domestic cats（*Felis catus*）discriminate their names from other words. *Scientific Reports, 9,* 5394.

坂井信之（2000）．味覚嫌悪学習とその脳メカニズム 動物心理学研究, *50,* 151–160.

坂本敏郎（2016）．ウサギ，マウス，ラットにおける瞬目反射条件づけの神経回路 動物心理学研究, *66,* 59–75.

San Diego Zoo Global（2011）. Red-crowned crane（*Grus japonensis*）. Retrieved August 31, 2016, from http://library.sandiegozoo.org/factsheets/red_crowned_crane/red_crowned_crane.html

三宮真智子（編）（2008）．メタ認知―学習力を支える高次認知機能― 北大路書房

Santos, L. R., Mahajan, N., & Barnes, J. L.（2005）. How prosimian primates represent tools: experiments with two lemur species（*Eulemur fulvus* and *Lemur catta*）. *Journal of Comparative Psychology, 119,* 394–403.

Santos, L. R., Pearson, H. M., Spaepen, G. M., Tsao, F., & Hauser, M. D.（2006）. Probing the limits of tool competence: Experiments with two non-tool-using species（*Cercopithecus aethiops* and *Saguinus oedipus*）. *Animal Cognition, 9,* 94–109.

Sato, A., Koda, H., Lemasson, A., Nagumo, S., & Masataka, N.（2012）. Visual recognition of age class and preference for infantile features: Implications for species-specific vs universal cognitive traits in primates. *PLoS One, 7,* e38387.

佐藤暢哉（2010）．ヒト以外の動物のエピソード的（episodic-like）記憶―WWW 記憶と心的時間旅行― 動物

心理学研究, *60*, 105-117.
Sato, N., Tan, L., Tate, K., & Okada, M.（2015）. Rats demonstrate helping behavior toward a soaked conspecific. *Animal Cognition, 18*, 1039-1047.
Satoh, N., Rokhsar, D., & Nishikawa, T.（2014）. Chordate evolution and the three-phylum system. *Proceedings of the Royal Society of London B: Biological Sciences, 281*, 20141729.
Savage-Rumbaugh, E. S., Rumbaugh, D. M., & Boysen, S.（1978）. Symbolic communication between two chimpanzees（*Pan troglodytes*）. *Science, 201*, 641-644.
Savage-Rumbaugh, S., McDonald, K., Sevcik, R. A., Hopkins, W. D., & Rubert, E.（1986）. Spontaneous symbol acquisition and communicative use by pygmy chimpanzees（*Pan paniscus*）. *Journal of Experimental Psychology: General, 115*, 211-235.
Sawa, K., & Nakajima, S.（2001）. Reintegration of stimuli after acquired distinctiveness training. *Learning and Motivation, 32*, 100-114.
Sax, B.（2000）. *Animals in the Third Reich: Pets, scapegoats, and the holocaust.* New York: Continuum. 関口篤（訳）（2002）. ナチスと動物—ペット・スケープゴート・ホロコースト— 青土社
SCAW（1987）. Consensus recommendations on effective institutional animal care and use committees. *Laboratory Animal Science 37*, 11-13.
Schaller, G.（1973）. *The Selengeti lion.* Chicago: University of Chiacago Press. 小原秀雄（監訳）（1982）. セレンゲティライオン（上）（下）思索社
Schiller, P.H.（1949）. Delayed detour response in the octopus. *Journal of Comparative and Physiological Psychology, 42*, 220-225.
Schiller, P. H.（1952）. Innate constituents of complex responses in primates. *Psychological Review, 59*, 177-191.
Schjelderup-Ebbe, T.（1922）. Beiträge zur sozialpsychologie des haushuhns. *Zeitschrift für Psychologie, 88*, 225-252.
Schloegl, C., Dierks, A., Gajdon, G. K., Huber, L., Kotrschal, K., & Bugnyar, T.（2009）. What you see is what you get? Exclusion performances in ravens and keas. *PLos One, 4*, e6368.
Schmelz, M., Duguid, S., Bohn, M., & Völter, C. J.（2017）. Cooperative problem solving in giant otters（*Pteronura brasiliensis*）and Asian small-clawed otters（*Aonyx cinerea*）. *Animal Cognition, 20*, 1107-1114.
Schmitt, V., & Fischer, J.（2009）. Inferential reasoning and modality dependent discrimination learning in olive baboons（*Papio hamadryas anubis*）. *Journal of Comparative Psychology, 123*, 316-325.
Schneirla, T. C.（1966）. Behavioral development and comparative psychology. *Quarterly Review of Biology, 41*, 283-302.
Scholtyssek, C., Kelber, A., Hanke, F. D., & Dehnhardt, G.（2013）. A harbor seal can transfer the same/different concept to new stimulus dimensions. *Animal Cognition, 16*, 915-925.
Schusterman, R.J., & Kastak, D.（1993）. A California sea lion（*Zalophus californianus*）is capable of forming equivalence relations. *The Psychological Record, 43*, 823-839.
Schusterman, R. J., & Krieger, K.（1984）. California sea lions are capable of semantic

comprehension. *The Psychological Record, 34*, 3-23.

Schusterman, R. J., & Krieger, K. (1986). Artificial language comprehension and size transposition by a California sea lion (*Zalophus californianus*). *Journal of Comparative Psychology, 10*, 348-355.

Schwab, C., & Huber, L. (2006). Obey or not obey? Dogs (*Canis familiaris*) behave differently in response to attentional states of their owners. *Journal of Comparative Psychology, 120*, 169-175.

Schwartz, L. P., Silberberg, A., Casey, A. H., Kearns, D. N., & Slotnick, B. (2017). Does a rat release a soaked conspecific due to empathy? *Animal Cognition, 20*, 299-308.

Scopa, C., & Palagi, E. (2016). Mimic me while playing! Social tolerance and rapid facial mimicry in macaques (*Macaca tonkeana* and *Macaca fuscata*). *Journal of Comparative Psychology, 130*, 153-161.

Scott, J. P., & Fuller, J. L. (1965). *Genetics and the social behavior of the dog.* Chicago: Chicago University Press.

Seed, A. M., Clayton, N. S., & Emery, N. J. (2008). Cooperative problem solving in rooks (*Corvus frugilegus*). *Proceedings of the Royal Society of London B: Biological Sciences, 275*, 1421-1429.

Seligman, M. E. (1970). On the generality of the laws of learning. *Psychological Review, 77*, 406-418.

Seligman, M. E. (1975). *Helplessness: On depression, development, and death.* New York: Freeman.

Seligman, M. E. P., & Hager, J. L. (Eds.) (1972). *Biological boundaries of learning.* New York: Appleton.

Seligman, M. E. P., & Maier, S. F. (1967). Failure to escape traumatic shock. *Journal of Experimental Psychology, 74*, 1-9.

Seligman, M. E. P., Maier, S. F., & Solomon, R. L. (1971). Unpredictable and uncontrollable aversive events. In F. R. Brush (Ed.), *Aversive conditioning and learning* (pp. 347-400). New York: Academic Press.

Seligman, M. E. P., Rosellini, R. A., & Kozak, M. J. (1975). Learned helplessness in the rat: Time course, immunization, and reversibility. *Journal of Comparative and Physiological Psychology, 88*, 542-547.

Serpell, J. A. (2000). Domestication and history of the cat. In D. C. Turner & P. Bateson (Eds.), *The domestic cat: The biology of its behavior* (2nd ed., pp. 179-192). Cambridge, UK: Cambridge University Press. 森裕司（監修）・武部正美・加隈良枝（訳）(2006). 猫の家畜化と歴史 ドメスティック・キャット―その行動の生物学―（pp. 249-267） チクサン出版社

Seyfarth, R. M., Cheney, D. L., & Marler, P. (1980). Monkey responses to three different alarm calls: Evidence of predator classification and semantic communication. *Science, 210*, 801-803.

Shaw, R. C., Plotnik, J. M., & Clayton, N. S. (2013). Exclusion in corvids: The performance of food-caching Eurasian jays (*Garrulus glandarius*). *Journal of Comparative Psychology, 127*, 428-435.

Sherry, D. F., & Galef, B. G., Jr. (1984). Cultural transmission without imitation: Milk bottle opening by birds. *Animal Behaviour, 32*, 937-938.

Sherry, D. F., & Galef, B. G., Jr. (1990). Social learning without imitation: More about milk bottle opening by birds. *Animal Behaviour, 40*, 987-989.

Sherry, D. F., Jacobs, L. F., & Gaulin, S. J. (1992). Spatial memory and adaptive specialization of the hippocampus. *Trends in neurosciences, 15*, 298-303.

Sherry, D. F., Vaccarino, A. L., Buckenham, K., & Herz, R. S. (1989). The hippocampal complex of food-storing birds. *Brain, Behavior and Evolution, 34*, 308-317.

Shettleworth, S. J. (1975). Reinforcement and the organization of behavior in golden hamsters: Hunger, environment, and food reinforcement. *Journal of Experimental Psychology: Animal Behavior Processes, 1*, 56-87.

柴内俊次(1988). モグラのアイマー器官について 口腔病學會雜誌, 55, 507.

七田芳則(2001). 光受容器の進化. [社] 日本動物学会関東支部(編), 生き物はどのように世界を見ているか―さまざまな視覚とそのメカニズム―(pp. 53-79) 学会出版センター

清水寛之(編)(2009). メタ記憶―記憶のモニタリングとコントロール― 北大路書房

正田陽一(2010). 家畜育種の歴史と遺伝学の進歩. 正田陽一(編), 品種改良の世界史―家畜篇―(pp. 1-22) 悠書館

Shultz, S., & Dunbar, R. I. M. (2010). Species differences in executive function correlate with hippocampus volume and neocortex ratio across nonhuman primates. *Journal of Comparative Psychology, 124*, 252-260.

Shumaker, R. W., Walkup, K. R., & Beck, B. B. (2011). *Animal tool behavior: The use and manufacture of tools by animals*. Baltimore, MA: Johns Hopkins University Press.

Shuranova, Z. P. (1996). History of invertebrate behavioral studies in Russia. In C. I. Abramson, Z. P. Shuranova, & Y. M. Burmistrov (Eds.), *Russian contributions to invertebrate behavior* (pp. 5-41). Westport, CT: Praeger.

Siclari, F., Baird, B., Perogamvros, L., Bernardi, G., LaRocque, J. J., Riedner, B., ... & Tononi, G. (2017). The neural correlates of dreaming. *Nature Neuroscience, 20*, 872-878.

Sidman, M. (1990). Equivalence relations: Where do they come from? In D. E. Blackman & H. Lejeune (Eds.), *Behavioral analysis in theory and practice: Contributions and controversies* (pp. 93-114). Hillsdale, NJ: Erlbaum.

Sidman, M., Rauzin, R., Lazar, R., Cunningham, S., Tailby, W., & Carrigan, P. (1982). A search for symmetry in the conditional discriminations of rhesus monkeys, baboons, and children. *Journal of the Experimental Analysis of Behavior, 37*, 23-44.

Sidman, M., & Tailby, W. (1982). Conditional discrimination vs. matching to sample: An expansion of the testing paradigm. *Journal of the Experimental Analysis of Behavior, 37*, 5-22.

Sidman, M., Wynne, C. K., Maguire, R. W., & Barnes, T. (1989). Functional classes and equivalence relations. *Journal of the Experimental Analysis of Behavior, 52*, 261-274.

Siegel, J. M. (2008). Do all animals sleep? *Trends in Neurosciences, 31*, 208-213.

Sih, A., Bell, A., & Johnson, J. C. (2004). Behavioral syndromes: An ecological and evolutionary overview. *Trends in Ecology & Evolution, 19*, 372-378.

Silberberg, A., Allouch, C., Sandfort, S., Kearns, D., Karpel, H., & Slotnick, B. (2014). Desire for social contact, not empathy, may explain "rescue" behavior in rats. *Animal Cognition, 17*, 609-618.

Silva, F. J., Page, D. M., & Silva, K. M. (2005). Methodological-conceptual problems in the study of chimpanzees' folk physics: How studies with adult humans can help. *Animal Learning & Behavior, 33*, 47–58.

Simons, P. (1992). *The action plant: Movement and nervous behaviour in plants.* Oxford: Blackwell. 柴岡孝雄・西崎友一郎（訳）(1996). 動く植物　八坂書房

Siniscalchi, M., Lusito, R., Vallortigara, G., & Quaranta, A. (2013). Seeing left-or right-asymmetric tail wagging produces different emotional responses in dogs. *Current Biology, 23*, 2279–2282.

Skinner, B. F. (1938). *The behavior of organisms: An experimental analysis.* New York: Appleton.

Skinner, B. F. (1950). Are theories of learning necessary? *Psychological Review, 57*, 193–216.

Skinner, B. F. (1960). Pigeons in a pelican. *American Psychologist, 15*, 28–37.

Skinner, B. F. (1977). Why I am not a cognitive psychologist. *Behaviorism, 5*, 1–10.

Slotnick, B., Hanford, L., & Hodos, W. (2000). Can rats acquire an olfactory learning set? *Journal of Experimental Psychology: Animal Behavior Processes, 26*, 399–415.

Slotnick, B. M., & Katz, H. M. (1974). Olfactory learning-set formation in rats. *Science, 185*, 796–798.

Slotnick, B. M., Kufera, A., & Silberberg, A. M. (1991). Olfactory learning and odor memory in the rat. *Physiology & Behavior, 50*, 555–561.

Sluckin, W. (1964). *Imprinting and early learning.* London: Methuen. 多田富雄（訳）(1977). 刻印づけと初期学習——接近・追従と愛着の成長——　川島書店

Small, W. S. (1900). An experimental study of the mental processes of the rat. *American Journal of Psychology, 11*, 133–165.

Small, W. S. (1901). Study of the mental processes in rats: II. *American Journal of Psychology, 12*, 206–239

Smith, A. (2006). Cognitive empathy and emotional empathy in human behavior and evolution. *The Psychological Record, 56*, 3–21.

Smith, J. D., Schull, J., Strote, J., McGee, K., Egnor, R., & Erb, L. (1995). The uncertain response in the bottlenosed dolphin (*Tursiops truncatus*). *Journal of Experimental Psychology: General, 124*, 391–408.

Smith, J. D., Shields, W. E., Schull, J., & Washburn, D. A. (1997). The uncertain response in humans and animals. *Cognition, 62*, 75–97.

Smith, W. J. (1968). Message-meaning analyses. In T. A. Sebeok (Ed.), *Animal communication: Techniques of study and results of research* (pp. 44–60). Bloomington, IN: Indiana University Press.

Sneddon, L. U. (2003). The evidence for pain in fish: The use of morphine as an analgesic. *Applied Animal Behaviour Science, 83*, 153–162.

Sneddon, L. U., Braithwaite, V. A., & Gentle, M. J. (2003). Do fishes have nociceptors? Evidence for the evolution of a vertebrate sensory system. *Proceedings of the Royal Society of London B: Biological Sciences, 270*, 1115–1121.

Soha, J. A., Nelson, D. A., & Parker, P. G. (2004). Genetic analysis of song dialect populations in Puget Sound white-crowned sparrows. *Behavioral Ecology, 15*, 636–646.

Sokolov, Y. N. (1963). *Perception and the conditioned reflex.* New York: Pergamon. 金子隆芳・鈴木宏哉（訳）(1965). 知覚と条件反射―知覚の反射的基盤― 世界書院

Solms, M. (2000). Dreaming and REM sleep are controlled by different brain mechanisms. *Behavioral and Brain Sciences, 23,* 843-850.

Sotocinal, S. G., Sorge, R. E., Zaloum, A., Tuttle, A. H., Martin, L. J., Wieskopf, J. S., ... & McDougall, J. J. (2011). The Rat Grimace Scale: A partially automated method for quantifying pain in the laboratory rat via facial expressions. *Molecular Pain, 7,* 55.

Spalding, D. A. (1872). On instinct. *Nature, 6,* 485-486.

Spalding. D. A. (1873). Instinct with original observations on young animals. *Mucmillan's Magazine, 27,* 282-293.

Spence, K. W. (1937). The differential response in animals to stimuli varying within a single dimension. *Psychological Review, 44,* 430-444.

Spence, K. W. (1942). The basis of solution by chimpanzees of the intermediate size problem. *Journal of Experimental Psychology, 31,* 257-271.

Spence, K. W. (1956). *Behavior theory and conditioning.* New Haven, CT: Yale University Press. 三谷恵一（訳）(1982). 行動理論と条件づけ ナカニシヤ出版

Spencer, H. (1855). *Principles of psychology.* London: Longman, Brown and Green.

Spencer, H. (1864). *The principles of biology.* London: William and Norgate

Spetch, M. L., Cheng, K., & Mondloch, M. V. (1992). Landmark use by pigeons in a touch-screen spatial search task. *Animal Learning & Behavior, 20,* 281-292.

Spetch, M. L., & Wilkie, D. M. (1983). Subjective shortening: A model of pigeons' memory for event duration. *Journal of Experimental Psychology: Animal Behavior Processes, 9,* 14-30.

Sprott, R. L., & Austad, S. N. (1996). Animal models for aging research. In E. L. Schneider & J. W. Rowe (Eds.), *Handbook of the biology of aging* (4th ed., pp. 3-23). Academic Press.

Squire, L. R. (1992). Declarative and nondeclarative memory: Multiple brain systems supporting learning and memory. *Journal of Cognitive Neuroscience, 4,* 232-243.

Stanton, L., Davis, E., Johnson, S., Gilbert, A., & Benson-Amram, S. (2017). Adaptation of the Aesop's Fable paradigm for use with raccoons (*Procyon lotor*): Considerations for future application in non-avian and non-primate species. *Animal Cognition, 20,* 1147-1152.

Stattelman, A. J., Talbot, R. B., & Coulter, D. B. (1975). Olfactory thresholds of pigeons (*Columba livia*), quail (*Colinus virginianus*) and chickens (*Gallus gallus*). *Comparative Biochemistry and Physiology Part A: Physiology, 50,* 807-809.

Stebbins, W. C. (Ed.) (1970). *Animal psychophysics: The design and conduct of sensory experiments.* New York: Appleton.

Steele, M. A., Halkin, S. L., Smallwood, P. D., McKenna, T. J., Mitsopoulos, K., & Beam, M. (2008). Cache protection strategies of a scatter-hoarding rodent: Do tree squirrels engage in behavioural deception? *Animal Behaviour, 75,* 705-714.

Steiger, S., Franz, R., Eggert, A. K., & Müller, J. K. (2008). The Coolidge effect, individual recognition and selection for distinctive cuticular signatures in a burying beetle. *Proceedings of the Royal Society of London B: Biological Sciences, 275*, 1831-1838.

Stein, L. (1966). Habituation and stimulus novelty: A model based on classical conditioning. *Psychological Review, 73*, 352-356.

Sterritt, G. M. (1966). Light as a reinforcer of pecking in tube-fed leghorn chicks. *Psychonomic Science, 5*, 35-36.

Stevens, J. R., & Livermore, A., Jr. (1978). Eye blinking and rapid eye movement: Pulsed photic stimulation of the brain. *Experimental Neurology, 60*, 541-556.

Storer, J. B. (1966). Longevity and gross pathology at death in 22 inbred mouse strains. *Journal of Gerontology, 21*, 404-409.

Stornelli, M. R., Lossi, L., & Giannessi, E. (1999). Localization, morphology and ultrastructure of taste buds in the domestic duck (*Cairina moschata domestica L.*) oral cavity. *Italian Journal of Anatomy and Embryology, 105*, 179-188.

Strod, T., Arad, Z., Izhaki, I., & Katzir, G. (2004). Cormorants keep their power: Visual resolution in a pursuit-diving bird under amphibious and turbid conditions. *Current Biology, 14*, R376-R377.

Subiaul, F., Cantlon, J. F., Holloway, R. L., & Terrace, H. S. (2004). Cognitive imitation in rhesus macaques. *Science, 30*, 407-410.

Subias, L., Griffin, A. S., & Guez, D. (2019). Inference by exclusion in the red-tailed black cockatoo (*Calyptorhynchus banksii*). *Integrative Zoology, 14*, 193-203.

Suda-King, C. (2008). Do orangutans (*Pongo pygmaeus*) know when they do not remember? *Animal Cognition, 11*, 21-42.

Suddendorf, T., & Busby, J. (2003). Mental time travel in animals? *Trends in Cognitive Sciences, 7*, 391-396.

Suga, N., Niwa, H., & Taniguchi, I. (1983). Representation of biosonar information in the auditory cortex of the mustached bat, with emphasis on representation of target velocity information. In In P. Ewert & D. J. Ingle (Eds.), *Advances in vertebrate neuroethology* (pp. 829-867). New York: Springer.

菅原美子 (1996). 電気感覚系の比較生物学 II：電気受容器と電気受容機構 比較生理生化学, *13*, 219-234.

杉岡幸三・薛富義・寺島俊雄 (2003). 胎児からのメッセージ—神経行動奇形学からのアプローチ— 行動科学, *42*, 11-24.

Sugiyama, Y. (1965). On the social change of Hanuman langurs (*Presbytis entellus*) in their natural condition. *Primates, 6*, 381-418.

Sulkowski, G. M., & Hauser, M. D. (2001). Can rhesus monkeys spontaneously subtract? *Cognition, 79*, 239-262.

Sumpter, C. E., Foster, T. M., & Temple, W. (1995). Predicting and scaling hens' preferences for topographically different responses. *Journal of the Experimental Analysis of Behavior, 63*, 151-163.

Sutherland, N. S., & Mackintosh, N. J. (1971). *Mechanisms of animal discrimination learning.* London: Academic Press.

Suthers, R., Chase, J., & Braford, B. (1969). Visual form discrimination by echolocating bats. *Biological Bulletin, 137*, 535-546.

Sutton, J. E., & Shettleworth, S. J. (2008). Memory without awareness: pigeons do not show metamemory in delayed matching to sample. *Journal of Experimental Psychology: Animal Behavior Processes, 34,* 266-282.

鈴木光太郎（1995）．動物は世界をどう見るか　新曜社

Suzuki, K., & Kobayashi, T. (2000). Numerical competence in rats (*Rattus norvegicus*): Davis and Bradford (1986) extended. *Journal of Comparative Psychology, 114,* 73-85.

鈴木松美（2003）．バウリンガル―はじめて犬と話した日―　竹書房

Suzuki, S., Augerinos, G., & Black, A. H. (1980). Stimulus control of spatial behavior on the eight-arm maze in rats. *Learning and Motivation, 11,* 1-18.

Svartberg, K., & Forkman, B. 2002 Personality traits in the domestic dog (*Canis familiaris*). *Applied Animal Behaviour Science, 79,* 133-155.

Swarth, H. S. (1935). Injury-feigning in nesting birds. *Auk, 52,* 352-354.

Tada, H., Omori, Y., Hirokawa, K., Ohira, H., & Tomonaga, M. (2013). Eye-blink behaviors in 71 species of primates. *PLoS One, 8,* e66018

高林純示（1995a）．立ち聞きするマメ　言語，*24*（8），38-45．

高林純示（1995b）．〈植物のコミュニケーション〉研究史　言語，*24*（8），78-83．

高橋晃周・依田憲（2010）．バイオロギングによる鳥類研究　日本鳥学会誌，*59,* 3-19．

高橋良哉（2010）．老化促進モデルマウスSAMを用いた抗老化研究　薬学雑誌，*130,* 11-18．

高木貞敬（1974）．嗅覚の話　岩波書店

高橋正三・福井昌夫・若村定男（2002）．嗅覚刺激　石原勝敏・金井龍二・河野重行・能村哲郎（編），生物学データ大百科事典［下］（pp. 2311-2322）朝倉書店

高岡祥子（2009）．イヌ‐ヒト間の社会的やり取りから見たイヌの社会的知性　動物理学研究，*59,* 15-23．

高砂美樹（2010）．20世紀前半における日本の比較心理学の展開　動物心理学研究，*60,* 19-38．

高砂美樹（2013）．戦前に国際的に活躍した日本人動物心理学者について　動物心理学研究，*62,* 163-167．

瀧本彩加（2015）．向社会行動の進化の道筋をめぐる議論の整理　動物心理学研究，*65,* 1-9．

田巻義孝（1994）．わが国における行動奇形学の現状と課題　心理学研究，*65,* 67-82．

田名部雄一（2010）．家禽．正田陽一（編），品種改良の世界史―家畜篇―（pp. 367-437）　悠書館

Tanaka, G., Hou, X., Ma, X., Edgecombe, G. D., & Strausfeld, N. J. (2013). Chelicerate neural ground pattern in a Cambrian great appendage arthropod. *Nature, 502,* 364-367.

田中正之（2016）．動物園の動物のこころを探る　動物心理学研究，*66,* 53-57．

Tanaka, M., Tsuda, A., Yokoo, H., Yoshida, M., Mizoguchi, K., & Shimizu, T. (1991). Psychological stress-induced increases in noradrenaline release in rat brain regions are attenuated by diazepam, but not by morphine. *Pharmacology Biochemistry and Behavior, 39,* 191-195.

田中毅・佐藤方哉（1981）．ハトの線形序列形成および推移的推論　日本心理学会第45回大会発表論文集，p. 239．東京女子大学

田中良久（1956）．動物心理学　共立出版

Tanimoto, H., Heisenberg, M., & Gerber, B. (2004). Experimental psychology: Event timing turns punishment to reward. *Nature, 430,* 983-983.

谷内通 (1998). ラットにおける系列学習研究とその展開　心理学評論, *41*, 392-407.

Taniuchi, T., Miyazaki, R., & Siddik, M. A. B. (2017). Concurrent learning of multiple oddity discrimination in rats. *Behavioural Processes, 140*, 6-15.

谷内通・坂田富希子・上野糧正 (2013). ラットの放射状迷路遂行における指示忘却　基礎理学研究, *31*, 113-122.

Taniuchi, T., Sugihara, J., Wakashima, M., & Kamijo, M. (2016). Abstract numerical discrimination learning in rats. *Learning & Behavior, 44*, 122-136.

Tarsitano, M. (2006). Route selection by a jumping spider (*Portia labiata*) during the locomotory phase of a detour. *Animal Behaviour, 72*, 1437-1442.

Tarsitano, M. S., & Andrew, R. (1999). Scanning and route selection in the jumping spider *Portia labiata*. *Animal Behaviour, 58*, 255-265.

Taylor, A. H., Elliffe, D. M., Hunt, G. R., Emery, N. J., Clayton, N. S., & Gray, R. D. (2011). New Caledonian crows learn the functional properties of novel tool types. *PLoS One, 6*, e26887.

Taylor, A. H., Hunt, G. R., Holzhaider, J. C., & Gray, R. D. (2007). Spontaneous metatool use by New Caledonian crows. *Current Biology, 17*, 1504-1507.

Taylor, A. H., Hunt, G. R., Medina, F. S., & Gray, R. D. (2009). Do New Caledonian crows solve physical problems through causal reasoning? *Proceedings of the Royal Society of London B: Biological Sciences, 276*, 247-254.

Tebbich, S., & Bshary, R. (2004). Cognitive abilities related to tool use in the woodpecker finch, *Cactospiza pallida*. *Animal Behaviour, 67*, 689-697.

Tebbich, S., Seed, A. M., Emery, N. J., & Clayton, N. S. (2007). Non-tool-using rooks, *Corvus frugilegus*, solve the trap-tube problem. *Animal Cognition, 10*, 225-231.

Temeles, E. J. (1994). The role of neighbours in territorial systems: When are they 'dear enemies'? *Animal Behaviour, 47*, 339-350.

Templer, V. L., & Hampton, R. R. (2013). Episodic memory in nonhuman animals. *Current Biology, 23*, R801-806.

Terrace, H. S. (1987). Chunking by a pigeon in a serial learning task. *Nature, 325*, 149-151.

Terrace, H. S. (1991). Chunking during serial learning by a pigeon: I. Basic evidence. *Journal of Experimental Psychology: Animal Behavior Processes, 17*, 81-93.

Terrace, H. S. (2005). The simultaneous chain: A new approach to serial learning. *Trends in Cognitive Sciences, 9*, 202-210.

Terrace, H. S., Petitto, L. A., Sanders, R. J., & Bever, T. G. (1979). Can an ape create a sentence? *Science, 206*, 891-902.

Teschke, I., Wascher, C. A. F., Scriba, M. F., von Bayern, A. M., Huml, V., Siemers, B., & Tebbich, S. (2013). Did tool-use evolve with enhanced physical cognitive abilities? *Philosophical Transactions of the Royal Society B, 368*, 20120418.

Thomas, G. V., Lieberman, D. A., McIntosh, D. C., & Ronaldson, P. (1983). The role of marking when reward is delayed. *Journal of Experimental Psychology: Animal Behavior Processes, 9*, 401-411

Thomas, J. A., & Turl, C. W. (1990). Echolocation characteristics and range detection threshold of a false killer whale (*Pseudorca crassidens*). In J. S. Thomas & R. A Kastelein (Eds.), *Sensory abilities of cetaceans* (pp. 321-334). Springer US.

Thomas, R. K., Fowlkes, D., & Vickery, J. D. (1980). Conceptual numerousness judgments by squirrel monkeys. *American Journal of Psychology, 93*, 247-257.

Thompson, R. F. (2009). Habituation: A history. *Neurobiology of Learning and Memory, 92*, 127-134.

Thompson, R. F., & Spencer, W. A. (1966). Habituation: A model phenomenon for the study of neuronal substrates of behavior. *Psychological Review, 73*, 16-43.

Thompson, R. K., Oden, D. L., & Boysen, S. T. (1997). Language-naive chimpanzees (*Pan troglodytes*) judge relations between relations in a conceptual matching-to-sample task. *Journal of Experimental Psychology: Animal Behavior Processes, 23*, 31-43.

Thorndike, E. L. (1898). Animal intelligence: An experimental study of the associative processes in animals. *Psychological Review Monograph Supplements, 2* (Whole No. 8).

Thorndike, E. L. (1911). *Animal intelligence: Experimental studies*. New York: Macmillan.

Thorndike, E. L. (1920). Intelligence and its use. *Harper's Magazine, 140*, 227-235.

Thorndike, E. L., Terman, L. M., Freeman, F. M., Colvin, S. S., Pintner, R., & Pressey, S. L. (1921). Intelligence and its measurement: A symposium. *Journal of Educational Psychology, 12*, 123-147.

Thorne, C. (1995). Feeding behaviour of domestic dogs and the role of experience. In J. Serpell (Ed.), *The domestic dog: Its evolution, behavior, and interactions with people* (pp. 103-114). New York: Cambridge University Press.

Thorpe, W. H. (1956). *Learning and instinct in animals*. London: Methuen.

Timberlake, W. (1994). Behavior systems, associationism, and Pavlovian conditioning. *PsychonomicBulletin & Review, 1*, 405-420.

Tinbergen, N. (1942). An objectivistic study of the innate behaviour of animals. *Bibliotheca Biotheoretica, 1*, 39-98

Tinbergen, N. (1951). *The study of instinct*. Oxford: Clarendon. 永野為武 (訳) (1975). 本能の研究. 三共出版

Tinbergen, N. (1960). The natural control of insects in pine woods: Vol. 1. Factors influencing the intensity of predation by songbirds. *Archives Neelandaises de Zoologie, 13*, 265-343.

Tinbergen, N., & Perdeck, A. C. (1950). On the stimulus situation releasing the begging response in the newly hatched herring gull chick (*Larus argentatus* Pont.). *Behaviour, 3*, 1-39.

Tinklepaugh, O. L. (1928). An experimental study of representative factors in monkeys. *Journal of Comparative Psychology, 8*, 197-236.

Todt, D. (1975). Social learning of vocal patterns and modes of their application in grey parrots (*Psittacus erithacus*). *Zeitschrift für Tierpsychologie, 39*, 178-188.

徳永章二・浦野栄一郎・三浦慎悟・栗田博之 (2002a). 社会システム・配偶関係・群れサイズ 石原勝敏・金井龍二・河野重行・能村哲郎 (編), 生物学データ大百科事典 [下] (pp. 2461-2473) 朝倉書店

徳永章二・浦野栄一郎・三浦慎悟・栗田博之 (2002b). なわばりと行動圏 石原勝敏・金井龍二・河野重行・能村哲郎 (編), 生物学データ大百科事典 [下] (pp. 2473-2482) 朝倉書店

Tolman, E. C. (1924). The inheritance of maze-

learning ability in rats. *Journal of Comparative Psychology, 4*, 1-18.
Tolman, E. C. (1928). Habit formation and higher mental processes in animals. *Psychological Bulletin, 25*, 24-53.
Tolman, E. C. (1932). *Purposive behavior in animals and men*. New York: Appleton. 富田達彦（訳）（1977）．新行動主義心理学—動物と人間における目的的行動— 清水弘文堂
Tolman, E. C. (1948). Cognitive maps in rats and men. *Psychological Review, 55*, 189-208.
Tolman, E. C., & Honzik, C. H. (1930). "Insight" in rats. *University of California, Publications in Psychology, 4*, 215-232
Tolman, E. C., Ritchie, B. F., & Kalish, D. (1946). Studies in spatial learning. II. Place learning versus response learning. *Journal of Experimental Psychology, 36*, 221-229.
Tomasello, M. (1990). Cultural transmission in the tool use and communicatory signaling of chimpanzees? In S. T. Parker & K. R. Gibson (Eds.) *"Language" and intelligence in monkeys and apes* (pp. 274-321). New York: Cambridge University Press.
Tomback, D. F. (1980). How nutcrackers find their seed stores. *Condor, 82*, 10-19.
Tomonaga, M. (1993). Tests for control by exclusion and negative stimulus relations of arbitrary matching to sample in a "symmetry emergent" chimpanzee. *Journal of the Experimental Analysis of Behavior, 59*, 215-229.
Tomonaga, M. (1998). Perception of shape from shading in chimpanzees (*Pan troglodytes*) and humans (*Homo sapiens*). *Animal Cognition, 1*, 25-35.
友永雅己（1999）．チンパンジーにおける顔の方向の知覚―視覚探索課題を用いて― 霊長類研究, *15*, 215-229.
Tomonaga, M. (2008). Relative numerosity discrimination by chimpanzees (*Pan troglodytes*): Evidence for approximate numerical representations. *Animal Cognition, 11*, 43-57.
Tomonaga, M., & Matsuzawa, T. (2002). Enumeration of briefly presented items by the chimpanzee (*Pan troglodytes*) and humans (*Homo sapiens*). *Animal Learning & Behavior, 30*, 143-157.
Tomonaga, M., Matsuzawa, T., Fujita, K., & Yamamoto, J. H. (1991). Emergence of symmetry in a visual conditional discrimination by chimpanzees (*Pan troglodytes*). *Psychological Reports, 68*, 51-60.
友永雅己・松沢哲郎・板倉昭二（1993）．チンパンジーにおける数字系列の学習 霊長類研究, *9*, 67-77.
Topper, T. P., Holmer, L. E., & Caron, J. B. (2014). Brachiopods hitching a ride: An early case of commensalism in the middle Cambrian Burgess Shale. *Scientific Reports, 4*, 6704.
Tornick, J. K., & Gibson, B. M. (2013). Tests of inferential reasoning by exclusion in Clark's nutcrackers (*Nucifraga columbiana*). *Animal Cognition, 16*, 583-597.
Toro, J. M., Trobalon, J. B., & Sebastián-Gallés, N. (2003). The use of prosodic cues in language discrimination tasks by rats. *Animal Cognition, 6*, 131-136.
Toro, J. M., Trobalon, J. B., & Sebastián-Gallés, N. (2005). Effects of backward speech and speaker variability in language discrimination by rats. *Journal of Experimental Psychology: Animal Behavior Processes, 31*, 95-100.
外崎肇一（1989）．イヌの嗅覚と行動．高木貞敬・渋谷達明（編），匂いの科学（pp. 139-146）朝倉書店

Travers, S. P., & Nicklas, K. (1990). Taste bud distribution in the rat pharynx and larynx. *Anatomical Record, 227*, 373–379.

Triana, E., & Pasnak, R. (1981). Object permanence in cats and dogs. *Animal Learning & Behavior, 9*, 135–139.

Tromp, D., Meunier, H., & Roeder, J. J. (2015). Transitive inference in two lemur species (*Eulemur macaco* and *Eulemur fulvus*). *American Journal of Primatology, 77*, 338–345.

Trumler, E. (1974). *Hunde ernst genommen: Zum Wesen und Verständis ihres Verhaltens.* München: Piper. 渡辺格（訳）(1996). 犬の行動学 中央公論社

Truppa, V., Garofoli, D., Castorina, G., Mortari, E. P., Natale, F., & Visalberghi, E. (2010). Identity concept learning in matching-to-sample tasks by tufted capuchin monkeys (*Cebus apella*). *Animal Cognition, 13*, 835–848.

Tryon, R. C. (1930). Studies in individual differences in maze ability I: The measurement of the reliability of individual differences. *Journal of Comparative Psychology, 11*, 145–170.

Tryon, R. C. (1940). Genetic differences in maze learning ability in rats. *Yearbook of the National Society for the Study of Education, 39*, 111–119.

角田健司（2010）. ヒツジ 正田陽一（編）, 品種改良の世界史―家畜篇―（pp. 257–291） 悠書館

Tsutsumi, S., Ushitani, T., & Fujita, K. (2011). Arithmetic-like reasoning in wild vervet monkeys: A demonstration of cost-benefit calculation in foraging. *International Journal of Zoology, 2011*, 806589.

Tu, H. W., & Hampton, R. R. (2014). Control of working memory in rhesus monkeys (*Macaca mulatta*). *Journal of Experimental Psychology. Animal Learning and Cognition, 40*, 467–476.

Tudor, D. C. (1991). *Pigeon health and disease.* Ames, IA: Iowa. State University Press.

Tulving, E. (1972). Episodic and semantic memory. In E. Tulving & W. Donaldson (Eds.), *Organization of memory* (pp. 382–402). New York: Academic Press

Tulving, E. (2002). Episodic memory: From mind to brain. *Annual Review of Psychology, 53*, 1–25.

Tulving, E., & Thomson, D. M. (1973). Encoding specificity and retrieval processes in episodic memory. *Psychological Review, 80*, 352–373.

Tully, T., Cambiazo, V., & Kruse, L. (1994). Memory through metamorphosis in normal and mutant *Drosophila*. *Journal of N euroscience, 14*, 68–74.

Turner, D. C., Rieger, G., & Gygax, L. (2003). Spouses and cats and their effects on human mood. *Anthrozoös, 16*, 213–228.

Uchino, E., & Watanabe, S. (2014). Self-recognition in pigeons revisited. *Journal of the Experimental Analysis of Behavior, 102*, 327–334

Udell, M. A., Dorey, N. R., & Wynne, C. D. (2010). What did domestication do to dogs? A new account of dogs' sensitivity to human actions. *Biological Reviews, 85*, 327–345.

Udell, M. A. R., & Wynne, C. D. L. (2008). A review of domestic dogs' (*Canis familiaris*) human-like behaviors: Or why behavior analysts should stop worrying and love their dogs. *Journal of the Experimental Analysis of Behavior, 89*, 247–261.

Udell, M. A., & Wynne, C. D. (2010). Ontogeny and phylogeny: Both are essential to human-sensitive behaviour in the genus

Canis. *Animal Behaviour, 79,* e9-e14.

上田一夫 (1987). 母川回帰　森沢正昭・会田勝美・平野哲也（編), 回遊魚の生物学 (pp. 172-180) 学会出版センター

上田一夫 (1989). 魚類の嗅覚と行動 高木貞敬・渋谷達明（編), 匂いの科学 (pp. 173-182). 朝倉書店

上田一夫 (2002). 回遊　石原勝敏・金井龍二・河野重行・能村哲郎（編), 生物学データ大百科事典 ［下］ (pp. 2357-2361) 朝倉書店

Ueno, H., Suemitsu, S., Murakami, S., Kitamura, N., Wani, K., Matsumoto, Y., ... & Ishihara, T. (2019). Helping-like behaviour in mice towards conspecifics constrained inside tubes. *Scientific Reports, 9* (1), 5817.

上野将敬 (2016). 霊長類における毛づくろいの互恵性に関する研究の展開 動物心理学研究, *66,* 91-107.

上野雄宏・林部敬吉 (1994). 動物の知覚 大山正・今井省吾・和気典二（編), 新編感覚・知覚ハンドブック (pp. 136-167) 誠信書房

Uexküll J. J. von, & Kriszat G. (1934). *Streifzüge durch die Umwelten von Tieren und Menschen: Ein Bilderbuch unsichtbarer Welten.* Berlin: Springer. Reprinted 1970 in *Streifzüge durch die Umwelten von Tieren und Menschen.* Frankfurt: Fischer. 日高敏隆・羽田節子（訳）(2005). 生物から見た世界 岩波書店

Ugolini, A., Melis, C., Innocenti, R., Tiribilli, B., & Castellini, C. (1999). Moon and sun compasses in sandhoppers rely on two separate chronometric mechanisms. *Proceedings of the Royal Society of London B: Biological Sciences, 266,* 749-752.

Uller, C., Hauser, M., & Carey, S. (2001). Spontaneous representation of number in cotton-top tamarins (*Saguinus oedipus*). *Journal of Comparative Psychology, 115,* 248-257.

Urcuioli, P. J. (1977). Transfer of oddity-from-sample performance in pigeons. *Journal of the Experimental Analysis of Behavior, 27,* 195-202.

Urcuioli, P. J., & Nevin, J. A. (1975). Transfer of hue matching in pigeons. *Journal of the Experimental Analysis of Behavior, 24,* 149-155.

Urcuioli, P. J., & Zentall, T. R. (1986). Retrospective coding in pigeons' delayed matching-to-sample. *Journal of Experimental Psychology: Animal Behavior Processes, 12,* 69-77

Vail, A. L., Manica, A., & Bshary, R. (2014). Fish choose appropriately when and with whom to collaborate. *Current Biology, 24,* R791-R793.

Valentinčič, T. (1983). Innate and learned responses to external stimuli in asteroids. In M. Jangoux & J. M. Lawrence (Eds.), *Echinoderm studie*s (Vol. 1, pp. 111-138). Rotterdam, Netherlands: Balkema.

Vandenbergh, J. G. (2000). Use of house mice in biomedical research. *ILAR Journal, 41,* 133-135.

Vander Wall, S. B. (1982). An experimental analysis of cache recovery in Clark's nutcracker. *Animal Behaviour, 30,* 84-94.

Vasconcelos, M. (2008). Transitive inference in non-human animals: An empirical and theoretical analysis. *Behavioural Processes, 78,* 313-334.

Vasconcelos, M., Hollis, K., Nowbahari, E., & Kacelnik, A. (2012). Pro-sociality without empathy. *Biology Letters,* rsbl2012.0554.

Vauclair. J. (1996). *Animal cognition: An in-*

troduction to modern comparative psychology. Cambridge, MA: Harvard University Press. 鈴木光太郎・小林哲生（訳）(1999). 動物のこころを探る—かれらはどのように〈考える〉か— 新曜社

Vaughan, W., Jr., & Greene, S. L. (1984). Pigeon visual memory capacity. *Journal of Experimental Psychology: Animal Behavior Processes, 10*, 256–271.

Veilleux, C. C., & Kirk, E. C. (2014). Visual acuity in mammals: Effects of eye size and ecology. *Brain, Behavior and Evolution, 83*, 43–53. Online supplemental material retrieved August 9, 2016, from http://www.karger.com/ProdukteDB/miscArchiv/000/357/830/000357830_sm.html

Vick, S-J, Waller, B., Parr, L., Smith Pasqualini, M., & Bard, K.A. (2007). A cross species comparison of facial morphology and movement in humans and chimpanzees using FACS. *Journal of Nonverbal Behavior, 31*, 1–20.

Vigne, J. D., Guilaine, J., Debue, K., Haye, L., & Gérard, P. (2004). Early taming of the cat in Cyprus. *Science, 304*, 259–259.

Vilà, C., Savolainen, P., Maldonado, J. E., Amorim, I. R., Rice, J. E., Honeycutt, R. L., ... Wayne, R. K. (1997). Multiple and ancient origins of the domestic dog. *Science, 276*, 1687–1689.

Vinn, O. (2017). Early symbiotic interactions in the Cambrian. *Palaios, 32*, 231–237.

Virányi, Z., Topál, J., Gácsi, M., Miklósi, Á., & Csányi, V. (2004). Dogs respond appropriately to cues of humans' attentional focus. *Behavioural Processes, 66*, 161–172.

Virányi, Z., Topál, J., Miklósi, Á., & Csányi, V. (2006). A nonverbal test of knowledge attribution: A comparative study on dogs and children. *Animal Cognition, 9*, 13–26.

Visalberghi, E., & Fragaszy, D. M. (1990). Food-washing behaviour in tufted capuchin monkeys, *Cebus apella*, and crabeating macaques, *Macaca fascicularis*. *Animal Behaviour, 40*, 829–836.

Visalberghi, E., & Limongelli, L. (1994). Lack of comprehension of cause-effect relations in tool-using capuchin monkeys (*Cebus apella*). *Journal of Comparative Psychology, 108*, 15–22.

Visalberghi, E., Quarantotti, B. P., & Tranchida, F. (2000). Solving a cooperation task without taking into account the partner's behavior: The case of capuchin monkeys (*Cebus apella*). *Journal of Comparative Psychology, 114*, 297–301.

Volchan, E., Souza, G. G., Franklin, C. M., Norte, C. E., Rocha-Rego, V., Oliveira, J. M., ... & Berger, W. (2011). Is there tonic immobility in humans? Biological evidence from victims of traumatic stress. *Biological Psychology, 88*, 13–19.

von Bayern, A. M. P., Danel, S., Auersperg, A. M. I., Mioduszewska, B., & Kacelnik, A. (2018). Compound tool construction by New Caledonian crows. *Scientific Reports, 8*, 15676.

von Fersen, L., Wynne, C. D., Delius, J. D., & Staddon, J. E. (1991). Transitive inference formation in pigeons. *Journal of Experimental Psychology: Animal Behavior Processes, 17*, 334–341.

von Frisch, K. (1927). *Aus dem Leben der Bienen*. Berlin: Springer.

von Frisch, K. (1950). *Bees: Their vision, chemical senses, and language*. Ithaca, NY: Cornell University Press. 伊藤智夫（訳）(1953). ミツバチの不思議 法政大学出版局

von Frisch, K. (1968). *Aus dem Leben der Bienen.* (8th ed.) Berlin: Springer. 桑原万寿太郎（訳）(1975). ミツバチの生活から 岩波書店（ちくま学芸文庫で1997年に再刊）

von Frisch, K. (1971). *Bees: Their vision, chemical senses, and language* (2nd ed.). Ithaca, NY: Cornell University Press. 伊藤智夫（訳）(1986). ミツバチの不思議（第2版）法政大学出版局

von Helversen, D. (2004). Object classification by echolocation in nectar feeding bats: size-independent generalization of shape. *Journal of Comparative Physiology A, 190,* 515-521.

Vonk, J. (2003). Gorilla (*Gorilla gorilla gorilla*) and orangutan (*Pongo abelii*) understanding of first-and second-order relations. *Animal Cognition, 6,* 77-86.

Vorster, A. P., & Born, J. (2015). Sleep and memory in mammals, birds and invertebrates. *Neuroscience & Biobehavioral Reviews, 50,* 103-119.

Wagner, A. R. (1979). Habituation and memory. In A. Dickinson & R. A. Boakes (Eds.), *Mechanisms of learning and motivation: A memorial volume for Jerzy Konorski* (pp. 53-82). Hillsdale, NJ: Erlbaum.

若林明雄 (2009). パーソナリティとは何か―その概念と理論― 培風館

若生謙二 (1999). アメリカの動物園におけるランドスケープ・イマージョンの概念と動物観の変化 ランドスケープ研究, *62,* 473-476.

若生謙二 (2001). 天王寺動物園サバンナゾーンとランドスケープ・イマージョン, 芸術（大阪芸術大学）, *24* 38-46.

Walk, R. D., & Gibson, E. J. (1961). A comparative and analytical study of visual depth perception. *Psychological Monographs: General and Applied, 75* (15, Whole No. 519).

Walker, D. B., Walker, J. C., Cavnar, P. J., Taylor, J. L., Pickel, D. H., Hall, S. B., & Suarez, J. C. (2006). Naturalistic quantification of canine olfactory sensitivity. *Applied Animal Behaviour Science, 97,* 241-254.

Walker, M. M., Kirschvink, J. L., Chang, S. B. R., & Dizon, A. E. (1984). A candidate magnetic sense organ in the yellowfin tuna, *Thunnus albacares. Science, 224,* 751-753.

Walker, S. F. (1984). *Learning theory and behaviour modification.* London: Methuen.

Waller, B. M., Lembeck, M., Kuchenbuch, P., Burrows, A. M., & Liebal, K. (2012). GibbonFACS: A muscle-based facial movement coding system for hylobatids. *International Journal of Primatology, 33,* 809-821.

Waller, B. M., Peirce, K., Caeiro, C. C., Scheider, L., Burrows, A. M., McCune, S., & Kaminski, J. (2013). Paedomorphic facial expressions give dogs a selective advantage. *PLoS One, 8,* e82686.

Warden, C. J. (1931). *Animal motivation: Experimental studies on the albino rat.* New York: Columbia University Press.

Warneken, F., Hare, B., Melis, A. P., Hanus, D., & Tomasello, M. (2007). Spontaneous altruism by chimpanzees and young children. *PLoS Biology, 5,* e184.

Warner, R. L., McFarland, L. Z., & Wilson, W. O. (1967). Microanatomy of the upper digestive tract of the Japanese quail. *American Journal of Veterinary Research, 28,* 1537-1548.

Warren, J. M. (1965). Primate learning in comparative perspective. In A. M. Schrier, H. F. Harlow, & F. Stollnitz (Eds.), *Behav-*

ior of nonhuman primates (Vol. 1, pp. 249–281). New York: Academic Press.

Warren, J. M., & Ebel, H. C. (1967). Generalization of responses to intermediate size by cats and monkeys. *Psychonomic Science, 9,* 5–6.

Wascher, C. A., & Bugnyar, T. (2013). Behavioral responses to inequity in reward distribution and working effort in crows and ravens. *PLoS One, 8,* e56885.

Washburn, M. F. (1908). *The animal mind: A text-book of comparative psychology.* New York: McMillian. 谷津直秀・高橋堅 (訳) (1918). 動物乃心　裳華房

Wasserman, E. A. (1976). Successive matching-to-sample in the pigeon: Variations on a theme by Konorski. *Behavior Research Methods & Instrumentation, 8,* 278–282.

Wasserman, E. A. (1981). Comparative psychology returns: A review of Hulse, Fowler, and Honig's *Cognitive processes in animal behavior. Journal of the Experimental Analysis of Behavior, 35,* 243–257.

Wasserman, E. A. (1986). Prospection and retrospection as processes of animal short-term memory. In D. F. Kendrick, M. E. Rilling, & M. R. Denny (Eds.), *Theories of animal memory* (pp. 53–75). Hillsdale, NJ: Erlbaum.

Wasserman, E. A. (1993). Comparative cognition: Beginning the second century of the study of animal intelligence. *Psychological Bulletin, 113,* 211–228.

Wasserman, E. A., Fagot, J., & Young, M. E. (2001a). Same-different conceptualization by baboons (*Papio papio*). *Journal of Comparative Psychology, 115,* 42–52.

Wasserman, E. A., Hugart, J. A., & Kirkpatrick-Steger, K. (1995). Pigeons show same-different conceptualization after training with complex visual stimuli. *Journal of Experimental Psychology: Animal Behavior Processes, 21,* 248–252.

Wasserman, E. A., & Young, M. E. (2010). Same-different discrimination: The keel and backbone of thought and reasoning. *Journal of Experimental Psychology: Animal Behavior Processes, 36,* 3–22.

Wasserman, E. A., Young, M. E., & Cook, R. G. (2004). Variability discrimination in humans and animals: Implications for adaptive action. *American Psychologist, 59,* 879–890.

Wasserman, E. A., Young, M. E., & Fagot, J. (2001b). Effects of number of items on the baboon's discrimination of same from different visual displays. *Animal Cognition, 4,* 163–170.

Wasserman, E. A., & Zentall, T. R. (2006). Comparative cognition: A natural science approach to the study of animal intelligence. In E. A. Wasserman & T. R. Zentall (Eds.), *Comparative cognition: Experimental explorations of animal intelligence* (pp. 3–11). New York: Oxford University Press.

Watanabe, S. (1988). Failure of visual prototype learning in the pigeon. *Animal Learning & Behavior, 16,* 147–152.

Watanabe, S. (2001). Discrimination of cartoons and photographs in pigeons: Effects of scrambling of elements. *Behavioural Processes, 53,* 3–9.

Watanabe, S. (2016). Mirror perception in mice: Preference for and stress reduction by mirrors and stress reduction by mirror. International *Journal of Comparative Psychology, 29.* http://escholarship.org/uc/item/1388v4pg

Watanabe, S. (2017). Social inequality aversion in mice: Analysis with stress-induced hyperthermia and behavioral preference. *Learning and Motivation, 59*, 38-46.

渡辺茂・樋口義治・林部英雄・望月昭 (1974). いわゆる比較心理学について—その現状と課題— 哲学 (慶應義塾大学), 62, 269-288.

Watanabe, S., Lea, S. E. C., & Dittrich, W. H. (1993). What can we learn from experiments on pigeon concept discrimination? In H. J. Pischof & H. P. Zeiglar (Eds.), *Vision, brain, and behavior in birds* (pp.351-376). Cambridge, MA: MIT Press.

Watanabe, S., & Ono, K. (1986). An experimental analysis of "empathic" response: Effects of pain reactions of pigeon upon other pigeon's operant behavior. *Behavioural Processes, 13*, 269-277.

Watanabe, S., Sakamoto, J., & Wakita, M. (1995). Pigeons' discrimination of paintings by Monet and Picasso. *Journal of the Experimental Analysis of Behavior, 63*, 165-174.

Watanabe, S., Yamamoto, E., & Uozumi, M. (2006). Language discrimination by Java sparrows. *Behavioural Processes, 73*, 114-116.

渡邊芳之 (2010). 性格とはなんだったのか—心理学と日常概念— 新曜社

Watanuki, N., Kawamura, G., Kaneuchi, S., & Iwashita, T. (2000). Role of vision in behavior, visual field, and visual acuity of cuttlefish *Sepia esculenta*. *Fisheries Science, 66*, 417-423.

Wathan, J., Burrows, A. M., Waller, B. M., & McComb, K. (2015). EquiFACS: The equine facial action coding system. *PLoS One, 10*, e0131738.

Watson, J. B. (1903). *Animal education: An experimental study of the psychical development of the white rat, correlated with the growth of its nervous system.* Chicago: University of Chicago.

Watson, J. B. (1913). Psychology as the behaviorist views it. *Psychological Review, 20*, 158-177.

Watson, J. B. (1914). *Behavior: An introduction to comparative psychology.* New York: Holt.

Watson, J. B. (1916). The place of the conditioned-reflex in psychology. *Psychological Review, 23*, 89-116

Watson, J. B. & Watson, M. I. (1913) A study of the response of rodents to monochromatic light. *Journal of Animal Behavior, 3*, 1-14.

Wayne, R. K. (1993). Molecular evolution of the dog family. *Trends in Genetics, 9*, 218-224.

WAZA (2005). Ethical guidelines for the conduct of research on animals by zoos and aquariums. *Zoos' Print, 20* (12), 12-13. 佐藤義明・友永雅己 (訳) (2010). 世界動物園水族館協会 (WAZA) による「動物園・水族館による動物研究の実施に関する倫理指針」について (翻訳) 動物心理学研究, 60, 139-146.

WAZA (2006). *Understanding animals and protecting them: About the world zoo and aquarium conservation strategy.* Bern, Swizerland: Stämpfli Publikationen AG.

Wearden, J. H. (1991). Human performance on an analogue of an interval bisection task. *Quarterly Journal of Experimental Psychology, 43B*, 59-81.

Wechkin, S., Masserman, J. H., & Terris, W., Jr. (1964). Shock to a conspecific as an aversive stimulus. *Psychonomic Science, 1*, 47-48.

Weinstein, B. (1941). Matching-from-sample by rhesus monkeys and by children. *Journal of Comparative Psychology, 31*, 195−213.

Weiß, B. M., Kehmeier, S., & Schloegl, C. (2010). Transitive inference in free-living greylag geese, Anser anser. *Animal Behaviour, 79*, 1277−1283.

Wells, M. J. (1964). Detour experiments with octopuses. *Journal of Experimental Biology, 41*, 621−642.

Wesley, F. (1961). The number concept: A phylogenetic review. *Psychological Bulletin, 58*, 420−428.

West, B., & Zhou, B-X. (1989). Did chickens go north? New evidence for domestication. *World's Poultry Science Journal. 45*, 205−218.

West, R. E., & Young, R. J. (2002). Do domestic dogs show any evidence of being able to count? *Animal Cognition, 5*, 183−186.

Whiten, A., & Byrne, R. W. (1988). The Machiavellian intelligence hypotheses: Editorial. In R. W. Byrne & A. Whiten (Eds.), *Machiavellian intelligence: Social expertise and the evolution of intellect in monkeys, apes, and humans* (pp. 1−9). Oxford: Oxford University Press. 藤田和生（訳）(2004)．マキャベリ的知性仮説：編集ノート　藤田和生・山下博志・友永雅己（監訳）．マキャベリ的知性と心の理論の進化論―ヒトはなぜ賢くなったか― (pp. 1-10)　ナカニシヤ出版

Whitlow, J. W., Jr. (1975). Short-term memory in habituation and dishabituation. *Journal of Experimental Psychology: Animal Behavior Processes, 1*, 189−206.

Whitt, E., Douglas, M., Osthaus, B., & Hocking, I. (2009). Domestic cats (*Felis catus*) do not show causal understanding in a string-pulling task. *Animal Cognition, 12*, 739−743.

Wiegmann, D. D., Wiegmann, D. A., MacNeal, J., & Gafford, J. (2000). Transposition of flower height by bumble bee foragers (*Bombus impatiens*). *Animal Cognition, 3*, 85−89.

Wilkinson, A., Sebanz, N., Mandl, I., & Huber, L. (2011). No evidence of contagious yawning in the red-footed tortoise Geochelone carbonaria. *Current Zoology, 57*, 477−484.

Williams, B. A. (1994). Conditioned reinforcement: Experimental and theoretical issues. *The Behavior Analyst, 17*, 261−285.

Williams, J. L., & Maier, S. F. (1977). Transituational immunization and therapy of learned helplessness in the rat. *Journal of Experimental Psychology: Animal Behavior Processes, 3*, 240−252.

Wilson, B., Mackintosh, N. J., & Boakes, R. A. (1985a). Matching and oddity learning in the pigeon: Transfer effects and the absence of relational learning. *Quarterly Journal of Experimental Psychology, 37B*, 295−311.

Wilson, B., Mackintosh, N. J., & Boakes, R. A. (1985b). Transfer of relational rules in matching and oddity learning by pigeons and corvids. *Quarterly Journal of Experimental Psychology, 37B*, 313−332.

Wilson, E. O. (1975). *Sociobiology: The new synthesis*. Cambridge, MA: Harvard University Press. 坂上昭一他（訳）(1999)．社会生物学（合本版）　思索社

Wimmer, H., & Perner, J. (1983). Beliefs about beliefs: Representation and constraining function of wrong beliefs in young children's understanding of deception. *Cog-

nition, *13*, 103-128.
Wisby, W. J., & Hasler, A. D. (1954). Effect of olfactory occlusion on migrating silver salmon (*O. kisutch*). *Journal of the Fisheries Board of Canada, 11*, 472-478.
Wisenden, B. D. (1999). Alloparental care in fishes. *Reviews in Fish Biology and Fisheries, 9*, 45-70.
Wittig, R. M., Crockford, C., Deschner, T., Langergraber, K. E., Ziegler, T. E., & Zuberbühler, K. (2014). Food sharing is linked to urinary oxytocin levels and bonding in related and unrelated wild chimpanzees. *Proceedings of the Royal Society of London B: Biological Sciences*, 281, 20133096.
Wittlinger, M., Wehner, R., & Wolf, H. (2006). The ant odometer: Stepping on stilts and stumps. *Science, 312*, 1965-1967.
Wodinsky, J., & Bitterman, M. E. (1953). The solution of oddity-problems by the rat. *American Journal of Psychology, 66*, 137-140.
Woese, C. R., Kandler, O., & Wheelis, M. L. (1990). Towards a natural system of organisms: Proposal for the domains Archaea, Bacteria, and Eucarya. *Proceedings of the National Academy of Sciences, 87*, 4576-4579.
Wright, A. A. (1997). Concept learning and learning strategies. *Psychological Science, 8*, 119-123.
Wright, A. A. (1998). Auditory list memory in rhesus monkeys. *Psychological Science, 9*, 91-98.
Wright, A. A. (1999). Visual list memory in capuchin monkeys (*Cebus apella*). *Journal of Comparative Psychology, 113*, 74-80.
Wright, A. A., Cook, R. G., Rivera, J. J., Sands, S. F., & Delius, J. D. (1988). Concept learning by pigeons: Matching-to-sample with trial-unique video picture stimuli. *Animal Learning & Behavior, 16*, 436-444.
Wright, A. A., & Katz, J. S. (2006). Mechanisms of same/different concept learning in primates and avians. *Behavioural Processes, 72*, 234-254.
Wright, A. A., Magnotti, J. F., Katz, J. S., Leonard, K., Vernouillet, A., & Kelly, D. M. (2017). Corvids outperform pigeons and primates in learning a basic concept. *Psychological Science, 28*, 437-444.
Wright, A. A., Santiago, H. C., Sands, S. F., Kendrick, D. F., & Cook, R. G. (1985). Memory processing of serial lists by pigeons, monkeys and people. *Science, 229*, 287-290.
Wundt, W. (1863-64). *Vorlesungen über die Menschen und Tierseele* (1 & 2 Aufl.) Leipzig: Leopold Voss. 寺内穎（訳）(1902).人類及動物心理学講義（上）（下）集英堂
Xia, L., Emmerton, J., Siemann, M., & Delius, J. D. (2001). Pigeons (*Columba livia*) learn to link numerosities with symbols. *Journal of Comparative Psychology, 115*, 83-91.
八木冕 (1975). 心理学における動物実験の意義　八木冕（編），心理学研究法 5 ─動物実験 I ─ (pp. 1-8)　東京大学出版会
Yagi, B., Shinohara, S., & Shinoda, A. (1970). A study of delayed-response in Japanese monkeys (*Macaca fuscata Yakui*). 動物心理学年報 , *19*, 65-71.
矢島稔 (2003). 謎とき昆虫ノート　日本放送出版協会
Yamaguchi, S., Aoki, N., Kitajima, T., Iikubo, E., Katagiri, S., Matsushima, T., & Homma, K. J. (2012). Thyroid hormone deter-

mines the start of the sensitive period of imprinting and primes later learning *Nature Communications, 3*, 1081. doi:10.1038/ncomms2088

Yamamoto, J., & Asano, T.（1995）. Stimulus equivalence in a chimpanzee（*Pan troglodytes*）. *The Psychological Record, 45*, 3-21

山本真也（2010）. 要求に応えるチンパンジー——利他・互恵性の進化的基盤—心理学評論, *53*, 422-433.

Yamamoto, S., Humle, T., & Tanaka, M.（2009）. Chimpanzees help each other upon request. *PLoS One, 4*, e7416.

山内年彦（1938）. 動物心理学　養賢堂

Yamazaki, Y.（2004）. Logical and illogical behavior in animals. *Japanese Psychological Research, 46*, 195-206.

Yamazaki, Y., Saiki, M., Inada, M., Iriki, A., & Watanabe, S.（2014）. Transposition and its generalization in common marmosets. *Journal of Experimental Psychology: Animal Learning and Cognition, 40*, 317-326.

矢澤久史（1986）. ラットにおける系列学習研究の動向（1）—S.H.Hulse と E.J.Capaldi の対立—　東海女子大学紀要, *6*, 171-181.

矢澤久史（1992）. ラットにおける系列学習研究の動向（2）—1980年代の展開—　東海女子大学紀要, *12*, 227-239.

矢澤久史（1998）. 部分強化、系列パターン学習、チャンク—ラットにおける強化系列学習—　心理学評論, *41*, 372-388.

矢澤久史（2012）. ラットにおける系列学習研究の動向（3）—系列位置学習—東海学院大学紀要, *6*, 315-324.

矢澤久史（2013a）. ラットにおける系列学習研究の動向（4）—計数—　東海学院大学紀要, *7*, 193-201.

矢澤久史（2013b）. ラットにおける系列学習研究の動向（5）—チャンキング—　東海学院大学紀要, *7*, 203-214.

Yerkes, R. M.（1913）. Comparative psychology: A question of definitions. *Journal of Philosophy, Psychology and Scientific Methods, 10*, 580-582.

Yerkes, R. M.（1916a）. Provisions for the study of monkeys and apes. *Science, 43*, 231-234.

Yerkes, R.M.（1916b）. The mental life of monkeys and apes: a study of ideational behavior. *Behavior Monographs, 3*（1, Serial No. 12）.

Yerkes, R. M.（1939）. The life history and personality of the chimpanzee. *American Naturalist, 73*, 97-112.

Yerkes, R. M., & Dodson, J. D.（1908）The relation of strength of stimulus to rapidity of habit formation. *Journal of Comparative Neurology and Psychology, 18*, 459-482.

依田憲（2018）. バイオロギングによる行動学：海洋動物の長距離ナビゲーションを例として　動物心理学研究, *68*, 49-56.

横畑泰志（1998）. モグラ科動物の生態. 阿部永・横畑泰志（編）, 食虫類の自然史（pp. 67-187）　比婆科学教育振興会

横山章光（1994）. アニマル・セラピーとは何か 日本放送出版協会

Yoon, J. M., & Tennie, C.（2010）. Contagious yawning: A reflection of empathy, mimicry, or contagion? *Animal Behaviour, 79*, e1-e3.

吉澤透・小島大輔・大石高生（2002）. 脊椎動物の視覚 石原勝敏・金井龍二・河野重行・能村哲郎（編）, 生物学データ大百科事典［上］（pp. 1295-1339）朝倉書店

Young, M. E., & Wasserman, E. A.（1997）. Entropy detection by pigeons: Response to mixed visual displays after same-different discrimination training. *Journal of Experimental Psychology: Animal Behavior Processes, 23*, 157-170.

Young, M. E., & Wasserman, E. A. (2001a). Entropy and variability discrimination. *Journal of Experimental Psychology: Learning, Memory, & Cognition, 27*, 278-293.

Young, M. E., & Wasserman, E. A. (2001b). Evidence for a conceptual account of same-different discrimination learning in the pigeon. *Psychonomic Bulletin & Review, 8*, 677-684.

Yu, L., & Tomonaga, M. (2015). Interactional synchrony in chimpanzees: Examination through a finger-tapping experiment. *Scientific Reports, 5*, 10218.

Yuki, S., & Okanoya, K. (2017). Rats show adaptive choice in a metacognitive task with high uncertainty. *Journal of Experimental Psychology: Animal Learning and Cognition, 43*, 109-118.

Zaine, I., Domeniconi, C., & Costa, A. R. (2014). Exclusion performance in visual simple discrimination in dogs (*Canis familiaris*). *Psychology & Neuroscience, 7*, 199-206.

Zaine, I., Domeniconi, C., & de Rose, J. C. (2016). Exclusion performance and learning by exclusion in dogs. *Journal of the Experimental Analysis of Behavior, 105*, 362-374.

Zeiler, M. D. (1965). Solution of the intermediate size problem by pigeons. *Journal of the Experimental Analysis of Behavior, 8*, 263-268.

Zentall, T. R. (1997). Animal memory: The role of "instructions". *Learning and Motivation, 28*, 280-308.

Zentall, T. R. (2003). Imitation by animals: How do they do it? *Current Directions in Psychological Science, 12*, 91-95.

Zentall, T. R. (2016). Reciprocal altruism in rats: Why does it occur? *Learning & Behavior, 44*, 7-8.

Zentall, T., & Hogan, D. (1974). Abstract concept learning in the pigeon. *Journal of Experimental Psychology, 102*, 393-398.

Zentall, T. R., & Hogan, D. E. (1975). Concept learning in the pigeon: Transfer to new matching and nonmatching stimuli. *American Journal of Psychology, 88*, 233-244.

Zentall, T., & Hogan, D. (1976). Pigeons can learn identity or dofference, or both. *Science, 191*, 408-409.

Zentall, T. R., & Hogan, E. (1978). Same/different concept learning in the pigeon: The effect of negative instances and prior adaptation to transfer stimuli. *Journal of the Experimental Analysis of Behavior, 30*, 177-186.

Zentall, T. R., Hogan, D. E., Howard, M. M., & Moore, B. S. (1978). Delayed matching in the pigeon: Effect on performance of sample-specific observing responses and differential delay behavior. *Learning and Motivation, 9*, 202-218.

Zentall, T. R., Singer, R. A., & Stagner, J. P. (2008). Episodic-like memory: Pigeons can report location pecked when unexpectedly asked. *Behavioural Processes, 79*, 93-98.

Zentall, T. R., Sutton, J. E., & Sherburne, L. M. (1996). True imitative learning in pigeons. *Psychological Science, 7*, 343-346.

Zentall, T. R., Urcuioli, P. J., Jackson-Smith, P., & Steirn, J. N. (1991). Memory strategies in pigeons. In L. Dachowski & C. F. Flaherty (Eds.), *Current topics in animal learning: Brain, emotion, and cog-

nition (pp. 119–139). Hillsdale, NJ: Erlbaum.

Zentall, T. R., Wasserman, E. A., Lazareva, O. F., Thompson, R. K. R., & Rattermann, M. J. (2008). Concept learning in animals. *Comparative Cognition & Behavior Reviews, 3,* 13–45.

Zepelin, H. (1989). Mammalian sleep. In M. H. Kryger, T. Roth, & W. C. Dement (Eds.), *Principles and practices of sleep medicine* (pp. 81–92). Philadelphia: Sauuders.

Zepelin, H. (1994). Mammalian sleep. In M. Y. Kryger, T. Roth, & W. C. Dement (Eds.), *Principles and practice of sleep medicine* (2nd ed., pp 69–80). Philadelphia: Saunders.

Zhang, G. H., Zhang, H. Y., Deng, S. P., Qin, Y. M., & Wang, T. H. (2008). Quantitative study of taste bud distribution within the oral cavity of the postnatal mouse. *Archives of Oral Biology, 53,* 583–589.

Zhou, W., & Crystal, J. D. (2009). Evidence for remembering when events occurred in a rodent model of episodic memory. *Proceedings of the National Academy of Sciences, 106,* 9525–9529.

Zinkivskay, A., Nazir, F., & Smulders, T. V. (2009). What-where-when memory in magpies (*Pica pica*). *Animal Cognition, 12,* 119–125.

Zucca, P., Antonelli, F., & Vallortigara, G. (2005). Detour behaviour in three species of birds: Quails (*Coturnix* sp.), herring gulls (*Larus cachinnans*) and canaries (*Serinus canaria*). *Animal Cognition, 8,* 122–128.

Zylinski, S., Darmaillacq, A. S., & Shashar, N. (2012). Visual interpolation for contour completion by the European cuttlefish (*Sepia officinalis*) and its use in dynamic camouflage. *Proceedings of the Royal Society of London B: Biological Sciences, 279,* 2386–2390.

事項索引

あ

愛玩動物	364
愛着	350
アイ・プロジェクト	250
アイマー器官	110
赤の女王仮説	013
あくび伝染	326
アケアカマイ	251
欺き	324
亜社会性	308
アショフの法則	143
亜成獣	342
亜成体	341
アノマロカリス	005
アフォーダンス	319
アモーダル補完	113
アリーの原理	309
アルビノ	369
アルファ個体	312
アレックス	250, 280, 291, 293
アレロパシー	018
アレンの法則	019
アロメトリー	260
アンプラ型受容器	089
1次強化子	200
移調	280
5つの自由	373
逸話的記録	046
遺伝	012〜016
遺伝子型	011
遺伝的浮動	015
意図	230
意図的表情	231
異物課題	278
異物見本合わせ	169
意味	230
意味記憶	219
隠蔽	188

ヴィキィ	244
ウィスコンシン一般検査装置	166
ウィン・ステイ／ルーズ・シフト	180
ウェーバー小骨	090
迂回問題	263
羽角	094
歌学習	350
腕歩行	007
鋭敏化	158
役畜	364
エソロジー	039
エピソード記憶	219
エピソード的記憶	221
エボデボ	336
エミュレーション	318
エムレン漏斗	133
絵文字	248
援助行動	315
延滞条件づけ	199
延滞制止	169
延滞模倣	320
横断的デザイン	343
オースティン	248
オープンフィールド	171
オキシトシン	350, 353
奥行知覚	081
おしゃべり鳥	318
オペラント	035
オペラント条件づけ	035, 162, 369
オペラント箱	036
音源定位	088, 093
温度走性	148

か

科	003
カーミング・シグナル	234
界	003
回顧的記憶	208

外耳孔	090	感覚運動期	346
概日リズム	142	感覚器	060
外耳道	090	感覚記憶	223
海水回遊魚	137	感覚子	096
回想記憶	208	感覚性強化	150
外側眼	068	間隔二等分課題	170
概潮汐リズム	142	感覚の質	060
回転カゴ	143	感覚毛	109
概年リズム	135, 142	環境エンリッチメント	376
概念	272	関係性見本合わせ	279
解発効果	105	間歇強化	190
解発子	121, 351	感作	158
回避学習	163	観察学習	245, 318
回遊	134, 136	観察者効果	051
カウンター・マーキング	237	カンジ	248
化学感覚	094	感受期	350
化学物質	095	干渉説	204
鍵刺激	121, 351	感性予備条件づけ	161
家禽	367	環世界	059, 342
学習	156〜194	間接互恵性	317
学習性無力感	187	桿体細胞	076
学習セット	178	眼点	064
学習の構え	178	観念	032
学名	003	カンブリア爆発	005, 066, 175
隔離実験	124	顔面動作符号化システム	231
確率対応	183	完了行為	123
過剰学習逆転効果	180	記憶	198〜226
窩状眼	064	記憶表象	208
過剰予期効果	189	飢餓動因	128
価値	125	擬死	141
家畜	357, 364	疑似条件づけ	018, 161
家畜化	365	希釈効果	308
価値転移説	287	汽車窓式展示	377
渇動因	128	技術的知性	323
家庭動物	364	擬傷	323
カテゴリ概念	272	基数性	289
夏眠	144	寄生	313
カメレオン効果	321	季節リズム	143
仮説構成体	162	帰巣	132
加齢	342	期待相反	184, 294
感覚	058〜116	起動効果	105

輝板	068	クローズドコロニー	370
逆説睡眠	139	群行動	310
求愛音声	129, 235	群知能	310
求愛給餌	129	警戒音声	235
求愛行動	129	継時的負の対比	184
求愛ダンス	129, 234	継時弁別	166, 272
嗅覚	094	継時見本合わせ	203
嗅球	096	計数	289
究極要因	040	形態視	082
嗅上皮	096	系統樹	007
キューティクル	096	系統漸進説	016
救難音声	235	系統的変化法による統制	177
嗅房	096	系統発生	007, 336
休眠	145	系統分類	002
嗅葉	096	系列位置効果	206
強化	125	系列学習	218
強化後反応休止	190	系列記憶	206
強化子	162, 163	系列パターン学習	218
強化スケジュール	190	系列プローブ再認	206
共感	327	経路統合	152
共進化	013	ゲシュタルト	036, 060
共生	313	ゲシュタルト心理学	036
鏡像自己認知	304, 345	血縁選択	330
共同保育	317, 351	毛づくろい	230
協力	313	結晶化	215, 242
局所強調	318	結節型受容器	089
気流走性	148	ゲラーマン系列	171
近交系	370	弦音器	087
筋紡錘	108	研究室実験	047
グア	244	顕在記憶	219
空間学習	171	検索	198
空間分解能	068	原始的計数	292
クオリア	060	減衰説	204
クチクラ装置	096	弦響器	087
クリッカー	200	綱	003
クリッカートレーニング	380	蝗害	136
グルーミング	230	降河回遊魚	136
グレイザー	128	効果の法則	030, 035
クレスピ効果	184	好奇動因	150
クレバー・ハンス効果	051, 245	高次条件づけ	161
グロージャーの法則	019	向社会行動	315

事項索引 467

向社会性	315	ゴルジ腱器官	108
向社会性選択テスト	316	婚姻色	130
向性	033, 149	婚姻贈呈	129
交替性転向反応	199	痕跡条件づけ	200
交替反応	171	コンパニオンアニマル	364
強直性不動	141		
行動遺伝学	357	**さ**	
行動奇形学	341	採餌戦略	129
行動圏	311	さえずり	235
行動後成学	038	さえずりの学習	318, 350
行動主義	033, 034	作業記憶	207
行動シンドローム	356	溯河回遊魚	136
行動生態学	011, 040, 355	錯視	085, 112
行動展示	376	雑種	370
交尾期	145	雑食動物	128
交尾行動	129	作動記憶	207
交尾栓	021	作用道具	271
交尾プラグ	021	サラ	247, 279, 324
公平	314	3Rの原理	378
航路決定	132	参加（参与）観察	046
五界説	003	産業動物	364
個眼	064	3項随伴性	162
刻印づけ	349	散在性視覚器	064
互恵的利他行動	316	参照記憶	208
心	047	三葉虫	005
子殺し	314	飼育動物	364
心の理論	325	恣意的見本合わせ	169
誤信念テスト	325	耳介	090
個体群生態学	309	死角	081
個体追跡法	046	視覚	064〜087
個体発生	336	視覚的錯覚	112
固定間隔	190	視覚的断崖	114
固定的動作パターン	121	視覚的注意	085
固定比率	190	時間分解能	074
古典的条件づけ	160, 199, 317	色覚	076
仔の刻印づけ	350	至近要因	040
鼓膜	090	シグナリング効果	105
鼓膜器	088	シグネチャー・ホイッスル	236
コミュニケーション	230〜238	刺激競合	161
固有感覚	106	刺激強調	318
孤立項選択課題	278	刺激等価性	282

次元間弁別	167		受胎	336
次元内弁別	167		受動的触覚	109
自己意識	304		種に特有な防衛反応	041
試行錯誤学習	162		受容器	058
自己受容感覚	106		馴化	018, 156〜159, 244
視軸	071		馴化―脱馴化法	159, 244
指示忘却	211		春期発動	337
耳小骨	090		生涯発達	336
耳石器	089		松果体	031
自然観察	046		消去	160
自然選択	012, 025		条件刺激	160
自然の階梯	007		条件性強化子	200
自然表情	231		条件性弁別	168
自然分類	002		条件づけ	034, 160, 215, 216
実験者効果	051		条件反射	032, 160
実験的観察	026, 029, 047		条件反応	160
実験的行動分析学	036		小進化	016
実験動物	364		小数視力	069
しっぺ返し戦略	317		象徴距離効果	286
屍肉食者	128		象徴見本合わせ	169
縞視力	069		焦点視	081
視野	079		情動	126
シャーマン	248		情動伝染	321, 327
社会緩衝作用	322		情動熱	127, 315
社会性動物	308		乗馬療法	371
社会生物学	041, 314, 330		情報量	300
社会ダーウィニズム	026		剰余変数	047
社会的潤滑油効果	372		省略学習	163
社会的促進	318		触毛	109
社会的知性	323		序数性	289
社会脳化説	323		初頭効果	206
しゃべる鳥	250		鋤鼻器	104
自由継続周期	143		ジョンストン器官	087
自由神経終末	107		自律航法	152
種	002		尻振りダンス	238
従属変数	047		視力	068
縦断的デザイン	343		事例説	273
習得性強化子	200		人為選択	364
収斂進化	015, 096		人為分類	002
主観的短縮化	209		進化	011〜021
受精嚢	021		進化心理学	011

事項索引　469

進化発生生物学	336	星座コンパス	132
進化論	025	精子競争	020
新奇性恐怖	156	制止条件づけ	161
新近性効果	206	静止視力	068
真空活動	122	成獣	342
神経行動学	040	成熟	336
神経モデル	158	生殖的隔離	016
信号効果	105	性成熟	337
信号刺激	121	性選択	020, 130, 131
新行動主義	034	生息地マッチング	310
真社会性	308	成体	337
心身二元論	031	生体外検査	062
新生児	341	生態的寿命	339
心的時間旅行	222	生態的地位	015
心的体験	042	生態展示	375
真にランダムな統制	161	生体内検査	062
真の模倣	318	成長	336
深部感覚	106	性的刻印づけ	350
推移性	282	性的二型	020
推移的推論	285	生得性強化子	200
水晶体眼	064	生得的解発機構	121
推測航法	152	生得的行動	124
錐体細胞	076	生得的反応連鎖	122
推理能力	272	正の強化	163
推量	289	正の走性	148
推論能力	027	正の罰	163, 380
数的能力	289	生物時計	142
数符	289	生物リズム	142
スキナー派	164	声紋	240
スキナー箱	035	生理的寿命	339
スキャロップ	190	生理的早産	344
ズキンネズミ	370	旋回運動	344
スケジュール誘導性行動	041	潜在記憶	219
ストレス誘導性体温上昇	127	先祖返り	014
スネレン視標	069	選択圧	012
すみわけ	015	選択交配	364
刷り込み	349	選択的連合	041
セアラ	247	相互同期（同調）	321
成因的相同	015	操作的定義	058
性行動	129	相似	015, 176
生痕化石	194	草食動物	128

走性	124, 148
早成性	349
相対的数性判断	289
走電性	148
相同	015, 175
走熱性	148
早発予期目標反応	185
走風性	148
相変異	136
相利共生	013, 312, 370
属	002
即座認知	289
即時マッピング	243
側線器	089
阻止	188
ソナグラフ	240
ソナグラム	240
素朴心理学	261, 296

た

対応法則	192
退化	013
体化石	194
対称性	282
対象の永続性	345
大進化	016, 296
体性感覚	106
体内時計	068, 133, 142
大脳皮質再構築仮説	261
太陽コンパス	132
代理母	352
他我問題	323
他感作用	018
ただ乗り	317
脱馴化	157, 244
WWW記憶	221
タペタム	068
だまし	326
『魂について』	024
単眼	066
短期記憶	198, 204〜214
短期馴化	157
探索像	085
淡水回遊魚	138
短選択効果	209
断続平衡説	016
チェイサー	243, 284
遅延強化	200
遅延反応	201
遅延見本合わせ	169
知覚	058〜116
知覚的補完	112
知覚道具	271
畜産動物	364
地磁気コンパス	132
知性	260
地鳴き	235
知能	260
チャンク	218
仲介変数	047
中間サイズ問題	281
昼行性動物	138
中耳	090
抽象化	272
中心窩	076
超音波	091
聴覚	087〜094
長期記憶	198, 214〜222
長期馴化	157, 215
超個体	310
超正常刺激	123
潮汐リズム	142
頂点移動	167, 281
跳躍台	167
聴力図	091
貯食	215
貯蔵	198
直感的把握	289
地理的隔離	016
陳述記憶	219
ツァイトゲーバー	142
つつきの順位	311

定位	132, 157	動物介在介入	371
DNA	026	動物介在活動	371
T字迷路	171	動物介在教育	371
ディスプレイ	234	動物介在療法	371
ディッキンソニア	005	動物行動学	038
定向進化	013	動物催眠	141
デイリートーパー	145	『動物誌』	024, 369
適応放散	012	動物精気	031
適刺激	060	動物精神物理学	062, 242
適者生存	026	冬眠	143
テスト刺激	169	洞毛	109
転位行動	122	通し回遊魚	136
電気感覚	089	特殊神経エネルギー説	060
電気走性	148	特性因子	354
典型説	273	特徴説	273
展示動物	364	独立変数	047
天変地異説	049	突然変異	015
展望記憶	208	ドメイン	004
動愛法	374	トラップ・チューブ課題	269
同異概念	275	トランスジェニック	369
同異課題	276		
同一性概念	275	**な**	
同一見本合わせ	169, 275	内耳	089, 133
動因	125	内臓感覚	106
動因低減	125	なわばり	311
動機づけ	126	匂いの指紋	238
道具使用	269	二界説	003
道具的条件づけ	162	肉食動物	128
洞察	264	2行為手続き	319
洞察迷路	265	2次強化子	200
等質化による統制	177	2次条件づけ	161
同時弁別	166	二重交替反応	171
同時見本合わせ	169	二重らせん構造	026
同情	327	日内休眠	145
動性	149	2貯蔵庫説	198
統制観察	046	日周リズム	139, 142
動体視力	068	ニム	245
頭頂眼	068	二名法	003
逃避学習	163	認知	058
動物愛護管理法	374	認知心理学	043
動物園生物学	375	認知地図	171, 208

認知動物行動学 042
認知動物心理学 043
ネオテニー 359
年周リズム 142
脳化仮説 261
脳化係数 260
脳化指数 260
能動的触覚 109
農用動物 364
ノックアウト 369
ノンレム睡眠 140

は

パーソナリティ 354
バイオロギング 046
媒介変数 047
配偶行動 129
杯状眼 064
排他的推論 284
バウリンガル 253
剥奪 125
薄明薄暮性動物 138
箱とバナナ問題 266
場所細胞 171
ハズバンダリートレーニング 380
罰子 162, 163
発情期 145
発達 336〜348
パノラマ視 081
パヴロフ型条件づけ 160
ハミルトン則 330
般化 157, 159
般化減衰 159
般化勾配 166
半規管 089
半球睡眠 139
反響定位 042, 115, 116, 236
反射 031, 124
反射性 282
繁殖期 145
ハンス 050

ハンディキャップ説 020
反復説 358
ハンフレイズ効果 190
伴侶動物 364
ピーク法 169
ピカイア 005
比較刺激 168
比較心理学 027
比較認知科学 044
光スイッチ説 066
ピグマリオン効果 051
ヒゲ感覚 109
鼻腔 096
鼻孔 096
非陳述記憶 219
ピット器官 079
必要 125
鼻嚢 096
皮膚感覚 106
被包性終末 107
非見本合わせ 169
ヒューマン=アニマル・ボンド 370
尾葉 107
表現型 011
標識 132
標的行動 380
敏感期 350
びん首効果 015
フェローズ配列 171
フェロモン 103, 129, 132, 236
フォスターの法則 019
複眼 064
複合条件づけ 188
符号化 198
不公平忌避 315
付随行動 041
物理的知性 323
負の強化 163
負の走性 148
負の罰 163
部分強化 190

事項索引 473

部分強化消去効果	190	マキャベリ的知性	323
プライマー効果	105	膜迷路	089
ブラインドテスト	051	末端項目効果	286
ブラウザー	128	マッチング法則	190
フリーライダー	317	回し車	143
フリーラン周期	143	回り道問題	263
ブリッジ	200	ミアキス	007
触れ合い音声	235	味覚	094
プレイバック実験	235	味覚嫌悪学習	041, 103, 361
フレーメン	105	水迷路	172
文化	320	見通し	264
分化条件づけ	166, 216	見本合わせ	168
分数視力	069	ミラーニューロン	305
平行進化	015	味蕾	097
ヘッケルの法則	358	ミロクンミンギア	005
ペット	364	無意識的物真似	321
ベルクマンの法則	019	無関係性の学習	187
変異	012	無柵放養式展示	375
片害共生	313	無条件刺激	160
変態	340	無条件性強化子	200
変動間隔	190	無条件反応	160
変動比率	190	群れ	308〜310
弁別刺激	162	群選択	330
片利共生	013, 312	命題	297
包括適応度	330	迷路外手がかり	172
放射状迷路	172, 204, 208	迷路内手がかり	172
報酬対比効果	184	メタ記憶	212
包接	131	メタ道具	271
拇指対向性	007	メタ認知	212
捕食者	128	メッセージ	230
母川回帰	100, 137	メナジェリー	375
ホルメー心理学	120	メルケル細胞	107
本能	120〜153	メロン	115
本能的逸脱	041	盲点	068
本能的行動	124	毛包受容器	107
ボンビコール	104	モーガンの公準	029, 324
		モーダル補完	112
ま		目	003
マーキング	237	モデル／ライバル法	250
マーキング効果	201	物まね鳥	318
マークテスト	305	模倣	318〜320

模倣学習	318
門	003
問題箱	029

や

ヤーキズ＝ダッドソンの法則	036
ヤーキッシュ	248
野外実験	047
夜行性動物	138
ヤコブソン器官	104
野生動物	364
誘因	125
誘因価	287
誘因動機づけ	185
有機体	002
優性学	026
指さし	331
幼形進化	359
幼形成熟	359
幼児図式	351
幼獣	341
幼生	340
幼体	341
用畜	364
用不用説	025
予見的記憶	208
欲求	125
欲求行動	123

ら

ラゲナ	089, 133
ラナ・プロジェクト	248
ラマルク主義	025
ランドスケープ・イマージョン	376
ランドマーク	132, 172
ランドルト環	068
ランナウェイ説	020
リコ	243, 284
利己主義	316
利己的遺伝子	330
利己的行動	316
離巣性	349
理想自由分布	310
利他行動	316
利他性	316
立体視	081
両眼視野	007
寮効果	105
量作用説	176
両側回遊魚	137
リリーサー効果	105
臨界期	349
臨界融合頻度	074
隣人効果	311
零下馴化	157
レスコーラ＝ワグナー・モデル	161
レスポンデント	035
レスポンデント条件づけ	035, 160
レック繁殖	130
レム睡眠	139
連合学習	162
連合学習理論	162
連合主義	033
レンズ眼	064
連続強化	190
連続弁別逆転学習	178, 345
老衰	336
ローゼンタール効果	051
ロシア人形モデル	329
ロッキー	251
ロンドン動物園	375

わ

Y字迷路	171
ワショー	245
渡り	132, 134
渡りのいらだち	135
ワタリバッタ	136, 310

事項索引 475

人名索引

あ

尼野利武 053
アムゼル 185
アリー 309
アリストテレス 024, 369
伊谷純一郎 053
今西錦司 053
ヴァン＝ヴェーレン 013
ウィソン 330
ウィン＝エドワーズ 330
ウォーク 114
ヴォークレール 044
ウオッシュバーン 034
ウォレス 025, 135
ウッドワース 125
移川子之蔵 054
エビングハウス 198
エプスタイン 254, 267, 269, 306
小川隆 053
オキーフ 171
オルトン 172

か

ガードナー夫妻 245
カハール 033
カバナク 127
鎌田柳泓 054
ガリステル 293
ガルシア 041
ガルバーニ 032
河合雅雄 321
神田左京 055
ギブソン 114
ギャラップ 304
キュビエ 048
グールド 016
郭任遠 121
グドール 267

クリック 026
グリフィン 042
クレイグ 123
クレイトン 221
黒田亮 055
ケーラー，O 288
ケーラー，W 036, 263, 304
ゲルマン 293
ケロッグ 244
コーソン 372
コープランド 003
高良とみ 054
コスミデス 011
ゴスリング 355
小西正一 094
コノルスキー 203, 208
ゴルトン 026

さ

ザハヴィ 020
サベージ＝ランバウ 248
ジェームズ 029, 120
ジェニングズ 033
シェルデラップ＝エッベ 311
シャラー 314
シドマン 282
シュスターマン 251
シュトゥンプ 050
シュネイラ 038, 120
ジョリー 323
スキナー 035, 162, 254, 369
杉山幸丸 314
スペリー 038
スペンサー 025
スペンス 185
スポルディング 026
スモール 031, 162, 171
聖フランチェスコ 238

セリグマン	041
ゼントール	044, 276, 319
ソープ	240, 318
ソーンダイク	029, 323
ソコロフ	158
ソロモン王	238

た

ダーウィン	017, 025, 044, 152, 327, 329
高木貞敬	099
高木貞二	055
チョムスキー	245
デイビス	289
ディッキンソン	221
ティンバーゲン	040, 085, 135, 336
デカルト	031, 251
デネット	058
テラス	044, 245
ドゥ・ヴァール	323, 329
トゥービー	011
ドーキンス	330
トールマン	035, 121, 162, 184, 265, 360
トッド	250
トパック	038, 046
トマセロ	318
トライオン	360
ドリトル先生	238

な

中島泰蔵	054
ネーゲル	116

は

ハーヴェイ	369
バークハート	151
ハーゲンベック	375
ハーシュ	360
ハーマン	251
ハーロー	166, 178, 352
ハーンスタイン	192, 272
ハインド	042
ハインロート	039
ハウザー	045
パヴロフ	032, 120, 160, 176
パピーニ	186
ハミルトン	330
原口鶴子	055
ハル	035, 125, 162, 250
パンクセップ	127
ハンター	201
ハンフリー	323
ピアース	044
ピアジェ	345
ビーチ	052, 159
ビーバー	044
ビターマン	177
日高敏隆	045
ファースター	190
ファーブル	039, 103
ファウツ	245
フィッシャー	020
フォーク	041
フォーダー	011
フォン=オステン	050
フォン=フリッシュ	040, 063, 238
藤田統	361
藤田和生	112
ブテナント	103
プフングスト	050
プライアー	380
ブラウ	062
プリブラム	038
フルーラン	048
プレマック	247, 278, 324
ブレランド夫妻	041, 200, 380
ヘイズ	244
ヘス	349
ヘッケル	003, 336, 358
ヘッブ	038, 171
ヘディガー	374
ペパーバーグ	250
ベヒテレフ	033

人名索引　477

ヘルムホルツ	032	吉岡源之亮	055
ホイタッカー	003		
ボゥルズ	041	**ら**	
ホーニック	043, 208, 276	ラ・メトリ	031
ホケット	252	ラシュレー	038, 166, 176
ホブハウス	030	ラマルク	025
		ランバウ	248, 293
ま		リッツォラッティ	305
マーラー	240	リリー	251
マイアー	038	リンネ	003
マウラー	250	レーマン	038, 124
マキャベリ	323	レスコーラ	161
マクドゥーガル	120	レビンソン	371
増田惟茂	054	ロイトブラット	044, 210
マッキントッシュ	187	ロエブ	033
松沢哲郎	044	ローレンツ	039, 186, 349, 351, 365
ミューラー	060	ロック	032, 272
メディン	043	ロバーツ	044
メンデル	026	ロマーニズ	027
モーガン	027, 324		
孟子	329	**わ**	
		ワーデン	126
や		ワグナー	161
ヤーキズ	036, 354	渡辺茂	044
八木冕	055	ワッサーマン	043, 203, 300
谷津直秀	055	ワトソン, J.D.	026
ユクスキュル	059, 271	ワトソン, J.B.	031, 120, 162

478

おわりに

　動物心理学は動物の心を探る科学である。本書では、動物心理学が明らかにしてきた事実を紹介し、動物心理学で用いる概念や研究方法を解説した。しかし、動物心理学の対象範囲は広く、1冊で網羅するのは不可能であるし、筆者の知識の乏しさや関心の狭さもあって、扱った内容には粗密がある。紹介した研究は行動指標を用いたものが中心で、行動の基盤である生理学や神経科学についてはほとんどふれていない。議論のある話題については、現在優勢だと思われる説を中心としつつ、異説も紹介するようにしたが、筆者の主観に偏っている箇所も少なからずあろう。また、できるだけ多くの動物種の例をあげるよう努めたけれども、ラットやハトの実験室研究しかないような研究テーマもある。研究の詳細を知りたいと思う読者は少なからずいるであろうから、その研究を報告した論文を逐一あげてある。ただし、近年の総説がある研究テーマについてはそれを記して、繁多にならないようにした。

　執筆に際して、関係文献を渉猟しているうちに、これまで誤解していた事項があることに気づいた。筆者の未熟さもあるが、多くの書籍で誤って紹介されているものもあった。そうした間違いに気づけたのは幸いだった。だが、本書にはまだ多くの過誤が含まれていると思う。読者諸賢には、誤りを発見されたら、筆者宛にメールいただければありがたい（メールアドレスはインターネットで調べていただければすぐにわかる）。

　各章末には、その章で扱ったテーマについてさらに知りたい読者のために、日本語で読める図書をリストアップした。古くて絶版・品切れのものもあるが、図書館などで読めるだろう。古書がインターネットで容易に買える時代でもある。参考図書のうち、筆者が最も感銘を受けたのは犬塚則久『「退化」の進化学―ヒトに残る退化の足跡』（講談社ブルーバックス）だった。比較解剖学の立場からヒトの身体各器官の系統発生がわかりやすく解説されている。いっぽう、本書はいまだ動物の心について博物学のレベル、つまり、情

報を収集記録し、整理分類するレベルにとどまっている。「心の進化史」を明らかにするといった水準にはなく、とても比較心理学と呼べるものではない。本書のタイトルが『比較心理学』ではなく『動物心理学』である理由の1つはこれによる。なお、『動物心理学』と題する邦書は、本書の前に黒田（1936）、山内（1938）、田中（1956）がある。

出版社からの「何か副題を」との要望に応じて、"心の射影と発見"という副題を付した。本書が心について考えるための糧となればと願う。フランスの生理学者ベルナール（C. Bernard, 1813-1878）は『実験医学序説』（1865）で「もし動物が存在しなかったならば、人間の本態は一層不可解だったろう」というフランスの博物学者ビュフォン伯爵ルクレール（G.-L. Leclerc, 1707-1788）の言葉を引用している。心についても同じことがいえるだろう。

筆者は「日本動物心理学会」（通称、「動心（どうしん）」）という学術団体に属している。動心では毎年、大会が開催されており、動物の生理・行動・認知に関する講演やシンポジウム、多くの研究発表が行われている。一般の方々も聴講できるので、動物心理学に興味をもたれた方は、ぜひ動心大会に足を運んでほしい。また、同会は学会誌『動物心理学研究』を発行しており、インターネットで無料で読める。興味と知識を広げるのに役立てられたい。

本書は、オーストラリアのシドニー大学に研究留学の機会を得た2007年に執筆を開始した。1年で書き上げるつもりだったが、10年以上を要してしまい、昭和堂の大石泉氏には、随分とご心配をおかけしたことをお詫びしたい。また、石田雅人（大阪教育大学名誉教授）、高砂美樹（東京国際大学教授）、後藤和宏（相模女子大学准教授）の各先生には、原稿の一部を閲読していただき、有益な助言をたまわった。感謝申し上げる。

本書出版にあたり、勤務先の関西学院大学から出版補助金を頂戴した（関西学院大学研究叢書と冠しているのはこのためである）。拝謝する。

2019年9月

筆　者

● 著者略歴

中島　定彦（なかじま　さだひこ）

関西学院大学文学部総合心理科学科教授　博士（心理学）（慶應義塾大学）
1965 年高知市生まれ
1988 年に上智大学文学部心理学科を卒業し、慶應義塾大学大学院社会学研究科心理学専攻に進学。日本学術振興会特別研究員 PD（関西学院大学）、同海外特別研究員（ペンシルベニア大学）を経て 1997 年に関西学院大学専任講師。助教授、准教授を経て 2009 年より現職。2007 〜 2008 年にシドニー大学客員研究員。

　現在、関西心理学会会長、日本動物心理学会常任理事、公益社団法人日本心理学会理事、一般社団法人日本行動分析学会理事、日本基礎心理学会理事、ヒトと動物の関係学会評議員、国際比較心理学会学会誌編集委員などを務める。

　著書に『学習の心理―行動のメカニズムを探る―』［共著］（サイエンス社、2000）、『アニマルラーニング――動物のしつけと訓練の科学―』（ナカニシヤ出版、2002）。『学習心理学における古典的条件づけの理論―パヴロフから連合学習研究の最先端まで―』［編著］（培風館、2003）、『行動生物学辞典』［共編著］（東京化学同人、2013）『行動分析学事典』［共編著］（丸善、2019）など。

関西学院大学研究叢書第 218 編
動物心理学――心の射影と発見
2019 年 10 月 25 日　初版第 1 刷発行

著　者　中島　定彦

発行者　杉田　啓三

〒607-8494 京都市山科区日ノ岡堤谷町 3-1
発行所　株式会社　昭和堂
振込口座　01060-5-9347
TEL(075)502-7500 ／ FAX(075)502-7501

©2019 中島定彦　　　　　　　　印刷　亜細亜印刷

ISBN 978-4-8122-1902-7
乱丁・落丁本はお取り替えいたします。
Printed in Japan

本書のコピー、スキャン、デジタル化の無断複製は著作権法上での例外を除き禁じられています。本書を代行業者等の第三者に依頼してスキャンやデジタル化することは、たとえ個人や家庭内での利用でも著作権法違反です。